“十三五”国家重点图书出版规划项目

中国工程院重大咨询项目

三峡工程建设第三方独立评估

生态影响评估报告

中国工程院三峡工程建设第三方独立评估生态影响评估课题组　编著

中国水利水电出版社
www.waterpub.com.cn
·北京·

内 容 提 要

本书是三峡工程建设第三方独立评估综合报告的重要组成部分。本书作为三峡工程生态影响的研究成果总结，分别从陆地生态系统、水生生态和天气气候3个方面归纳了三峡工程有关的评估意见，并提出了综合评估结论。

本书重点分析了三峡工程建设对库区陆生动植物、土地利用方式、生态系统服务以及消落带生态系统的影响，评估了三峡工程建设对长江珍稀特有水生动物、鱼类渔业资源、关键生物栖息地以及对洞庭湖、鄱阳湖等重要湿地的影响，介绍了三峡水库蓄水对库区局地气候以及库区主要地质灾害和短时强降水的关系，提出了库区陆地生态系统保护利用措施、水生生态系统不利影响的减缓途径以及对气候变化的适应性对策。

本书对大型水利水电项目以及相关部门决策具有重要参考价值，也可供有关科研人员和高等院校相关专业师生阅读参考。

图书在版编目（CIP）数据

三峡工程建设第三方独立评估生态影响评估报告 / 中国工程院三峡工程建设第三方独立评估生态影响评估课题组编著. -- 北京 : 中国水利水电出版社, 2024. 10.
ISBN 978-7-5226-2531-7

Ⅰ. TV632.719; X321.2
中国国家版本馆CIP数据核字第2024E8J495号

审图号：GS京（2024）1332号

书　名	**中国工程院重大咨询项目** **三峡工程建设第三方独立评估生态影响评估报告** SAN XIA GONGCHENG JIANSHE DI-SAN FANG DULI PINGGU SHENGTAI YINGXIANG PINGGU BAOGAO
作　者	中国工程院三峡工程建设第三方独立评估生态影响评估课题组　编著
出版发行	中国水利水电出版社 （北京市海淀区玉渊潭南路1号D座　100038） 网址：www.waterpub.com.cn E-mail：sales@mwr.gov.cn 电话：（010）68545888（营销中心）
经　售	北京科水图书销售有限公司 电话：（010）68545874、63202643 全国各地新华书店和相关出版物销售网点
排　版	中国水利水电出版社微机排版中心
印　刷	北京印匠彩色印刷有限公司
规　格	184mm×260mm　16开本　19.75印张　376千字
版　次	2024年10月第1版　2024年10月第1次印刷
定　价	**198.00**元

课题组成员名单

专 家 组

组　长：李文华　中国科学院地理科学与资源研究所，中国工程院院士

副组长：曹文宣　中国科学院水生生物研究所，中国科学院院士

　　　　李泽椿　国家气象中心，中国工程院院士

成　员：闵庆文　中国科学院地理科学与资源研究所，研究员

　　　　黄河清　中国科学院地理科学与资源研究所，研究员

　　　　刘焕章　中国科学院水生生物研究所，研究员

　　　　周万村　中国科学院成都山地灾害与环境研究所，研究员

　　　　张洪江　北京林业大学水土保持学院，教授

　　　　刘雪华　清华大学环境科学与工程系，副教授

　　　　陈鲜艳　国家气候中心，研究员

　　　　毕永红　中国科学院水生生物研究所，研究员

工 作 组

王月冬　国家气象中心，高级工程师

高　欣　中国科学院水生生物研究所，副研究员

张　彪　中国科学院地理科学与资源研究所，副研究员

刘某承　中国科学院地理科学与资源研究所，副研究员

史芸婷　中国科学院地理科学与资源研究所

王　波　中国工程院战略咨询中心

前言

三峡工程是当今世界上最大的水利枢纽工程。三峡工程在产生巨大效益的同时，也会对长江流域的生态与环境产生长期而深远的影响。三峡工程于1994年正式开工，2013年8月整体竣工验收的条件已经具备。根据国家对三峡工程验收工作的总体部署，有关部门和建设单位于2011年正式启动工程验收准备工作。根据全国人大财经委的意见，国务院向全国人大报告三峡工程整体竣工验收结论时，需同时提供竣工验收报告、竣工决算审计报告和第三方独立评估报告。2014年4月中旬，国务院通过国务院三峡工程建设委员会办公室的《关于审批三峡工程整体竣工验收工作意见及组织机构方案的请示》，国务院三峡工程建设委员会正式委托中国工程院组织开展第三方独立评估工作。

按照《关于委托开展三峡工程建设第三方独立评估工作的函》(国三峡委函办字〔2013〕1号）的要求，结合“三峡工程论证及可行性研究报告结论的阶段性评估”“三峡工程试验性蓄水阶段评估”等工作成果，中国工程院邀请了李文华院士、曹文宣院士和李泽椿院士负责三峡工程建设的生态影响评估工作，要求在科学分析三峡地区生态调查与观测数据的基础上，客观评价三峡工程建设对陆地和水生生态系统以及天气气候所产生的影响，正面回答国家和社会关注的与三峡工程建设相关的热点生态问题，提出三峡工程转入运行期需要重点关注的问题和相应的对策建议。

根据评估工作需要，生态影响评估课题组成立了由李文华院士任组长、曹文宣院士和李泽椿院士为副组长的专家组，并成立了综合课题组负责具体协调和管理工作。在各相关部门、科研机构和有关专家的大力支持下，课题组在实地调研调查与相关资料查阅及意见征求的基础上，开展了三峡工程建设对陆地生态系统、水生生态和天气气候影响的评估工作，形成了三峡工程建设对生态影响的综合报告，以及对陆地生态系统影响、对水生生态影响和对天气气候影响的三个专题报告。

本书是项目组在征求各单位反馈意见基础上进一步修改完善所形成的，包括1个综合报告和3个专题报告。本书重点分析了三峡工程建设对库区陆生动植物、土地利用方式、生态服务功能以及消落带生态系统的影响，提出了库区陆地生态系统利用与保护的措施与建议；同时，评估了三峡工程建设对长江珍稀特有水生动物、鱼类渔业资源、关键生物栖息地等的影响，以及对洞庭湖、鄱阳湖生物多样性和重要湿地生态的影响，分析了三峡工程建设对水华影响与试验性蓄水期生态调度的效果，提出了减缓不利影响的措施与建议；此外，评估了三峡水库蓄水对库区局地气候的影响，以及强对流活动和强降水的分布特征和变化特征，解析了库区主要地质灾害和短时强降水关系，提出了气候变化对三峡工程及库区的可能影响及适应性对策。专题报告从生物多样性、水土流失、土地利用等方面具体介绍了三峡工程建设所带来的复杂影响，是综合研究报告内容与结论的基础和来源。其中部分数据因四舍五入而产生的计算误差，未做调整。

三峡工程建设对生态系统及气候的影响是一个长期且复杂的动态过程，水利工程建设所带来的生态影响需要较长时间才能充分显现出来，本次评估工作难免存在疏漏与不够准确之处，敬请有关专家和广大读者对本报告提出意见和建议。

三峡工程建设第三方独立评估项目组
生态影响评估课题组

2024年3月

目录

第三篇　三峡工程建设对水生生态的影响专题报告

第四篇　三峡工程建设对天气气候的影响专题报告

第一篇　综合报告

按照《关于委托开展三峡工程建设第三方独立评估工作的函》（国三峡委函办字〔2013〕1号）的要求，参考《长江三峡工程生态与环境专题论证报告》和《长江三峡水利枢纽环境影响报告书》，在“三峡工程论证及可行性研究结论的阶段性评估”“三峡工程试验性蓄水阶段评估”等工作成果的基础上，本报告通过对三峡地区遥感影像判读、生态调查与观测数据分析，评估了三峡工程建设对库区陆地生态系统、水生生态系统及天气气候的影响，并提出了相应的生态保护对策和建议。评估内容分为陆地生态系统影响评估、水生生态系统影响评估和天气气候影响评估3个部分。

一、陆地生态系统影响评估

（一）对生物多样性的影响

三峡库区植物种类丰富、起源古老，植物区系成分复杂，自然环境多样，是古植物区系在渝、黔、湘、鄂交界区的重要避难所。三峡工程建设对生物多样性的影响主要表现在两个方面：一是水库淹没了海拔较低的植被和部分傍水动物的生境；二是后靠移民及其生产活动影响了海拔较高处的生物及其栖息环境。总体来看，工程建设前后动植物种群结构并未发生明显变化，加之积极采取了有效保护措施，一些珍稀濒危物种得到了保护，尚未发现某物种灭绝现象。

据调查并综合已有研究成果，三峡水库蓄水淹没植物群落31个，其中受影响较大的是禾本科、菊科、大戟科、蔷薇科和无患子科。栖息地受到影响的珍稀动物包括大鲵、水獭、鸳鸯、雀鹰、红隼、白冠长尾雉、金鸡、穿山甲、猕猴、大灵猫、林麝、毛冠鹿、小灵猫、豹猫等。

广受关注的3个陆生珍稀濒危物种为疏花水柏枝、荷叶铁线蕨和川明参。疏花水柏枝分布在长江三峡海拔155m以下，水库蓄水淹没了其野外生境，不过已实施了引种栽培和迁地保护等多种措施，且其人工繁育技术已解决；荷叶铁线蕨主要分布在三峡库区海拔200m以上，水库蓄水直接淹没175m以下植株，仅为其数量中的一小部分，且已成功进行人工繁育；川明参不仅在三峡库区80～380m地区有分布，在四川、湖北等地也有分布，水库蓄水仅淹没海拔175m以下的川明参植株，使其数量有所减少，但不会使整个库区川明参灭绝。

三峡建设过程中重视生物多样性保护工作，投资建立了多个动植物敏感保护点和保护区，使主要珍稀植物和古树木得到就地保护或迁地保护，保存了库区具有重要经济和生态价值的基因资源。此外，天然林保护和退耕还林工程也在一定程度上促进了库区动植物栖息地的保护和恢复。

不过，水利工程建设对生物多样性的影响和生物的生态适应是一个长期的过程，仍然需要加强对库区生物多样性的长期监测与保护。

（二）对水土流失的影响

三峡工程较长时间的建设周期，使原本坡面稳定性差、地质条件复杂、容易导致水土流失的库区环境面临较大威胁。

资料显示，三峡工程建设期间，库区工程项目区和移民安置区的水土流失有所增强，其中枢纽工程施工区新增土壤侵蚀量约 100 万 t，移民安置区新增土壤侵蚀量约 1000 万 t。

在工程建设过程中，加大水土保持工作力度，使库区水土流失总体上有较大的改善。2012 年试验性蓄水期，库区轻度以上水土流失面积 2.3 万 km^2，较三峡工程建设前下降了 3.1 万 km^2；库区年土壤侵蚀量由三峡工程建设前的 1.57 亿 t，分别下降到三峡水库蓄水前（2002 年）的 1.32 亿 t、建设期末（2009 年）的 1.00 亿 t 和试验性蓄水期（2012 年）的 0.83 亿 t。由于工程建设造成的新增土壤侵蚀量仅占库区土壤侵蚀减少量的 14.9%，总体上是可以控制的。

（三）对土地利用/覆被的影响

三峡工程建设以来三峡库区的土地利用/覆被发生了较大的变化，变化区域集中分布在长江及支流两岸，主要是低海拔、人为干扰强烈的区域和土地覆被类型，但以农林草为主的土地利用结构基本保持不变。耕地、灌丛林、草地面积呈减少趋势，森林（有林地）、园地、建设用地和水面面积趋于增加，特别是退耕还林、水土保持等生态工程措施，使库区森林覆盖率呈不断增加趋势：从 1992 年的 27.47%，增加到 2002 年的 36.94% 和 2012 年的 46.57%，20 年间增加了 19 个百分点。

三峡库区的农业耕作条件很差，是造成水土流失的重要因素之一。城镇建设用地和茶园、橘园等园地增加较快，加大了库区水土流失的风险。因此，三峡库区的退耕还林还草、生态环境保护和粮食安全保障的任务仍然十分艰巨。

（四）对生态服务功能和自然文化景观的影响

水库建成蓄水和土地利用类型的变化，特别是水域面积扩大和森林覆盖率的增加，库区生态系统服务功能有所提高。生态经济学方法的分析表明，与蓄水前（2002 年）相比，2005 年库区河流生态服务价值增加约 68.30 亿元，

2008 年增加约 165.85 亿元，2012 年增加约 382.83 亿元；与 1995 年相比，2005 年陆地生态系统服务价值增加约 12.70 亿元，2008 年增加约 9.00 亿元，2013 年增加约 4.74 亿元。

蓄水淹没了库区高程较低的文物景观，但对两岸高达千米的悬崖峭壁自然景观影响不大；大坝以下 40km 的峡谷河段内景观未受影响，主要景观特色基本未变；水面的抬高提高了一些地方的可达性，周期性蓄水产生了新的人工景观；淹没区文物得到有效抢救。

（五）消落带的形成及其影响

2010 年三峡水库蓄水至 175m 后，在水库周边形成了落差 30m 的水库消落带，主要有经常性水淹型（缓坡型、陡坡型）、半淹半露型（缓坡型、陡坡型）、经常性出露型（缓坡型、陡坡型）、岛屿型（常淹型、出露型）、湖盆-河口-库湾-库尾型（湖盆型、河口型、库湾型、库尾型）和峡谷型等 6 个大类 12 个亚类。

消落带的形成对库区自然景观和生态系统产生了较大影响：一是消落带原有地带性植被消失，现有植被整体上处于逐步稳定状态，植物种类有所减少，尤其是灌木和乔木的数量显著减少，仅存少量低矮稀疏的灌丛和草甸；二是消落带由原来的陆地生态系统演变为季节性湿地生态系统，大多数原有陆生动植物因难以适应生境而消亡、迁移或变异，部分动植物因生境改变受到一定影响；三是涌浪侵蚀成为消落带未来较长时间的主要侵蚀方式，使库区消落带土壤中全磷、全钾和有效磷趋于增加，而全氮、铵态氮和硝态氮趋于减少；四是季节性的农业会加重表土流失，提高农业面源污染的风险；五是消落带有一定数量能传播疾病的鼠类，会因退水后库周居民的农耕活动而增加人群感染的机会，消落带内蚊种密度在退水后呈现增高趋势，对人类健康构成潜在威胁；六是湿地面积增加，浅滩增多，水生鸟类物种多样性明显增加。

不过，消落带的生态影响需要进一步深入研究。尽管消落带监测点内尚未发现血吸虫中间宿主——钉螺的滋生，而且蝇类密度也较低，但仍需加强监测。此外，目前在部分消落带内已开展生态重建与治理工作，如饲料桑、中山杉等适生植物筛选与培育及多功能基塘系统试验，初步取得了较好的生态效益与经济效益，为消落带生态系统的恢复与保护发挥了积极作用。

二、水生生态系统影响评估

（一）对长江上游鱼类栖息繁殖的影响

与蓄水前相比，库区及以上江段鱼类群落结构发生改变。库尾木洞江段及合江和宜宾江段长江上游特有鱼类种数减少，但是种群资源仍有一定规模，鱼类群落结构发生一定变化，仍以喜流水性鱼类为主；库中万州江段和库首秭归江段长江上游特有鱼类资源急剧减少，成为偶见种，鱼类群落结构发生明显变化，鱼类群落以喜静水和缓流的鱼类为主。库区不同地点长江上游特有鱼类在渔获物中的优势度与蓄水前相比同比减少 41.0%～99.9%。

蓄水后库区及上游四大家鱼（青、草、鲢、鳙）的繁殖活动发生了一些变化，产卵规模有增加的趋势，其中鲢的数量显著增加。水库建设没有对库区以上江段四大家鱼产卵场产生影响，而且形成了部分新产卵场，使产卵规模比蓄水前有所增加。库尾江段的产卵场位置与蓄水前相比基本未变，尽管库区内的产卵场大部分被淹没，但部分产卵场在一定水文条件下仍能满足四大家鱼的繁殖需求。

（二）对坝下中华鲟及四大家鱼繁殖活动的影响

自葛洲坝截流以来，受截流阻隔、长江水环境恶化和捕捞等多种因素影响，中华鲟群体规模持续减小。三峡水库蓄水后，对中华鲟的不利影响进一步加剧，主要表现在产卵时间推迟、产卵次数减少甚至没有自然繁殖。监测数据表明，2017 年中华鲟连续中断自然繁殖以前，长江口中华鲟幼鱼群体仍以自然繁殖个体为主，人工繁殖个体仅占约 10%，人工繁殖放流的贡献有限，中华鲟种群的维持主要还是依靠自然繁殖。

与 2003 年三峡水库蓄水前相比，坝下长江中游四大家鱼繁殖活动发生了一些变化，初次繁殖时间平均推后约 25 天，早期资源量显著下降，产卵规模维持在一个很低的水平。

（三）对长江中游通江湖泊鱼类资源补充及生长的影响

三峡水库蓄水使通过松滋口、藕池口、太平口进入洞庭湖的水量呈减少趋势，减少了长江鱼类资源对洞庭湖鱼类资源的补充量；通江湖泊退水时间提前，缩短了进入湖区育肥鱼类的生长时间，影响鱼类的正常生长。

三峡水库蓄水后，春夏季节下泄的低温水不利于长江中游鱼类的资源补充：一是下泄低温水延迟了鱼类繁殖时间；二是低温水不利于鱼类早期阶段的生长，从而影响到鱼类的早期存活率。

2003 年后，长江中游大型通江湖泊——鄱阳湖和洞庭湖的渔业资源量均呈下降趋势，典型江湖洄游鱼类四大家鱼在渔获物中的比例趋于下降。

（四）对长江下游及河口水生生态的影响

三峡水库蓄水运行对长江口径流固有的时空分布有一定的影响，水和泥沙输运的原有节律发生变化，在三峡水库蓄水期有利于长江口出现咸潮上溯；三峡大坝拦截了长江上游的泥沙，同时由于上游来沙量减少和河道采砂等因素，长江口江水的泥沙含量大幅减少，减缓了滩涂的淤积速度。长江口生态环境的改变对生物群落造成了一定的影响，浮游生物和鱼类群落结构发生变化；浮游植物多样性减少，海洋物种与暖水性物种入侵；浮游动物群落呈现季节性变化，春季水母类丰度减少，秋季桡足类丰度增加，大型甲壳动物和肉食性胶质动物丰度降低；鱼类种数减少，优势种改变，海洋鱼类和浮游生物食性鱼类增加，资源量总体下降。

（五）对珍稀水生动物的影响

长江中的珍稀水生动物（即国家重点保护水生野生动物）有白鱀豚、中华鲟、长江鲟、白鲟、长江江豚、胭脂鱼和川陕哲罗鲑等。多次调查显示，20世纪90年代中期白鱀豚和白鲟已极为罕见，自21世纪初最后见到误捕的1～2尾个体后，已经难觅其踪迹，目前国内外学者评估这两个物种已处于功能性灭绝。

这些珍稀濒危物种种群数量减少，既有捕捞、航运、水污染等人类活动的影响，也有三峡水库蓄水后的叠加影响。特别是20世纪80年代兴起的电捕鱼作业，对白鱀豚、白鲟造成巨大伤害，除直接电击致死外，更造成食物鱼的减少，严重影响白鱀豚、白鲟等肉食性动物生存。三峡工程的影响不是主要因素。人工繁殖放流等措施对于部分生物种群的恢复具有促进作用，如从金沙江下游宜宾至长江中游的胭脂鱼误捕事件可以发现，胭脂鱼在长江中有比较稳定的种群规模，分布呈扩散的趋势。

（六）生态调度措施及其影响

（1）三峡“压水华”调度方案及效果。2008年汛末的“提前分期蓄水”调度和2010年汛期的“潮汐式”调度表明：可以通过持续泄水压制水华，但对抑制水华暴发效果有限，且由于春季上游来水的限制，长期泄水不太符合现实情况；蓄水式调度对支流水动力条件改善较大，抑制水华作用显著，并可与汛期泄水相结合，其实现的现实条件较好；对于不同季节水华暴发情势，必须慎重考虑调度可能带来的风险及不利影响。

（2）三峡工程进行了促进鱼类繁殖的生态调度。2011年的鱼类生态调度，使得监利断面的鱼苗丰度占当年总量的50%左右，但仍低于最近涨水引起的丰度，可能与鱼类产卵时间、初次调度缺乏经验及当年的气候条件有关。2012年的鱼类调度结果显示，当日均涨水率低于2000m^3/s时，鱼苗丰度随着日涨水率的加大而增加。相关工作表明生态调度对四大家鱼的繁殖具有促进作用，可以显著增加调度期间的产卵量。但调度方案的确定要按鱼类产卵时间、当年气候条件确定，否则会影响调度效果。

（3）三峡“压咸潮”调度方案及效果。根据长江防汛抗旱总指挥部1号调度令，于2014年2月21日开始实施“压咸潮”调度。三峡梯调中心的监测数据显示，2014年三峡水库的日均出库流量为6400m^3/s，比2013年多5.4%，同期补水量增加16.8亿m^3，长江口的咸潮形势得到了缓解，在一定程度上压制了咸潮入侵的严重程度，同时也缓解了长江中下游地区的缺水情况。

三、天气气候影响评估

三峡水库对于局地气候具有调节作用，但库区气候主要受气候大环境影响。最近50年来，三峡库区年平均气温呈上升趋势，每10年升高0.06℃，但增幅明显低于长江流域和全国。三峡库区气温蓄水后比蓄水前增加约0.3℃（图1.0-1），但水域周边局地呈现冬季增温、夏季弱降温效应。蓄水后三峡库区多年平均年降水量减少了115mm（图1.0-2），但降水量的减少与我国夏季雨带落区的南北变化有关。从目前的综合观测和数值模拟结果分析，现阶段三峡水库蓄水对库区周边的天气气候影响范围约在20km以内。

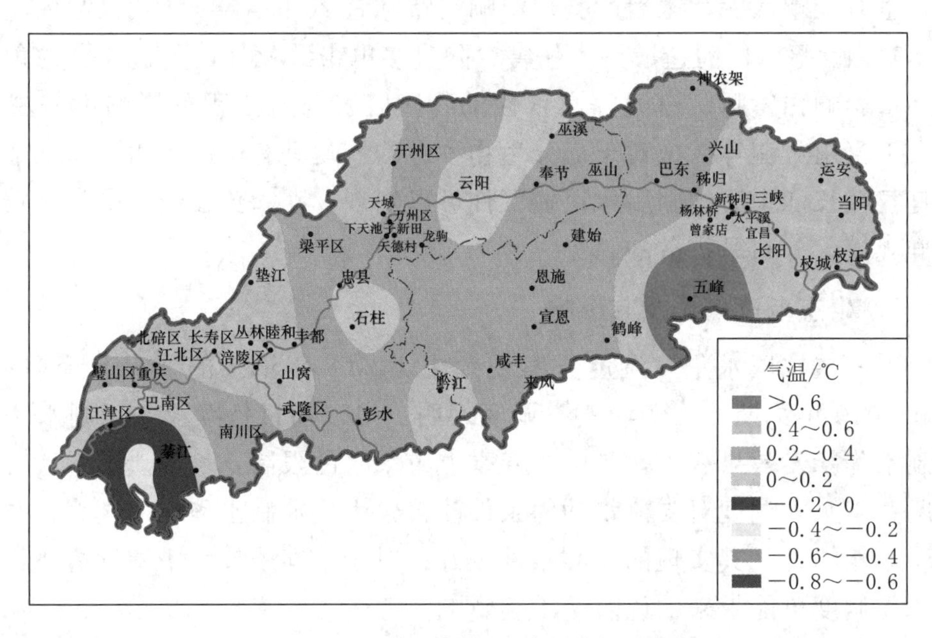

图1.0-1　三峡水库蓄水后年平均气温变化

三峡库区及其邻近地区近些年相继发生的一些极端天气气候事件与气候变化有关。20世纪70年代以来，全球极端天气气候事件明显增多增强，高温热浪频发；强降水事件和局部洪涝频率增大，风暴强度加大；热带和副热带地区干旱频繁，影响范围不断扩大。我国极端天气气候事件发生的频率与全球基本一致，总体也呈上升趋势，而且强度增加。

大气和海洋作用主要表现为热量和水汽循环，海洋和青藏高原是影响我国气候变化的主要热源地，因季节变化而有不同。海洋温度和青藏高原积雪的变

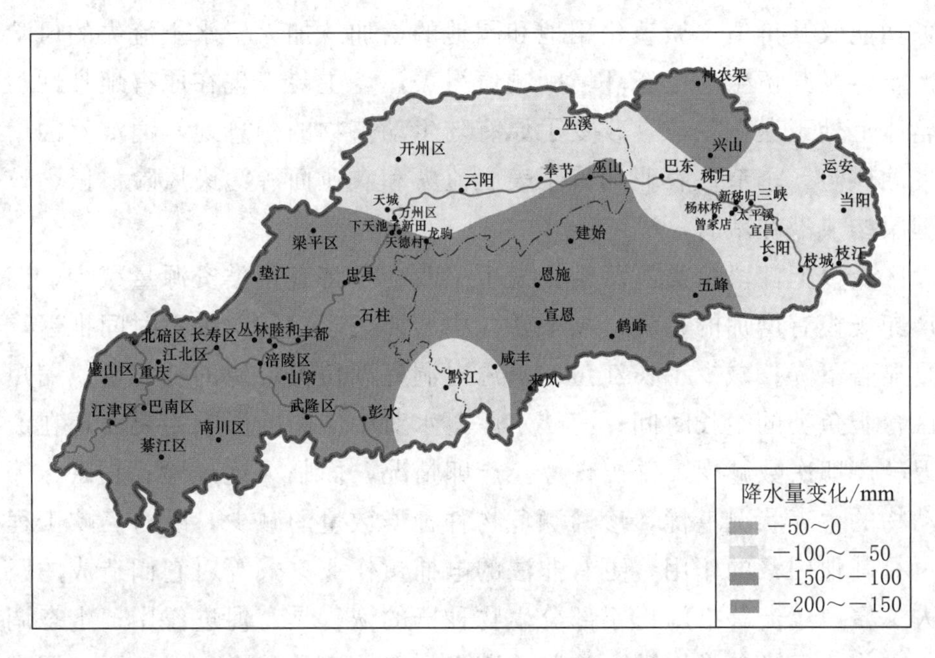

图 1.0-2　三峡水库蓄水后多年平均年降水量变化

化是造成大范围大气环流和下垫面热力异常的主要原因，也是导致我国近年来干旱和洪涝等气象灾害的主要诱因。与可以影响亚洲甚至北半球气候的海洋和青藏高原相比，三峡水库无论是面积还是容量都不是一个量级，只可能影响局地气候，不可能改变大范围的气候背景。

未来50年，三峡库区的气温将继续上升而夏秋季降水总体呈减少趋势，冬春季降水可能增加，库区年内降水变率进一步增大，可能引起三峡工程以上流域来水的波动变化，增大入库水量变动范围，加剧水库运行的不稳定性；强降水等极端天气事件发生的频率及强度可能增加，极端降水量增加将使三峡水库入库水量增加，尤其是当入库水量超过原库容设计标准及相应正常蓄水位时，将引起水库运行风险；秋季降水减少可能导致枯水期干旱事件增加，影响三峡水库的蓄水、发电、航运以及水环境；气温持续变暖，高温、旱涝等气象灾害的发生将更加频繁，使三峡库区自然生态系统的脆弱性有所增加。

四、综合评估结论

虽然三峡水库蓄水淹没了部分植物及动植物生境，但物种结构并未发生明显变化；且对受重点关注的疏花水柏枝、荷叶铁线蕨和川明参3个珍稀濒危物种采取了积极有效的保护措施，并未发现有物种灭绝现象；工程建设造成了土壤侵蚀，但增加的土壤侵蚀量远低于因生态工程建设所减少的土壤侵蚀量；土地利用和土地覆被发生一定的变化，水面的增加和森林植被的增加，提高了生态服务功能及其价值；城镇化用地和园地的增加，加大了水土流失的风险；消落带的产生及其衍生的生态环境问题值得关注，主要表现在原有地带性植被破坏、整体上处于退化状态，改变了原有陆生动植物的栖息地，涌浪侵蚀增大了土壤侵蚀风险，季节性农业加重了表土流失和农业面源污染风险，鼠、蚊等对人类健康构成潜在威胁。

库区及以上江段鱼类群落结构发生了改变，特有鱼类资源量减少，四大家鱼的产卵规模有增加的趋势；坝下长江中游四大家鱼初次繁殖时间推迟，早期资源量显著下降；减少了长江鱼类资源对洞庭湖鱼类资源的补充量，缩短了进入湖区育肥鱼类的生长时间；三峡水库蓄水对中华鲟的影响主要表现在产卵时间推迟、产卵次数减少，并出现停止产卵情况，面临灭绝风险；白鱀豚等珍稀水生动物的生存状况堪忧，珍稀濒危物种种群数量的减少，既有三峡工程的影响，也有其他因素的作用，更有非法的电捕鱼作业方式等对它们造成的巨大伤害；人工繁殖放流等措施对于部分生物种群的恢复具有促进作用；生态调度对于抑制水华、促进鱼类繁殖、控制咸潮入侵有一定的效果，仍需要在调度时机等方面进行探索。

三峡水库对于局地气候具有调节作用，冬季增温、夏季弱降温，但库区气候主要受气候大环境影响；三峡库区及其邻近地区近些年相继发生一些极端天气气候事件，并未发现与三峡库区有直接关联，而是与气候变化有关。海洋温度和青藏高原积雪的变化是造成大范围大气环流和下垫面热力异常的主要原因，也是导致我国近年来干旱和洪涝等气象灾害频发的主要诱因。未来三峡库区的气温将继续上升而夏秋季降水总体呈减少趋势，冬春季降水可能增加，库区年内降水变率进一步增大，可能引起三峡工程以上流域来水的波动变化，增大入库水量变动范围，加剧水库运行的不稳定性；强降水等极端天气事件发生的频率及强度可能增加，将引起水库运行风险和地质灾害的发生。

综上，三峡工程建设对库区及其附近区域生态状况有一定程度的影响，但总体未超过论证时的判断，处于可控范围之内。积极有效的生态保护及治理措施，降低了生态影响的程度。但三峡工程建设及蓄水对生态系统的影响是一个长期而缓慢的过程，需要加强生态系统及其变化的长期动态监测，并定期开展生态影响评估。

五、相关建议

（一）加强生物多样性与生态系统状况长期监测，定期开展生态影响阶段评估

三峡工程建设与蓄水对库区生态系统以及下游河湖关系的影响是一个长期

的过程，其产生的生态影响还需要较长的时间才能显现出来。因此，建议进一步加强三峡工程建成后对库区及相关流域的长期生态系统监测与阶段性评估。重视珍稀濒危物种的种群情况及主要生境的保护和恢复，加强消落带的生态环境及其生态恢复建设，关注水库蓄水后洞庭湖和鄱阳湖等大型通江湖泊生态系统的演变趋势，加强三峡库区天气气候的立体监测和综合监测，开展三峡工程对气候变化的适应性对策研究，进行气象灾害评估和风险管理，并定期开展三峡工程对生态影响的阶段性评估，以系统全面地跟踪三峡库区生态系统的变化。

（二）重点地区优先实施水土保持，积极推广高效生态农业技术

全面启动小流域综合治理，实施三峡地区水土保持重点防治工程，控制水土流失。加强水库支流及库湾周边的水土保持措施体系的建设，在长江、嘉陵江、乌江干流沿岸、中型以上水库区域、县级以上城镇周边和高等级公路沿线，优先实施水土保持。以小流域为基本单元，有计划、有步骤地兴建一批中小型水利骨干工程和水保工程。

实现农业人口人均拥有一定量的稳产高产农田，大于25°的坡耕地逐步退耕还林，小于25°的坡耕地实行坡改梯工程，在丘陵缓坡地段建成石坎梯田，减缓坡面坡度，减轻地表径流，防治水土流失。山、水、林、田、路进行统一规划，综合治理，采取改良土壤、科学种田等措施，建设高产稳产农田，改善农田生态环境，推广高效生态农业优化模式，如农林复合模式、生态庭院经济模式、水体生态养殖模式等。抓好高效生态农业，发展库区优势产业，减少农业化肥和农药用量，通过使用有机化肥和复合肥等方式，调整和改变目前的化肥和农药使用结构，切实减轻农业面源污染。

（三）因地制宜地开展消落带生态修复，提高消落带生态系统安全

针对不同类型的消落带，采取相应的、适合的生态修复方式。半淹半露型、经常性出露型和湖盆-河口-库湾-库尾型，占消落带总面积的82.2%，应以人工生态修复为主、自然恢复为辅；而经常性水淹型、岛屿型和峡谷型占17.8%，应以自然恢复为主、人工生态修复为辅。

国务院三峡工程建设委员会办公室（以下简称“国务院三峡办”）资助的用饲料桑和中山杉治理和利用消落带的试验研究结果表明，饲料桑和中山杉的恢复种植不仅可以防止涌浪侵蚀，稳定和保护消落带，还可控制无序开垦等对消落带的不合理利用，控制水土流失，维护消落带的生态健康和安全。

（四）改进并规范长江休渔制度，加强江湖连通与灌江纳苗

春夏季是长江鱼类繁殖期。为了保护鱼类的繁殖，农业农村部实施了禁渔期制度，每年的鱼类繁殖期禁止捕捞。但鱼类早期资源的监测表明，每年5—7月是长江产漂流性卵鱼类的繁殖盛期，而此时正是禁渔结束后的捕捞高峰期，对亲鱼和幼鱼资源的危害仍然很大。此外，在春禁期间，渔业资源受到了一定的保护，但是在春禁后，非法渔具的使用一如既往，捕捞手段、捕捞强度没有得到有效的控制，严重制约春季禁渔制度保护资源、恢复资源长期生态效应的效用。为此，建议改进并规范长江休渔制度，让野生鱼类资源得到恢复。

江湖连通能够很好地改善湖区水质，增加湖区水量，实现江湖的水文循环，为鱼类生长繁衍创造条件。同时，恢复湖泊通江不仅能为许多洄游性或半洄游性鱼类提供“三场”（索饵场、繁殖场、育肥场），还能保护湖泊的自然属性和生态系统的稳定性，减缓湖泊的萎缩趋势，保持有较多类型的湿地，利于生物多样性的保护与恢复，增强湖泊降解污染的能力，提高湖泊防蓄洪能力。采用灌江纳苗的方式，将长江大量天然苗种引入湖泊，是增加湖泊鱼类群落组成、复壮湖泊定居性产卵鱼类、提高湖泊渔业产量和丰富生物多样性的重要措施。

因为中华鲟出现了没有自然繁殖的现象，所以对于中华鲟等珍稀水生动物要进行重点保护，包括栖息地的保护、恢复其繁殖需要的水文条件等。

（五）创新三峡工程的运行管理机制，优化生态调度

三峡水库运行以来，在发挥巨大社会经济效益的同时，也引发了一系列的生态、环境问题。传统水库调度方式以水库防洪、水电站发电量最多、最大限度改善航运条件为主，较少兼顾生态环境保护。已有研究表明，现行水库调度方案已经不能有效维持河流生态功能的正常运转。因此，必须转变传统水库调度方式。

当前情况下，除加强污染源治理和生态环境保护的工程措施外，必须格外重视水库生态调度的优化及实践，特别是要做到“三要”：一要清晰认识实施水库生态调度、改善生态环境问题的紧迫性，做到调度目标的相互协调；二要在符合三峡水库水文规律的前提下，继续灵活、深入地开展生态调度试验，积极探索；三要做好生态调度的效应综合评估，为建立长效、高效的多目标水库调度方式提供决策参考。

参考文献

白宝伟，王海洋，李先源，等，2005. 三峡库区淹没区与自然消落区现存植被的比较［J］. 西南农业大学学报（自然科学版），27（5）：684-691.

白路遥，荣艳淑，2012. 气候变化对长江、黄河源区水资源的影响［J］. 水资源保护，28（1）：46-50，70.

陈吉余，徐海根，1995. 三峡工程对长江河口的影响［J］. 长江流域资源与环境，4（3）：242-246.

陈丽华，周率，党建涛，等，2010. 2006年盛夏川渝地区高温干旱气候形成的物理机制研究［J］. 气象，36（5）：85-91.

陈鲜艳，宋连春，郭占峰，等，2013. 长江三峡库区和上游气候变化特点及其影响［J］. 长江流域资源与环境，22（11）：1466-1471.

陈鲜艳，张强，叶殿秀，等，2009. 三峡库区局地气候变化［J］. 长江流域资源与环境，18（1）：47-51.

段辛斌，陈大庆，李志华，等，2008. 三峡水库蓄水后长江中游产漂流性卵鱼类产卵场现状［J］. 中国水产科学（4）：523-532.

郭宏忠，于亚莉，2010. 重庆三峡库区水土流失动态变化与防治对策［J］. 中国水土保持（4）：58-59.

胡波，张平仓，任红玉，等，2010. 三峡库区消落带植被生态学特征分析［J］. 长江科学院院报，27（11）：81-85.

黄群，孙占东，姜加虎，2011. 三峡水库运行对洞庭湖水位影响分析［J］. 湖泊科学，23（3）：424-428.

黄悦，范北林，2008. 三峡工程对中下游四大家鱼产卵环境的影响［J］. 人民长江，39（19）：38-41.

黎莉莉，张晟，刘景红，等，2005. 三峡库区消落区土壤重金属污染调查与评价［J］. 水土保持学报，19（4）：127-130.

黎明政，姜伟，高欣，等，2010. 长江武穴江段鱼类早期资源现状［J］. 水生生物学报，34（6）：1211-1217.

李景保，常疆，吕殿青，等，2009. 三峡水库调度运行初期荆江与洞庭湖区的水文效应［J］．地理学报，64（11）：1342－1352．
李培龙，张静，杨维中，2009．大型水库建设影响人群健康的潜在危险因素分析［J］．疾病监测，24（2）：137－140．
李月臣，刘春霞，赵纯勇，等，2008．三峡库区重庆段水土流失的时空格局特征［J］．地理学报（5）：502－513．
廖要明，张强，陈德亮，2007．1951—2006 年三峡库区夏季气候特征［J］．气候变化研究进展，3（6）：368－372．
刘德富，黄钰铃，纪道斌，等，2013．三峡水库支流水华与生态调度［M］．北京：中国水利水电出版社．
刘建虎，陈大庆，刘绍平，等，2007．长江上游四大家鱼卵苗发生量调查［R］．农业农村部淡水鱼类种质资源与生物技术重点开放实验室．
刘云峰，刘正学，2006．三峡水库涨落带植被重建模式初探［J］．重庆三峡学院学报（3）：4－7．
马占山，张强，朱蓉，等，2005．三峡库区山地灾害基本特征及滑坡与降水关系［J］．山地学报（3）：319－326．
彭期冬，廖文根，李翀，等，2012．三峡工程蓄水以来对长江中游四大家鱼自然繁殖影响研究［J］．四川大学学报（工程科学版），44（S2）：228－232．
苏化龙，林英华，张旭，等，2001．三峡库区鸟类区系及类群多样性［J］．动物学研究（3）：191－199．
唐建华，赵升伟，刘玮祎，等，2011．三峡水库对长江河口北支咸潮倒灌影响探讨［J］．水科学进展，22（4）：554－560．
汪新丽，2006．三峡工程的兴建对库区人群健康的影响及防控对策［C］//预防医学学科发展蓝皮书（2006 卷）：208－212．
王强，刘红，张跃伟，等，2012．三峡水库蓄水后典型消落带植物群落时空动态——以开县白夹溪为例［J］．重庆师范大学学报（自然科学版），29（3）：66－69．
王强，袁兴中，刘红，等，2011．三峡水库初期蓄水对消落带植被及物种多样性的影响［J］．自然资源学报（10）：1680－1693．
王勇，刘义飞，刘松柏，等，2006．三峡库区消涨带特有濒危植物丰都车前 *Plantago fengdouensis* 的迁地保护［J］．武汉植物学研究，24（6）：574－578．
王勇，刘义飞，刘松柏，等，2005．三峡库区消涨带植被重建［J］．植物学通报，22（5）：513－522．
王勇，吴金清，黄宏文，等，2004．三峡库区消涨带植物群落的数量分析

[J]. 武汉植物学研究，22（4）：307－314.

吴佳，高学杰，张冬峰，等，2011. 三峡水库气候效应及2006年夏季川渝高温干旱事件的区域气候模拟［J］. 热带气象学报（1）：44－52.

谢文萍，杨劲松，2011. 三峡工程调蓄进程中长江河口区土壤水盐动态变化［J］. 长江流域资源与环境（8）：951－956.

熊超军，刘德富，纪道斌，等，2013. 三峡水库汛末175m试验蓄水过程对香溪河库湾水环境的影响［J］. 长江流域资源与环境，22（5）：648－656.

熊平生，谢世友，莫心祥，2006. 长江三峡库区水土流失及其生态治理措施［J］. 水土保持研究（2）：272－273.

徐薇，刘宏高，唐会元，等，2014. 三峡水库生态调度对沙市江段鱼卵和仔鱼的影响［J］. 水生态学杂志，35（2）：1－8.

徐昔保，杨桂山，李恒鹏，等，2011. 三峡库区蓄水运行前后水土流失时空变化模拟及分析［J］. 湖泊科学，23（3）：429－434.

许继军，陈进，2013. 三峡水库运行对鄱阳湖影响及对策研究［J］. 水利学报，44（7）：757－763.

杨丽，邓洪平，韩敏，等，2008. 三峡库区抢救植物中华蚊母种子特性研究［J］. 西南大学学报（自然科学版）（1）：79－84.

杨小兵，徐勇，赵鑫，等，2010. 三峡工程蓄水前后湖北宜昌段鼠密度及鼠类种群变化趋势分析［J］. 疾病监测，25（10）：813－815，819.

叶殿秀，陈鲜艳，张强，等，2014. 1971～2003年三峡库区诱发滑坡的临界降水阈值初探［J］. 长江流域资源与环境，23（9）：1289－1294.

叶殿秀，邹旭恺，张强，等，2008. 长江三峡库区高温天气的气候特征分析［J］. 热带气象学报，24（2）：200－204.

余世鹏，杨劲松，刘广明，2009. 三峡调蓄条件下长江河口地区滨海滨江土壤盐渍化状况研究［J］. 土壤学报（6）：235－240.

袁超，陈永柏，2011. 三峡水库生态调度的适应性管理研究［J］. 长江流域资源与环境，20（3）：269－275.

张国，吴朗，段明，等，2013. 长江中游不同江段四大家鱼幼鱼孵化日期和早期生长的比较研究［J］. 水生生物学报，37（2）：306－313.

赵军凯，李九发，戴志军，等，2012. 长江宜昌站径流变化过程分析［J］. 资源科学，34（12）：2306－2315.

邹旭恺，高辉，2007. 2006年夏季川渝高温干旱分析［J］. 气候变化研究进展（3）：149－153.

LI M，GAO X，YANG S，et al.，2013. Effects of environmental factors on natural reproduction of the four major Chinese carps in the Yangtze River [J]. China Zoological Science, 30: 296 - 303.

WU J, GAO X, GIORGI F, et al., 2012. Climate effects of the Three Gorges Reservoir as simulated by a high resolution double nested regional climate model [J]. Quaternary International, 282: 27 - 36.

WU L G, ZHANG Q, JIANG Z H, 2006. Three Gorges Dam affects regional precipitation [J]. Geophysical Research Letters, 33: 338 - 345.

第二篇　三峡工程建设对陆地生态系统的影响专题报告

第一章

国际生态环境状况评估案例回顾与分析

生态环境是包括人类在内的生命有机体的环境，是人类社会赖以生存和发展的基础（欧阳志云等，2009）。而生态环境质量是指在一个具体的时间和空间范围内，生态系统的总体或部分生态环境因子的组合体对人类生存及社会经济持续发展的适宜程度（叶亚平等，2000），是生态环境优劣的直接反映。因此，区域生态环境状况直接影响着经济建设和人居环境的可持续发展水平。早在 20 世纪 60 年代中期，国外就开展了环境质量评价，比如最早由美国提出的质量指数、格林大气污染综合指数、水质质量指数等。后来随着全球生态环境问题的日益严峻和公众对生态环境信息的关注，及时获取生态系统状况信息并对生态环境现状及其发展趋势作出科学判断，成为国际生态系统管理的紧迫任务（MA，2005）。由于注重前馈控制而不是反馈控制的思想，国外开展环境影响评价和战略环评较多，对生态环境状况和演变的评价较少（Li，2010）。不过，尽管一些工作并未直接冠以生态环境评价的名称，但其评估内容涉及生态系统状况诸多方面，比较有影响力的有加拿大国家生态区划框架（ESWG，1995）、美国国家生态指标研究（NRC，2000）、美国生态系统状态评估（The Heinz Center，2002）、联合国千年生态系统评估（MA，2005）以及全球环境展望（联合国环境规划署，2007）等。

三峡工程是当今世界上最大的水利枢纽工程，其工程建设必定对区域生态环境状况有明显影响。因此，评估水利工程建设对生态环境的影响，就是要正确认识和处理水利工程建设对区域生态环境状况的各种生态影响，实现水利工程与生态环境的协调发展，最终促进社会可持续发展。为充分借鉴国际上重大生态环境状况评估的成功经验，本专题重点分析了美国、英国和联合国开展的 6 个生态环境状况评估案例，在评价对象、指标和方法上给予了详细的说明和分析，旨在为开展三峡工程建设的生态影响评估提供理论参考。

第一节　美国生态环境状况评估

一、美国环境监测与评价项目（Environmental Monitoring and Assessment Program，EMAP）

为了更好地适应对全国生态状况评价的需求，美国国家环保局（Environmental Protection Agency，EPA）科学咨询委员会1988年建议实施一项计划，以监测生态状况和发展趋势，同时建立一套在污染物达到危害程度之前能不断发出预警的新方法。为此，EPA制定了环境监测与评价大纲，并设计了一个完整的监测网络，以完成以下目标：

（1）用常规方法在区域研究基础上评价全国生态资源环境监测指标的现状、范围和发展趋势。

（2）通过对污染物暴露和生境条件指标的监测来揭示人类干扰与生态环境变化的联系。

（3）定期向EPA局长和公众提交关于生态状况和发展趋势的统计结果与解释性报告。

EMAP实质就是从区域和国家尺度评价生态资源状况并对发展趋势进行长期监测，具体包括以下内容：

（1）监测指标的建立、验证和整体性评价。

（2）监测过程的框架设计与相关评价。

（3）生态资源数据库的建立，生态资源分布和特征的中尺度、大尺度分析。

（4）示范研究与综合采样设计的实施。

（5）数据处理、质量保证和统计分析程序的建立。

EMAP的研究对象是生态系统，但由于生态系统在空间尺度上的镶嵌性，边界难以划分，因而EMAP提出以生态资源类型为基本的研究单元，并将美国划分为6种生态资源类型，即近岸水域、内陆水域、湿地、森林、干旱地区和农业生态系统。每一类型又可以进一步划分。对于每一生态资源类型分别选择实用的监测指标，其中有些指标适用于多种类型。

EMAP提出的生态指标共109项，包括水域（近岸水域、内陆水域）指标、湿地指标、森林指标、农田指标、干旱地区指标、大气圈胁迫因子指标、与多资源系统有关的指标，具体见表2.1-1。

表 2.1－1　　EMAP 提出的生态指标

近岸水域指标	内陆水域指标	湿地指标	森林指标	农田指标	干旱地区指标	大气圈胁迫因子指标	与多资源系统有关的指标
溶解氧	湖泊营养状况	湿地范围和类型多样性	树木生长率	养分平衡	植被生物量	臭氧	动物的相对丰度、数量统计、形态对称性
底栖生物丰度、生物量和物种组成	生物整体性的鱼类指数	植被丰度和物种组成	树叶损伤的外观症状	土壤侵蚀	树木的化学污染物	二氧化硫	
生物沉积混合深度	大型无脊椎动物群	叶面积、光能转化率和绿度	氮素输入	土壤微生物的生物量	能量平衡 火烧情况	氮氧化合物	生物标记物的DNA改变、酯酶水平、异体生化产物的同化作用、叶啉的累积、组织的病理变化、巨噬细胞的吞噬活性、血液化学、细胞色素P－450的单一氧化系统转化酶核
淹水植物数量和密度	半水生脊椎动物相对丰度	有机质和加积沉积物	凋落物动态	作物产量	水分平衡 牧畜牧场	降水中的阴离子组成	
双壳贝类固有种的出现	水体上层食肉动物指数（鱼类）	大型无脊椎动物丰度、生物量和物种组成	微生物生物量和土壤呼吸 树叶中的养分	土地利用，非农作物的植被范围	土壤侵蚀 活性炭记录 有毒植物	金属和生命体	
鱼类丰度和物种组成	湖相沉积的硅藻群	土壤和水生微生物群落结构	树叶中的化学污染物	牲畜生产	土壤和植被的机械干扰	游离放射物	
鱼类病理特征	对生物有毒性的重金属和人造有机物	水体和沉积物养分	土壤生产力指标	作物叶面损伤的外观症状	植被的物种组成和生态过渡带位置	大气飘尘	
沉积物毒性	鱼的化学污染物	水体和沉积物中的化学污染物	稳定性同位素	农业害虫密度	树木年代学：乔木和灌木		景观和生境指标：关键地理要素的丰度或密度、生境的自然结构与线性分类、生境比例（地面覆被类型）、镶块体大小和周长、面积比、分维、蔓延度或生境镶嵌度、网络连接性的 a 指标、格局多样性指数
沉积物中的化学污染物	水体和沉积物毒性	水文期	植物体中的碳水化合物和次生化学生成物	地衣和苔藓、三叶草、蚯蚓的生物量测定	地衣和隐花植物的物种组成与丰度		
水透明度	单位容积水体中的细菌	生物测定	生物测定（苔藓和地衣）	灌溉水的数量和质量	鼠洞冢记录		
水体毒性	鱼类的外观病理学	生物体中的化学污染物		土壤生产力指标	孢粉记录		
鱼虾中的化学污染物	常规水化学 自然生境质量				叶化学 土壤理化性质 河岸范围		

对于监测指标方案的评价工作分为三个阶段。第一个阶段为研究指标的确定：①允许值、可能值和期望值的范围；②采样单元观测数据的时空变异性；③可靠性和信息量；④实用性或决定生态状况的灵敏性；⑤适当的重要指标期限。第二个阶段对有限的地理区域进行抽样，收集具体指标资料，进行成本有效性分析，建立亚标准态实际阈值。第三个阶段是在一个完整地区对发展指标进行抽样调查。

EMAP 的采样设计是基于概率论原理来选择点位，具体采用系统三角形网格法，每个采样单元为六边形，面积约 $40km^2$。随机布点，以有利于进行无偏差的统计分析处理，同时保持足够的灵活性，可通过改变网格密度适应各种特殊情况。EMAP 监测的周期为 4 年，每年观察一部分采样点子集。

首先，由于 EMAP 是按照生态系统类型进行的评估，每个类型的生态系统指标都有所不同，必然造成评价指标的复杂性和多样性；其次，不同评价指标的各个级别的阈值需要抽样统计，容易带来某些特殊变化的抵消或掩盖；第三，多数指标需要长期的生态环境观测，评估时间周期较长。

二、美国国家生态指标

美国的长期生态监测工作起步较早，已经开发并应用了大量的生态指标，但是这些指标不能评估整个美国的生态系统状态和变化趋势，也无从指导全国环境政策的制定。为此，美国国家科学研究委员会（National Research Council，NRC）建立了一个水生陆生环境监测评估指标委员会来研究制定一套能够为公众和决策者提供全美生态系统状态总体信息的生态指标，并且这些指标还必须能够阐明在自然或人为压力下生态系统将会如何变化。2000 年出版的美国国家生态指标研究报告（简称“NRC 报告”）认为物理环境指标（如全球平均温度、大气 CO_2 浓度等）已经引起了政策制定者们的注意。因而，NRC 报告主要关注整个美国的生态系统，更强调发展能反映生态过程和状态的指标。

NRC 报告是在美国长期生态学研究和生态系统监测的理论和实践的基础上形成的，它注重指标的理论基础和选择标准，倾向于制定一套数量较少但有影响力的指标来报道全国的生态状况。为了得到一个令人满意的生态指标体系，美国 NRC 水生陆生环境监测评估指标委员会认为，指标的选择必须考虑如下因素：①重要性，指标反映了重要生态过程和生物化学过程的变化；②科学性，指标必须基于一个普遍接受的科学原理或概念模型；③可靠性；④指标能够监测适当时空尺度上的生态系统状态变化；⑤具有明确的统计学意义；⑥数据需求，度量该指标需要什么样的数据和多大的数据量；⑦对数据收集和整理的技术需求；⑧数据质量；⑨数据存档，保证当计算方法或模型改进时能够重新计算所有时间序列上的指标；⑩指标对已知的干扰不敏感；⑪国际兼容性（通用性）；⑫成本效益。

2000 年的 NRC 报告确定了生态系统的范围和状态、生态资本、生态功能 3 类生态信息，具体见表 2.1－2。

表 2.1－2　　NRC 报告公布的国家生态指标

<table>
<tr><th colspan="2">生态信息类别</th><th>推荐指标</th><th>选取理由</th></tr>
<tr><td colspan="2">生态系统的范围和状态</td><td>土地覆被与土地利用*</td><td>计算其他指标时需要，反映不同类型生态系统的整体范围</td></tr>
<tr><td rowspan="4">生态资本</td><td rowspan="2">生物原材料</td><td>总物种多样性</td><td>测量国家生物资源（现在的，相对于预期的）</td></tr>
<tr><td>本地物种多样性</td><td>测定本地生物多样性总量</td></tr>
<tr><td rowspan="2">非生物原材料</td><td>养分流失</td><td>养分总流失的评价指标。养分流失主要影响到水分的获取</td></tr>
<tr><td>土壤有机质*</td><td>衡量土壤状况的单一指标，与土壤侵蚀有关</td></tr>
<tr><td colspan="2" rowspan="6">生态功能</td><td>生产力，包括碳储量、NPP 和生产能力</td><td>固定或截留在一个生态系统内的碳储量的直接反映（NEP），进入生态系统中的能量和碳，以及生态系统捕获能量的能力</td></tr>
<tr><td>湖泊营养状态</td><td>衡量湖泊提供产品和服务能力的直接反映</td></tr>
<tr><td>溪流中氧浓度</td><td>保持溪流中初级生产与呼吸之间的平衡</td></tr>
<tr><td>土壤有机质*</td><td>反映土壤质量和生产力的最为重要的指标</td></tr>
<tr><td>养分利用效率和养分平衡</td><td>养分的无效利用不仅浪费财力，而且损害排放养分的生态系统</td></tr>
<tr><td>土地利用*</td><td>提供生态系统功能的信息</td></tr>
</table>

*　表示该指标出现在多个类别中。

NRC 所采用的国家生态指标，由于所包含的指标数量少，也就无须进行指标的集成。而且这些指标大部分都独立于具体的生态系统，比较容易进行空间综合。从理论上而言，NRC 报告推荐的指标可以很好地反映生态的状态和变化趋势，但是 NRC 报告没有应用所选择的指标来真正评估全美国的生态系统状况，因为很难评估这些指标在实践中的表现。虽然 NRC 报告的初衷是为公众和决策者提供全美生态系统状态的信息，但是它所制定的指标体系并没有经过广泛的外部评估，公众和决策者的参与程度不高，这限制了公众和决策者对该指标体系的认可程度。另外，NRC报告所确定的指标体系没有将生态系统与社会经济系统联系起来，因而难以在决策上真正发挥作用。

三、美国生态系统状态评估

美国生态系统状态评估是为了综合已有的生态系统长期监测数据，为建立一套生态指标来监测和评估生态系统的状态和变化趋势，为制定合理的生态与环境政策提供科学依据。1995年，美国白宫科学与技术政策办公室（White House Office of Science and Technology Policy，OSTP）要求海因茨中心（Heinz Center）撰写一份没有党派偏见的、客观的国家环境状况报告，并建议重点关注生态系统。1997年，海因茨中心建立了一个工作委员会开始工作，其目标是用一个相对固定的方法对美国的生态系统状况和趋势定期进行评估并出版相关报告。经过广泛的外部咨询后，《美国生态系统的状态》（也称“海因茨报告”，*Heinz's Report*）第一期于2002年发布，并于2008年发布了第二期。它包括了近2/3指标的新数据以及新修订和建立的新指标。

海因茨报告的目标是给土地、水和生物等资源“号脉”（take the pulse），提供高质量的、公正的、科学的、大众能够理解的、定期的美国生态系统状态报告。因此，它制定了一套系统的指标体系来描述各类生态系统的客观状态，而不对生态系统状况的好坏作出评价，也不提供任何政策或行动建议。其基本思路如下：

（1）采用土地覆被的方式将全美划分成6类生态系统（海岸与海洋生态系统、森林生态系统、淡水湿地生态系统、草地和灌丛生态系统、城市与郊区生态系统、农田生态系统），划分的原则是确保能够覆盖整个美国国土，同时还要考虑景观的完整性。

（2）从系统规模、物理化学条件、生物组成和人类利用4个方面来选取指标描述各类生态系统，具体见表2.1-3。

表2.1-3　美国生态系统状态评估的指标体系

类型	系统规模	物理化学条件	生物组成	人类利用
国家核心指标（10个）	生态系统范围***	N的迁移****	濒危本地物种***	食物和纤维的产量以及取水量****
			动植物群落环境*	户外娱乐***
	破碎化和景观格局*	化学污染物***	植物生长指数****	自然生态系统服务*

续表

类型	系统规模	物理化学条件	生物组成	人类利用
农田生态系统（18个）	耕地面积****	农区河流和地下水的N含量****	农区动物物种情况*	主要作物产量****
		农区河流的P含量****		
		农区河流和地下水中杀虫剂的含量****		
	农田景观****		农区本地植被*	农业投入和产出****
	农田景观破碎化**	土壤有机质**	土壤生物状态**	农产品的货币价值****
		土壤侵蚀****		
	农田景观中自然斑块的形状**	土壤盐分**	溪流生境质量*	农场娱乐**
森林生态系统（15个）	森林面积和产权****	林区河流的N含量****	濒危的本地物种***	原木采伐量****
			外来植物的面积**	
	森林类型****		林龄***	原木生长和采伐****
	森林管理方式****	碳储量**	森林干扰****	
			火灾频率**	森林娱乐**
	格局与破碎度***		面积锐减的森林群落**	
淡水/湿地生态系统（15个）	水域/湿地面积***	湖泊、水库和大河中的P含量***	濒危的本土物种***	取水量****
			外来物种***	
		河流流量变化****	动物死亡与畸形***	地下水位**
	改造过的湿地面积***	水体透明度**	淡水动物群落状态**	水传播的人类疾病的暴发****
			濒危淡水植物群落***	水上娱乐活动**
			溪流栖息地质量*	
海岸和海洋生态系统（16个）	沿海生物生境***	低氧区面积**	濒危本地海洋物种**	渔业（鱼和贝类）捕获量****
			外来物种*	
		沉积物底部的污染物***	海洋生物异常死亡数量***	重要鱼类资源状况***
	海岸线类型***	海岸侵蚀**	有害的海藻暴发频率和强度*	鱼和贝类中的特定污染物**
		海水表面温度****	海底栖息动物状况***	娱乐水域水质**
			叶绿素浓度***	

续表

类型	系统规模	物理化学条件	生物组成	人类利用
草地和灌丛生态系统（14个）	草地/灌木地面积****	地下水中硝酸盐含量**	濒危本地物种***	牲畜产量****
		碳储量**	外来物种比例**	
	土地利用***	干季时溪流与大河的数量和持续时间****	攻击性与非攻击性鸟类的种群趋势****	
		浅层地下水深度**	火灾频率指数**	草地/灌木林地游憩活动**
	草地/灌木斑块面积和大小**		河岸状态*	
城市与郊区生态系统（15个）	城市/郊区面积****	城市/郊区溪流中硝酸盐含量****	物种状态**	每位居民到开放空间的可达性**
	郊区/农村土地利用变化*	城市/郊区溪流中P含量****		
	森林、草地、灌木和湿地斑块****	空气质量（臭氧）****	破坏性物种**	
	硬化地表总面积**	化学污染物***		自然生态系统服务*
	溪流岸边植被*	城市热岛效应*	城市/郊区溪流中动物群落**	

*表示缺乏其具体指标，**表示数据状态未知，***表示部分数据可以获得，****表示所需数据完全能够获得。

（3）对指标进行量化，并绘制成空间分布图或随时间变化的趋势图。

虽然海因茨报告并没有对生态系统的状况作出评价，但是在指标量化时遵循了以下3个要求：①力图刻画从1950年以来各种指标的变化趋势；②在区域的基础上进行数据展示，便于用户进行区域比较；③与广为接受的参照标准进行比较。这样，读者自己通过简单的对比就能大致看出美国生态系统的变化趋势。

为了满足进行滚动评估的需要，所选取的指标必须符合3个数据方面的要求：①数据质量要高，能对生态系统的状态进行科学的、可信的描述；②数据必须覆盖足够大的地理区域，以便能够反映整个国家生态系统的状态；③数据必须来源于已经建成的监测系统，以确保数据获取的持续性。

虽然海因茨报告对指标的数据基础提出了具体要求，但是该报告选取的103个指标是基于刻画生态系统状态的需求，而不是因为相关的数据恰好能够获得。因此，在这103个指标中，只有56%（58个）的指标有足够的数据支持可以对生态系统进行全国性的描述，30%（31个）的指标缺乏足够的数据，14%（14个）的指标还没有发展出有效的测量方法。也正是由于缺乏足够的数据来量化所有的指标，因此，目前还无法全面报道美国生态系统的重要特征。

为此，海因茨报告采取了“三步走”的策略：第一步先表示出生态系统的规模（如森林面积越大提供服务也越多）；第二步报道生态系统的状态与趋势（如土壤侵蚀严重会降低生产力）；第三步对一些生态系统服务进行量化（如粮食、纤维和水）。这种策略是一种不得已的折中，但是读者可以根据指标的变化趋势来衡量美国生态系统所提供的服务是趋于提高还是趋于降低。

海因茨报告认识到了将生态系统与社会经济系统联系起来的重要性，试图通过量化相关的生态系统服务来反映生态系统对人类福祉的贡献，但是除食物、纤维、水等物质性产品外，其他非物质性服务的量化是非常困难的。这种困难不仅表现在测定方法缺乏，而且在科学认识上也很难达成一致。此外，海因茨报告没有将众多的指标集成为一个或几个综合性指数，公众和决策者无法迅速从中了解到美国生态系统的整体状况。但是海因茨报告单独列出了10个国家核心指标来弥补这一缺陷。虽然海因茨报告没有关注导致生态系统变化的原因，不能直接服务于管理决策，但是它建立了一个能科学、客观反映美国生态系统状态的指标体系，这为后续政策制定提供了科学基础。

第二节 英国环境变化网络

英国是一个人口集中、城市化水平高、农业集约化程度高、经济持续增长的国家，其发展面临着一系列问题，例如景观大多已被人类活动所改造，多种驱动力和压力导致了其生物多样性降低。对环境变化带来的影响进行预测和管理是必不可少的。当前的研究重点主要是通过长期生态系统研究来了解、预测和管理这些变化以及相互作用，同时根据长期积累的科学数据和科学知识，建立定量模型来预测未来变化，为生态系统管理和政策制定提供信息支持。英国环境变化网络（Environmental Change Network，ECN）是开展该类研究的主要平台。

ECN建立于1992年，由14个组织共同发起，现有9个研究中心、54个陆地和淡水生态系统站（其中陆地生态系统站12个，淡水生态系统站42个），260个长期试验和过程研究点，其监测与研究的重点见表2.1－4。

英国建立ECN的主要目标如下：

（1）在英国选取、建立并维持一批网络综合监测站点，监测具有重要环境意义的诸多指标，获得可比较的长期数据。

表 2.1-4　ECN 主要监测指标

监测类型	要素	指标	采集方式
陆地生态监测	气象	自动气象观测：平均太阳辐射、平均净辐射、湿球平均温度、干球平均温度、平均风速、平均风向、总降水量、天空反射辐射、地面反射辐射、10cm 的土壤温度、30cm 的土壤温度、土壤表层总湿度、平均土壤水势	每 5s 测定一次，汇总成每小时的数据
		人工气象观测：干球温度、湿球温度、最高温度、最低温度、草地的最低温度、10cm 的土壤温度、20cm 的土壤温度、30cm 的土壤温度、50cm 的土壤温度、1m 的土壤温度、降雪量、降雨量、风速、日照时间	每天测定 14 个指标
	大气化学	二氧化氮（NO_2）	每 2 周分析 1 次
	降水化学	pH、传导率、碱度、钠含量、钾含量、钙含量、镁含量、铁含量、铝含量、$PO_4^{3-}-P$、NH_4^+-N、NO_3^--N、氯含量、$SO_4^{2-}-S$	每周分析降水中 14 个化学指标
	地表水的排放、化学和质量	pH、传导率、碱度、钠含量、钾含量、钙含量、镁含量、铁含量、铝含量、$PO_4^{3-}-P$、NH_4^+-N、NO_3^--N、氯含量、$SO_4^{2-}-S$、可溶性有机碳	连续观测地表水排放，汇总每 15min 的数据；每周采取浸沾取样法分析水化学指标
	土壤溶液化学	pH、传导率、碱度、钠含量、钾含量、钙含量、镁含量、铁含量、铝含量、$PO_4^{3-}-P$、NH_4^+-N、NO_3^--N、氯含量、$SO_4^{2-}-S$、可溶性有机碳	每 2 周在土壤的 A 层和 B 层底部取样，监测 15 个化学指标
	土壤性质	土层深度和厚度、坡度/坡向、海拔、土地利用、土层深度、粒径分析、土壤矿物、容重、土壤失水率、土壤温度、pH、交换性酸、交换性钠、交换性钾、交换性钙、交换性镁、交换性锰、交换性铝、全氮、全磷、全硫、有机总碳、无机总碳、总铅、总锌、总钙、总铜、总汞、总钴、总钼、总砷、总铬、总镍、可提取性铁、可提取性铝、可提取性磷	首先进行普查，比例尺为 1：10000 或 1：25000；指标分 5 年监测 1 次和 20 年监测 1 次

续表

监测类型	要素	指标	采集方式
陆地生态监测	植被	基本概况、植被类型、物种等	抽取不低于500个大小为2m×2m的样地，进行基本概况调查、物种及相关全国植被分类调查；每9年1次随机抽取50个样地（2m×2m），在每个样地内又分成25个大小为40cm×40cm的样格，调查样格内的物种。若样地为林地，在其周围设置10m×10m样地，调查幼苗、胸径、高度和优势度；每3年1次在每种植被类型中随机抽取不少于2个样地，调查每个样格的物种。调查其他线性特征、永久性草地和谷类植物
	脊椎动物	鸟类、兔和鹿、蝙蝠	监测鸟类年均数量、兔和鹿在样带上的移动次数、蝙蝠在样带上的物种分布及行为
	无脊椎动物	蛾、蝴蝶、沫蝉、地下食肉动物	每晚蛾的数量；每2周1次观测蝴蝶数量；每年沫蝉的幼体密度和成年颜色形态；每2周1次观测地下食肉动物（甲虫和蜘蛛）的数量
	立地管理	经营活动	记录立地的经营活动
淡水生态监测	地表水化学与水质	pH、悬浮物、温度、传导率、溶解氧、NH_4^+-N、总氮、NO_3^--N、NO_2^--N、$CaCO_3$、氯化物、有机总碳、微粒有机碳、BOD、总磷、微粒磷、PO_4^--P、硅酸盐、$SO_4^{2-}-S$、溶解钠和总钠、溶解钾和总钾、溶解钙和总钙、溶解镁和总镁、不稳性铝和总铝、溶解锡和总锡、溶解锰和总锰、溶解铁和总铁、溶解钒和总钒、溶解汞和总汞、溶解铜和总铜、溶解锌和总锌、溶解镉和总镉、溶解铅和总铅、总砷	在某些台站连续监测pH、温度、传导率和混浊度；监测湖泊的温度与溶解氧的垂直剖面规律
	地表水排放	排放量	监测河水的每个断面的排放量
	大型无脊椎动物	物种、丰富度及其受损状况	每年3次
	水生大型植物	物种、丰富度及其分布	河流每年1次，湖泊每2年1次
	浮游动物	物种及其丰富度	每2周1次
	浮游植物	物种及其丰富度、叶绿素a	每2周1次，监测湖泊中浮游植物的物种及其丰富度；河流每周1次、湖泊每周2次监测叶绿素a
	石头上的硅藻	硅藻	每年3次对河流和湖泊取样并保存

（2）对监测的数据进行综合和分析，揭示出自然或人为导致的环境变化，探索这些变化的原因。

（3）数据、信息和研究成果应用于科学、政治和公共领域，并通过分析数据来发现和预测未来的环境变化。其核心研究领域包括气候变化、大气污染、土地利用改变、水资源、生物多样性、土壤质量等。

ECN由多个发起组织派代表组成的ECN科学指导委员会，负责政策制定和经费筹集。统计与技术顾问组审议技术发展与数据分析。中央协调部负责网络的协调。此外，ECN与英国其他相关网络及欧洲和全球性的相关网络进行了联网。比如，ECN已通过签订协议的方式与英国其他部门的各种网络进行了联网（表2.1-5），这为开展新的监测和研究计划打下了良好的基础。例如，ECN各试验站已与英国环境、运输和区域部（Department of the Environment，Transport and the Regions，DETR）的氨监测网络进行了合作。DETR已资助ECN各试验站开展了每年一次的植被变化监测，以提供与植被变化有关的气候信息。这项工作将有助于对旨在调查英国乡村近况的“2000年乡村调查”计划所收集的数据进行解释。

表2.1-5　与ECN联网的其他监测网络及其主办单位

监测网络或计划	主办单位
酸雨监测网络	DETR
空气监测网	DETR
氨监测网	DETR
河流质量生物学监测计划	英格兰、苏格兰、威尔士及北爱尔兰环境署
蝴蝶监测计划	英国陆地生态研究所
河流质量化学研究计划	英格兰、苏格兰、威尔士及北爱尔兰环境署
普通鸟类调查计划1990—2000年	不列颠鸟类公司
乡村调查计划1990—2000年	DETR、英国陆地生态研究所
森林健康研究计划	英国森林委员会
GB协调水监测计划	DETR
气象署天气观测站网络	英国气象署
MICRONET网络	英格兰农业、环境和鱼类开发署
英国植被分类计划	兰卡斯特大学
河流生境调查计划	英格兰、苏格兰、威尔士及北爱尔兰环境署
洛桑昆虫调查计划	英国洛桑研究所
土壤调查计划	土壤调查土地研究所/Macaulay土地利用研究所/北爱尔兰农业署
土壤有机碳监测网	英国洛桑实验站和陆地生态研究所

在欧洲范围内，ECN已与芬兰研究所和匈牙利科学院联合，在全球变化研究欧洲网络的资助下开展了一项欧洲的预研究活动。通过建立陆地系统长期监测综合网络为全欧洲试验站网络的建立提供一种框架，以满足全球用户对信息和政策的需求。ECN作为正在发展中的欧洲试验网络的起点，首先确定欧洲环境署（European Environment Agency，EEA）、全球陆地观测系统（Global Terrestrial Observing System，GTOS）及地球观测中心（Centre for Earth Observation，CEO）等最具代表性用户的需求。另外，为了促进各试验站和各用户间的合作，还将建立信息网络，加入欧洲森林研究网络。

在全球范围内，ECN已加入了GTOS下属的全球陆地监测网络。全球陆地监测网络主要负责协调世界上各陆地观测网络的活动，着重解决诸如数据存取和统一监测之类的问题。

英国环境监测网络在监测和研究本国生态环境现状及未来变化趋势、揭示一些重要的长期生态学问题方面取得了重要成果，并已应用于国家资源、环境管理政策的制定和实施。

第三节　全球生态环境状况评估

一、千年生态系统评估（MA）

1998年起在联合国与世界气象组织的支持下，数千名科学家共同努力，成功地向国际社会证明了气候变化的实际情况，生态系统深受人类活动影响，出现了如森林减少、草原退化、干旱洪涝和各种污染，对地球生命的生存构成巨大威胁。为此，在联合国有关机构以及世界银行、全球环境基金会等机构支持下，经部分著名学者酝酿，制定了新千年生态系统评估方案（Millennium Ecosystem Assessment，MA），并于2001年世界环境日（6月5日）正式启动。

MA的宗旨是为实现可持续发展而改善人类对生态系统的管理能力，其途径是将现有的生态学方面数据和各种信息进行综合和集成，提供给相关部门，直接为决策过程服务。MA的核心工作包括：①对生态系统的现状进行评估，以了解人们对各区域生态系统的利用情况以及人类对生态系统造成的压力，阐明生态系统的现状与它们自1990年以来的变化；②预测今后几十年在人口增加、经济增长、技术进步及气候变化等驱动力的作用下生态系统的未来变化情景，以及生态系统的未来变化对经济发展和人类健康造成的影响；③为有效管理生态系统提供的各类产品和服务，提出改进生态系统管理工作应采取的各种对策；④在一些重要地区启动若干个区域性生态系统评估计划，为该地区生态系统管理服务。

MA 特别关注生态系统服务与人类福祉之间的关系，在其概念框架（图 2.1－1）中，生态系统服务是评估的核心工作。MA 认为人类与生态系统之间存在一种动态的相互作用：一方面，人类的干预直接或间接影响着生态系统；另一方面，生态系统的变化又引起人类福祉的变化。MA 的概念框架立足于 3 个方面内容：①分析生态系统变化的驱动力，尤其关注人类活动的影响；②确定和评价影响人类福祉的生态系统服务；③当增强一种生态系统服务会减少其他生态系统服务时，如何在不同生态系统服务之间进行权衡。

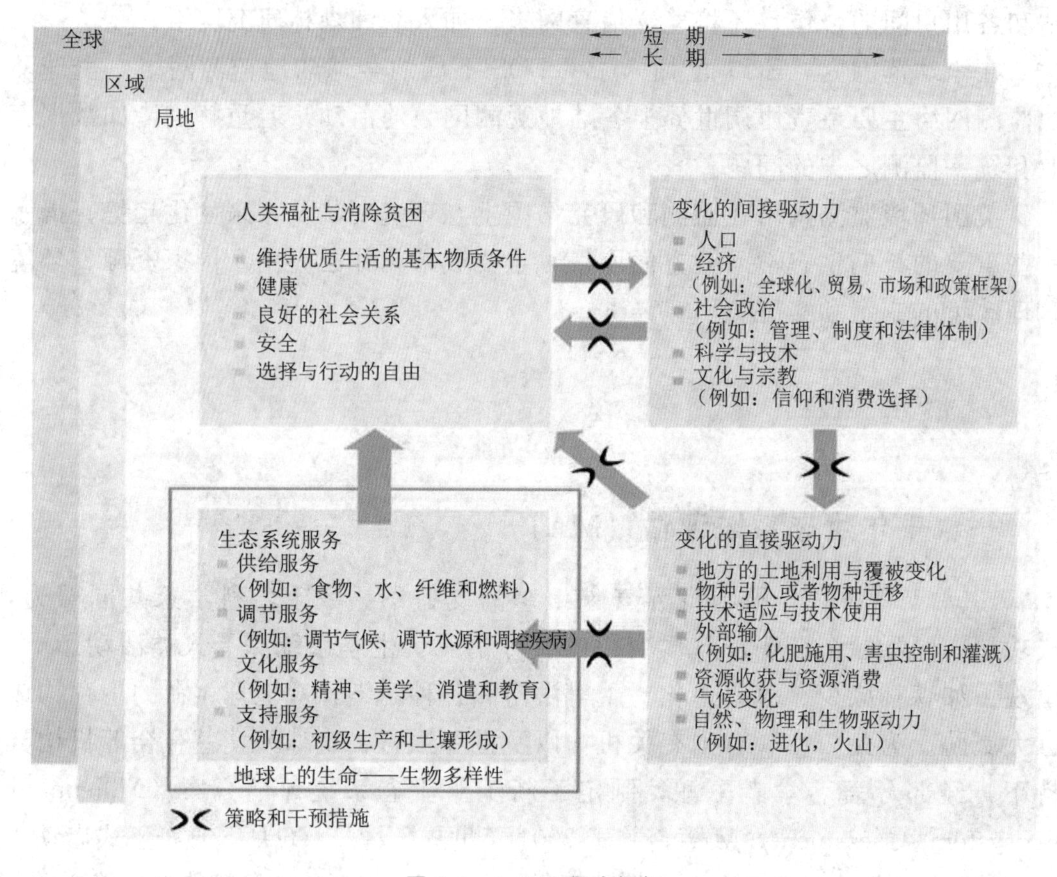

图 2.1－1　MA 概念框架

MA 是首次在全球范围内对生态系统及其对人类福祉的影响进行的多尺度综合评估，它为决策者提供了可靠的关于地球生态系统变化的信息，为政策干预提供了可能。MA 还为后继评估提供了一个参考基准（表 2.1－6），这个参考基准不仅可以用于评估生态系统的变化，而且可以用于评价生态与环境政策和行动的成败。MA 的提出标志着人类社会对可持续发展战略的认识和实施已经进入到一个新的阶段，也标志着生态学的发展进入到一个在各个时空尺度上将生态学理论和研究成果应用到改善生态系统管理的实践中，进而促进社会经济可持续发展的新阶段，并引起了我国政府和有关机构的高度重视。

表 2.1-6　MA 建议的生态服务分类指标

服务类别	指标解释	具体指标
供给服务	生态系统提供的产品	食物
		洁净水
		薪柴
		纤维
		生物药品
		基因资源
调节服务	生态系统过程调节所获取的益处	气候调节
		疾病控制
		水文调节
		水质净化
		传粉
支持服务	支持其他生态服务生产的益处	土壤形成
		养分循环
		初级生产
文化服务	生态系统服务的非市场部分	精神宗教
		景观旅游
		美学
		激励
		教育
		归属感
		文化遗产

二、全球环境展望（GEO）

为了响应《21 世纪议程》对环境报道的要求和 1995 年 5 月联合国环境规划署理事会（UNEP Governing Council）的要求，UNEP 启动了全球环境展望项目［Global Environment Outlook（GEO）Project］，其目的是分析环境变化及其原因、影响和政策响应。GEO 试图回答如下 5 个基本问题：

（1）环境发生了何种变化，其原因是什么？

（2）环境变化对环境自身和人类的影响是什么？

（3）已经采取了哪些措施，这些措施的效果如何？

（4）我们的道路正通向何方？

（5）为了实现更可持续的未来应当采取什么行动？

截至2018年，GEO共发布了5期，第一期GEO－1于1997年发布，随后于1999年发布了GEO－2000，2002年发布了GEO－3，2007年发布了GEO－4，2012年发布了GEO－5。

GEO是一个评估全球环境和报道环境状态、趋势和未来展望的多利益相关方参与的咨询过程，同时它也是一份为决策者提供环境信息的系列报告。GEO进行的是一种跨部门的、带有磋商与共享性质的不定期的全球环境评价，其内容、目标和进程也都是通过一系列的多利益相关方协商会议确定的。

GEO从1997年发布第一期开始，其关注的内容不断丰富，其关注的问题已经包含了物理环境、生态系统和人类福祉等多个方面，如大气、水、土地、森林、生物多样性、气候变化等。为了展示全球和区域范围内环境发展的总体趋势，反映人类对地球进行可持续管理的总体轮廓，GEO结合联合国制定的千年发展目标，每年选择十余个指标来反映大气、自然灾害、森林、生物多样性、沿海和海洋地区、淡水、城市地区和全球环境管理等方面的内容。

尽管GEO选择的具体指标每年略有不同，但是GEO的指标为决策者们在进行国家、区域以及全球层面的决策提供了有力支持，同时也为广大公众提供了简化且集中的信息。

同时，GEO的分析方法和理论框架也不断更新，GEO－3开始引入情景分析法来预测未来环境状况，GEO－4重新分析了人类社会与环境的关系并结合了欧洲环境署提出的驱动力-压力-状态-影响-响应概念模型，构建出了全新的概念性框架。这个概念性框架充分吸收了当前生态学研究的成果，从生态系统服务的角度将环境/生态系统与人类福祉联系起来，这样不仅可以确定导致环境变化的原因，还可以反映环境政策的效果，服务于后续环境政策的制定。2012年6月发布了GEO－5，评估了世界上最重要的90个环境目标的完成情况，发现只有4个目标取得了重大进展。与中国有关的研究结果主要有：①城市发展导致洁净水资源不断减少；②为改善环境足迹，中国需要将生产效率提高2.9%；③中国的煤炭生产在2008—2009年增长了16%，在全世界30.5亿t煤炭生产总量中占比达44%；④同2005年相比，到2030年与运输相关的CO_2排放预计增长57%，其中，中国和印度的排放量将超过一半。

但是，鉴于生态系统服务和人类福祉在定量上的困难，目前GEO对生态系统服务和人类福祉的评估仍很薄弱。

三、生态环境监测评估典型案例

国家尺度生态环境监测评估典型案例比较见表2.1－7。

表 2.1－7 国家尺度生态环境监测评估典型案例比较

案例名称	提出背景	评价指标	技术方法	优缺点
加拿大国家生态区划框架	20 世纪六七十年代，生态系统生态学成为主流，建立一个普适的生态系统区划框架受到重视	按照不同地域生态学特征选取指标，包括气候、地形、地质、植被、土壤、水和动物群等	参照土地生态分类方法，划分为生态地带、生态地区、生态区、生态省等不同等级单元	将加拿大的 6 个生态区单独地呈现出来，但因提供的数据有限，未详细描述
美国环境监测与评价项目（EMAP）	满足全国生态状况评价需求，监测生态状况和发展趋势，预警污染物危害程度	109 项指标，包括 26 项水域指标，森林、湿地、农田各 11 项指标，18 项干旱地区指标，22 项与多资源系统有关的指标，10 项大气圈胁迫因子指标	首先，对每个指标确定允许值、可能值和期望值；其次，对有限地理区域进行抽样，建立亚标准态阈值；最后在一个完整地区对指标进行抽样调查	有利于从区域和国家尺度评价生态资源状况，并监测长期发展趋势；但由于指标复杂而需要长期动态生态观测
美国国家生态指标	研究制定一套为公众和决策者提供全美生态系统状态总体信息的生态指标，并且这些指标还必须能够阐明在自然或人为压力下生态系统将会如何变化	生态系统范围和状态、生态资产、生态功能 3 类共 13 个生态指标	NRC 所采用的国家生态指标，由于所包含的指标数量少，也就无须进行指标的集成，仅需要对各项指标进行监测值与标准值的对照	13 个生态指标大部分独立于具体生态系统，容易空间综合。但未经过外部评估，公众和决策者参与程度不高；指标体系未将生态系统与社会经济系统联系起来，难在决策上发挥作用
美国生态系统状态评估	通过建立一套生态指标来监测和评估生态系统的状态和变化趋势，以综合已有的生态系统长期监测数据，同时为合理制定生态环境政策提供科学依据	海岸带与海洋、森林、淡水、草地与灌丛、城市与郊区、农田等 6 类生态系统，系统规模、物理化学条件、生物成分和人类利用 4 个方面共 103 个指标	对指标进行量化，并绘制成空间分布图或随时间变化趋势图。力图刻画从 1950 年以来各种指标的变化趋势；在区域的基础上进行数据展示，便于用户进行区域比较；与广为接受的参照标准进行比较	试图量化生态系统服务，反映生态系统对人类福祉的贡献，但是非物质性服务量化非常困难；未将指标集成综合性指数，公众和决策者无法了解到生态系统整体状况。但建立了一个科学客观反映生态系统状态的指标体系，为后续政策制定提供了科学基础
千年生态系统评估	在全球气候变化背景下，生态系统深受人类活动影响，出现了如森林减少、草原退化、干旱洪涝和各种污染，对地球生命的生存构成巨大威胁	关注生态系统服务与人类福祉之间的关系，生态系统服务是评估的核心工作。主要分为供给服务、调节服务、支持服务和文化服务，每个类别下面又划分为不同指标	尽管目前生态系统服务价值评估的方法较多，如市场价值法、防护费用法、替代成本法、旅行费用法、享乐价值法、机会成本法、条件价值法等，但是最终归结为 3 种类型：实际市场、替代市场和假想市场	MA 生态服务评估方法直接将生态系统与人类福祉联系在一起，使公众更加直观地认识到生态保护的重要性；但是，有些生态服务并非通过价值就能完全体现，而且现在的技术条件还不足以准确合理地进行生态服务定价
英国环境监测网络	英国发展面临着一系列环境问题，为预测和管理环境变化带来的影响，通过长期生态系统研究，以理解、预测和管理这些变化及相互作用，同时根据长期积累的科学数据和科学知识，建立定量模型、预测未来变化，为生态系统管理和政策制定提供信息支持	现有研究中心 9 个，陆地和淡水生态系统站 54 个（其中陆地生态系统站 12 个），具有不同监测目的与研究重点的长期试验和过程研究点 260 个	由多个发起组织派代表组成的 ECN 科学指导委员会，负责政策制定和经费筹集；统计与技术顾问组审议技术发展与数据分析；中央协调部负责网络的协调；此外，ECN 与英国其他相关网络及欧洲和全球性的相关网络进行了联网	ECN 是欧洲多个生态监测站点联合的网络组织，有效进行了监测数据的共享和联动。不过，ECN 监测网络由于各地实际情况不同，同样遇到监测标准、方法以及时间频度不统一的情况

第四节　经验借鉴与启示

首先，合理的概念性评估框架是生态系统评估的核心支柱。概念性评估框架体现了生态系统评估的理论基础、评估内容与服务对象。GEO和MA都有其合理的概念性评估框架。其中，最具代表性的概念性评估框架，是以生态系统服务为纽带，采用“压力-状态-响应”模型将生态系统和社会经济系统有机地联系起来，以便服务于为后继的政策干预。

其次，完整合适的生态指标是生态系统评估的科学基础和作出客观评估的必要条件，这一点在NRC报告和海因茨报告中体现得最为突出。在生态环境评估活动中，评价指标是必要的，但需要慎重使用：①在使用指标时特别要明确指标服务的目标；②过分依赖指标可能掩盖系统状态的重要变化；③可度量的指标是重要的，但是一般指标的选取更倾向于那些容易数量化的属性而不是生态系统真实状况的反映；④由于历史数据的缺失或理论上的空白，很多指标没有一个可供比较的基准值，缺乏可比性；⑤由于指标具有一定的适用的时空尺度，根据某个或某几个样区的生态数据来推断大范围区域上的生态系统状况时，不可避免地带来不确定性。

此外，由于生态系统的复杂性，大多数生态学现象和过程具有时滞性。这使得人类对生态系统的干扰（包括管理措施）结果需要经过一定时间后才能显现。因此，定期或不定期地连续评估有助于把握生态系统不同阶段的真实状态以及随时间变化的趋势，以相应地调整管理措施。GEO和海因茨报告在启动之初就明确其评估计划的定期或不定期的重复性，MA后来也认识到连续评估的重要性。

生态系统评估的最终目标是满足公众和决策者对生态系统状态信息的需求，改善生态系统管理，实现生态系统的可持续发展。这就要求必须将生态系统与社会经济系统联系起来，让人们认识到生态系统对人类福祉的贡献。MA和GEO充分认识到这一重要性，以生态系统服务为纽带，将生态系统与社会经济系统联系起来，为后续政策干预提供了可能。从MA到GEO-5，生态系统对社会经济发展和人类福祉的重要性得到了越来越多的认可，将生态系统与人类福祉联系起来，将成为生态系统管理的主导理念。

水利工程的生态影响问题，实质上是水利工作中人与自然关系的体现。水利工程建设应当树立科学发展观，按照人与自然和谐相处的理念，正确认识和处理水利工程的生态影响问题，实现水利工程与生态环境协调发展。三峡工程建成后，在防洪、发电、航运等方面具有巨大经济、社会和环境效益，但是同时应该看到，它可能对整个长江流域造成广泛而深远的生态环境影响，尤其是对三峡库区生态环境状况的影响作用巨大。

借鉴国际上重大生态环境状况评估经验，为全面揭示三峡工程建设对生态系统的影响，需要重点从三峡工程建设对陆地生态系统、水生生态和天气气候3个方面开展评估工作。在对陆地生态系统影响中，应重点关注三峡工程建设对库区陆生动植物、土地利用方式及消落带生态系统等方面的影响；在对水生生态系统影响中，需要重点评估三峡工程建设对长江珍稀特有水生动物、鱼类渔业资源、关键生物栖息地以及对洞庭湖、鄱阳湖生物多样性和重要湿地等方面的影响。同时，需要重点关注三峡水库蓄水对库区局地气候的影响，探究强对流活动和强降水的分布及变化特征，解析库区主要地质灾害和短时强降水的关系。

在实际评估过程中，建议采用“压力-状态-响应”模型将生态系统和社会经济系统有机联系起来，根据水陆生态系统不同的生态环境状况组成要素，选用合适的生态环境状况指标和模型，开展三峡库区蓄水前后生态状况的动态评估，并提出三峡库区水陆生态系统利用与保护的措施与建议，以及对气候变化适应性对策。

第　二　章

三峡工程建设对生物多样性的影响

第一节　三峡工程建设前陆生动植物的状况

一、陆生植物分布

结合野外具体情况，并参照中国科学院植物研究所等单位于1984—1990年对三峡库区的植被和植物系统的调查和研究结果，调查范围为三峡库区长江沿岸从江面到海拔200m的区域。调查共发现三峡库区有高等植物182科885属2859种。根据植物种类的统计，植物区系成分中热带成分占30.99％，温带成分占7.13％，东亚成分占26.97％，库区特有成分占0.97％。除中国特有成分外，还有少量的地中海、中亚和世界广布成分。三峡库区内列入《中国珍稀濒危保护植物名录》中的植物有47种，属于一级保护的有4种，二级保护的有21种，三级保护的有22种。

库区地带性植被是以栲、楠为主的常绿阔叶林。由于历史上长期的垦殖，库区的植被已发生巨大变化。在海拔1000m以下的地区，除残存小面积未受人为强烈干扰的植物群落外，几乎难以找到能反映原来面貌的植被类型。三峡库区广泛分布的是马尾松林、柏木林及它们的疏林，还有多种灌丛、草地和农田。

1996—2006年，中国林业科学研究院森林生态环境与保护研究所对库区植被进行了全面系统的调查与总结，按照《中国植被》所划分的植被分类系统与单位，三峡库区共分为7个植被型、20个植被亚型（表2.2-1）。

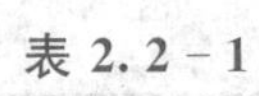

表 2.2-1　　三峡库区植被群系

植被型	植被亚型	群系组	群系
Ⅰ寒温性针叶林	一、寒温性常绿针叶林	（一）云杉、冷杉林	1. 青扦（巫溪）
			2. 巴山冷杉林（巫溪）
Ⅱ温性针叶林	二、温性常绿针叶林	（二）温性松林	3. 油松林（巫溪）
			4. 华山松林（大巴山、石柱）
			5. 巴山榧树林
			6. 巴山松林（大巴山和巫山）
		（三）柳杉林	7. 柳杉林（人工栽培）
Ⅲ暖性针叶林	三、暖性落叶针叶林		8. 日本落叶松
			9. 水杉林（石柱、利川）
	四、暖性常绿针叶林	（四）暖性松林	10. 马尾松
		（五）油杉林	11. 铁尖杉林
		（六）杉木林	12. 杉木林
		（七）柏木林	13. 柏木林
Ⅳ阔叶林	五、典型落叶阔叶林	（八）栎林	14. 麻栎林
			15. 栓皮栎林
			16. 短柄枹树林
			17. 短柄枹树、茅栗林
			18. 槲栎、栓皮栎林
			19. 西南槲树林
			20. 白栎林
	六、山地杨、桦林	（九）山杨林	21. 山杨林
		（十）桦木林、桤木林	22. 红桦林
			23. 红桦、亮叶桦林
			24. 亮叶桦林
			25. 糙皮桦林
			26. 桦、椴、钝叶木姜子林
			27. 桤木林
	七、水青冈林		28. 水青冈林
			29. 亮叶水青冈
			30. 亮叶水青冈、水青冈林
			31. 亮叶水青冈、纷白杜鹃

续表

植被型	植被亚型	群系组	群系
Ⅳ阔叶林	八、栗类林		32. 茅栗林
			33. 茅栗、亮叶桦林
			34. 锥栗林
	九、鹅耳枥林		35. 川陕鹅耳枥
	十、一般落叶阔叶林		36. 化香杂木林
			37. 化香、槲栎林
			38. 四照花林
			39. 珙桐、米心水青冈林
			40. 华中樱桃、刺叶栎林
			41. 连香树、细齿稠李林
			42. 灯台林
			43. 漆树林
			44. 朴树林
			45. 枫香林
			46. 油桐林（人工）
			47. 刺槐林（人工）
	十一、山地落叶、常绿阔叶混交林	（十一）水青冈、常绿阔叶	48. 亮叶水青冈、小叶水青冈
			49. 水青冈、包石栎林
			50. 柯、水青冈林
			51. 曼稠林、化香树林
		（十二）石栎类落叶阔叶	52. 包槲柯、锥栗林
	十二、典型常绿阔叶林	（十三）栲树林	53. 米槠林、甜槠林
			54. 栲树、罗浮栲树
			55. 钩栗、栲树林
			56. 栲树林
			57. 甜槠栲林
			58. 刺果米槠、四川大头茶、华木荷林
			59. 四川大头茶、川灰木林
			60. 巴东栎林
			61. 细叶栲树
			62. 栲树、青冈林
			63. 丝栗林

续表

植被型	植被亚型	群　系　组	群　　系
Ⅳ阔叶林	十二、典型常绿阔叶林	（十四）青冈林	64. 青冈林
			65. 曼青冈、巴东栎林
			66. 青稠（小叶青冈）、圆锥石栎林
			67. 曼稠林
		（十五）润楠林	68. 桢楠、楠木、栲树林
			69. 小果润楠、青冈林
			70. 利川润楠林
		（十六）石栎林	71. 包石栎林
			72. 石栎、杜英林
	十三、山地硬叶栎类林		73. 刺叶栎林
	十四、其他常绿阔叶林		74. 红豆树林
			75. 白毛新木姜子、长蕊杜鹃
			76. 白毛新木姜子、缙云猴欢喜、四川山矾林
Ⅴ竹林	十五、温性竹林	（十七）山地竹林	77. 箬竹林
			78. 箭竹林
			79. 拐棍竹林
			80. 平竹林
	十六、暖性竹林	（十八）丘陵、低山竹林	81. 方竹林
			82. 水竹林
			83. 斑竹林
			84. 苦竹林
			85. 白夹竹林
		（十九）河谷平地竹林	86. 楠竹林
			87. 硬头黄竹林
			88. 刺楠竹林
			89. 慈竹林
Ⅵ灌丛和灌草丛	十七、常绿革叶灌丛	（二十）常绿杜鹃灌丛	90. 粉红杜鹃灌丛
	十八、常绿阔叶灌丛	（二十一）河谷、低地常绿阔叶灌丛	91. 中华蚊母树灌丛
			92. 川灰木黄牛奶灌丛
		（二十二）山地中生落叶阔叶灌丛	93. 毛黄栌灌丛
			94. 白栎灌丛

续表

植被型	植被亚型	群系组	群系
Ⅵ灌丛和灌草丛	十九、落叶阔叶灌丛	（二十三）山地中生落叶阔叶灌丛	95. 盐肤木灌木
			96. 野花椒灌丛
			97. 继木灌丛
			98. 大枝绣球灌丛
			99. 钝叶木姜子灌丛
			100. 刺毛野樱桃灌丛
			101. 山楂灌丛
			102. 球核夹迷灌丛
			103. 水马桑灌丛
			104. 短柄枹栎萌生灌丛
		（二十四）石灰岩山地落叶阔叶灌丛	105. 马桑灌丛
			106. 黄荆灌丛
			107. 马刺灌木
			108. 火棘小果蔷薇灌丛
			109. 鞍叶羊蹄甲、宜昌杭子梢灌丛
			110. 鞍叶羊蹄甲、黄荆灌丛
		（二十五）河谷落叶阔叶灌丛	111. 巫溪叶底珠、黄荆灌丛
			112. 疏花水柏枝、芒灌丛
			113. 地瓜藤灌丛
			114. 秋华柳灌丛
			115. 小叶梾木灌丛
Ⅶ灌草丛	二十、暖性灌草丛	（二十六）禾草灌草丛	116. 拟金茅草丛
			117. 黄茅草丛
			118. 白茅草丛
			119. 金发草草丛
			120. 斑茅草丛
			121. 瘦瘠野谷草草丛
			122. 荻草草丛
			123. 类芦草丛
			124. 茅叶荩草草丛
			125. 双花草草丛
			126. 牛鞭草草丛

续表

植被型	植被亚型	群系组	群系
Ⅶ灌草丛	二十、暖性灌草丛	（二十六）禾草灌草丛	127. 狗牙草草丛
			128. 小颖羊茅草
			129. 香附子草丛
			130. 尼泊尔芒草草丛
			131. 佛子茅草丛
			132. 油草草丛
			133. 芦竹草丛
			134. 苜蓿火绒草草丛
			135. 糙野青茅草丛
		（二十七）蕨类灌草丛	136. 光叶里白草丛
			137. 树蕨草丛
			138. 蕨香菁草丛

二、陆生动物分布

1984年和1985年对三峡库区的陆生脊椎动物进行了全面调查和研究，在三峡库区调查到369个动物种，其中哺乳动物85种、鸟类237种、爬行类27种、两栖类20种。根据动物种类统计，广布种占14.9%，东洋界种占51.5%，古北界种占33.6%。库区共有重点保护动物26种，其中一级保护动物4种、二级保护动物22种，没有发现仅分布于库区的珍稀保护动物。

第二节　三峡工程建设对陆生动植物的影响

一、对陆生植被和植物的影响

根据调查发现，受蓄水淹没的主要有31个群落类型，其中森林类型中有马尾松林、柏木林、桉树林、刺槐林等；灌丛类型主要有荆条灌丛、黄栌灌丛、中华蚊母树灌丛、细叶黄杨灌丛等；草丛类型主要有香附子草丛、扭黄茅草丛、白茅草丛等；农田主要有玉米和水稻。中华蚊母树、细叶黄杨常绿灌丛几乎全部受淹，其他类型尚可在其他相似的生境分布，完全相同组成和结构的植被类型在其他生境不可见。

据统计，建库对植物种类的影响涉及 120 科 358 属 550 种。在每种的绝对数量上，影响最大的是禾本科、菊科、大戟科和蔷薇科。在物种的存在与消亡上受影响最大的是无患子科，该科的 2 个属几乎全部受淹；金缕梅科的中华蚊母树、黄杨科的细叶黄杨、锦葵科的木槿、茜草科的水杨梅、马钱科的醉鱼草、豆科的马鞍叶羊蹄甲、禾本科的巫山类芦和斑茅等植物由于水淹，所受到的影响较大。

凡列入《中国珍稀濒危保护植物名录》且库区有分布的种类，其具体情况为：荷叶铁线蕨是受到严重威胁的植物，裸芸香和川明参是受淹没或施工影响的两种特有植物。

总体上三峡工程对植物物种和珍稀特有植物种的影响，淹没不至于导致物种的灭绝，主要问题是淹没将毁灭一些种的原产地和植株数量。

二、对陆生动物的影响

三峡水库建设对库区陆生脊椎动物的影响有直接和间接两个方面：直接影响是建库淹没了部分动物的生境，由于水库蓄水后水面面积扩大，导致某些不易迁徙的种类个体的减少及与水有关的种群数量的增加；间接影响主要来自人口搬迁后靠移民和对土地垦殖的增加，导致动物栖息环境的破坏。三峡工程建设对陆生脊椎动物的影响主要是对农田草灌类及草灌农田类生境的影响，在水库库岸可能形成一个影响较为严重的地带。

受影响的珍稀种类主要有大鲵、水獭、鸳鸯、雀鹰、红隼、白冠长尾雉、金鸡、穿山甲、猕猴、大灵猫、林麝、毛冠鹿、小灵猫、豹猫等。

第三节　三峡工程建设对生物多样性影响的结论

一、对植物的影响

三峡库区植物种类丰富、起源古老，区系成分复杂，自然环境多样，是古植物区系在渝、黔、湘、鄂交界区的重要避难所。根据原环境保护部（现生态环境部）组织的典型调查结果，库区共有 72 种外来入侵植物，其中有 9 种为恶性外来入侵植物，包括凤眼莲、假高粱、空心莲子草、紫茎泽兰、刺苋、加拿大一枝黄花、落葵薯、马缨丹、土荆芥。其中，空心莲子草分布范围最广，在库区所有区县均有分布；其次为落葵薯和土荆芥，分布于库区绝大部分区县；再次为刺苋和凤眼莲，库区约半数区县有分布。加拿大一枝黄花、紫茎泽兰、假高粱和马缨丹这 4 种仅见于库区个别区县。

1. 对疏花水柏枝和荷叶铁线蕨有一定的影响

三峡工程建设对疏花水柏枝和荷叶铁线蕨有一定的影响，主要原因为：①三峡水库淹没了海拔 175m 以下的原产地，对疏花水柏枝和荷叶铁线蕨的野生生境和种质资源造成破坏；②库区范围内局部气候条件可能发生一定程度的变化，影响到这些植物种类的生长和生存；③移民后靠加剧了对分布于海拔较高处的荷叶铁线蕨的威胁。

2. 对川明参的影响较小

川明参在库区分布的海拔范围为 80～380m，由于淹没影响仅涉及库区海拔 180m 以下的植物，虽然会毁灭一定数量的川明参植株，使川明参个体数量有所减少，但不会使整个库区野生川明参的分布及数量产生较大变化。

3. 森林面积和覆盖率在不断增加

由于长江防护林建设及小流域综合治理工程等项目的实施，以由马尾松、杉木、柏木、栎类等构成的针叶混交林、针阔混交林、常绿阔叶林、灌木林为主的优势种及种群的森林面积、覆盖率在不断增加。

4. 库区生物多样性有所提高

国家在开工建设三峡水利枢纽工程的同时，先后在三峡库区实施了长江流域防护林工程、天然林资源保护工程、退耕还林工程、库周绿化带工程和长江两岸森林工程等重点生态工程。初步建立起以森林植被为主体、林草相结合的国土生态安全体系，培育水源涵养林和水土保持林，增加库区森林面积和其生态系统功能的同时，在一定程度上也提高了库区生物多样性。

二、对动物的影响

1. 库区动物种类有所提高

1997 年记录重庆市库区陆栖野生脊椎动物有 364 种，其中兽类 77 种、鸟类 234 种、爬行类 29 种、两栖类 24 种；湖北省库区仅涉及 4 个区县，文献资料罕见，难以反映该区域动物区系总体概况。

1999—2003 年调查记录（包括整理文献资料）的陆栖野生脊椎动物在三峡库区总计分布有 4 纲 29 目 95 科 285 属 561 种。2004—2012 年调查记录（包括整理文献资料）的三峡库区陆栖野生脊椎动物总计有 4 纲 30 目 109 科 335 属 692 种。

2. 库区重点保护野生动物状况良好

2010 年三峡库区分布国家一级重点保护野生动物 15 种、二级重点保护野生动物 78 种，共计 93 种，占陆栖野生脊椎动物物种总数的 13.44%；中国特有种 113 种，占陆栖野生脊椎动物物种总数的 16.33%；被列入中国物种红色名录（2004 年）濒危等级评估标准近危种（NT）以上等级的物种 118 种，占陆栖野生脊椎动物物种总数的 17.05%；国家级重点保护野生动物、中国特有种，以及被中国物种红色名录（2004 年）和 IUCN（1994—2003 年）濒危等级评估标准列为近危种（NT）以上的物种共计 239 种，占陆栖野生脊椎动物物种总数的 34.54%。

三峡工程建设对生物多样性的影响可能是长期的，进一步加强对库区生态系统和珍稀濒危动植物的监测与保护，开展相关监测与评估工作，是很有必要的。

第　三　章

三峡工程建设对水土流失的影响

第一节　三峡库区水土流失状况

一、面上水土流失变化

三峡库区 20 个区县在全国水土流失分区中均属于西南土石山区，其中 16 个区县属于国家级水土流失重点治理区，4 个区县属于非国家级水土流失重点预防区或重点治理区。

三峡工程建设前的 20 世纪 80 年代，由于人口剧增和社会经济的快速发展，库区生态环境面临着巨大压力和问题。除鄂西三县森林覆盖率较高外，其余各县仅有 7.5%～13.6%，沿江两岸只有 5%左右。森林面积中马尾松纯林占到了 70%，林种、树种结构单一，其保水保土功能不高。

1992 年三峡工程建设前库区轻度以上水土流失面积约为 5.4 万 km^2，大部分属于强烈流失和极强烈流失，三峡库区平均土壤侵蚀模数约为 3700t/(km^2·a)（表 2.3-1）。库区内水土流失形式主要为面蚀、沟蚀和重力侵蚀。库区年均水土流失量达 1.57 亿 t，年入库泥沙量约为 0.4 亿 t。

表 2.3-1　　1992 年三峡工程建设前库区水土流失面积

省(直辖市)	区县	土地面积/km^2	水土流失面积/km^2						轻度以上水土流失面积/km^2	侵蚀模数/[t/(km^2·a)]
			微度	轻度	中度	强烈	极强烈	剧烈		
合计		57609.07	3503.61	12191.78	11804.21	13618.52	13101.15	3389.79	54105.46	3725
湖北	夷陵	3424.00	149.12	1914.33	400.15	617.23	343.16	0.00	3274.88	2232
	秭归	2427.00	52.39	791.01	326.91	317.74	728.22	210.73	2374.61	3922
	兴山	2328.00	243.42	1476.84	91.16	4.60	511.99	0.00	2084.58	2079
	巴东	3353.60	739.18	898.65	279.69	832.09	603.99	0.00	2614.42	2591
	小计	11532.60	1184.11	5080.83	1097.90	1771.67	2187.36	210.73	10348.49	2661

续表

省（直辖市）	区县	土地面积/km²	水土流失面积/km²						轻度以上水土流失面积/km²	侵蚀模数/[t/(km²·a)]
			微度	轻度	中度	强烈	极强烈	剧烈		
重庆	巫山	2957.00	188.03	981.56	529.29	305.19	952.93	0.00	2768.97	3215
	巫溪	4030.00	53.48	938.66	1411.10	747.93	168.30	710.52	3976.52	4039
	奉节	4099.00	496.40	1122.63	293.44	1418.64	767.89	0.00	3602.60	2997
	云阳	3649.00	95.81	706.96	665.37	1456.64	582.94	141.28	3553.19	3683
	万州	3457.00	80.05	456.96	733.35	695.92	1009.01	481.70	3376.95	4718
	开县	3959.00	549.57	276.34	1212.77	892.65	630.26	397.41	3409.43	3850
	忠县	2187.00	4.72	199.64	862.43	862.88	9.03	248.30	2182.28	4013
	石柱	3009.27	519.47	771.86	779.78	512.07	207.21	218.88	2489.80	2855
	丰都	2904.07	54.59	314.16	877.19	999.83	495.27	163.03	2849.48	3976
	涪陵	2941.46	91.72	676.21	852.87	765.16	541.02	14.48	2849.74	3293
	武隆	2901.30	0.00	510.14	692.99	994.99	277.59	425.60	2901.30	4305
	长寿	1423.62	185.66	10.14	155.03	164.16	867.86	40.77	1237.96	4739
	渝北	1325.76	0.00	110.87	61.74	69.57	1083.58	0.00	1325.76	5337
	巴南	1824.60	0.00	9.70	556.17	283.21	638.41	337.10	1824.60	5488
	江津	3219.00	0.00	0.00	761.28	1019.36	1438.37	0.00	3219.00	4657
	主城区	2189.39	0.00	25.14	261.50	658.63	1244.11	0.00	2189.39	4983
	小计	46076.47	2319.50	7110.95	10706.30	11846.86	10913.80	3179.06	43756.97	3991

2002年三峡水库蓄水前，库区轻度以上水土流失面积约为4.1万km²，其中轻度流失面积9984.72km²、中度流失面积17780.41km²、强烈流失面积8698.63km²、极强烈流失面积3230.03km²、剧烈流失面积982.24km²，分别占流失面积的24.6%、43.7%、21.4%、7.9%和2.4%。三峡库区平均土壤侵蚀模数约为2300t/(km²·a)（表2.3-2）。库区年均水土流失量达1.31亿t，年入库泥沙量为0.34亿t。水土流失区主要分布在湖北巴东和重庆巫山、巫溪、奉节、云阳、开县、武隆。经过治理，与1992年相比，三峡水库蓄水前库区水土流失面积减少约1.3万km²，其中轻度流失面积减少2207.06km²、强烈流失面积减少4919.89km²、极强烈流失面积减少9871.12km²、剧烈流失面积减少2407.55km²，而中度流失面积增加了5976.20km²。土壤侵蚀模数约下降1400t/(km²·a)，库区年均水土流失量减少约0.26亿t，入库泥沙减少约0.06亿t。

表 2.3-2 2002 年三峡水库蓄水前库区水土流失面积

省（直辖市）	区县	土地面积/km²	水土流失面积/km²						轻度以上水土流失面积/km²	侵蚀模数/[t/(km²·a)]
			微度	轻度	中度	强烈	极强烈	剧烈		
合计		57609.07	16933.06	9984.72	17780.41	8698.63	3230.03	982.24	40676.01	2284
湖北	夷陵	3424.00	1615.28	966.73	642.38	199.61	0.00	0.00	1808.72	1196
	秭归	2427.00	731.07	980.99	618.54	93.75	2.65	0.00	1695.93	1405
	兴山	2328.00	811.57	1154.61	349.80	11.59	0.42	0.00	1516.43	1055
	巴东	3353.60	995.90	859.09	1076.28	422.14	0.19	0.00	2357.70	1797
	小计	11532.60	4153.82	3961.43	2687.00	727.10	3.26	0.00	7378.78	1386
重庆	巫山	2957.00	−163.55	229.01	1618.78	866.41	326.85	79.51	3120.55	3810
	巫溪	4030.00	−71.42	192.82	1654.14	893.74	836.71	524.01	4101.42	4708
	奉节	4099.00	265.68	312.16	1932.81	1107.06	428.12	53.17	3833.32	3344
	云阳	3649.00	252.94	217.55	1596.68	1116.71	429.21	35.92	3396.06	3418
	万州	3457.00	919.00	510.60	1113.28	716.28	188.10	9.74	2538.00	2364
	开县	3959.00	654.00	299.91	1535.60	897.69	401.44	170.36	3305.00	3226
	忠县	2187.00	778.59	622.52	491.84	256.85	36.87	0.32	1408.41	1621
	石柱	3009.27	1247.10	285.53	968.62	327.22	156.69	24.11	1762.17	1992
	丰都	2904.07	1121.87	420.93	878.61	408.35	68.89	5.43	1782.20	1873
	涪陵	2941.46	1178.41	579.15	859.52	285.05	36.14	3.19	1763.05	1646
	武隆	2901.30	466.04	326.54	1188.02	643.31	215.76	61.63	2435.26	2927
	长寿	1423.62	917.40	313.06	131.60	60.35	1.21	0.00	506.22	833
	渝北	1325.76	773.53	267.77	217.39	62.82	4.24	0.00	552.23	1049
	巴南	1824.60	829.12	514.76	290.52	157.06	29.47	3.67	995.48	1335
	江津	3219.00	2238.90	501.28	329.10	102.15	37.35	10.22	980.10	865
	主城区	2189.39	1371.62	429.70	286.91	70.49	29.71	0.96	817.77	961
	小计	46076.47	12779.23	6023.29	15093.41	7971.53	3226.76	982.24	33297.24	2508

在 2009 年三峡工程建设末期，库区轻度以上的水土流失面积为 28004.30km²。其中轻度流失面积为 6317.70km²，占总面积的 22.5%；中度流失面积为 10075.30km²，占 36.0%；强烈流失面积为 7873.40km²，占 28.1%；极强烈流失面积为 3051.30km²，占 10.9%；而剧烈流失面积则为 686.60km²，占 2.5%。三峡库区平均土壤侵蚀模数约为 1700t/(km²·a)（表 2.3-3）。库区年均水土流失量达 1.00 亿 t，年入库泥沙量为 0.26 亿 t。主要水土流失区分布在湖北巴东和重庆巫山、巫溪、奉节、云阳、开县、武隆。经过治理，与 1992 年相比，

2009 年三峡建设期末库区水土流失面积减少约 2.6 万 km^2，其中轻度流失面积减少 5874.08km^2、中度流失面积减少 1728.91km^2、强烈流失面积减少 5745.12km^2、极强烈流失面积减少 10049.85km^2、剧烈流失面积减少 2703.19km^2。土壤侵蚀模数约下降 2000t/(km^2·a)，库区年均水土流失量减少约 0.57 亿 t，入库泥沙减少约 0.14 亿 t。

表 2.3-3　　2009 年三峡工程建设期末库区水土流失面积

省（直辖市）	区县	土地面积/km^2	水土流失面积/km^2						轻度以上水土流失面积/km^2	侵蚀模数/[t/(km^2·a)]
			微度	轻度	中度	强烈	极强烈	剧烈		
合计		57609.07	29603.47	6317.70	10075.30	7873.40	3051.30	686.60	28004.30	1746
湖北	夷陵	3424.00	2253.00	648.90	395.10	93.80	24.90	8.30	1171.00	878
	秭归	2427.00	1252.30	107.40	674.20	293.00	89.40	10.70	1174.70	1755
	兴山	2328.00	1419.80	95.10	472.70	228.60	97.40	14.40	908.20	1508
	巴东	3353.60	1196.60	106.00	1021.00	812.00	179.00	38.00	2156.00	2436
	小计	11532.60	6121.70	957.40	2563.00	1427.40	390.70	71.40	5409.90	1643
重庆	巫山	2957.00	927.60	203.80	805.70	700.60	269.50	49.80	2029.40	2628
	巫溪	4030.00	1294.30	171.60	823.30	722.70	689.90	328.20	2735.70	3295
	奉节	4099.00	1577.70	277.80	962.00	895.20	353.00	33.30	2521.30	2340
	云阳	3649.00	1381.30	193.60	794.70	903.00	353.90	22.50	2267.70	2434
	万州	3457.00	1708.10	454.40	554.10	579.20	155.10	6.10	1748.90	1693
	开县	3959.00	1764.20	266.90	764.30	725.90	331.00	106.70	2194.80	2263
	忠县	2187.00	1149.90	554.00	244.80	207.70	30.40	0.20	1037.10	1185
	石柱	3009.27	1864.17	254.10	482.10	264.60	129.20	15.10	1145.10	1379
	丰都	2904.07	1701.77	374.60	437.30	330.20	56.80	3.40	1202.30	1311
	涪陵	2941.46	1735.96	515.40	427.80	230.50	29.80	2.00	1205.50	1140
	武隆	2901.30	1282.70	290.60	591.30	520.20	177.90	38.60	1618.60	2040
	长寿	1423.62	1029.72	278.60	65.50	48.80	1.00	0.00	393.90	656
	渝北	1325.76	924.36	238.30	108.20	50.80	3.50	0.00	400.80	768
	巴南	1824.60	1068.40	458.10	144.60	127.00	24.30	2.30	756.30	1006
	江津	3219.00	2491.10	446.10	163.80	82.60	30.80	6.40	729.70	665
	主城区	2189.39	1580.49	382.40	142.80	57.00	24.50	0.60	607.30	725
	小计	46076.47	23481.77	5360.30	7512.30	6446.00	2660.60	615.20	22594.40	1772

在2012年三峡工程试验性蓄水阶段，库区轻度以上水土流失面积约2.3万km^2，其中轻度流失面积8286.55km^2、中度流失面积7300.40km^2、强烈流失面积3703.60km^2、极强烈流失面积2831.28km^2、剧烈流失面积1291.35km^2，分别占流失面积的35.4%、31.2%、15.8%、12.1%和5.5%。三峡库区平均土壤侵蚀模数约为1500t/(km^2·a)。库区年均水土流失量达0.83亿t，年入库泥沙量为0.21亿t。主要土壤侵蚀区分布在重庆巫山、巫溪、奉节、云阳、万州、开县、丰都、涪陵、渝北（表2.3-4）。

表2.3-4　2012年三峡工程试验性蓄水期库区水土流失面积

省(直辖市)	区县	土地面积/km^2	水土流失面积/km^2						轻度以上水土流失面积/km^2	侵蚀模数/[t/(km^2·a)]
			微度	轻度	中度	强烈	极强烈	剧烈		
合计		57609.07	34195.89	8286.55	7300.40	3703.60	2831.28	1291.35	23413.18	1448.60
湖北	夷陵	3424	2263.81	594.80	322.51	135.29	73.75	33.84	1160.19	1007.69
	秭归	2427	1592.58	316.98	273.83	148.37	58.64	36.60	834.42	1173.44
	兴山	2328	2111.08	99.73	54.91	32.18	24.31	5.79	216.92	483.12
	巴东	3353.6	2038.24	735.89	341.61	124.74	65.29	47.83	1315.36	1085.19
	小计	11532.6	8005.71	1747.40	992.86	440.58	221.99	124.06	3526.89	959.22
重庆	巫山	2957	1584.73	456.39	431.05	189.67	190.52	104.64	1372.27	1722.67
	巫溪	4030	2640.45	625.34	385.87	116.71	131.97	129.66	1389.55	1240.28
	奉节	4099	1646.48	1074.72	853.95	281.27	139.25	103.33	2452.52	1718.00
	云阳	3649	1467.84	590.50	851.96	418.80	210.27	109.63	2181.16	2068.09
	万州	3457	1708.51	539.03	587.24	292.49	175.23	154.50	1748.49	1878.57
	开县	3959	1698.34	732.90	741.94	413.54	222.43	149.85	2260.66	1988.01
	忠县	2187	1502.47	129.92	194.60	132.30	176.47	51.24	684.53	1458.51
	石柱	3009.27	2286.79	198.49	199.24	120.22	147.73	56.80	722.48	1097.66
	丰都	2904.07	1593.05	360.25	364.14	274.32	255.14	57.17	1311.02	1739.20
	涪陵	2941.46	1683.22	310.39	359.10	236.99	274.53	77.23	1258.24	1759.65
	武隆	2901.3	1844.85	295.32	332.35	217.27	189.22	22.29	1056.45	1372.10
	长寿	1423.62	850.95	212.77	155.55	102.84	84.07	17.44	572.67	1392.46
	渝北	1325.76	703.63	213.49	196.70	81.23	78.72	51.99	622.13	1732.32
	巴南	1824.6	1115.22	293.36	205.93	84.42	96.26	29.41	709.38	1314.97
	江津	3219	2457.50	195.28	213.03	191.83	149.06	12.30	761.50	1004.48
	主城区	2189.39	1406.15	311.00	234.89	109.12	88.42	39.81	783.24	1247.98
	小计	46076.47	26190.18	6539.15	6307.54	3263.02	2609.29	1167.29	19886.29	1571.08

经过试验性蓄水期的恢复，与建设期末2009年相比，2012年试验性蓄水期三峡库区水土流失面积（轻度以上）减少约4591.12km^2，其中轻度流失面积增加1968.85km^2、中度流失面积减少2774.90km^2、强烈流失面积减少4169.80km^2、极强烈流失面积减少220.02km^2、剧烈流失面积增加604.75km^2。土壤侵蚀模数下降297.86t/(km^2·a)（表2.3-5）。库区年均水土流失量减少约0.17亿t，入库泥沙减少约0.05亿t。

表2.3-5　2012年与2009年相比三峡库区水土流失面积变化

省（直辖市）	区县	土地面积/km^2	水土流失面积/km^2						轻度以上水土流失面积/km^2	侵蚀模数/[t/(km^2·a)]
			微度	轻度	中度	强烈	极强烈	剧烈		
合计		57609.07	4592.42	1968.85	−2774.90	−4169.80	−220.02	604.75	−4591.12	−297.86
湖北	夷陵	3424.0	10.81	−54.10	−72.59	41.49	48.85	25.54	−10.81	130.05
	秭归	2427.0	340.28	209.58	−400.37	−144.63	−30.76	25.90	−340.28	−581.19
	兴山	2328.0	691.28	4.63	−417.79	−196.42	−73.09	−8.61	−691.28	−1025.02
	巴东	3353.6	841.64	629.89	−679.39	−687.26	−113.71	9.83	−840.64	−1351.05
	小计	11532.6	1884.01	790.00	−1570.14	−986.82	−168.71	52.66	−1883.01	−683.48
重庆	巫山	2957	657.13	252.59	−374.65	−510.93	−78.98	54.84	−657.13	−905.07
	巫溪	4030	1346.15	453.74	−437.43	−605.99	−557.93	−198.54	−1346.15	−2054.33
	奉节	4099	68.78	796.92	−108.05	−613.93	−213.75	70.03	−68.78	−621.60
	云阳	3649	86.54	396.90	57.26	−484.20	−143.63	87.13	−86.54	−366.39
	万州	3457	0.41	84.63	33.14	−286.71	20.13	148.40	−0.41	185.74
	开县	3959	−65.86	466.00	−22.36	−312.36	−108.57	43.15	65.86	−274.54
	忠县	2187	352.57	−424.08	−50.20	−75.40	146.07	51.04	−352.57	273.75
	石柱	3009.27	422.62	−55.61	−282.86	−144.38	18.53	41.70	−422.62	−281.75
	丰都	2904.07	−108.72	−14.35	−73.16	−55.88	198.34	53.77	108.72	428.09
	涪陵	2941.46	−52.74	−205.01	−68.70	6.49	244.73	75.23	52.74	619.54
	武隆	2901.30	562.15	4.72	−258.95	−302.93	11.32	−16.31	−562.15	−668.15
	长寿	1423.62	−178.77	−65.83	90.05	54.04	83.07	17.44	178.77	736.58
	渝北	1325.76	−220.73	−24.81	88.50	30.43	75.22	51.99	221.33	964.31
	巴南	1824.60	46.82	−164.74	61.33	−42.58	71.96	27.11	−46.92	308.83
	江津	3219.00	−33.60	−250.82	49.23	109.23	118.26	5.90	31.80	339.84
	主城区	2189.39	−174.34	−71.40	92.09	52.12	63.92	39.21	175.94	523.15
	小计	46076.47	2708.41	1178.85	−1204.76	−3182.98	−51.31	552.09	−2708.11	−201.34

与1992年相比，2012年三峡库区水土流失面积减少约3.1万km^2，其中轻度流失面积减少3905.23km^2、中度流失面积减少4503.81km^2、强烈流失面积减少9914.92km^2、极强烈流失面积减少10269.90km^2、剧烈流失面积减少2098.44km^2。土壤侵蚀模数下降2276.40t/(km^2·a)（表2.3-6）。库区年均水土流失量减少约0.74亿t，入库泥沙减少约0.19亿t。

表2.3-6　2012年与1992年相比三峡库区水土流失面积变化

省（直辖市）	区县	土地面积/km^2	水土流失面积/km^2						轻度以上水土流失面积/km^2	侵蚀模数/[t/(km^2·a)]
			微度	轻度	中度	强烈	极强烈	剧烈		
合计		57609.07	30692.28	−3905.23	−4503.81	−9914.92	−10269.90	−2098.44	−30692.3	−2276.40
湖北	夷陵	3424.00	2114.69	−1319.53	−77.64	−481.94	−269.41	33.84	−2114.69	−1224.31
	秭归	2427.00	1540.19	−474.03	−53.08	−169.37	−669.58	−174.13	−1540.19	−2748.56
	兴山	2328.00	1867.66	−1377.11	−36.25	27.58	−487.68	5.79	−1867.66	−1595.88
	巴东	3353.60	1299.06	−162.76	61.92	−707.35	−538.70	47.83	−1299.06	−1505.81
	小计	11532.60	6821.60	−3333.43	−105.04	−1331.09	−1965.37	−86.67	−6821.60	−1701.78
重庆	巫山	2957.00	1396.70	−525.17	−98.24	−115.52	−762.41	104.64	−1396.7	−1492.33
	巫溪	4030.00	2586.97	−313.32	−1025.23	−631.22	−36.33	−580.86	−2586.97	−2798.72
	奉节	4099.00	1150.08	−47.91	560.51	−1137.37	−628.64	103.33	−1150.08	−1279.00
	云阳	3649.00	1372.03	−116.46	186.59	−1037.84	−372.67	−31.65	−1372.03	−1614.91
	万州	3457.00	1628.46	82.07	−146.11	−403.43	−833.78	−327.20	−1628.46	−2839.43
	开县	3959.00	1148.77	456.56	−470.83	−479.11	−407.83	−247.56	−1148.77	−1861.99
	忠县	2187.00	1497.75	−69.72	−667.83	−730.58	167.44	−197.06	−1497.75	−2554.49
	石柱	3009.27	1767.32	−573.37	−580.54	−391.85	−59.48	−162.08	−1767.32	−1757.34
	丰都	2904.07	1538.46	46.09	−513.05	−725.51	−240.13	−105.86	−1538.46	−2236.80
	涪陵	2941.46	1591.50	−365.82	−493.77	−528.17	−266.49	62.75	−1591.50	−1533.35
	武隆	2901.30	1844.85	−214.82	−360.64	−777.72	−88.37	−403.31	−1844.85	−2932.90
	长寿	1423.62	665.29	202.63	0.52	−61.32	−783.79	−23.33	−665.29	−3346.54
	渝北	1325.76	703.63	102.62	134.96	11.66	−1004.86	51.99	−703.63	−3604.68
	巴南	1824.60	1115.22	283.66	−350.24	−198.79	−542.15	−307.69	−1115.22	−4173.03
	江津	3219.00	2457.50	195.28	−548.25	−827.53	−1289.31	12.30	−2457.5	−3652.52
	主城区	2189.39	1406.15	285.86	−26.61	−549.51	−1155.69	39.81	−1406.15	−3735.02
	小计	46076.47	23870.68	−571.80	−4398.76	−8583.84	−8304.51	−2011.77	−23870.7	−2419.92

二、枢纽工程施工区水土流失

根据调查和统计资料，三峡工程建设占压土地和破坏水土保持设施 1791.9hm^2，其中占压农田 115.0hm^2，林地、草地 1104.0hm^2，水域 10.0hm^2，公路 15.0hm^2，建筑用地 30.0hm^2，荒山荒坡 497.9hm^2，其他土地 20.0hm^2。总弃渣 10764.02 万 m^3。工程建设造成新的水土流失面积 1208.80hm^2，其中轻度流失 305.70hm^2，占流失面积的 25.3%；中度流失 150.00hm^2，占流失面积的 12.4%；强烈流失 173.10hm^2，占流失面积的 14.3%；极强烈流失 530.00hm^2，占流失面积的 43.9%；剧烈流失 50.00hm^2，占流失面积的 4.1%（表 2.3-7）。工程建设造成新增水土流失量约 100 万 t。

表 2.3-7　　项目区各类建设工程造成的水土流失情况

工程项目类型	总面积/hm^2	水土流失面积/hm^2					
		轻度	中度	强烈	极强烈	剧烈	合计
三峡坝区	1528.00	300.00	150.00	150.00	50.00	50.00	700.00
三峡工程副坝	280.00	—	—	—	280.00	—	280.00
专用公路	85.90	5.70	—	7.10	—	—	12.80
料场、渣场	216.00	—	—	16.00	200.00	—	216.00
合计	2109.90	305.70	150.00	173.10	530.00	50.00	1208.80

三、移民安置区水土流失

根据调查统计，三峡库区移民安置区工程建设占压土地和破坏水土保持设施面积共计 19770.51hm^2，其中占压农田 10441.89hm^2，林地、草地 6080.96hm^2，水域 68.39hm^2，公路 78.96hm^2，建筑用地 377.45hm^2，荒山荒坡 2252.88hm^2，其他土地 469.98hm^2。移民迁建工程弃渣 20246.76 万 m^3；专项改扩建工程弃渣 16072.13 万 m^3。

移民安置区工程建设造成新的水土流失面积 15591.73hm^2，其中轻度流失 537.26hm^2，占流失面积的 3.5%；中度流失 2499.72hm^2，占流失面积的 16.0%；强烈流失 4788.89hm^2，占流失面积的 30.7%；极强烈流失 3235.27hm^2，占流失面积的 20.7%；剧烈流失 4530.59hm^2，占流失面积的 29.1%（表 2.3-8）。移民安置区建设造成新增水土流失量约 1000 万 t。

表 2.3-8　不同建设工程造成的水土流失情况

工程项目类型		总面积/hm²	水土流失面积/hm²					
			轻度	中度	强烈	极强烈	剧烈	合计
移民迁建	居民建筑	4460.94	160.75	836.57	795.33	558.98	272.47	2624.09
	城市公用设施建筑	2934.02	113.04	559.96	596.55	236.60	363.28	1869.42
	工业、仓储建筑	2831.39	138.21	372.14	687.33	365.24	506.49	2069.41
	交通	1768.51	20.35	202.82	393.21	550.62	190.23	1357.23
	绿化	1486.04	21.47	137.63	896.97	176.29	45.45	1277.82
	其他	860.81	19.46	97.38	340.90	128.17	39.08	624.98
	料场、渣场	1521.84	50.10	162.30	335.04	475.00	293.22	1315.66
	小计	15863.55	523.38	2368.79	4045.31	2490.89	1710.23	11138.60
专项改建	开挖面	3541.25	11.62	65.36	151.52	546.32	2043.53	3118.36
	弃渣场	1399.28	0.75	32.93	257.48	181.09	758.07	1230.32
	料场、渣面	106.15	1.51	32.64	34.57	16.96	18.76	104.44
	小计	5046.67	13.88	130.93	743.58	744.38	2820.36	4453.13
合计		20910.22	537.26	2499.72	4788.89	3235.27	4530.59	15591.73

第二节　三峡工程对水土流失影响的分析

一、对水土流失面积和土壤侵蚀模数影响的分析

由于三峡工程的兴建，三峡枢纽工程施工区和移民安置区水土流失有所增加，其中三峡枢纽工程施工区新增水土流失量约 100 万 t，移民安置区新增水土流失量约 1000 万 t。但是从三峡库区总体上来看，由于三峡工程的兴建，国家在该地区投入了大量人力、财力和物力，开展长治工程、退耕还林工程、天然林保护工程、土地整治项目、库周绿化示范工程等水土保持相关工程，库区水土流失总体上有较大的改善。2002 年三峡水库蓄水前，库区轻度以上水土流失面积约 4.1 万 km^2，较 1992 年三峡工程建设前约下降了 1.3 万 km^2；2009 年三峡工程建设期末，库区轻度以上水土流失面积约 2.8 万 km^2，较 1992 年三峡工程建设前约下降了 2.6 万 km^2；2012 年试验性蓄水期库区轻度以上水土流失面积约 2.3 万 km^2，较三峡工程建设前约下降了 3.1 万 km^2（图 2.3-1）。

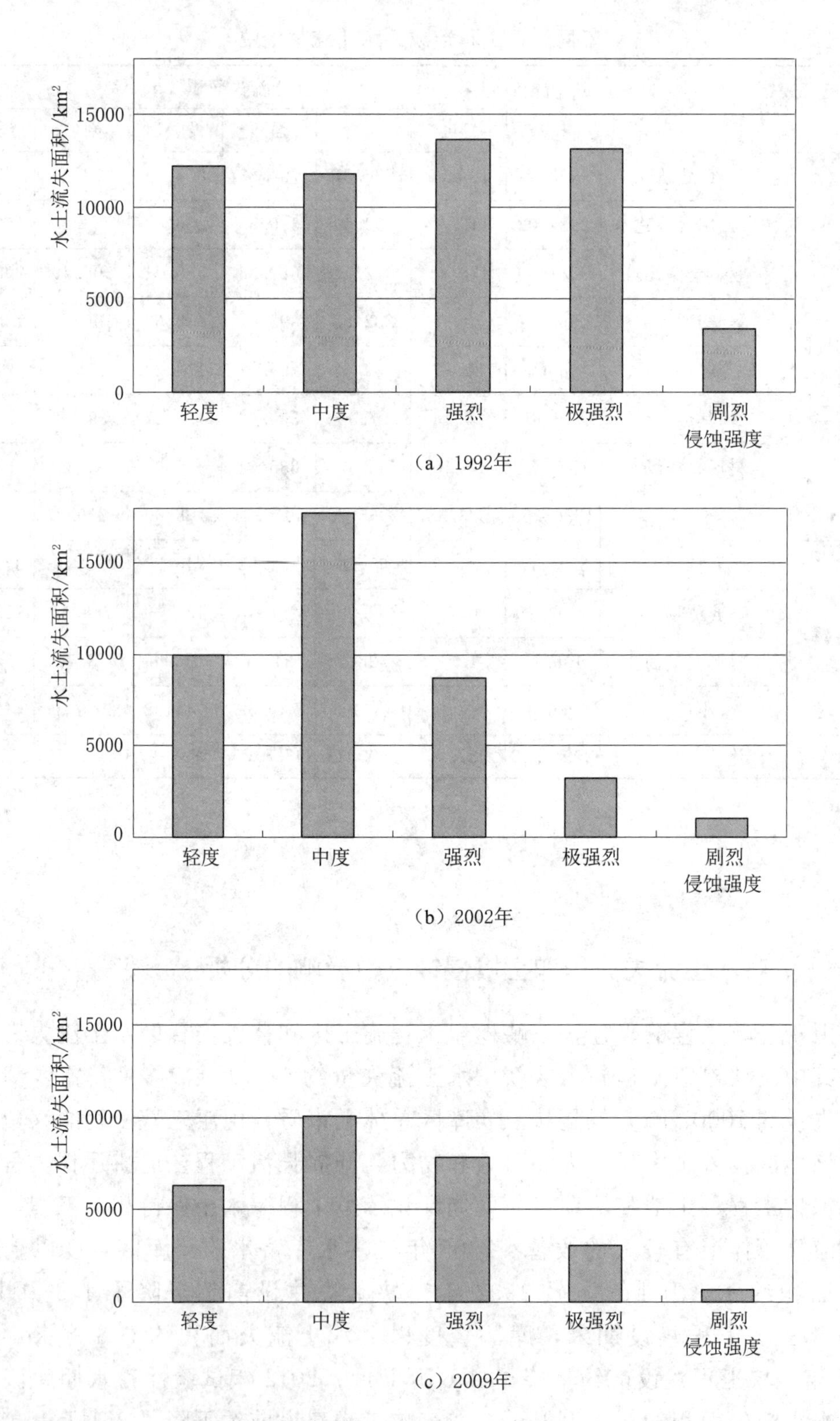

图 2.3-1（一）　三峡库区水土流失面积的变化情况

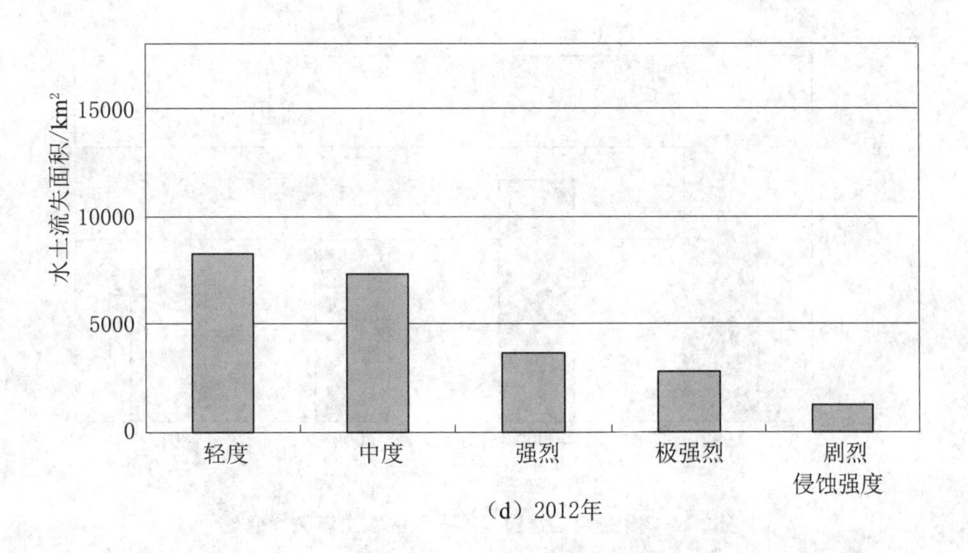

图 2.3-1（二） 三峡库区水土流失面积变化情况

土壤侵蚀模数由三峡工程建设前 1992 年的约 3700t/(km^2 · a) 下降到三峡水库蓄水前 2002 年的约 2300t/(km^2 · a)，建设期末 2009 年的约 1700t/(km^2 · a)，试验性蓄水期 2012 年的约 1500t/(km^2 · a)（图 2.3-2）。

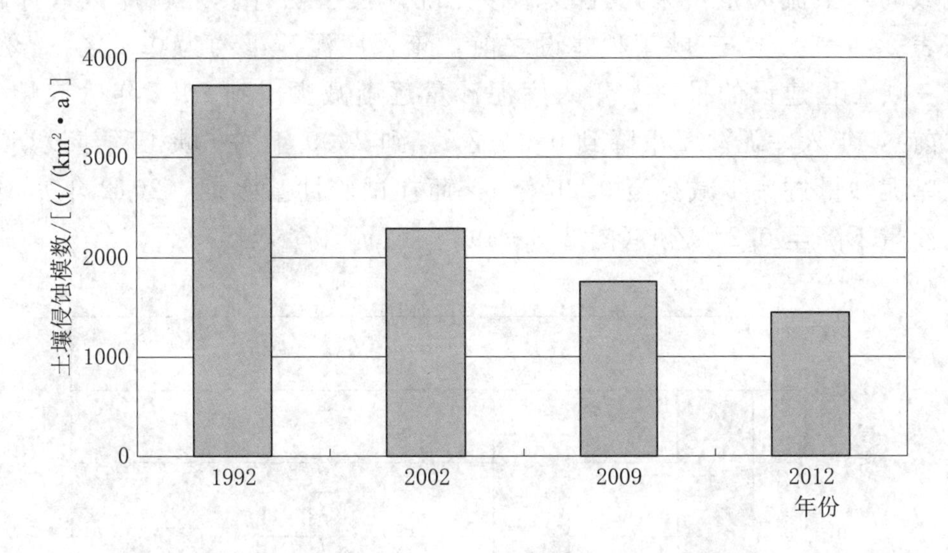

图 2.3-2 三峡工程建设前后库区土壤侵蚀模数变化

（注：三峡工程于 1994 年正式动工。）

三峡工程建设前库区年均水土流失量为 1.57 亿 t，至 2002 年（即三峡水库蓄水前），下降到 1.31 亿 t，工程建设期末（2009 年）则下降到 1.00 亿 t，并持续下降到试验性蓄水期 2012 年的 0.83 亿 t（图 2.3-3）。

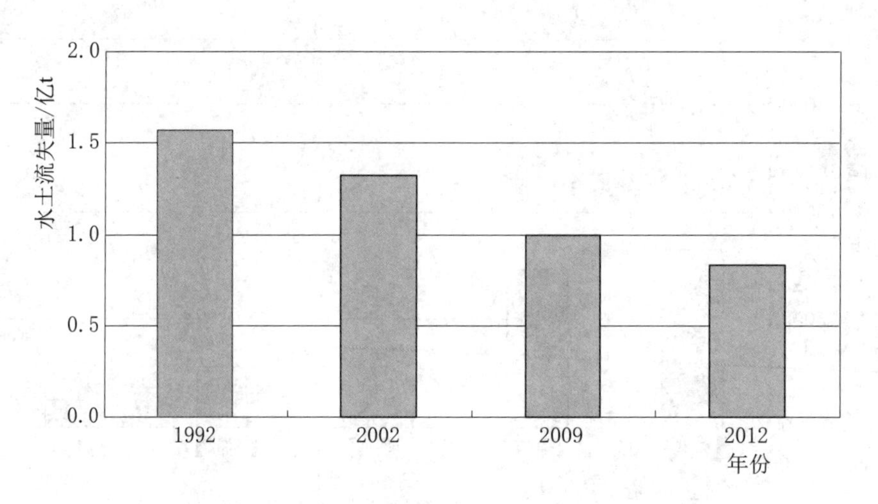

图 2.3-3 三峡工程建设前后库区水土流失量变化

二、三峡库区入库泥沙变化分析

选取三峡库区有实测资料的龙河、香溪河、磨刀溪、大宁河、东里河5条流域，从水文年鉴上获取各流域1990—2000年径流、输沙数据，并计算各流域的水土流失量，采用泥沙输移比统计模型法计算三峡库区入库泥沙量（表2.3-9）。在三峡工程建设之前，年入库泥沙量约为0.4亿t。然而，随着三峡工程建设的推进，年入库泥沙量逐渐减少。到2002年（三峡水库蓄水前），年入库泥沙量下降到0.34亿t。到2009年（三峡工程建设期末），年入库泥沙量进一步减少至0.26亿t，而在试验性蓄水期（2012年），年入库泥沙量下降至0.21亿t（图2.3-4）。

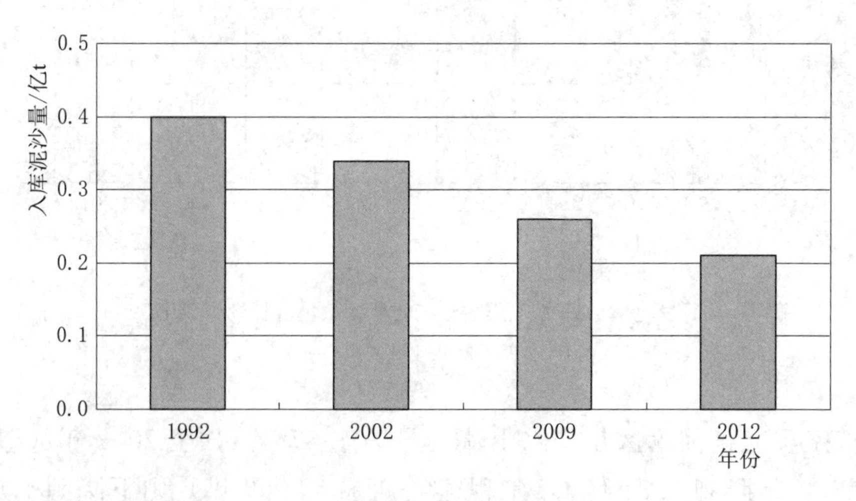

图 2.3-4 三峡建设前后库区入库泥沙量变化

表 2.3-9　　三峡水库区间 5 条典型流域泥沙输移特征

年份	龙河流域			香溪河流域			磨刀溪流域			大宁河流域			东里河流域		
	侵蚀模数	输沙模数	输移比	侵蚀模数	输沙模数	输移比	侵蚀模数	输沙模数	输移比	侵蚀模数	输沙模数	输移比	侵蚀模数	输沙模数	输移比
2001	2232	79.0	0.04	2085	4.8	—	2760	131.0	0.05	2369	643.4	0.27	2190	—	—
2002	1181	117.9	0.10	1022	59.4	0.06	1335	192.9	0.14	1057	137.6	0.13	961	—	—
2003	1469	232.2	0.16	1237	276.1	0.22	2196	233.5	0.11	1854	724.6	0.39	2118	433.3	0.20
2004	1786	117.9	0.07	1296	101.6	0.08	2131	208.4	0.10	1628	367.9	0.23	2040	675.8	0.33
2005	2122	83.8	0.04	2410	83.7	0.03	2628	100.8	0.04	2122	1000.8	0.47	2573	492.5	0.19
2006	1285	200.8	0.16	1353	26.9	0.02	1558	109.3	0.07	1327	147.8	0.11	1598	68.8	0.04
2007	1984	232.9	0.12	2231	175.6	0.08	2677	388.9	0.15	2251	738.1	0.33	2354	808.3	0.34
2008	1114	24.2	0.02	1305	131.8	0.10	1548	154.5	0.10	1368	342.2	0.25	1408	261.0	0.19
2009	1866	12.4	0.01	2246	21.9	0.01	2537	231.7	0.09	2376	547.2	0.23	2338	574.5	0.25
2010	1458	33.1	0.02	2003	29.3	0.01	1948	52.6	0.03	1667	426.3	0.26	1896	331.1	0.17
平均			0.08			0.07			0.09			0.27			0.21

注　表中侵蚀模数的单位为 $t/(km^2 \cdot a)$；输沙模数的单位为 t/km^2。

第三节　水土流失的危害

一、破坏土地资源威胁粮食安全

库区土壤层较薄，一般只有 20～40cm，形成 1mm 土壤平均需要 20～40 年的时间，而水土流失导致土壤每年流失厚度可达 3mm。尤其是坡耕地，土壤侵蚀量大、质地粗化、肥力下降，水土流失对库区土地生产力的影响极大。

由于受到水土流失的影响，巴东县六类土以上的瘠薄土占全县耕地面积的 88.57%，秭归县砾石含量超过 30%的旱地面积占旱地总面积的 36%，直接影响当地的粮食生产。

二、降低土地承载力和环境容量

库区人地矛盾十分尖锐，三峡水库蓄水至 175m 后，淹没了一些质量较好的耕地，加上部分移民采用就地后靠形式安置，库区农业人均基本农田仅 0.68 亩，已低于联合国粮食及农业组织提出的 0.80 亩的警戒线。这些坡耕地产生的水土流失又直接制约着地方经济发展，影响库区群众和移民的生产和生活。

三、降低水库的使用寿命

泥沙淤积将降低水库的使用寿命，对水利工程效益的发挥产生直接影响，预期的防洪能力也很难得到充分发挥。据对巫山县10座中小型水库的淤积调查（赵健等，2010），1997—2007年淤积减少了总库容的62.2%。秭归县茅坪乡刘家沟水库，2003—2007年库容减少了20%，泥沙淤积影响了水利工程效益的发挥。三峡库区水土流失产生的泥沙，除距水库较远的源头地区外，往往直接入库，将影响到三峡水库正常效益的发挥。

四、面源污染影响水库水质

三峡库区短、小、直接入库河流多，以水土流失为主要途径和载体的面源污染是影响三峡库区河流水质安全的重要因素。水土流失常导致土壤中大量的氮、磷、钾，以及残存农药中的有机磷、有机氮等进入库区水体，影响水库水质。同时，农村生活污染源是三峡水库面源污染的主要来源之一，重庆市环境科学研究院研究的数据表明，仅2005年三峡库区进入长江主河道的氮、磷、钾物质就有2.78万t。

再加上三峡库区水库蓄水后，库区水体流速减小，库区静水区和回水区面积增多，给水体中各种藻类大量生长提供了有利条件，造成三峡库区部分水域水华现象频繁暴发，进一步加剧库区水质恶化。

第四节　对水土流失影响的结论

三峡库区水土流失类型主要为水力侵蚀，库区20个区县中共有16个区县属于国家级水土流失重点治理区，剩余4个区县属于非国家级水土流失重点预防区或重点治理区。

三峡工程建设周期长，水土流失涉及面积大、范围广，主体工程施工区包括施工生产生活区、料场区、弃渣场等，在建设期扰动原地貌破坏植被，造成地表裸露，产生大量弃土弃渣，致使局部水土流失加剧。

一、对库区水土流失的影响

为开展水土保持工作，国家在该地区投入了大量人力、财力和物力，库区水土流失总体上有较大的改善。2012年试验性蓄水期，库区轻度以上水土流失面积2.3万km^2，较三峡工程建设前下降了3.1万km^2。1992年三峡工程建设前土壤侵蚀模数约为3500t/(km^2·a)，到2002年三峡水库蓄水前下降至约

2300t/(km^2·a)，2009年建设期末进一步下降至约1700t/(km^2·a)，直至2012年试验性蓄水期约为1500t/(km^2·a)。以上数据证实，经过三峡工程建设，库区年水土流失量显著降低。在三峡工程建设前，库区年水土流失量为1.57亿t；随着三峡工程建设的推进，2002年蓄水前的水土流失量已降低至1.31亿t；至建设期末的2009年，这一数值减少至1.00亿t；而在试验性蓄水期的2012年，水土流失量降低至0.83亿t。

二、对工程建设区水土流失的影响

三峡库区位于我国三级地势阶梯结构中第二级阶梯的东缘，丘陵、高山和峡谷广布，地形起伏，高差较大，坡面稳定性差，库区断裂带密度大，为地质灾害高发区，另外，库区降水充沛，干湿季节差异大，且多暴雨，这些不利自然条件，加上库区高速发展的社会经济的影响，导致三峡库区水土流失较为严重，滑坡、泥石流多发，生态环境脆弱。

三、对移民安置区水土流失的影响

在三峡工程建设过程中，三峡库区工程项目区和移民安置区水土流失有所加强，其中工程项目区新增水土流失量约100万t，移民安置区新增水土流失量约1000万t，总计增加的水土流失量仅占库区水土流失减少量的14.9%，总体上是可以控制的。

第 四 章

三峡工程对库区土地利用/覆被的影响

本章主要从土地利用/覆被时空变化的角度，在三峡库区近 30 年来的土地利用/覆被动态变化研究的基础上，定性、定量和定位评估三峡工程建设 20 年来对库区土地利用/覆被的影响，从而获取符合客观实际的结论，并提出三峡库区土地永续利用的途径和对策建议。

第一节 三峡库区土地利用/覆被变化

近 20 年来（三峡工程开工到 175m 蓄水后的 2013 年），三峡库区的土地利用/覆被发生了较大的变化，各类型数量和动态变化的总体趋势（图 2.4-1）是：耕地面积经历了增加→缓慢增加→持平→相对减少的过程，共减少 92844hm^2，其中水田总量减少 74779hm^2，旱耕地总量 2011 年尚增加 1351hm^2，到 2013 年则变为负增长，减少了 18065hm^2；森林（有林地）面积经历减少→恢复→增加→相对减少的过程，共增加 40297hm^2，灌木林地先减后增再减，共增加 53141hm^2，疏林地一直在减少，减少量为 4436hm^2，果园和苗圃等先减后增再减，共增加 4742hm^2，林地面积消长相抵，实际增加 93744hm^2；草地面积持续减少，共减少 85788hm^2，但变化幅度比较小。虽然草地面积减少，但草地覆盖质量有所提高；建设用地持续迅速扩展，增加了 69579hm^2，其中城市面积扩大 45657hm^2，乡镇增加 12708hm^2，道路、工矿等用地增加 11214hm^2；水域面积增加 35902hm^2；河漫滩、礁石等面积减少 7205hm^2；裸土、裸岩等难利用地面积减少 4762hm^2。

如图 2.4-2 所示，三峡库区土地利用/覆被的分布比例变化为：耕地占库区面积的比例由 1995 年的 38.16％减少到 2013 年的 36.52％；林地从 46.99％

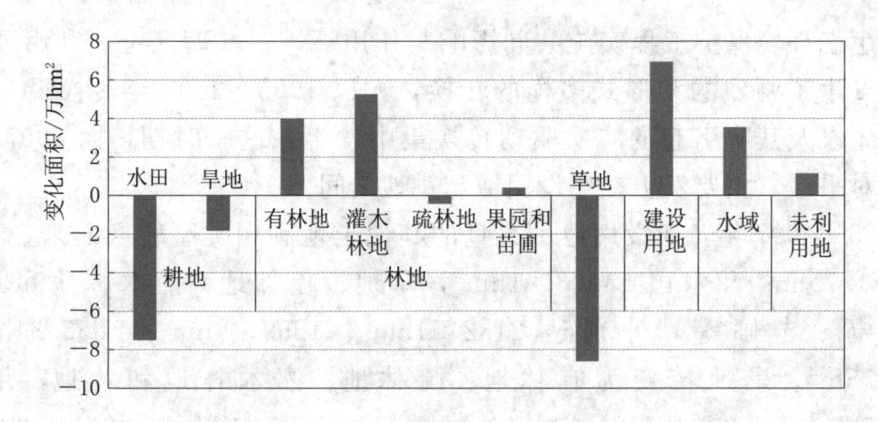

图 2.4-1　三峡工程开工到 175m 蓄水后的 2013 年三峡库区土地利用/覆被变化

增加到 48.41%，其中，森林从 16.62%增加到 17.31%，灌木林地从 13.64%增加到 16.27%，疏林地从 15.62%减少到 14.12%，其他林地（果园、苗圃、茶园等）从 1.11%增加到 1.19%；草地从 11.72%减少到 11.26%；建设用地从 0.71%增加到 1.92%；水面从 1.40%增加到（蓄水位 175m）1.90%；未利用地减幅大，但由于体量小，比例变化不大。

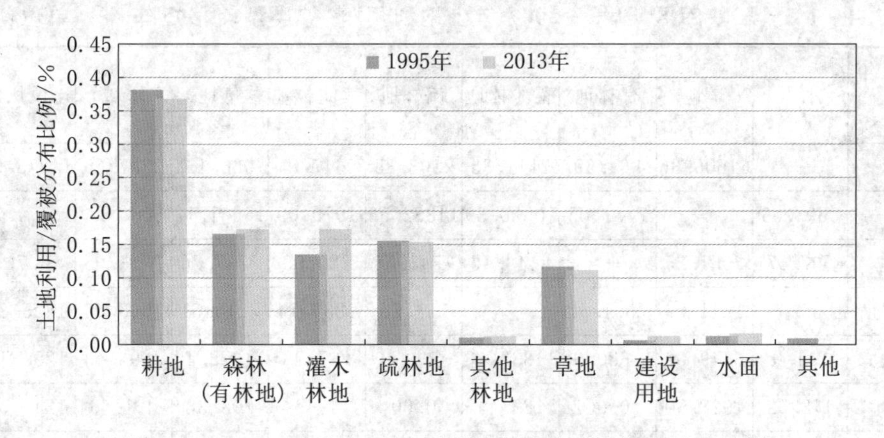

图 2.4-2　1995 年与 2013 年三峡库区土地利用/覆被分布比例

三峡库区土地利用/覆被类型的比例虽然有了比较大的变化，但其组成结构的总体态势基本保持不变，格局基本稳定，林地、耕地和草地面积仍旧处于前三位，只是陆地面积减少，水域扩大，建设用地已超过水域面积。三峡工程开工到 175m 蓄水后的 2013 年，土地利用/覆被的变化对库区土地永续利用不会造成根本性的影响。

第二节　三峡库区土地利用/覆被类型之间相互转换

三峡工程开工到蓄水至 175m 后的 2013 年，在三峡工程建设、社会经济发展和生态环境保护工程实施共同影响与作用下，三峡库区土地利用/覆被类型之间发生了剧烈的和形式多样的转换，尤以1995—2007年转换最为剧烈，土地的淹没及其所引起的二次驱动转换集中发生在这一时期，而2007—2013年则相对平缓，主要发生在建设用地与耕地之间。

1995—2007年，建设用地由大量的其他土地利用类型转换而来，其中旱地16171.79hm^{2}和水田14378.91hm^2，草地、疏林地、灌木林地和其他林地（果园、苗圃等）分别达2132.54hm^2、1259.16hm^2、1855.84hm^{2}和1242.57hm^2。旱地转变为有林地、疏林地、灌木林地和草地，依次为7781.85hm^2、14882.56hm^2、10920.39hm^{2}和16251.12hm^2。2051.25hm^{2}的有林地、1611.09hm^{2}的灌木林地、6449.09hm^{2}的疏林地和13235.22hm^{2}的草地转化为旱地。疏林地的变化主要向有林地、灌木林地和草地转变。草地的转换频繁而剧烈，除与未利用地不发生转换以及仅向水域转换外，与其他类型之间相互转换的面积都比较大。水域变化的显著特征是库区几乎所有其他类型都不同程度地向水域转换，由此面积增加了20896.02hm^2（表2.4-1）。

表2.4-1　三峡库区1995—2007年土地利用/覆被类型转移矩阵　　单位：hm^2

1995年＼2007年	水田	旱地	有林地	灌木林地	疏林地	其他林地	草地	水域	建设用地	未利用地
水田	—	61505.36	864.69	2111.33	2108.35	1647.84	966.15	2707.65	14378.91	0.00
旱地	9898.66	—	7781.85	10920.39	14882.56	1979.09	16251.12	5053.20	16171.79	0.00
有林地	507.57	2051.25	—	8043.16	7545.58	723.55	7727.76	2253.05	3.70	0.00
灌木林地	355.37	1611.09	7531.52	—	581.58	1830.74	7215.51	1565.60	1855.84	0.00
疏林地	1211.04	6449.09	12680.62	11333.85	—	987.99	11375.40	3696.43	1259.16	0.00
其他林地	178.52	1928.50	0.00	182.44	0.00	—	208.38	961.56	1242.57	0.00
草地	1534.43	13235.22	42795.91	43107.55	20010.37	2816.56	—	3239.50	2132.54	0.00
水域	51.16	1.75	0.05	9.88	8.41	0.37	14.80	—	289.27	0.00
建设用地	0.00	127.82	52.40	17.33	0.00	0.00	3.99	1167.99	—	0.00
未利用地	0.00	29.86	0.00	0.00	0.00	0.00	198.00	251.04	0.00	—

2007—2013年，三峡库区土地利用/覆被类型之间的转换方式和前13年基本相同，但在强度上已大大降低，主要发生在建设用地与耕地和林地之间的转换。转换的结果使耕地面积减少26610.6hm^2；林地面积减少13425.1hm^2；草地面积减少867.5hm^2；建设用地快速扩展，大部分由耕地转化而来，共增加32692.9hm^2；水面增加8170.7hm^2；河漫滩、礁石等面积基本保持不变；裸土、裸岩等难利用地面积增加39.6hm^2（表2.4-2和表2.4-3）。

表 2.4-2　三峡库区 2007—2011 年土地利用类型转移矩阵

2007 年 \ 2011 年	耕地	林地	草地	水域	建设用地	未利用地
耕地/km²	—	6.918	1.037	41.061	101.852	0.191
林地/km²	10.477	—	1.362	9.886	18.372	0.347
草地/km²	2.518	2.940	—	3.139	0.749	0.698
水域/km²	1.867	1.688	0.328	—	0.555	0.176
建设用地/km²	0.000	0.000	0.000	2.507	—	0.000
未利用地/km²	0.564	0.188	0.077	0.012	0.099	—
转入比例/%	7.359	5.598	1.338	27.005	58.026	0.674
转出比例/%	72.067	19.295	4.792	2.201	1.196	0.449

表 2.4-3　三峡库区 2011—2013 年土地利用类型转移矩阵

2011 年 \ 2013 年	耕地	林地	草地	水域	建设用地	未利用地
耕地/km²	—	5.028	2.245	20.086	128.273	0.023
林地/km²	21.786	—	1.950	11.162	79.249	0.263
草地/km²	1.495	2.776	—	0.863	0.656	0.062
水域/km²	1.630	0.941	0.209	—	0.750	0.000
建设用地/km²	0.000	0.000	0.000	1.135	—	0.000
未利用地/km²	0.271	0.124	0.013	0.000	0.016	—
转入比例/%	8.961	3.156	1.572	11.831	74.356	0.124
转出比例/%	55.392	40.714	2.083	1.256	0.404	0.151

第三节　三峡库区土地利用/覆被变化分析

三峡工程开工到蓄水至 175m 后的 2013 年，三峡库区土地利用/覆被随着三峡工程开工建设→蓄水→竣工发生了特征明显的变化：耕地面积经历了由增加→缓慢增加→持平→相对减少的过程，以 1995—2007 年最为典型，共减少 68491hm^2，主要是建设用地侵占和水库淹没损失，多分布在海拔 600m 以下的长江及其支流两岸和城市周围；而旱耕地（大部分为坡旱耕地）总量增加 3996hm^2，主要是 1998 年前新垦、1998 年后尚未退耕的部分，多分布在海拔 800～1400m 的深丘和中低山偏远地区；林地面积直到 20 世纪 90 年代中后期才有所恢复，至 2007 年下半年和 2008 年上半年，森林（有林地）面积增加

41743hm²，灌木林地增加 53168hm²，疏林地减少 3863hm²，果园和苗圃等面积增加 5284hm²，林地面积消长相抵，实际增加 96332hm²。森林、灌木林和疏林地变化多发生在海拔 800～2000m 的深丘和中低山，通过植树造林、退耕还林、自然演变和自然恢复实现。增加的果园和苗圃大多分布在海拔 600m 以下的长江及其支流两岸、平坝和城市周围，高海拔山地也有分布，但面积小，主要为药材。由于长江及其支流两岸柑橘林地淹没损失大，果园面积总量增幅有限；而草地面积则是 1998 年前减少，直到 1998 年后才有所恢复性增加，至 2007 年下半年及 2008 年上半年仍比 1995 年少 84923hm²，但变化幅度比较小。虽然草地面积有所减少，但草地质量有所提高，高覆盖度草地增加 12586hm²，低覆盖度草地则减少 2851hm²。草地变化多发生在海拔 800m 以上的深丘和山区，以及海拔 156m 以下的长江及其支流两岸。草地减少的原因是 1998 年前的垦殖和水库蓄水淹没以及建设用地占用，1998 年后实施的退耕还草工程，成效显著，使草地面积有了恢复性增加；建设用地面积迅速扩展，特别是 1994 年三峡工程正式开工后和 1997 年重庆直辖市的设立，城镇扩展、工矿和道路建设以及开发区的建立，淹没城镇迁建和农村移民相对集中安置建村，非农业用地面积增加速度非常快，而且持续增加。1995—2007 年建设用地面积增加 36977hm²，几乎扩大了一倍。城市用地面积共增加 22480hm²，较之前增长一倍；村镇用地面积增加 7793hm²，共增长 67%；工矿、道路和开发区等工业与交通用地增加 6704hm²，较之前增长了 97%。建设用地增加大部分发生于海拔 175～800m 的长江及其支流沿岸、城市周围和公路交通干线两侧；水面面积增加也较大，仅次于林地和建设用地，达 27737hm²，扩大 46%。三峡水库蓄水增加部分最大，为 26465hm²，库区内还修建了其他中型、小型水库；河漫滩、礁石等被水库蓄水淹没，面积减少 7217hm²，达 84%，海拔 156m 以下全部被淹没；裸土、裸岩等难利用地面积减少 4789hm²，减幅为 48%，其中部分被淹没，部分他用。

2007—2013 年的三峡库区土地利用变化强度远不及前 13 年，类型上变化也多发生在建设用地与林地之间，其他类型之间相互变化则相对平稳。耕地面积经历了相对减少的过程，共减少 26610.6hm²，主要是建设用地占用和水库淹没损失。林地面积持续减少，达 13425.1hm²，有林地、灌木林和疏林地减少多因建设用地扩展侵占，大部分发生在重庆市区和其他市区周围地区。草地面积持续减少，共减少了 867.5hm²，草地变化多发生在海拔 800m 以上深丘和山区，以及海拔 175m 以上长江及其支流两岸。建设用地面积迅速增加，特别是 2011—2013 年城镇强势扩张、工矿和道路建设、开发区的建立以及淹没城镇迁建和农村移民相对集中安置建村，非农业用地面积迅速且持续增加。建设用地增加大部分发生于海拔 175～800m 的长江及其支流沿岸、城市周围和公路交通干线两侧。水域面积有所增加，主要是由于水库蓄水，水位上升所致。裸土、裸岩等未利用地面积增加 39.6hm^2，未利用地的变化度较大，呈现出先增加后减少的趋势。

第四节 三峡库区土地利用/覆被类型转换分析

三峡工程开工建设至蓄水到 175m 的 2013 年，三峡库区土地利用在三峡工程建设、社会经济发展和生态环境保护工程实施的共同影响与作用下，类型之间发生了剧烈的和形式多样的转换，不但影响了结构，也改变了质与量。

在变化典型的 1995—2007 年，各种土地利用/覆被类型之间的转换很复杂，但是最明显的是建设用地迅速扩展，由大量的其他土地利用类型转换而来，其中旱地和水田的面积最大，分别为 16171.79hm^2 和 14378.91hm^2，其次为草地、疏林地、灌木林地和其他林地（果园、苗圃等），分别达 2132.54hm^2、1259.16hm^2、1855.84hm^2 和 1242.57hm^2。耕地和其他类型之间的转换也较显著，较大面积耕地转变为有林地、疏林地、灌木林地和草地，其中有 7781.85hm^2 转换为有林地，14882.56hm^2 转换为疏林地，10920.39hm^2 转换为灌木林地，16251.12hm^2 转换为草地。这些转换绝大部分通过退耕还林、退耕还草完成。但是值得注意的是，同时期，有林地、灌木林地、草地向耕地转化的数量也不少，2051.25hm^2 的有林地、1611.09hm^2 灌木林地、6449.09hm^2 的疏林地和 13235.22hm^2 草地转化为旱地。林灌草与旱地之间的相互转换，缘于 1998 年前植树造林与乱砍滥伐、退耕与垦殖（图 2.4－3）并存，以及 1998 年以后，垦殖和天然林砍伐现象杜绝和成效显著的退耕还林还草工程实施（图 2.4－4、图 2.4－5 和图 2.4－6）。水田也有部分转化为有林地、灌木林地、草地，其中 507.57hm^2 转化为有林地，355.37hm^2 转化成灌木林地，1534.43hm^2 转换为草地（新建城市和高速公路绿地）。林灌草也有转换为水田的现象，但转换的面积都不大。这些转换是由于水田适于多种经营和城市、交通生态建设而发生，而不是原始自然状态的有林地、灌木林地、草地向水田转换。水田和旱地之间转换强度较大，有 9898.66hm^2 旱地转换为水田，61505.36hm^2 水田转换为旱地。实际上，水田与旱地的转换是水田种植作物的变化，而不是真正意义上的相互转换。在市场经济的影响和作用下，多种经营在三峡库区开展很普遍，农民不再局限于水田种植水稻，而是根据市场需要和经济效益开展水田旱作，如种植蔬菜瓜果，两三年后，根据市场变化又改种其他作物。森林（有林地）与旱地（尤其是坡旱地）、草地、疏

图 2.4-3　巫山县移民新村（齐心村）三峡工程开工后新垦耕地（摄于 2002 年）

图 2.4-4　新增柑橘园（摄于 2003 年）

图 2.4-5　退耕还草（摄于 2006 年）

图 2.4-6　1992—1995 年由草坡开垦的梯地，2002 年后退耕还林

林地和灌木林地之间的转换强度大。这期间，有 42795.91hm² 草地、12680.91hm² 疏林地、7531.52hm² 灌木林地和 7781.85hm² 旱地（大部分为坡旱地）转换为有林地。同一时期内林地也发生了大规模的转变，主要转变为灌木林地、疏林地、草地、旱地和水域。具体来说，有 8943.16hm² 的林地转变为灌木林地，7545.58hm² 的林地转变为疏林地，7727.76hm² 的有林地转变为草地，2051hm² 的有林地转变为旱地，以及 2251.25hm² 的林地转变为水域。有林地向建设用地转换面积很小，说明建设用地扩展对森林的破坏并不严重。大部分灌木林地向有林地、疏林地、草地、水域转化，分别达 7531.52hm²、581.58hm²、7215.51hm²、1565.60hm²。疏林地的变化主要转变为有林地、灌木林地和草地，其转换面积分别为 12680.62hm²、11333.85hm² 和 11375.40hm²。此外，疏林地还转变为 6449.09hm² 旱地和 3696.43hm² 水域。草地的转换频繁而剧烈，除与未利用地不发生转换以及仅向水域转换外，与其他类型之间相互转换的面积都比较大，其中以草地与有林地和灌木林地之间转换总量最大，两者几乎相等（分别为 50523.67hm²、50323.06hm²），草地向有林地的转换量略低于向灌木林地的转换量（分别为 42795.91hm²、43107.55hm²）。草地的转出量远大于转入量，导致草地大面积减少和有林地、灌木林地相应增加，其次为疏林地和草地与旱地之间的转换强度。草地与灌木林地之间的转换总量为 31385.77hm²，其中草地向疏林地的转换面积为 20010.37hm²，而疏林地向草地的转换面积为 11375.40hm²。这一过程导致了草地面积的减少、疏林地面积的增加。草地与旱地之间的转换总量为

29486.34hm²，草地向旱地转换 13235.22hm²，旱地向草地转换 16251.12hm²，结果是草地面积增加，旱地面积减少。水域变化的显著特征是：库区几乎所有土地利用类型都不同程度地向水域转换，面积最大的是耕地，达 7760.85hm²；其次为疏林地、草地、有林地、灌木林地和建设用地，转出面积均在 1000hm² 以上、4000hm² 以下。水域转入量达 20896.02hm²，转出量很小，仅 375.69hm²（大部分为水塘被建设用地占用），面积增加 20520hm²。

三峡库区土地利用/覆被经过复杂的类型之间的相互转换，结果导致水田面积减少、旱地面积增加，耕地面积总量减少；有林地（森林）、灌木林地、其他林地（果园、苗圃等）、建设用地和水域面积增加；疏林地和草地面积减少。

2007—2011 年，各种土地利用类型之间的转换仍比较复杂。从土地利用类型的转出比例来看，耕地和林地的变化幅度最大，其转出比例分别为 72.067％和 19.295％，转入比例为 7.359％和 5.598％，但从转入比例和变化的总量来分析，表现出最明显的变化是建设用地迅速扩展，由大量的其他土地利用类型转换而来，其中耕地和林地的面积最大，分别为 101852hm² 和 18372hm²。耕地和其他类型之间的转换也较显著，较大面积耕地转变为水域和林地，其中有 41061hm² 转换为水域，6918hm² 转换为林地。大面积流向水域主要是由于长江水位的上升；转换的林地草地绝大部分通过退耕还林、退耕还草完成。但是值得注意的是，同时期，林地、草地向耕地转化的数量也不少。林地、草地间也有相互转换的现象，但转换的面积都不大。这期间库区水域变化呈现出上升的趋势，有较多耕地和疏林地转换为水域。

2011—2013 年与 2007—2011 年时段相比，地类转换的主导类型比例发生了较大的改变。从转入比例来分析最为凸显的是建设用地，它的转入比例为 74.356％，这远大于其他的土地利用类型，成为主导转入型地类，这也说明了在这段时间城市的发展速度进一步加快了。从转出比例来分析最为凸显的是耕地和林地，转出比例分别为 55.392％和 40.714％，成为转出最大的两个地类。与 2007—2011 年时段相比，耕地的比例减少了，林地的比例有所上升。其他地类与 2007—2011 年时段的变化情况基本一致。

总观三峡库区土地利用复杂的类型之间的相互转换，其结果导致耕地、林地和草地面积总量减少，建设用地和水域面积增加，而未利用面积变化量很小。

第五节　三峡库区土地利用/覆被变化及其影响评价

从三峡工程开工建设至蓄水到 175m 的 2013 年，三峡库区土地利用/覆被虽然发生了很大的变化，如陆地面积特别是耕地减少和水面面积扩大，但其格局基本上没有改变，主要利用类型的面积占库区面积比例仍是耕地最大，到2013年为36.52%（2007年为36.98%），比1995年降低1.64%；有林地面积次之，占17.31%（2007年为17.33%），比1995年提高了1.09%；荒山草地比例虽然减少了0.45%，仍居第三位，达11.27%；林地总面积（有林地、灌木林地、疏林地、果园、苗圃等）占48.41%，提高了1.43%；建设用地和水面面积增加较多，但所占比例仍分别只有1.92%和1.90%。因此，三峡库区2013年土地利用类型仍是耕地、有林地和草地（三者累计占库区面积的65.10%），或林地、耕地和草地为前三（三者累计占库区面积的96.19%），与1995年相比差异都很小，因此，土地利用的变化对库区土地永续利用尚未造成、将来也不会造成根本性的影响。另外，由于耕地面积的减少和整体质量的下降，以及林地增加和林相的改善，决定了土地利用变化的影响是客观存在的，且影响较大，利弊并存。从对农业生产影响角度看，弊大于利；从对生态环境影响角度看，利大于弊。也就是说，影响存在负面作用，同时也有积极的一面。主要体现如下。

（1）三峡工程对库区农业的直接影响体现在耕地量和质的变化。由于优质耕地（水田和平坝旱地）大面积减少（这里需要指出的是，耕地减少原因不全是水库蓄水淹没及其所引起的城镇迁建占用，还有经济发展所引起的城镇扩张、厂矿和道路等建设占用），新增旱耕地生产条件有限，如土层薄、土壤质量差、海拔高、交通不便和灌溉设施缺乏，库区粮食生产能力因之下降（长江及其支流一级阶地、二级阶地、冲积扇和平坝上的水田、旱地粮食单产是坡旱地的3～5倍，甚至更多），从而使库区粮食安全问题更加突出。三峡库区地处山区，农业仍以农耕为主。20世纪80年代，库区大部分区县种植业产值占农林牧副渔总产值一半以上，有的甚至超过70%。从三峡工程开工建设至蓄水到175m的2013年，特别是进入21世纪以来，库区各区县的种植业占农业产值的比例都有所下降，有的降幅很大，但整个库区农业生产地位仍然十分重要，发展粮食生产的不利因素不容小觑。库区低海拔水热和土壤条件都较好的果园，尤其是柑橘园大部分被淹没，新增的果园虽然在面积上有所增加，但果木的生长条件有所降低，果品的质量不同程度地受到了影响。另外，水面的扩展和水位的加深则有利于水产养殖业的发展。

（2）三峡库区森林、灌木林面积扩大，草地覆盖度的恢复性提高，林相的改善和蓄积量的增加，以及水土保持能力和经济效益差的疏林地面积减少等，所有这些都有助于库区地表覆盖质量和生态环境的改善，如增强持水蓄水能力、减少地表径流、削减洪峰和增加基流的调节作用，同时对三峡库区生物多样性也产生积极影响。如由于栖息地和生存条件的改善，鸟类的品种和数量明显增多，野羊、野猪、猕猴等多年不见的动物又重新在库区出现。

（3）水面面积的扩大和水位的加深，河漫滩和礁石被淹没，不仅改善了三峡航道的航行条件和提高了水上运输能力，还对库区的气温也起到了一定的调节作用。

（4）建设用地的扩展由于占用不少耕地而在一定程度上影响了第一产业发展，但对第二、第三产业的发展有很大的促进和推动作用，城镇面积的扩大加快库区城市化步伐，交通设施的显著改善帮助山区特别是偏远山区农民脱贫致富。重庆市已实现了八小时交通圈，即从最远的山区县城乘汽车出发可以在8h内到达重庆市区。

虽然三峡工程对库区土地利用和农业产生了一些不利影响，但这些影响是能够克服的，并已通过一系列相应的政策措施的实施，取得了显著的成效。三峡库区的农业耕作条件很差，水土流失严重，生态环境脆弱，再加上近年来耕地减少速度加快，森林、灌木林和草地面积也呈现减少趋势。因此，三峡库区退耕还林还草、生态环境保护和粮食安全保障的任务仍然十分艰巨。

第六节　三峡库区土地利用/覆被变化不利影响的对策

三峡库区土地利用/覆被变化产生的利弊影响是客观存在的，不以人们的意志与看法而改变。摆在面前的任务是采取切实可行的科学措施，以达到兴利除弊的目的，从而有利于三峡库区生态环境的改善、社会和谐与稳定、经济持续较快发展和三峡工程的高效长期运行。

（1）要按照国务院2008年8月13日审议并原则通过的《全国土地利用总体规划纲要（2006—2020年）》，实行严格的土地利用和管理制度，珍惜库区宝贵的土地资源，用好每一寸土地，避免滥占耕地，特别是良田沃土，防止乱设开发区的现象再度发生。国家多次强调保护耕地就是保护我们的生命线、只有依法保护好耕地才能稳定和发展粮食生产。

（2）大力改造库区7°～15°、15°～25°坡耕地。这是由库区土地固有的地形条件决定的。三峡库区坡度大于25°的土地面积达23505km^2，占库区面积的38％；15°～25°的土地面积达21368km^2，占34％；7°～15°的面积11251km^2，占18％；7°以下平地土地面积小，包括水面仅有6515km^2，占10％。水库蓄水后，陆地面积进一步缩小。旱耕地大部分分布在7°～15°、15°～25°的山坡上。1999年以前，安置农村移民是采取垦荒的办法，但新垦耕地大多分布在交通不便、海拔较高的地区，土层薄，土壤肥力差，经济效益很低，农民不愿耕种，有的已经撂荒，其效果不理想。1998 年后，经过政策调整，开始向外省份迁移安置。这项政策应坚持下去。对在区内安置农村移民的补偿，可采取改造坡耕地提高单产增加总产和多种经营的方式。在有条件的地方，可以寻找扩大其他就业门路，不能把希望都寄托在有限的耕地资源上。25°以上的陡坡旱地要退耕还林还草，7°以下耕地非常有限，保障和增加粮食产量只有通过挖掘 7°～15°、15°～25°坡旱地潜力来实现。首先要改善坡耕地的生产条件，如坡改梯，增加土层厚度，提高土壤肥力。增加科技投入，建立高效生态农业示范基地，形成具有三峡库区特色的优势农业，做到经济效益与生态环境效益的良性互动。开发和利用好库区有限的土地资源，创造高附加值的农副产品。在提高经济收入的前提下，生态环境的改善才能够稳步有序推进，也才能够达到库区人民尤其是农民安居乐业的目标。

(3) 继续做好退耕还林还草工程，扩大森林面积。1998 年以来，库区退耕还林工作取得了不小成绩，但与国家要求还有相当差距，1995 年森林覆盖率仅有 16.62%，2007 年为 17.33%，增长缓慢；还有大面积水土保持能力低、经济效益差的疏林地，1995 年面积达 910472hm^2，到 2007 年面积仍有 906612hm^2，仅减少 3860hm^2。2002 年，国务院下发了《国务院关于进一步完善退耕还林政策措施的若干意见》，重庆市人民政府于同年 7 月下发了《关于进一步完善退耕还林政策措施的意见》，给退耕还林提供了强有力的政策和措施保证，可操作性强。政策措施大大提高了农民自愿退耕还林的积极性，关键是当地各级政府要全面和不折不扣地执行国务院退耕还林还草政策，按照重庆市和湖北省相关的计划和部署，继续有效实施退耕还林还草工程。在前期退耕还林还草取得良好实效的基础上，一方面要巩固已有的成果，防止反弹；另一方面，在条件允许的地方，应退未退的陡坡地应尽快退耕，确保实效。不能走一边搞退耕还林还草，一边又在重新毁林、毁草垦殖，防止毁林毁草现象反弹。在生态环境脆弱和生产条件恶劣的地区，尽可能实施生态移民。重庆市 2020 年前把渝东北大批农村移民向重庆主城区和万州区集中，迁移 230 万人，该地区只保留 700 万人左右，以改善生态环境，建设好长江上游生态屏障。这样做的结果将大大促进三峡库区生态环境的改善和农村移民生活水平的提高。

(4) 继续做好控制人口增长和农村移民外迁工作，加快库区城市化步伐，提高城市化水平。三峡库区人口接近 2000 万人，在将来一个时期内还将持续增长，这是因为库区城市化水平低。人口增长势必给库区土地资源特别是耕地带来新的压力，应继续鼓励、引导和支持农村移民外迁。对已外迁并得到妥善安置的农村移民，要继续给予关心，帮助他们真正能适应并融入当地社会经济活动中，杜绝回返现象的发生。库区城镇化水平低，要使库区人民整体生活质量有较大幅度的改善，必须在加快城市化步伐的基础上提高城市化水平。

(5) 由于175m以下果园被淹没，新增果园受海拔升高等因素影响，一些地方的水果（如柑橘）质量有所下降。这应该引起高度重视，加强科技投入，改善果树生长条件，保障果农的经济收入有所增长。

(6) 要重视和加强三峡库区土地利用的监测与管理，做到及时发现问题及时处理。特别要加强对优质耕地（平坝水田、菜地）、退耕还林地和退耕还草地的监测与保护。当地政府要加强建设用地的审批管理，需要掌握各种最新的土地利用信息，切实保证库区非农业建设用地的利用效率，为实现耕地总量动态平衡提供科学依据。移民安置对三峡库区土地资源利用变化的影响将是深远的。一方面，移民安置不可避免地要开发土地资源；另一方面，为了不降低收入和生活水平，在没有其他收入来源的情况下，农民极有可能加大对土地资源的掠夺利用。同时，水库蓄水淹没部分优质耕地及其后的耕地补偿等都在不断地改变着土地利用的数量和结构。因此，实时的土地利用动态监测和研究，掌握该区土地利用在空间上和数量上的连续变化，并进行准确的土地利用动态变化分析，不但有利于政府部门的宏观调控和生态环境的保护决策，还可以为三峡库区土地整治、开发、复垦等各种日常土地管理工作提供基础数据和图件，以便充分、合理、有效地持续利用三峡库区有限的土地资源。

第 五 章

三峡工程建设对生态服务功能的影响

第一节 引 言

三峡库区是我国西南地区重要的生态屏障及生态走廊，区内生态系统类型丰富，既包括以森林、草地、农田为主的陆地生态系统，也包括以河流为主的淡水生态系统。三峡工程竣工后，在防洪、发电、航运、旅游、供水等方面表现出巨大的经济效益。然而，随着三峡水库蓄水高度的不断增加，大面积森林、草地和农田生态系统被淹没，河流生态系统逐渐演变成水库生态系统，库区生态系统的结构与功能发生了显著变化。三峡工程修建所引起的库区生态系统结构和功能的变化，最终反映在生态系统服务的变化上。因此，本章采用生态系统服务价值评估技术，对受三峡工程影响的河流和陆地生态系统服务进行了评估，揭示了在不同蓄水高度时三峡库区生态系统服务的变化，以期为全面认识三峡工程建设对库区生态系统的影响提供科学依据。

第二节 生态系统类型与服务

生态系统是指生物群落与其无机环境相互作用而形成的统一整体，其类型多种多样。依据非生物因素，可将生态系统划分为陆地生态系统与水域生态系统。生态系统服务是指人类直接或间接从生态系统得到的利益，主要包括向经济社会系统输入有用物质和能量、接受和转化来自经济社会系统的废弃物，以及直接向人类社会成员提供的服务（如人们普遍享用的洁净空气、水等舒适性资源）（Costanza et al.，1997；MA，2005）。依据生态系统提供服务的机制、类型和效用，把生态系统的服务功能划分为提供产品、调节功能、文化功能和生命支持功能四大类（MA，2005）。

一、主要生态系统类型

陆地生态系统是指地球陆地表面由陆生生物与其所处环境相互作用构成的统一体。陆地生态系统按生境特点和植物群落生长类型可分为森林生态系统、草原生态系统、荒漠生态系统、湿地生态系统以及受人工干预的农田生态系统。水域生态系统是指在水域中由生物群落及其环境共同组成的动态系统，可进一步划分为海洋生态系统和淡水生态系统。

三峡库区是我国西南地区重要的生态屏障及生态廊道，按上述标准，其生态系统类型包括陆地生态系统和水域生态系统。陆地生态系统主要包含森林生态系统、草地生态系统、农田生态系统三种类型，水域生态系统主要是以河流为主的淡水生态系统。

陆地生态系统中的森林主要分布在东部巫山县、奉节县、云阳县和中部开县、丰都县、武隆区境内；农田主要分布在西部长寿区、垫江县和梁平区；草地在研究区东部零散分布；湿地主要分布在区内集水区；其他生态系统（主要为人工表面）分布在长寿区、涪陵区、万州区等经济条件较好的区县（邓伟，2014）。

三峡库区河流生态系统是由河岸生态系统、水生生态系统、湿地及沼泽生态系统等在内的一系列系统组合而成的复合系统（鲁春霞等，2001）。其作为地表淡水生态系统的主要组成部分，不仅为水生生物和陆地生物提供了不同的生境，也为人类的生存和发展提供了重要的生态系统服务。

二、河流生态系统服务

河流生态系统服务是指河流生态系统与河流生态过程所形成及所维持的人类赖以生存的自然环境条件与效用（Daily，1997），包括对人类生存和生活质量有贡献的河流生态系统产品和河流生态系统服务（Loomis et al.，2000）。

欧阳志云等（2004）根据千年生态系统评估的分类方法将河流生态系统服务分为提供产品、调节功能、支持功能和文化功能四大类。提供产品包括淡水资源、水力发电、内陆航运、水产品生产、基因资源等；调节功能包括水文调节、河流输送、侵蚀控制、水质净化、空气净化、区域气候调节等；支持功能包括土壤形成与保持、光合产氧、氮循环、水循环、初级生产力、提供生境等；文化功能包括文化多样性、教育价值、美学价值、文化遗产价值、娱乐和生态旅游价值等。

河流生态系统是三峡库区生态系统的重要组成部分，依据该区域河流生态系统的基本特点，其所提供的生态系统服务类型包括内陆航运、调蓄洪水、气候调节、侵蚀控制、休闲娱乐、水产品生产和生物多样性保护等。

1. 内陆航运

长江源远流长，水量丰沛，是我国东西向水陆交通大动脉，被誉为“黄金水道”。三峡库区所在的川江航段更是在其中承担着重要的运输功能，其主要担负着西南三省及鄂西部分地区的重要物资运输。西南铁路外运一直处于饱和或超负荷状态，运输紧张被动局面难以缓解，加之水运具有廉价、运输量大等优点，内陆航运一直是该区域河流生态系统重要的服务功能（何伟，2004）。但是受航道尺度和水流条件的限制，该区域在建坝前，长江重庆至武汉段行驶万吨级大型船队受到极大限制。

2. 调蓄洪水

河流生态系统由河道、洪泛区、河岸地带、河流附近的湿地及沼泽地带等组成。洪泛区是河道两侧受洪水高度周期性影响的区域，包括浅滩、浅水湖和湿地等，洪泛区可以吸纳滞后洪水，具有较强的蓄洪能力，可以削减洪峰、滞后洪水过程，从而均化洪水，减少洪水造成的经济损失。但是，长江是一条雨洪河流，生态系统调蓄洪水能力有限，如遇特大暴雨极易形成洪水灾害。在三峡工程兴建前，荆江河段遇特大洪水还没有可靠对策，行洪安全存在极大隐患。

3. 气候调节

水生态系统对稳定区域气候、调节局部气候有显著作用。水体的绿色植物和藻类通过光合作用固定大气中的 CO_2，将生成的有机物质贮存在自身组织中；同时，泥炭沼泽累积并贮存大量的碳作为土壤有机质，一定程度上起到了固定并持有碳的作用，因此水生态系统对全球 CO_2 浓度的升高具有巨大的缓冲作用。

此外，河流水面蒸发能够提高湿度、诱发降雨，不仅有利于空气中污染物质的去除，使空气得到净化；而且还可对温度、降水和气流产生影响，可以缓冲极端气候对人类的不利影响。

4. 侵蚀控制

河流生态系统的陆地河岸生态系统子系统、湿地及沼泽生态系统子系统和水生生态系统子系统等沉积了河流挟带的部分泥沙，稳固了河流沿岸和湿地及沼泽等的土壤；从而起到截留泥沙、避免土壤流失、淤积造陆的功能（肖建红，2007）。位于库区上游的嘉陵江是长江上游重要的来沙河流，年输沙量高达 1.4 亿 t。但库区河段河道生态系统固沙能力有限，上游来沙不能得到有效沉积，进而导致下游河段河道淤积问题严重，洪涝灾害频发。

5. 休闲娱乐

长江三峡是集自然景观与人文历史景观于一体的世界著名峡谷观光旅游胜地。自然景观体现出极高的科学价值和美学价值，长江三峡是由强烈的造山运动所引起海陆变迁和江水下切，在深厚的石灰岩地区所形成的独特风貌。西陵峡莲沱附近的震旦纪地层剖面被列为世界典型剖面之一，使三峡成为具有世界性科学研究价值的天然地质博物馆（李秀清，1999）。人文景观体现出极高的历史价值和文化价值。长江三峡库区沿岸，著名的人文景点有涪陵白鹤梁石鱼、忠县石宝寨、云阳张飞庙、奉节白帝城等；还有代表地方民俗的丰都“鬼城”等。此外，还保留有一批颇具地方民族色彩的民居群、戏台、祠堂、吊脚楼，具有很高的民族民俗研究价值。

6. 水产品生产

生态系统最显著的特征之一就是生产力，长江水系淡水鱼捕捞量非常可观。据统计，20 世纪 50 年代淡水鱼年产量可达 80 万 t。三峡江段水深流急，有许多适应于流水生活的鱼类，如长鳅、岩原鲤、重唇、鳅鮀、青波、白甲、平鳍鳅等。大量江水挟带着丰富的营养物质倾泻入海，在海淡水交汇处吸引着众多鱼虾，形成独特的长江口渔场。这里有江河洄游鱼类（如鳗），也有江海洄游鱼类（如中华鲟等）。中华鲟为大型经济鱼类，也是一种古老的生物种群，属我国特有的珍稀动物，产卵场便在三峡库区所在的四川宜宾地区。

7. 生物多样性保护

三峡江段是鱼类和水生生物资源的宝库。流域内鱼类种类繁多，在淡水鱼中，仅仅分布于长江上游的鱼类就有 90 多种，且均是一些适应于当地环境条件的特有种，在鱼类发育和地理分布研究中具有重要价值。特有种中的长江鲟是鲟属鱼类中一个纯淡水生活的物种。产生于上游的岩原鲤是原鲤属仅有的两个物种之一（中国科学院三峡工程生态与环境科研项目领导小组，1987）。

三、陆地生态系统服务

三峡库区陆地生态系统主要包括森林、草地、农田三种生态系统类型，考虑到库区陆地生态系统的主要特征，选取气体调节、水土保持、水源涵养、食物生产 4 种生态系统服务进行分析。

1. 气体调节

三峡库区陆地生态系统尤其是森林生态系统大气调节功能显著。森林是全球生态系统最大的碳库，植物通过光合作用吸收空气中的 CO_2，同时释放氧气，对维持大气中 CO_2 的平衡、减少温室气体具有重要意义。水田是库区重要的农业用地方式，水田中所栽植的稻田可通过水分蒸发和水稻作物叶面的蒸腾作用，对周边地区的气候进行调节、调温。水稻在生长期间可以将吸收的 CO_2 通过光合作用转换成 O_2，调节大气中 CO_2 和 O_2 的平衡，对减缓温室效应起着不可替代的作用。

2. 水土保持

三峡库区山高坡陡，水土流失严重。库区内的森林、农田及草地生态系统具有较强的水土保持功能。森林可以有效地削弱降水对表土的冲击和侵蚀，乔木层及其下面的灌木层和枯枝落叶能保持土壤结构完好，使地表径流量减少。坡地耕种是山区水土流失的重要诱发因素，三峡库区农田采用陡坡地梯田化及林农结合发展等模式，大大提高了农田生态系统的水土保持功能。

3. 水源涵养

森林与水源有着非常密切的关系，在陆地生态系统中，森林涵养水源的功能最强，被称为是“绿色水库”，维持着陆地生态系统的水平衡。三峡库区森林生态系统面积较大，其通过拦截降雨并贮存，通过林冠、林下植被、枯枝落叶和土壤层对降雨进行截留和分配，实现对水资源的涵养。此外，库区内还分布有一定面积的水田，作为自然界水文循环的一部分，稻田土壤与其他使用地类型相比，具有较强的保水和渗透性，以水田为主的农田生态系统水源涵养服务功能显著。

4. 食物生产

产品供给是三峡库区陆地生态系统尤其是农田生态系统的首要生态功能。三峡库区农田生态系统粮食生产水平较低，除生产粮食外，还大面积种植蔬菜，农业整体上属自给型。三峡库区以山区为主，林果产品丰富，柑橘是三峡库区重要的低山水果。此外，以黄姜、党参等为主的药材种植也在三峡库区初具规模。

第三节 生态系统结构与功能的变化

随着三峡工程的建设，同时受相关的生态移民、城市建设、土地利用变化、生态工程等人类活动影响，三峡库区生态系统的结构与功能也发生了显著的变化。

一、河流生态系统结构与功能变化

三峡水库蓄水后，河流生态系统产生了一系列复杂的连锁反应，改变了库区水域的物理、生物和化学因素。库区蓄水对河流生态系统的影响主要体现在非生物要素和生物要素两个方面。其中，非生物要素主要包括河流流量、流速等的水文、水质的变化；生物要素则主要体现为库区范围内包括陆生、水生动植物在内的生物多样性的变化。

1. 结构变化

三峡大坝的修建使河流生态系统的水文条件发生显著改变。天然河道因蓄水演变成狭长的河道型水库，原来的河流生态系统逐渐演变发育成水库生态系统，原有的“河岸带”被淹没成为永久性水域，在库区陆域形成新的“库岸带”。

（1）水域面积增大，流速降低。三峡水库蓄水后淹没了周边大面积的土地，使得库区水域面积大大增加。此外，研究结果显示，三峡水库蓄水后，坝前156m水位条件下，回水区水面宽度是建库前的3倍左右，断面平均流速仅为建库前的1/3左右；坝前175m水位条件下，回水区水面宽度扩大到建库前的3.5倍左右，而断面平均流速仅为建库前的1/4左右（张智等，2006）。

（2）河流水文季节性变化特征减弱，上游地下水位升高。未修建水坝的河流流量和水位是随着自然季节的变化而变化的；而在河流上修建水坝蓄水后，给河流强加了一种人工的流量变化模式，改变了河流原有的自然季节流量模式，消除了极端变化。坝址上游水库蓄水使其周围地下水水位抬高，从而扩大了水库浸没范围，同时拦河筑坝也减少了水坝下游地区地下水的补给来源，致使地下水水位下降。

2. 生态系统服务变化

（1）内陆航运。三峡水库蓄水后，水位升高、航道拓宽，河流生态系统的内陆航运功能得到明显增强。三峡水库蓄水后，河道水位变深，运输量特别是货运量大增，截至2012年，水库蓄水至175m后，该江段年航运能力超过1亿t，比建坝前提升近10倍。水库蓄水后，长江宜昌至重庆660km的航道得到显著改善，万吨级船队可直达重庆港。目前，川江航道已成为长江最繁忙的水运线，并进入国内最发达的水运航运线行列（潘家铮，2004）。

（2）调蓄洪水。三峡大坝修建后，上游形成了大面积河道型水库，水库防洪库容高达221.5亿m^3，使荆江河段防洪标准由现在的十年一遇提高到百年一遇。三峡工程在很大程度上减轻长江中、下游平原地区的洪涝灾害，特别是在保证江汉平原尤其是荆江河段洪水控制中扮演着重要角色（蔡其华，2011），是长江防洪体系中不可替代的主要组成部分。

（3）气候调节。三峡水库建成后，对周围地区气候有明显微调作用，具体表现为：年平均气温增加0.1～0.2℃，年极端最高气温降低4.5℃左右，年极端最低气温升高 3.0℃左右；年平均相对湿度夏季增加 3%～6%，冬季减少 2%（中国工程院三峡工程阶段性评估项目组，2010）。冬季温度升高对喜温经济作物（如柑橘）有利，夏季气温降低使低海拔河谷高温危害减轻，有利于自然及社会生产。

此外，三峡电站的建设，实现了水力发电代替火力发电，减少了原煤的使用，有效减少了 CO_2、SO_2 及 NO_x 等温室气体的排放。

（4）侵蚀控制。水库蓄水期间，库区发生大量淤积，出库泥沙含沙量显著减少，库区河流生态系统的侵蚀控制功能受到影响。2003—2005 年在三峡水库一期蓄水后，三峡附近大通观测站输沙量平均每年减少约 0.85 亿 t，与三峡大坝建设前相比减少约 31%，由此可见，三峡水库的运行有效减少了长江入海口的泥沙，使三峡库区侵蚀控制功能受到极大影响；但是与此同时，上游泥沙淤泥，增加了下游河道的冲刷能力。

（5）休闲娱乐。除防洪、发电、航运等效益外，三峡水库的修建还影响到了休闲娱乐功能。三峡工程的实施，直接影响到该地区的地形、地貌，并波及文物古迹、名胜、自然景观，使旅游资源受到一定程度的破坏，峡谷景观美感减弱。但与此同时，三峡大坝旅游区为国家 AAAAA 级景区，景区依托三峡工程文化和水利文化，为游客提供游览、科教、休闲、娱乐为一体的多功能服务，较好地实现了现代工程、自然风光和人文景观的有机结合。

（6）水产品生产。生态系统最显著的特征之一就是生产力。建坝对氮磷营养物质有一定的拦蓄作用，使生物过程增强，有利于提高生物生产力。此外，水库蓄水后，该江段水域面积增加，三峡库区近 700km^2 水面，成为庞大的淡水水产养殖基地，生产了丰富的水生植物、水生动物产品及其他产品，为人类的生产、生活提供了原材料和食品。

但是，同时由于上游水库建成后对下游水文条件的改变，长江水系的部分鱼类如鲥鱼、中华鲟等的洄游通道被阻断，使其在产卵期溯江数量大为减少。同时，一些适合于流水生活的鱼类，由于河流流速减小，迫使这些鱼类必须迁至库区上游或干流中去。

（7）生物多样性保护。三峡库区蓄水后对水生生物（如部分鱼类、浮游植物和藻类）影响显著。有研究显示，三峡水库建成后库区内藻类物种数明显增加，群落发生演替。蓄水前共鉴定藻类 79 种，以硅藻和蓝藻为主；蓄水以后藻类的总种类数增至 151 种，绿藻和蓝藻数量增加（沈国舫，2010）。

（8）废物处理。三峡水库蓄水后，部分江段和次级河流水体局部河段的水文要素的变化相应地会带来水环境要素的改变，从而影响库区水质，主要表现为水体自净能力下降、纳污容量降低，因此导致水体富营养化程度加大，局部河段水华频繁暴发（肖铁岩等，2009）。

Dai等（2010）研究发现库区蓄水后水体藻类种群数量较蓄水前显著上升，水库河流支流地区营养元素含量显著上升，呈集聚效应。水体富营养化不仅严重影响库区水质，对生活用水安全带来隐患，同时也使库区水生生态系统受到极大干扰。河流水生生态系统营养元素物质循环过程与自然状态下显著不同（李孝坤，2005）。

（9）能源生产。河流因地形地貌的落差产生并储蓄了丰富的势能，水能是最清洁的能源，水力发电是该能源的有效转换形式。三峡工程除了巨大的防洪作用外，同时还有巨大的发电效益。三峡电站供电范围涉及华中、华东、川渝、南方电网，其发电效益对于促进区域经济发展有着重要意义。

二、陆地生态系统结构与功能的变化

三峡工程对陆地生态系统（如森林、草地和农田）的影响，主要是由于库区水位上升导致土地类型及其利用方式的改变所引起的。总体来看，三峡水库建成蓄水后，受库区自身建设需求、人口增长以及库区移民安置等的影响，库区陆地生态系统在面积、质量及生物多样性等方面变化显著。

1. 结构变化

（1）生态系统面积。三峡水库蓄水后，淹没了大面积的陆地，其中农田生态系统面积减少最为显著。以蓄水位175m方案为例，水库面积1084km^2，淹没陆地面积632km^2，其中耕地约237.9km^2；而且大规模的移民迁建以及城镇、工矿和交通设施建设不可避免地占用了大量的耕地。2010年，库区人均耕地仅为0.054hm^2/人，已基本接近联合国粮食及农业组织提出的粮食安全的耕地警戒水平（0.053hm^2/人）。此外，在库区现有耕地中，大于25°的坡耕地占18.6%（约26.33万hm^2），若按照库区生态环境建设规划，在近10年内将其中的50%退耕还林（草），又将减少耕地约13万hm^2（Zhang et al.，2009）。

受生态系统结构变化的影响，生态系统的质量也发生了相应的变化。以土壤质量为例，农田生态系统面积的减少使土壤环境及质量受到了巨大的影响。对库区农林土壤重金属的形态分布与环境风险研究表明，三峡库区农田生态系统土壤污染较严重，潜在生态风险较大（牟新利等，2013）。

（2）库区消落带形成。三峡工程建成后，由于人工的调控，当蓄水水位至175m以后，水库两岸形成落差达30m的消落带，是河流生态系统与陆地生态系统的过渡地带。消落带在库区生态系统中发挥着重要作用，具有较高的缓冲带功能、保持生物多样性及保护生境的功能、护岸功能和经济美学价值等。

2. 生态系统服务变化

受结构变化的影响，陆地生态系统所提供的部分生态系统服务亦会发生改变。基于三峡库区陆地生态系统所提供的服务类型及其受结构影响而产生变化的程度，选取水土保持、食物生产及生物多样性保护 3 种生态系统服务进行分析。

（1）水土保持。三峡库区农田采用陡坡地梯田化及林农结合发展等模式，大大提高了农田生态系统的水土保持功能。库区积极利用宜林荒地进行植树造林，发展经济林、用材林、炭薪林、库岸防护林、水源涵养林，有效地控制水土流失，库区山地生态系统的水土保持功能得到增强。

（2）食物生产。三峡水库建成后，由于受淹城镇搬迁和新耕地开辟，农田生态系统位置上移，大大增加了山坡中上部土地的压力。新开的坡耕地熟化程度较低，生产条件差，其生产力比被淹耕地低很多。以喜温经济作物柑橘为例，由于库区岸坡较陡，其可扩大的适生范围与国内同类大型水库相比是较小的；且库区随着蓄水位升高，农作物的最佳适生环境会继续变窄，陆地生态系统的食物生产能力受到较大影响。

（3）生物多样性保护。三峡工程建成蓄水后，库区生态环境发生根本改变，土地利用方式和土地类型与蓄水前差别显著，动植物生境遭受不同程度干扰和破坏，生物多样性较蓄水前发生显著改变（程辉等，2015）。三峡水库建成后，随着库水位升高，农田和人类活动上移，以农田草灌和草灌农田生活环境为主的陆生脊椎动物生存环境受到影响；两栖爬行类动物数量在蓄水初期下降。

第四节　河流生态系统服务价值的变化

三峡工程修建所引起的生态系统结构和功能的变化，最终反映在生态系统服务的变化上。因此，可以对河流和陆地生态系统服务的价值变化进行评估，从而得到三峡库区生态系统服务变化的规律。

李芬等（2010）的研究考虑人类活动对生态系统服务的占用量和胁迫效应，通过水当量的方法对河流生态系统服务功能进行评价。Ringold 等（2009）从水量、水质和景观三方面提出了河流生态系统的最终生态系统服务指标，以促进生态评估和生态系统产品与服务变化的经济价值之间的相互联系。水量包括数量、时序等；水质包括温度、传导性等物理指标，溶解氧、化学物质等化学指标，病原菌、生物完整性等生物指标；景观包括美学、遗产多样性等。

根据河流生态系统提供服务的类型和效用，结合三峡工程对河流生态系统服务影响的特点，本章主要对内陆航运、调蓄洪水、能源生产、大气调节、侵蚀控制、废物处理、休闲娱乐和水产品生产8种受到三峡工程影响的河流生态系统服务进行评估，并建立了相应的评价指标与价值评估方法（表2.5-1）。

表2.5-1　　河流生态系统服务评价指标与价值评估方法

服务类型	评价指标	评估方法
内陆航运	货物周转量	市场价值法
调蓄洪水	防洪库容	影子工程法
能源生产	发电量	市场价值法
大气调节	有害气体排放量	影子工程法
侵蚀控制	泥沙淤积量	影子工程法
废物处理	水污染防治	替代价值法
休闲娱乐	旅游收入	旅行费用法
水产品生产	水产品产量	市场价值法

一、河流生态系统服务价值评估方法

关于河流生态系统服务功能价值的评估方法主要有三类（郝弟等，2012）。

（1）直接市场技术，对于那些有明确的市场价格的河流生态系统服务采用市场价值法，如对水库供水、水力发电、水库航运、养鱼等的经济价值评估（魏国良等，2008；肖建红等，2008）。

（2）替代市场技术，主要是针对那些没有直接市场价格的河流生态系统产品，可利用替代品的市场价格估算其生态系统服务的经济价值，主要包括替代工程法（影子工程法）、机会成本法、防护费用法等。河流的调蓄洪水功能、贮水功能、输沙功能、净化水质功能和生物多样性保护功能都可以采用替代市场法（赵同谦等，2003；熊雁晖，2004；张晓惠，2007；张大鹏，2010）。

替代工程法（影子工程法）是指当河流的某一生态系统服务被破坏后，需要人工建造一个工程来代替原来的生态系统服务功能，原有生态系统服务功能的经济价值即为替代工程的投资费用。如调蓄洪水功能的经济价值很难直接计算，从水库蓄水能力方面考虑可采用替代工程法计算；从保护城镇和农业耕地面积方面考虑可采用影子价格法计算；从水库建设对下游造地功能、调蓄洪水、淹没土地等多种方案考虑也可采用机会成本法计算。再如河流水质或濒危物种遭到破坏，利用一些治理或保护工程恢复河流原有的生态系统服务，可采用防护费用法或替代工程法。

(3) 模拟市场技术，只有条件价值法一种，此方法特别适用于河流生态系统服务中非使用价值的评估，如建造水库对文化古迹以及濒危生物的影响等价值的评估，主要通过调查人们对这些受影响的河流生态系统服务的支付意愿来评估（欧阳志云等，2004；赵军等，2005）。条件价值法还可以用于评估生态系统服务的直接使用价值，如河流的景观娱乐功能可以采用条件价值法评估（莫创荣等，2005）。

从表 2.5-1 中可以看出，本章采用市场价值法对内陆航运、能源生产和水产品生产三种河流生态系统服务的价值变化进行评估，采用替代市场技术（影子工程法，替代价值法）对调蓄洪水、大气调节、侵蚀控制和废物处理四种河流生态系统服务的价值变化进行评估，采用旅行费用法对河流生态系统提供休闲娱乐服务的价值变化进行评估。

二、河流生态系统服务价值评估

1. 内陆航运

三峡水库蓄水到 135.0m 水位后，库区改善主航道 430km。2004 年，该江段年航运能力由不足 1000 万 t 提高至 4392.8 万 t，从而使川江航道年货物周转量提高了 188.89 亿 t·km，按照单位价值 0.06 元/(t·km) 计算，则增加川江航道价值 11.33 亿元。

三峡水库蓄水至 156.0m 水位后，库区主航道改善达 570km。2008 年，该江段年航运能力突破 6000 万 t，提高至 6056.5 万 t，提高川江航道年货物周转量 345.22 亿 t·km，则增加川江航道价值 20.71 亿元。

2010—2012 年三峡水库实现 175.0m 蓄水目标后，库区主航道改善达 660km。2012 年，该江段年航运能力突破亿吨（双向），达到 10997 万 t，从而使川江航道年货物周转量提高了 725.80 亿 t·km，增加川江航道价值 43.55 亿元。

2. 调蓄洪水

2004 年，三峡水库的防洪库容为 23 亿 m^3，按照 1990 年不变价，每建设 $1m^3$ 库容需要投入成本 0.67 元，则调蓄洪水价值增加了 15.41 亿元。2008 年，三峡水库的防洪库容为 110 亿 m^3，则调蓄洪水价值增加了 73.70 亿元。2010—2012 年，三峡水库的防洪库容为 221.5 亿 m^3，则调蓄洪水价值增加了 148.41 亿元。

3. 能源生产

当三峡水库蓄水达到 135.0m 水位时，三峡工程年发电量由 2003 年的

86.07亿kW·h增加到2004年的391.55亿kW·h，2005年达到490.90亿kW·h。以国家发展改革委批准的已售电电厂平均上网电价为基准，确定三峡水电站平均上网电价为0.25元/(kW·h)，则能源生产价值相比没有三峡水库的情况增加了122.73亿元。

当三峡水库蓄水达到156.0m水位时，2008年三峡工程的年发电量增长至616.03亿kW·h，相较于2006年的492.49亿kW·h增加了25%，从而使能源生产价值相比没有三峡水库的情况增加了154.01亿元。

当三峡水库蓄水高度达到175.0m水位时，三峡工程年发电量由2008年的808.12亿kW·h增加到2012年的981.07亿kW·h，则能源生产价值相比没有三峡水库的情况增加了245.27亿元。

4. 大气调节

用水力发电代替燃煤的火力发电，可以减少CO_2、SO_2等有害气体的排放。2005年，三峡工程年发电量为490.90亿kW·h，大约可以减排4150.88万t的CO_2和49.82万t的SO_2。根据1990年不变价，造林成本为260.90元/t碳，则减少CO_2排放的价值为29.54亿元。根据SO_2的治理成本即600元/t计算，则减少SO_2排放的价值为2.99亿元。当三峡水库蓄水达到135.0m水位时，三峡工程减少有害气体排放的价值共增加了32.53亿元。

2007年，三峡工程年发电量为616.03亿kW·h，大约可以减少5145.64万t的CO_2和61.76万t的SO_2，则减少CO_2排放的价值为36.61亿元，减少SO_2排放的价值为3.71亿元。当三峡水库蓄水达到156.0m水位时，三峡工程减少有害气体排放的价值共增加了40.32亿元。

2012年三峡水利枢纽工程年发电量为981.07亿kW·h，约削减0.74亿t的CO_2和87.56万t的SO_2排放，进而避免了CO_2排放所需付出的价值52.65亿元以及SO_2排放所付出的价值5.25亿元。当三峡水库蓄水达到175.0m水位时，三峡工程减少有害气体排放的价值共增加了57.90亿元。

5. 侵蚀控制

2004年，入库泥沙量为2.52亿t，出库泥沙量为1.03亿t，淤积量为1.49亿t，相当于0.75亿m^3（泥沙密度按2t/m^3计算）。按照拦截1m^3泥沙的工程投资费用即100元/m^3来计算，则侵蚀控制价值需投资75亿元。

2008年，入库泥沙量为2.204亿t，出库泥沙量为0.507亿t，淤积量为1.697亿t，相当于0.85亿m^3（泥沙密度按2t/m^3计算），则侵蚀控制价值需投资85亿元。

2008—2012 年试验性蓄水期，三峡水库干流淤积泥沙量为 6.351 亿 t，年均淤积泥沙量为 1.59 亿 t，相当于 0.80 亿 m^3（泥沙密度按 2t/ m^3 计算），则侵蚀控制价值需投资 80 亿元。

6. 废物处理

由于建库库内水流速度变小，使污染物质在库内稀释、扩散和输移能力减弱，加重了库区水污染。根据《三峡库区及其上游水污染防治规划（2001年—2010 年）》，国家将投资近 400 亿元巨资用于防治三峡库区及其上游的水污染，平均每年投资 40 亿元。由于水体自净能力下降，要想使三峡库区的水质恢复到建库前的水平，就必须增建污水处理设施和加大工业污染防治，因此三峡工程对河流生态系统废物处理功能的影响可以用水污染防治的投资来近似代替。

7. 休闲娱乐

三峡工程是世界级的水利工程，因而派生出巨大的旅游效应。三峡工程的建设对三峡两岸高达千米的悬崖峭壁自然景观状貌影响不大，主要景观特色基本保持不变。因此，不但没有影响到三峡的旅游，反而有更多的游客慕名而来。

2004 年，三峡大坝坝区旅游人数超过 80 万人次，旅游收入总额突破亿元，高达 1.30 亿元，即休闲娱乐价值增加了 1.30 亿元。2008—2012 年三峡工程试验性蓄水期间，三峡大坝旅游区游客接待数量累计达到 705 万人次，总体上呈现逐年增长态势，旅游收入累计约 7.80 亿元。2008 年，游客接待数量为 92 万人次，旅游收入为 1.17 亿元，即休闲娱乐价值增加了 1.17 亿元。2012 年，游客接待数量为 178 万人次，旅游收入为 1.75 亿元，即休闲娱乐价值增加了 1.75 亿元。

8. 水产品生产

三峡大坝建成后，在坝址上游形成了长达 600km 左右的水带，水面面积约 10 万 km^2，形成了上千处大大小小的水库湾汊，这为发展水库渔业创造了有利条件。2008 年以后，库区各区县水产品产量呈逐年增长趋势。据统计，三峡库区部分区县（重庆 7 区县和湖北 4 区县）水产品产量从 2008 年的 9376t 增加到 2011 年的 59549t。按平均价格 10 元/kg 计算，2008 年河流水产品生产服务价值增加了 0.94 亿元；2011 年河流水产品生产服务价值增加了 5.95 亿元。

综上所述，与蓄水前相比，2004 年库区河流生态系统服务价值约增加 68.30 亿元，2008 年库区河流生态系统服务价值约增加 165.85 亿元，2012 年库区河流生态系统服务价值约增加 382.83 亿元（表 2.5 - 2）。

表 2.5-2　　三峡工程对河流生态系统服务价值的影响　　单位：亿元

年份	内陆航运	调蓄洪水	能源生产	大气调节	侵蚀控制	废物处理	休闲娱乐	水产品生产	合计
2004	11.33	15.41	122.73	32.53	−75	−40	1.30	—	68.30
2008	20.71	73.70	154.01	40.32	−85	−40	1.17	0.94	165.85
2012	43.55	148.41	245.27	57.90	−80	−40	1.75	5.95	382.83

第五节　陆地生态系统服务价值变化

三峡库区陆地生态系统结构与功能的变化不仅会带来经济效益和社会效益的变化，如柑橘产量减少、农民收入降低等，还会使不同土地类型、不同陆地生态系统的服务类型和价值也发生巨大的变化。

一、陆地生态系统服务价值评估方法

采用生态系统服务价值评估技术，对三峡库区陆地生态系统服务价值的变化进行评估。评估涉及的陆生生态系统主要是森林、草地和农田，涉及的生态系统服务包括大气调节、气候调节、水源涵养、土壤形成、废物处理、食物生产、原材料供给、生物多样性保护和娱乐文化。

根据谢高地等（2003）的研究结果，中国森林生态系统单位面积生态系统服务价值为19334.0元/hm^2，其中大气调节、气候调节、水源涵养、土壤形成、生物多样性和原材料供给服务占87.6%；草地生态系统单位面积生态系统服务价值为6406.5元/hm^2，其中大气调节、气候调节、水源涵养、土壤形成、废物处理和食物生产服务占94.5%；农田生态系统单位面积生态系统服务价值为6114.3元/hm^2，其中气候调节、土壤形成、废物处理、食物生产和原材料供给服务占82.5%（表2.5-3）。

表 2.5-3　　中国不同陆地生态系统单位面积生态系统服务价值　　单位：元/hm^2

生态系统类型	大气调节	气候调节	水源涵养	土壤形成	废物处理	食物生产	原材料供给	生物多样性保护	娱乐文化
森林	3097.0	2389.1	2831.5	3450.9	1159.2	88.5	2300.6	2884.6	1132.6
草地	707.9	796.4	707.9	1725.5	1159.2	265.5	44.2	964.5	35.4
农田	442.4	787.5	530.9	1291.9	1451.2	884.9	88.5	628.2	8.8

利用三峡库区陆地生态系统面积的变化与单位面积生态系统服务价值，便可以计算得到三峡工程建设对陆地生态系统服务价值的影响。

二、陆地生态系统服务价值评估

与1995年三峡库区土地面积相比，2005年三峡库区森林面积增加了105649hm^2，草地面积减少了93133hm^2，农田面积减少了28786hm^2；2008年三峡库区森林面积增加了96343hm^2，草地面积减少了84915hm^2，农田面积减少了68468hm^2；2012年三峡库区共增加森林面积82991hm^2，减少草地面积85780hm^2，减少农田面积95057hm^2（表2.5-4）。

表2.5-4 三峡工程对陆地生态系统的土地面积和服务价值的影响

生态系统类型	较1995年土地面积变化/hm^2			生态系统服务价值/(元/hm^2)	较1995年生态系统服务价值变化/亿元		
	2005年	2008年	2012年		2005年	2008年	2012年
森林	105649	96343	82991	19334.0	20.43	18.63	16.05
草地	−93133	−84915	−85780	6406.5	−5.97	−5.44	−5.50
农田	−28786	−68468	−95057	6114.3	−1.76	−4.19	−5.81
合计					12.70	9.00	4.74

单位面积生态系统服务价值计算结果表明，与1995年相比，2005年三峡库区陆地生态系统服务价值增加12.70亿元，其中森林生态系统服务价值增加20.43亿元，草地生态系统服务价值减少5.97亿元，农田生态系统服务价值减少1.76亿元；2008年陆地生态系统服务价值增加9.00亿元，其中森林生态系统服务价值增加18.63亿元，草地生态系统服务价值减少5.44亿元，农田生态系统服务价值减少4.19亿元；2012年陆地生态系统服务价值增加4.74亿元，其中森林生态系统服务价值增加16.05亿元，草地生态系统服务价值减少5.50亿元，农田生态系统服务价值减少5.81亿元。

从表2.5-4中还可以看出，与2005年相比，2008年三峡库区森林面积减少9306hm^2，森林生态系统服务价值减少1.80亿元；草地面积增加8218hm^2，草地生态系统服务价值增加0.53亿元；农田面积减少39682hm^2，农田生态系统服务价值减少2.43亿元；三峡库区陆地生态系统服务价值减少3.70亿元。

与2008年相比，2012年三峡库区森林面积减少13352hm^2，森林生态系统服务价值减少2.58亿元；草地面积减少865hm^2，草地生态系统服务价值减少0.06亿元；农田面积减少26589hm^2，农田生态系统服务价值减少1.62亿元；三峡库区陆地生态系统服务价值减少4.26亿元。

第六节　结论与讨论

本章利用生态系统服务价值评估技术，对三峡库区河流和陆地生态系统服务的价值变化进行了研究。本章结果表明，当三峡水库蓄水位达到135.0m时，库区河流生态系统服务价值增加68.30亿元，由于大面积森林并未被淹没，库区陆地生态系统服务价值与1995年相比增加12.70亿元。当三峡水库蓄水位达到156.0m时，库区河流生态系统服务价值增加165.85亿元。然而，随着三峡水库蓄水高度的增加，库区大面积森林、草地和农田被淹没，库区陆地生态系统服务价值减少3.70亿元。当三峡水库蓄水位稳定在175.0m时，库区河流生态系统服务价值增加382.83亿元，库区陆地生态系统服务价值减少4.26亿元。

本章存在的不足在于：①一些重要的生态系统服务（如生物多样性保护），由于受数据难以量化等原因未能纳入评估中；②评估仅考虑了三峡库区河流和陆地生态系统服务的变化，并没有考虑由于人工调控形成的消落带所带来的生态系统服务变化；③河流生态系统因蓄水逐渐向水库生态系统演变，因生态系统类型改变而产生的生态系统服务变化没有得到充分讨论。这些也是未来研究所面临的重点与难点。

第六章

三峡库区生态承载力评估

三峡工程的修建和蓄水，一方面改变了库区的土地覆被结构，对库区的生物承载力产生了直接影响；另一方面，通过对库区经济发展的推动间接影响了库区人口的消费模式，从而对库区的生态足迹和人口承载能力产生影响。

本章基于生态足迹基本模型，通过比较库区 1994 年、2003 年、2006 年和 2010 年的生态足迹变化，针对《长江三峡工程生态与环境专题论证报告》（以下简称《论证报告》）中与承载力相关的结论进行评估。

第一节 《论证报告》主要论证结论

在三峡工程论证期间，设有生态与环境专家组。1988 年 1 月提出的《论证报告》中指出："三峡工程对生态与环境的影响是广泛而深远的。各因素之间利弊交织，应从流域全局出发进行系统分析和综合评价。"其关于承载力部分的主要论证结论包括以下几个方面。

一、库区范围

库区涉及湖北省、四川省和重庆市的部分地区。

二、耕地与粮食供需矛盾

由于水库淹没、移民搬迁、城镇迁建和道路建设等项目需要占用大量耕地，同时实施退耕还林政策，预计耕地面积将减少 10%，这将在一定程度上加剧土地资源供给和粮食需求之间的矛盾。估计 2000 年耕地由 1984 年的 1418.7 万亩[1]降至 1276.0 万亩，粮食不足的问题将突出；如果按水库淹没耕

[1] 1 亩≈667m^2，下同。

地、移民城镇迁建占地和人均粮食 800 斤[1]计，只需要补偿粮食 3.4 亿斤左右，数量不是很大；据预测 2000 年库区人口将从 1984 年的 1358 万人增加到 1563 万人，增长 15%，按人均粮食 800 斤计算，每年共需粮食约 125.1 亿斤，比 1984 年的 103.6 亿斤增加 21.5 亿斤；如果增加对耕地的投入，每亩增产 80～90 斤是可能的，这样库区即可增产粮食 11 亿多斤，到 2000 年缺粮食约 10 亿斤，需要从库区以外解决。

三、环境容量与经济发展的辩证关系

在经济与环境相协调的情况下，经济有了发展，人口环境容量也相应扩大。但是随着生活水平的改善，人们对资源的需求量增多，对环境质量的要求会提高，这又限制着人口容量的发展。

第二节　基于生态足迹的库区生态承载力分析

1994 年 12 月 14 日，三峡工程正式动工；2003 年 6 月 1 日，三峡水电站开始下闸蓄水，至 2003 年 6 月 10 日，水库蓄水至 135 m；2006 年 9 月 20 日，水库实现 156 m 蓄水，标志三峡工程转向初期运行期；2010 年 10 月 26 日，三峡水库蓄水达到 175m 正常蓄水位，开始蓄水运行（中国工程院三峡工程阶段性评估项目组，2010；中国工程院三峡工程试验性蓄水阶段评估项目组，2014）。为分析三峡工程修建及蓄水前后库区生态承载力的变化情况，计算 1994 年、2003 年、2006 年和 2010 年库区的生态足迹，通过对比得出初步结论。

生态足迹（ecological footprint，EF）模型是一种基于社会-经济代谢的生态系统评估方法，它从生态学的观点出发，研究人类对资源的消费利用状况及这种程度的消费给生态系统带来的影响。与其他生态系统评估工具相比，生态足迹模型表达问题的视角新颖，核算方法简单，结果表征形象而生动，目前被广泛应用于衡量系统的压力与状态评估、人口享有和占用自然资本及其服务功能的公平性评估、自然资源配置的时空适当性评估，并为生态补偿决策和消费的生态合理性评估提供科学依据（谢高地等，2006）。

一、库区范围

三峡库区位于东经 106°25′～110°50′、北纬 29°16′～31°25′，分为重庆库区和湖北库区。

[1] 1 斤=0.5kg，下同。

二、计算方法

生态足迹的计算方法有三种：①综合法，于 20 世纪 90 年代提出（Wackernagel et al.，1996，1999），适用于全球、区域和国家层次的生态足迹研究，也是应用最多的方法。综合法根据区域统计资料获取地区生产总量、出口总量、进口总量和年终库存总量，自上而下进行数据归纳得到地区消费总量的数据，计算出总的生态足迹后再除以地区总人口，得到人均生态足迹。②组分法是 Simmons 等（1998）提出的，通过发放调查问卷入户调查直接获得当地居民主要消费品类型的人均消费量数据，从而得到该区域的人均各类消费品数量。组分法适用于城镇、村庄、公司、学校、个人或单个项目的小尺度的生态足迹计算。③投入产出法，由 Bicknell 等于 1998 年提出，并由台北大学 Ferng 教授于 2001 年改进，这种方法主要是以投入-产出模型为基础，通过确立资源乘子，建立资源与经济系统的联系，测算生态足迹。

本章的计算以三峡库区的生态足迹为对象，由于时间序列的跨度较大，出于数据的可获得性和准确性，采用综合法模型。

1. 人均生态足迹计算方法

人均生态足迹和人均生态承载力的计算公式如下：

$$ef=\sum_{j=1}^{6}\left(r_j\sum_i \frac{c_i}{gP_i}\right)=\sum_{j=1}^{6}\left(r_j\sum_i \frac{c_i}{lP_i}YF_i\right) \tag{2.6-1}$$

$$bc=\sum_{j=1}^{6}r_j\left(\sum_i \frac{ny_i}{gP_i}\right)=\sum_{j=1}^{6}r_j\left(\sum_i \frac{ny_i}{lP_i}YF_i\right) \tag{2.6-2}$$

$$ed(er)=bc-ef \tag{2.6-3}$$

式中：ef 为人均生态足迹；bc 为人均生态承载力；$ed(er)$ 为人均生态赤字（ecological deficit）或人均生态盈余（ecological reserve）；j 为生产性空间的类型，包括农地、畜牧地、林地、渔业空间、建筑用地和能源用地；r_j 为第 j 类土地利用的均衡因子，根据陆地植被 NPP 计算，农地和建筑用地的均衡因子为 1.71，林地和能源用地的为 1.41，畜牧地的为 0.44，渔业空间的为 0.35（刘某承等，2009）；i 为消费项目的类型，消费量的计算主要包括生物资源消费和能源消费；c_i 为第 i 种消费项目的年人均消费量，通过生产量和净进口量的差值来计算，再除以当年人口数量就可得到人均消费量；gP_i 和 lP_i 分别为第 i 种消费项目单位面积的全球年平均产量和国家平均产量；YF_i 为产量因子（为 gP_i 和 lP_i 的比值）；ny_i 为第 i 类消费项目的区域年总产量。

根据三峡库区消费状况，参考我国统计部门的统计科目，计算项目包含 5 大类 18 个明细项（表 2.6-1）。

表 2.6－1　　　　　　消费量的计算项目

消费类型	大类	明细项
生物资源消费	农	粮食、棉花、糖料、油料、蔬菜、烟叶及猪肉
	林	原木、茶叶、水果
	牧	牛肉、羊肉、禽蛋
	渔	水产品
能源消费	能源	煤、石油、天然气和水电

考虑到所有化石燃料消费排放的CO_2有 1/3 被海洋吸收，其余部分可以通过不同方法转化被土地吸收。各类能源消费所占用的足迹，具体是先将化石燃料的消费量转化为标准煤用量，再通过热量与CO_2吸收率的比值计算得出。能地比是通过计算我国森林的平均碳吸收能力，再除以碳排放因子得到。根据第六次全国森林资源清查数据计算的中国森林单位面积平均生产力为 $2.33t/(hm^2 \cdot a)$，则碳吸收量约为 $1.16t\ C/(hm^2 \cdot a)$。因此，原煤的能地比为 $45GJ/(hm^2 \cdot a)$，原油为 $58GJ/(hm^2 \cdot a)$，天然气为 $76GJ/(hm^2 \cdot a)$。

2. 人均承载力计算方法

为了便于与论证结论相比较，引入“基于生态足迹的人口承载力”。其是指按照库区人均生态足迹的消费水平，库区所提供的生物承载力能承载的最大人口数目，其计算公式如下：

$$N=\frac{BC}{ef} \tag{2.6-4}$$

式中：N 为人均承载力；BC 为生物承载力；ef 为人均生态足迹。

三、数据来源

1. 库区行政单元统计

本章以行政区域为主要单元计算生态足迹。由于 1997 年重庆市成为直辖市，合并了原四川省的万县市、黔江地区、涪陵市等，使得库区的行政单元出现变化，现将 1994 年和 2003 年（2006 年和 2010 年）库区范围内的行政单元统计如下：

1994 年：夷陵县、秭归县、兴山县、巴东县、万县市区、巫山县、巫溪县、奉节县、云阳县、开县、万县、忠县、涪陵市区、丰都县、武隆县、石柱县、长寿县、江北县、巴县等 19 个。

2003 年（2006 年和 2010 年）：夷陵区、秭归县、兴山县、巴东县、万州区、巫山县、巫溪县、奉节县、云阳县、开县、忠县、石柱县、丰都县、武隆县、涪陵区、长寿区、江北区、渝北区、巴南区、重庆市主城区和江津市等21个。

2. 相关参数来源

消费量数据、人口数据、土地利用数据来自四川统计年鉴（1995）、四川农业统计年鉴（1995）、重庆统计年鉴（1995，2004，2007，2011）、重庆农业统计年鉴（1995，2004，2007，2011）、湖北统计年鉴（1995，2004，2007，2011）、湖北农业统计年鉴（1995，2004，2007，2011）、中国能源统计年鉴（2004，2007，2011）和国土统计年鉴（2004，2007，2011）。

四、结果与讨论

按照式（2.6-3）计算的库区1994年、2003年、2006年和2010年人均生态足迹结果见表2.6-2。

表2.6-2　库区人均生态足迹与生物承载力对比　单位：hm^2

年份	项目	耕地	草地	林地	水域	建筑用地	能源用地	合计
1994	生态足迹	0.358	0.033	0.314	0.038	0.011	0.224	0.978
	生物承载力	0.384	0.054	0.446	0.104	0.010		0.998
	生态盈余	0.026	0.021	0.132	0.066	−0.001	−0.224	0.020
2003	生态足迹	0.330	0.053	0.283	0.073	0.021	0.320	1.079
	生物承载力	0.367	0.031	0.450	0.130	0.019		0.997
	生态盈余	0.037	−0.022	0.167	0.058	−0.002	−0.320	−0.083
2006	生态足迹	0.328	0.055	0.274	0.075	0.023	0.340	1.095
	生物承载力	0.363	0.030	0.452	0.129	0.019		0.993
	生态盈余	0.035	−0.025	0.178	0.054	−0.004	−0.340	−0.102
2010	生态足迹	0.315	0.063	0.271	0.077	0.026	0.370	1.122
	生物承载力	0.360	0.031	0.461	0.134	0.019		1.005
	生态盈余	0.045	−0.032	0.190	0.057	−0.007	−0.370	−0.114

对比1994年、2003年、2006年和2010年库区生态足迹、生物承载力，发现建库和蓄水后库区的人均生态足迹增加，而生物承载力减少，使得库区的生态承载能力由盈转亏。其中，耕地、林地足迹减少，草地、水域、能源用地、建筑用地的足迹增加。

按照式（2.6-4），可以计算出库区1994年、2003年、2006年和2010年的人口承载力，并得到库区的人口盈余或超载情况（表2.6-3）。

表 2.6-3　　库区人口承载力与人口超载情况　　单位：hm^2/万人

年份	生态足迹	生物承载力	生态盈亏	人口承载力	实有人口	人口盈亏
1994	0.978	0.998	0.020	1770	1735	35
2003	1.079	0.997	−0.083	1596	1728	−132
2006	1.095	0.993	−0.102	1584	1748	−164
2010	1.122	1.005	−0.114	1553	1748	−195

根据 1994 年、2003 年、2006 年和 2010 年库区人口承载力，可以发现建库和蓄水后库区的人口承载力下降。1994 年库区的人口承载力尚有盈余，但 2003 年、2006 年和 2010 年库区的户籍人口数量已经超出库区的实际承载能力。

1. 库区人口承载力的变化

与 1994 年相比，2003 年库区的生态足迹由 0.978hm^2/万人提高到 1.079hm^2/万人，而生物承载力由 0.998hm^2/万人降到 0.997hm^2/万人，人均生态足迹由盈余 0.020hm^2/万人变为−0.083hm^2/万人。同时，库区人口承载力由 1770 万人下降到 1596 万人，和库区实有人口相比，1994 年库区的人口承载负荷还有 35 万人的盈余，而 2003 年库区人口已超载 132 万人；2010 年承续了这种趋势，人口承载力在 2003 年的基础上又下降了 43 万人，库区超载达 195 万人（图 2.6-1）。

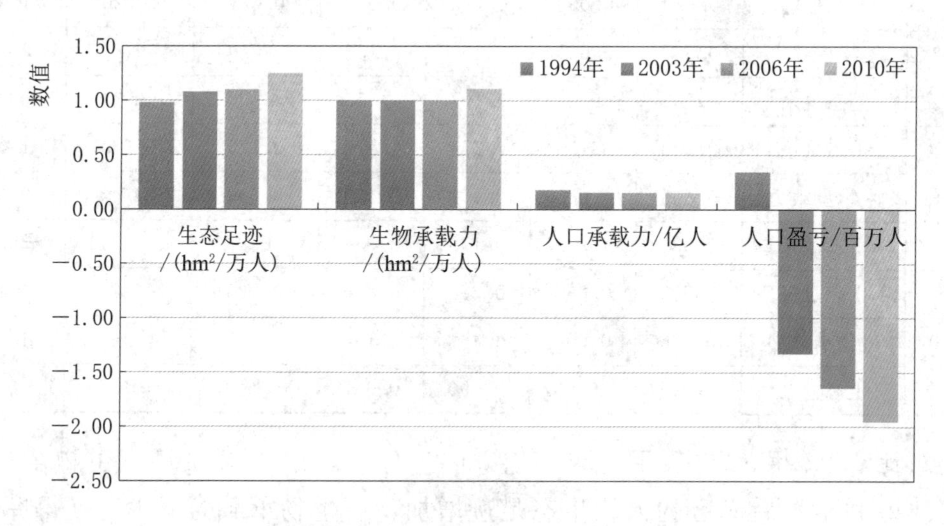

图 2.6-1　库区生态承载力与人口承载力变化

2. 库区耕地生态足迹及其人口承载力变化

相较于 1994 年，2003 年三峡库区的人均耕地生态足迹从 0.358hm^2 减少到 0.330hm^2，人均生物承载力则从 0.384hm^2 减少到 0.367hm^2，但人均生态盈余从 0.026hm² 增加到 0.037hm²。如果我们只考虑耕地面积和库区人口对耕地产品的消费需求，那么库区的人口承载力将从 1861 万人增加到 1920 万人。相较于库区实际人口，1994 年和 2003 年库区人口承载能力分别有 126 万人和 192 万人的盈余。2010 年承续了这种趋势，人口承载能力在 2003 年的基础上增加到 2000 万人，库区人口承载能力盈余 250 万人（图 2.6－2）。

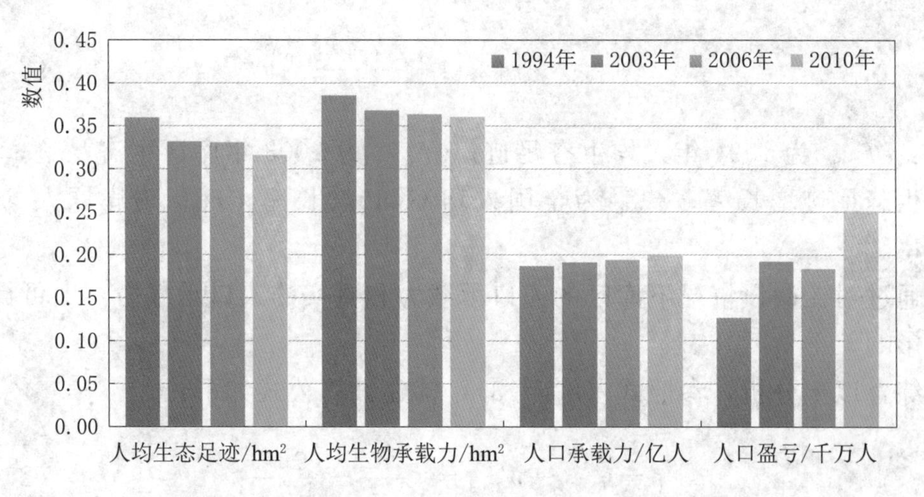

图 2.6－2　库区耕地生态承载力与耕地人口承载力变化

产生这种变化主要是因为消费结构、特别是饮食结构的变化。人均粮食消费量降低，1994 年库区农村人口人均每年消费粮食 242.41kg，而 2003 年则下降到 216.51kg；除此之外，同时人均油、糖、烟消费也有不同程度下降。虽然猪肉和蔬菜的消费量有所增加，但由于这两个项目的平均生产力相对较高，而且消费量增加的绝对数量也不大，使得库区耕地足迹有所下降。库区对耕地类产品的消费下降，使得库区能够承载的人口数量减少。

3. 三峡工程对库区人口承载力的影响

三峡工程的修建和蓄水，一方面，改变了库区的土地覆被结构，尤其是改变了水库地区的生态系统类型，对库区的生物承载力产生了直接影响；另一方面，通过对库区经济的推动间接影响了库区人口的消费模式，从而对库区的生态足迹和人口承载力产生影响。

为了定量计算三峡工程对库区生物承载力的影响，假设蓄水后库区的生物承载力不变，即假设不修三峡工程时，2003 年库区的生物承载力等于 1994 年的生物承载力。

三峡工程对库区的消费模式产生了间接影响，若不考虑旅游收入的变化，其对库区的经济增长呈现正的推动作用。与 1994 年相比，2003 年库区的人均 GDP 增长了 161.30％，远高于同期全国的 131.99％，而同期湖北省和重庆市的增长率都低于全国平均水平，分别为128.196%和113.79%。经济的增长不可避免地会改变库区人民的消费模式，从而影响库区的生态足迹。为了定量计算这种影响力，假设生态足迹的经济效率是一个定值，即单位人均GDP的生态占用不变，用全国平均增长水平的人均GDP即可得到库区的生态足迹，其计算公式如下：

$$ef'_{2003}=ef_{1994}\left(1+\frac{r_{\mathrm{ef}}\times r_{\mathrm{ngdp}}}{r_{\mathrm{rgdp}}}\right) \tag{2.6-5}$$

式中：ef_{1994} 为1994年人均生态足迹；ef'_{2003} 为2003年库区生态足迹；r_{ef} 为人均生态足迹增长率；r_{ngdp} 为全国人均GDP增长率；r_{rgdp} 为库区人均GDP增长率。

通过对比假设情况下库区的人口承载力和真实的人口承载力，即可得到工程的影响。

综合以上分析，参照式（2.6-3），构建计算公式如下：

$$n=n_{2003}-n'_{2003}=\frac{bc_{2003}}{ef_{2003}}-\frac{bc_{1994}}{ef'_{2003}} \tag{2.6-6}$$

式中：n 为库区人口承载力；n_{2003} 为2003年库区人口承载力；n'_{2003} 为2003年库区真实的人口承载力；ef_{2003} 为2003年人均生态足迹；ef'_{2003} 为2003年库区生态足迹；bc_{2003} 为2003年人均生态承载力；bc_{1994} 为1994年库区人均生态承载力。

计算结果见表2.6-4。如果不修建三峡工程，假定2003年库区的生态系统、土地覆被不发生大的变化，与1994年的情况大体相同，同时按照全国平均经济增长水平，则可以计算出2003年库区可以承载的人口为1632万人；而2003年库区的真实承载能力只有1596万人，可以说，三峡工程对库区人口承载力的影响是减少了约36万人的承载能力。

同理，若仅论耕地面积及粮食产品可供消费的人群，三峡工程的修建和蓄水使得库区人口承载力减少了68万余人的承载能力。

表2.6-4　　三峡工程对库区人口承载力的影响

项目	库区承载能力			耕地承载能力		
	生物承载力/(hm²/人)	生态足迹/(hm²/人)	人口承载力/万人	生物承载力/(hm²/人)	生态足迹/(hm²/人)	人口承载力/万人
情景1*	0.998	1.061	1632	0.384	0.335	1988
2003年	0.997	1.079	1596	0.367	0.330	1920

* 假设不修建三峡工程。

第三节 评 估 意 见

根据调查研究，针对《论证报告》相关的主要内容，得出以下初步意见：

(1)《论证报告》对库区人口环境容量与经济发展辩证关系的分析符合库区的实际情况。在经济与环境相协调的情况下，经济有了发展，人口环境容量也相应扩大。但随着生活水平的改善，人们对资源的需求量增多，对环境质量的要求会提高，又限制了人口容量的发展。

(2)《论证报告》对库区人口环境容量的变化趋势作出了正确的预测，但没有给出定量的结论。通过计算发现，建库和蓄水后库区的人口承载力下降。1994 年，三峡库区的人口承载力尚有 35 万人的盈余。然而，2003 年、2006 年和 2010 年，库区的户籍人口数量已经超出了实际承载能力，分别超载了 132 万人、164 万人和 195 万人。

(3)《论证报告》正确预测了库区耕地数量减少、人口增加、亩产增加的变化趋势，但没有给出定量结论。

(4)《论证报告》没有预测到人均粮食消费量的减少，从而对库区粮食短缺情况的定量分析存在一定问题。通过计算发现，由于经济发展改善了生活水平，进而改变了库区人口的消费结构，使得若只考虑耕地面积及对耕地产品消费量的变化，与 1994 年相比，2003 年库区的耕地人口承载力由 1861 万人增加到 1920 万人，耕地承载负荷各有盈余 126 万人和 192 万人；2010 年承续了这种趋势，耕地人口承载力增加到 2000 万人，盈余 250 万人。

第七章

三峡库区生态调度影响与效果评估

第一节 概述

一、项目背景

三峡水库自开工建设以来，受到社会各界的广泛关注，尤其是自2003年蓄水开始，其对于周边生态环境产生了重大影响。水库大坝的建设改变了原来河流的水文、水动力条件，使原有的生态系统也发生改变。水库兴建之前，河流处于不断流动中，河流自身的调节能力能够较好地保持自身的生态平衡。水库兴建之后，由于原来流动的河水被蓄积变为人工湖泊，水的流动性降低，水体自净能力减弱，水体富营养化过程加快；水动力条件改变，对下游河道及生态条件带来很大影响，特别是在河流入海口地区，海水倒灌现象尤其明显；同时水库的修建改变了水生生物的生存条件，尤其是对溯游产卵鱼类，影响巨大。水库及大坝的修建对环境产生的影响是多方面的、全方位的，其影响途径也不只是单一的，既有物理途径也伴随有化学途径，最终影响的结果从生态上来看，负面影响居多。因此，如何克服水库修建对生态系统产生的负面影响，维护流域生态系统的稳定平衡对水利工程的长远发展、人类社会及自然环境都极为重要。

由于水库大坝对生态系统造成很多负面影响，大量的国内外学者对此进行了深入研究。在美国、澳大利亚和南非等国家，要求水库的运行需根据生物生存环境及生态条件的改善提出新的运行方案，对原有的水库运行方案进行优化调整，即生态调度。生态调度是指通过调整水库调度方式，从而减轻水库对生态环境的负面影响。它既包括水生态状况的改善和维护生物多样性，还包括水环境质量的改善。在我国，生态调度也已经由理论走向实践，例如对白洋淀流域、汉江流域安康水库开展的生态调度。这些生态调度的结果已经取得了较好的效果，对改善当地的生态系统、维护生态平衡发挥了重要作用。

二、三峡水库生态调度的必要性

三峡工程的自然影响主要可以分为生态影响和环境影响两个方面。根据已有研究及近些年对三峡工程的生态评估结果，三峡工程的不利影响主要有以下几个方面。

1. 水体污染问题

水体污染原因主要有以下两个方面：①三峡水库建成蓄水后，改变了原有的河流动力学条件，水体自净能力降低，很多支流水体流速放缓，尤其是在河汊部位，甚至形成死水。这在很大程度上加速了水体的富营养化进程。②三峡库区地处山区，其本身的环境承载力较低，再加上地区人口密度大，人地矛盾突出，因此该地区面临非常大的生存压力。库区内企业众多，尤其是化工企业，是水体富营养化元素的主要来源。再加上城市人口排放的大量生产生活废水，加重了库区的水体污染问题。

有调查显示，在三峡库区周围的23条支流中，半数以上出现水华。生态评估报告显示，与2005年监测数据相比，造成水体富营养化的总氮和总磷依然严重超标，且总体上呈逐渐上升趋势。由于大量城镇生活废水的排放，虽然污水处理能力在不断提高，但是库区粪大肠杆菌污染情况依然存在。蓄水前后，库区及其上游地区工业与生活污水排放总量呈逐年增加态势，工业污染物的排放依然高于全国平均水平。

2. 水生生物生存条件问题

河流是三峡地区水生生物赖以生存的主要载体，水库的修建对不同生物均造成了或多或少的影响，其中对水生生物的影响最大。水生生物的生存条件可以从水温、流量、流速、含沙量、河道形态、可贯通性等几方面进行分析。①水温。三峡大坝建成之后，由于库区截留大量水体，水深增加，流速放缓，导致水库水温呈现垂直分层。水体表层温度较高，而后向底部温度递减，底部温度最低。当水库泄水时，库区内的水温与原来河道内的水温差异打乱了水生生物的生存状态，甚至会影响其生存。②流量。大坝蓄水后，中下游地区的水位与原来河道内水位相比大大降低。与蓄水前多年均值相比，大坝下游宜昌、枝城、沙市、螺山等控制站径流表现为不同程度的偏枯。由于大坝的调节作用，使得中下游流量中小洪峰的减弱甚至消失，坝下河流丰水期流量减小。③流速。流速也对水生生物的生存产生重要影响。大坝改变了河道的正常运行状况，使得其水位的上升缺乏洪峰过程。流速过快，会使得鱼类受伤，流速过慢又容易导致水体富营养化，威胁水生生物生存。④含沙量。含沙量影响浮游生物的生长和繁殖，含沙量太低时，浮游生物大量繁殖，同时水生生物数量大大增加，生物生产能力迅速提高。⑤河道形态。由于三峡水库蓄水，不仅形成大量的库湾和回水区，而且水库下泄加剧了对河道的冲刷和下切。⑥可贯通性。三峡大坝拦蓄河道，尤其是对洄游产卵鱼类而言，是一个巨大的障碍。大坝使得河流的贯通性降低，阻碍了鱼类的生长和繁殖。三峡水库蓄水后，重庆以下的 8 个产卵场全部消失。家鱼产卵场上溯至库区以上的干流里。

由于水生生物生存条件的改变，已经产生了严重的后果。主要有以下几个方面：①三峡水库蓄水后，包括中华鲟在内的多种珍稀鱼类的群体数量和产卵规模一直处于较低水平，很多种类甚至一直处于濒临灭绝的边缘，如白鲟、长江鲟、白鱀豚等。②典型的洄游型鱼类四大家鱼的繁殖及种群规模受到影响。不仅其繁殖时间向后推迟，而且其鱼苗丰度较蓄水前显著降低，尚不足蓄水前的 20%。③鱼类的种群结构受到显著影响。2008—2012 年试验性蓄水期间，三峡库区长江上游特有鱼类较 2003—2007 年试验性蓄水前进一步减少，其中万州江段特有鱼类优势度下降最大，超过 80%，特有鱼类被喜缓流或静水的鱼类替代。

3. 长江口咸水入侵问题

长江口咸水入侵主要受两个因素影响，即长江口的入海径流量和入海口的水位差。咸潮发生的时间主要在三峡大坝的蓄水期内，由于水库蓄水导致丰水期河口的径流量减少，因此导致河口盐水入侵时间提前，强度增大，历时加长，总的受感天数增加（陈吉余等，1995）。三峡水库的运行对长江口北支咸潮产生影响，使得倒灌时间提前，水库蓄水期咸潮倒灌强度增加，河流枯水期咸潮倒灌强度减弱（唐建华等，2011），也有研究表明，三峡工程运行后，长江河口的咸潮入侵加剧（余世鹏等，2009）。此外，三峡工程运行还导致河口土壤盐渍化加剧，尤其是在枯水年汛末（谢文萍等，2011；余世鹏等，2009）。

综上所述，三峡大坝已经对长江中下游地区的生态产生了重大影响，虽然有些问题在工程开始的时候进行过初步论证，但三峡水库试验性蓄水以来，问题更加凸显。因此，很有必要将生态因子纳入三峡水库的运行计划中，通过调整三峡水库的调度方式，使其在传统防洪、发电、航运功能得到发挥的同时，兼顾生态需要，维护三峡水库库区及上下游的生态稳定和生态平衡。

三、三峡水库生态调度的基本原则

对生态调度开展的研究有很多，也提出了很多调度原则，结合实际情况，三峡水库的生态调度原则主要如下：

（1）防洪优先原则。防洪是三峡大坝的一项最主要的功能之一，因此一切生态调度都必须保证防洪功能不受影响，汛期水库的蓄水位不得高于汛限水位，水库各项水位都要符合防洪要求。

（2）生活用水优先原则。满足长江中下游城乡居民生活用水，兼顾农牧业和工业生产。

（3）兼顾生态原则。在满足防洪、发电功能的同时，最大限度地改善库区及中下游地区的生态条件。

（4）适应性管理原则。适应性管理方法是一种边试验边反馈边修正的管理方法，也是当前生态系统管理的主要方法。三峡大坝的生态调度目标不是单一的，是多种目标的综合，因此决定了其调度是多变量多约束条件的动态过程，没有固定的调度方式，需要在调度过程中不断进行优化调整。

四、三峡生态调度的目标设定

生态调度要根据设定的调度目标制订具体的调度方案。生态调度的目标可以分为单目标调度和综合调度。单目标调度是仅针对某一项目标进行的生态调度，综合调度是综合考虑几种目标而进行的生态调度。综合考虑的因素越多，变量越多，约束条件越多，调度的难度就越大。

结合现实情况，关于三峡生态调度的目标已经有学者进行过相关方面的研究。董哲仁等（2007）在指出现行水库调度方法存在不足的同时提出了水库多目标生态调度的方法，包括建立相应法规体系，保证维持下游河道基本生态功能的需水量，模拟自然水文情势的水库泄流方式，进行水库泥沙调控及水库富营养化控制，减轻水体温度分层影响，进行防污调度及增强水系连通性等。此后，关于三峡生态调度目标的研究逐渐开展（郭文献等，2009；袁超等，2011；潘明祥，2011）。

总体来看，三峡生态调度目标主要以三峡工程所带来的民众较为关心的生态环境问题为中心。从现实层面来看，生态调度主要是为解决较为迫切的现实问题。归纳起来，三峡工程主要的调度目标有以下几方面：维护下游生态流量、鱼类及水生资源、库区水环境以及湿地保护。从 2008 年以来，三峡陆续开展了几个有针对性的实验性调度，如库区及支流水环境调度、鱼类调度和长江口“压咸潮”调度。

第二节　三峡工程引起的环境问题

一、主要支流的水华问题

库区及支流水环境调度主要针对三峡库区及主要支流的水华问题。研究表明三峡水库蓄水后，支流库湾每年都暴发不同程度的水华，且水华的优势藻种由最初的河道型向湖泊型转变。

影响三峡库区及其主要支流水华暴发的因素主要有：库区及支流人为污染物排放、气候变化及水动力条件。其中人为污染物排放在三峡水库蓄水之前就已经存在，气候变化更是一个长期的过程。因此，主要考虑水动力条件改变对水华暴发的影响。库区及支流环境调度主要是通过水库蓄水水位改变大坝下游干流及支流的水动力条件，减弱水华暴发的影响因素，从而降低水华发生的频率和概率。

1. 三峡水库分阶段蓄水对库区及支流水环境的影响

由表 2.7-1 可以看出，三峡水库蓄水前，虽然库区污染较重，但是河流流速很快，水体较强的自净能力使得支流、干流水质全部达标。2003 年开始 135m 蓄水，在 2003 年的监测中，干流水质整体上还是处于达标的，支流水体除个别地段（大宁河）外，整体水质未受严重影响。但是到 2006 年 156m 蓄水时，三峡库区干流、支流水质明显恶化。干流河流断面水质达标率下降到 66.7%，支流断面水质达标率仅为 28.6%，15 条支流暴发水华，且水华的藻类特征有从河流型向湖泊型发展的趋势。2008 年，三峡水库开始 172.5m 蓄水，干流、支流水质进一步下降。2008 年，干流出现劣Ⅴ类水，断面水质达标率下降为 42.9%，支流的部分断面水质也下降为Ⅴ类。2010 年，干流的水质逐渐转好，但是支流的水质并未得到改善。

表 2.7-1　　不同阶段蓄水以来干支流水环境质量

年份	干流水质	支流水质	是否暴发水华	水华暴发地点	优势藻种
1997 年（水位 88m）	较好	较好	否		无
2003 年（水位 135m）	均达到或优于Ⅲ类标准	良好	是（首次）	支流大宁河	微囊藻、小球藻

续表

年份	干流水质	支流水质	是否暴发水华	水华暴发地点	优势藻种
2006 年（水位 156m）	两个断面为Ⅳ类，断面水质达标率 66.7%	较差；断面水质达标率 28.6%	是	15 条支流	小环藻、多甲藻、衣藻、隐藻、微囊藻
2008 年（水位 172.5m）	水质差，出现劣Ⅴ类水，断面达标率 42.9%	差；部分断面出现Ⅴ类水质	是	11 条支流	小环藻、多甲藻、衣藻、实球藻、微囊藻
2010 年（水位 175m）	干流水质为优	差，Ⅳ类、Ⅴ类水出现	是	11 条支流	小环藻、多甲藻、衣藻、束丝藻、微囊藻

注 数据来自刘德富等（2013）。

从 2003 年第一次暴发水华以来，三峡库区支流大部分都有水华出现。可以说，水华的暴发和发展是三峡水库蓄水以来一直存在的重要的环境问题。目前，水华的防治形势依然非常严峻。

2. 水动力条件及其与水华的关系

（1）流速与水华。流速是水文动力条件中的一个重要因子。焦世珺（2007）认为流速变缓是水华暴发的最主要诱发因子，但并不一定是最主要因子。王晓青（2012）认为三峡水库蓄水影响是第二位原因，但水动力条件改变却是加剧水华发生的最主要原因。董克斌（2010）对三峡水库支流的研究发现，适宜藻类生长的最佳流速为 0.05～0.15m/s。王华等（2008）的研究也发现，水动力条件对藻类生长影响明显，低流速有利于藻类生长，而在静止与高流速条件下，藻类生长受到抑制。完全静水及开闸后水动力条件改善，藻类暴发程度有所减小。

（2）流速与藻类的生长。2003—2010 年三峡库区主要支流水华暴发统计分析结果显示，从 2006 年开始，三峡库区优势藻种呈现由河流型（硅藻、甲藻）向湖泊型（绿藻、蓝藻）演变的趋势。到 2008 年开始出现季节性转变，春季水华的优势种为硅藻（小环藻）和甲藻（多甲藻），到秋季变为绿藻（衣藻）及蓝藻（微囊藻）。这种转变也可能与季节的温度有关（Hickman et al.，1974）。

藻类过度繁殖是水华暴发的必要条件，因此研究流速与藻类生长之间的关系具有重要意义。研究结果表明，不同的藻类具有不同的流速生长临界值。吴晓辉等（2010）归纳分析近些年的研究认为，低流速、小扰动有利于藻类的生长和聚集，流速增大则导致叶绿素 a 浓度先递增后递减。刘德富等（2013）的野外观测显示，在 0.05～0.18m/s 范围内，流速增大，叶绿素 a 含量降低，水华暴发会受到一定的抑制。不同藻类的临界流速并不相同。藻类生长随着湍流程度的增加而逐渐受到抑制。王建慧（2012）在培养条件下得到的微囊藻的生长临界流速在1cm/s左右，对于微囊藻为优势藻的原水水体，流速高于2.0cm/s时，可明显抑制（消除）水华。

综上所述可以认为，在一定流速之下，藻类生长随着流速增加而加快，而超过一定流速之后，藻类生长则受到抑制。然而，抑制水华暴发的流速和抑制藻类生长的流速是不同的，在研究和实际应用时应区别对待和综合考虑（王建慧，2012）。

二、鱼资源及繁殖问题

鱼资源是长江流域极为重要的自然资源。三峡工程开工建设之前，三峡地区鱼类资源丰富，珍稀水生生物具有一定规模，且种群优势种以喜急流环境的鱼类为多。建坝之后，由于鱼类洄游河道受阻，急流水环境的改变，使得鱼类种类及总资源量减少；洄游鱼类的产卵量减少，且四大家鱼产卵量逐渐降低；鱼类种群优势种发生巨大改变，原优势种急剧下降，静水鱼类逐渐成为优势种。

1. 不同蓄水阶段对鱼资源及繁殖的影响

表2.7-2是不同蓄水阶段对鱼类的影响。

表2.7-2　不同蓄水阶段对鱼类的影响

蓄水阶段	中华鲟产卵数量变化	长江上游特有鱼类变化	四大家鱼产卵量（监利断面）	产卵场变化	渔业资源
1997—2002年	正常	正常	约20.34亿粒	正常	正常
2003—2007年	产卵减少，时间推迟	减少	—	重庆以下8个产卵场消失	—
2008—2012年	庙咀以下江段无产卵	进一步减少，万州段优势度下降超过80%	约2.34亿粒	产卵场上移至库区干流	库区及坝下渔业资源大幅减少

注　数据源自中国工程院三峡工程试验性蓄水阶段评估项目组（2014）。

（1）从珍稀水生生物来看，以中华鲟为例，三峡水库蓄水之前，中华鲟大概在每年5—6月沿既定洄游路线至大坝上游产卵，总产卵量维持在一定的产卵规模；三峡水库蓄水后，洄游路线被坝体拦截。2003—2007年，中华鲟繁殖群数量和产卵量较2003年之前明显减少，且产卵时间推迟大概10天。2008—2012年，中华鲟的产卵量一直维持在较低水平，绝大部分依靠人类放养鱼苗。而白鲟、胭脂鱼、江豚等的生存也不容乐观，已经濒临灭绝。

（2）从长江特有鱼类来看，在2008—2012年试验性蓄水期间，三峡库区长江特有鱼类比例较2003—2007年蓄水前进一步减少。部分江段鱼类特有优势度下降高达80%，渔获物总量下降超过70%。

（3）从四大家鱼的产卵来看有三个方面：①产卵场。阶段性蓄水后，重庆以下的8个产卵场全部被淹没，四大家鱼上溯至库区干流产卵。②产卵规模。蓄水后，由于阶段性洪峰的消失及水生生境条件的破坏，四大家鱼产卵规模持续下降，产卵规模仅约为三峡水库蓄水之前的10%左右。③三峡水库蓄水还导致上游鱼苗通过坝体进入下游的数量减少，缩短了其育肥时间，极大影响了渔业资源数量和质量。

（4）从长江库区及中下游渔业资源的长期变化来看，总体上是呈下降和减少趋势的。具体到各个江段，除长江口和鄱阳湖受影响相对较小以外，三峡库区干流、坝下干流、洞庭湖均受到较为严重的影响。

2. 水对鱼类繁殖的影响

水对鱼类的影响主要可以分为水环境和水文过程两方面。

（1）水环境方面。鱼类的产卵繁殖活动都要在水环境适宜的条件下进行。四大家鱼产卵时的水温变动范围为18～30℃，最适温度为20～24℃，18℃是其繁殖的下限温度。骆辉煌（2013）认为中华鲟产卵活动发生时，较适宜的水位为40.05～46.17m，较适宜的流量为7000～16000m^3/s，较适宜的泥沙含量为0.095～0.638kg/m^3，较适宜的温度为17.9～20.9℃。

三峡大坝的修建对鱼类的生存环境和繁殖产生了重要影响。郭文献等（2011）的研究表明：三峡水库蓄水之后，中华鲟产卵繁殖期的10月和11月多年平均流量分别减少了24.7%和24.0%，多年平均含沙量分别下降了94%和97%，而水温则略有上升；四大家鱼产卵繁殖高峰期的5月和6月多年平均流量分别减少了4.1%和10.6%，多年平均含沙量下降了95%，水温略有降低；此外，三峡水库蓄水使得中华鲟和四大家鱼产卵时间平均推迟10天左右，产卵规模也大幅降低。

（2）水文过程方面。水文过程对鱼类产卵起刺激作用。水文过程包括流量增加、水位上升、流速加大等，这些环境条件的刺激会释放出刺激鱼类产卵的外界信号。彭期冬等（2012）认为，四大家鱼会在江水起涨后0.5～2天开始产卵，涨水停止时，产卵也停止。但是当产卵场附近发生暴雨，引起山洪暴发时，由于大量水流汇入长江，即使没有水位上升与流速增加，四大家鱼也会受到刺激而产卵。

三、咸潮问题

一直以来，咸潮是困扰长江口的一个重要问题，不仅关乎生态建设，而且对社会发展和人类生产生活带来巨大影响。咸潮是一种天然水文现象，它是由潮汐活动引起的。发生的时间多在降水减少的冬春季节，多在每年10月至第二年3月；当遭遇干旱年份时，咸潮也有可能发生。

咸潮发生的主要原因如下：

(1) 天体引力及季节性降水减少。天体引力是咸潮暴发的最根本动力。由于引力的作用，海水呈现潮汐式变化，当处于冬春季节时，由于大陆降水量减少，河流径流量不足，入海水量减少，海水便通过潮汐作用倒灌进大陆水体，形成咸潮。

(2) 全球变暖导致的海平面上升。温室气体排放导致全球变暖，从而引发海平面上升。1980—2012年，中国沿海海平面上升速率为2.9mm/a，高于全球平均水平。而2012年，中国沿海海平面较2011年高出53mm。李素琼等（2000）的研究表明，海平面上升加剧了珠江口的咸潮入侵，使得咸潮程度加剧。

(3) 长江口用水量的增长也导致了河道径流水量大大减少，加剧了咸潮态势。

1. 不同蓄水阶段对长江口咸潮的影响

表2.7-3是综合前人研究成果对不同阶段长江口咸潮入侵形势的统计。从表2.7-3中可以看出，1998年以前，长江口最严重的咸潮发生在1988年，最长持续天数为21天，通常发生的月份为10月以后，咸潮氯度极大值为1732mg/L。1998—2003年试验性蓄水期间，咸潮氯度极大值明显增加，最长持续天数也超过之前最严重时期。2004—2009年，咸潮发生时间明显提前，最早到9月已经开始出现，但是咸潮的最长持续天数显著下降，氯度的极大值也较前一阶段有明显下降，甚至还要稍微低于1998年以前最为严重的时期。

表2.7-3　不同阶段长江口咸潮入侵形势

年份	咸潮发生时间	年总次数	年总天数/天	咸潮最长持续天数/天	咸潮氯度极大值/(mg/L)
1998年以前	10月以后	—	—	21	1732
1998—2003年	10月或11月以后	7.8	50	25	2276
2004—2009年	9月或10月以后	7.6	50	10	1648

注　数据来自王超俊等（1994）、唐建华等（2011）。

通过对不同阶段咸潮的特征参数进行统计可以发现，三峡大坝对咸潮的影响主要有两方面：①使得咸潮发生的时间提前，由原来的10月提前到9月，这可能与三峡水库秋季提前蓄水有关；②咸潮发生严重程度下降。不仅表现在咸潮发生的年总次数的下降，而且表现在最长持续天数和氯度极大值的下降方面。

2. 三峡水库对长江口咸潮的影响分析

关于三峡水库对长江口咸潮的影响，从三峡工程开始论证就已经进行了大量的研究。根据研究时间及结论，可大致分为以下三种观点：①利大于弊。王超俊等（1994）认为，由于10—11月三峡水库蓄水，可能会对咸潮入侵产生一定的影响，但是在枯水期进行生态调度，加大水库下泄流量，可以从某种程度上抵御咸潮入侵，降低咸潮的影响。唐建华等（2011）使用2003—2008年的实测资料对三峡大坝与长江口入海径流量及长江口水源地影响进行定量分析发现，三峡工程运行对长江入海的流量影响不大，在枯水月份通过调整调度方式还会压制咸潮的影响。②弊大于利。有专家认为三峡水库蓄水会导致长江口咸潮发生时间提前，影响长江口水源地的安全（谭培论等，2004；朱慧峰等，2011）。③综合分析。谭培论等（2004）也认为，改变三峡水库的调度方式，可以使三峡工程抑制咸潮入侵的作用更大。因此，实施的重点在于如何对现行的调度方式进行优化调整。

第三节　生态调度方案及效果评价

一、水环境调度方案及效果

1. 调度方案

水环境调度是通过改善库湾及支流水动力条件实现支流水质量改善的生态调度。根据三峡水库的实际情况，刘德富等（2013）针对三峡水库支流水华问题提出了两种生态调度方案：泄水式调度方案和蓄水式调度方案。

（1）泄水式调度方案。具体方案为将初始水位设为170m、165m、160m和155m四种工况，然后再在每种工况下运行不同的发电机台数，总计得到12种不同工况。调度效果显示：①初始水位为170m、下泄流量为29200m^3/s时，库湾水体水流较泄水前变化最为显著，然而此种工况条件下，有5个河口断面流速达到或超过抑制水华的流速0.04m/s。②初始水位为165m时，随着泄流量增大，对库湾水体水流分布的影响越大，库湾表层流速越大。在高泄流量条件下，库湾中游表层流速显著大于其他工况，达到了抑制水华发生的临界流速。在11个断面中有3～4个达到抑制水华暴发的临界流速。③初始水位160m工况下，不同下泄流量对库湾纵向水流分布影响有限，水库下泄流量越大，库湾表层流速越小。持续下泄2天后，在11个断面中有3～5个达到抑制水华暴发的临界流速。④初始水位155m工况下，泄流量及泄流时间增长都对库湾水体水流分布影响较小，10个河流断面中，只有1～2个达到抑制水华的临界流速。综合分析得到，初始水位为170m工况时，中部断面并没有达到抑制水华的临界流速，因此其泄流效果与水位平稳运行时相差不大，调度没有显示出更好的抑制效果。初始水位为165m水位时，中部断面表层流速均达到抑制水华发生的临界流速，因此这一调度方案效果较好。160m、155m水位调度的效果并不是很好。

(2) 蓄水式调度方案。该调度方式根据季节可以分为春季“潮汐式”调度、夏季“潮汐式”调度和秋季“提前分期蓄水”调度。“潮汐式”水位调度的重点是在水华暴发时段，短时间内减小大坝下泄流量，抬升库水位；之后根据实际情况增大下泄流量，降低库水位，从而形成人造潮汐，改善干支流的水动力学条件。从实施的现实角度而言，1—3月水量少，因此春季调度的时间只能在4—5月，夏季调度会从某种程度上增加防洪风险，秋季调度实施的现实约束条件最少。

谢涛等（2013）通过CE-QUAL-W2对三峡水库主要泄水期初始水位165m时的日泄水调度工况进行模拟。结果表明，库湾河口附近表层流速达到抑制水华发生的临界流速0.04m/s，尤其在工况3中，水位日降幅最高达2.24m/天时，库湾表层流速显著大于其他工况。因此，在水库水位165m进行日调节泄水调度，可能会较好地抑制支流库湾水华的发生。

王晓青（2012）针对三峡库区澎溪河富营养化问题提出了优化调度方案。该调度方案依托澎溪河生态调节坝，依据河流流速与叶绿素a含量的相关性进行调度。通过实施生态调度，使得澎溪河调节坝下游回水区断面平均叶绿素a控制在20μg/L以下，从而控制了水华暴发。

2. 调度实践及其实施效果

2008年汛末三峡水库“提前分期蓄水”调度（图2.7-1）和2010年汛期“潮汐式”调度（图2.7-2）为三峡水环境调度的实际案例。2008年9月28日，三峡水库开始汛末第一阶段蓄水，10月5日结束，水位由145m上升到156m；10月17日开始第二阶段蓄水，11月4日结束，水位由156m上升至172.5m。

2010年三峡水库汛期调度从6月1日至9月9日，共有5次明显的蓄水过程，最高水位160m，最低水位145m。

从实施效果看，水位上升时，支流水体叶绿素a浓度迅速下降；水位下降较长时间后，浓度也下降，但是当水位保持稳定时，叶绿素a浓度迅速升高。水位日升幅大于0.5m/天持续蓄水5天以上时，叶绿素a浓度将在一定程度上降低，从而在一定程度上抑制水华的严重程度。

综合分析发现，无论是泄水式调度还是蓄水式调度，目的都是为了改变当

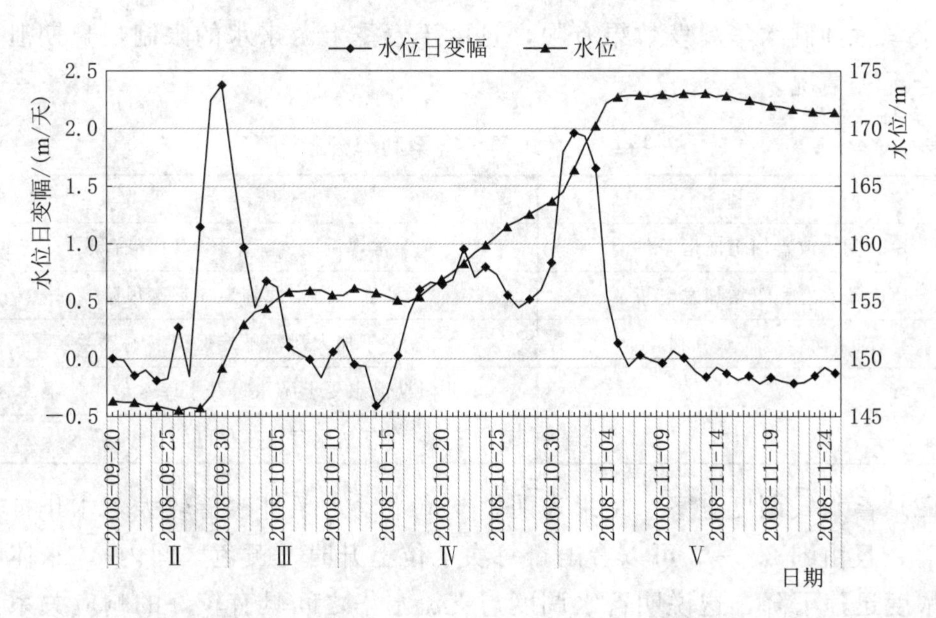

图 2.7－1 2008 年汛末三峡水库“提前分期蓄水”调度水位过程图（刘德富等，2013）

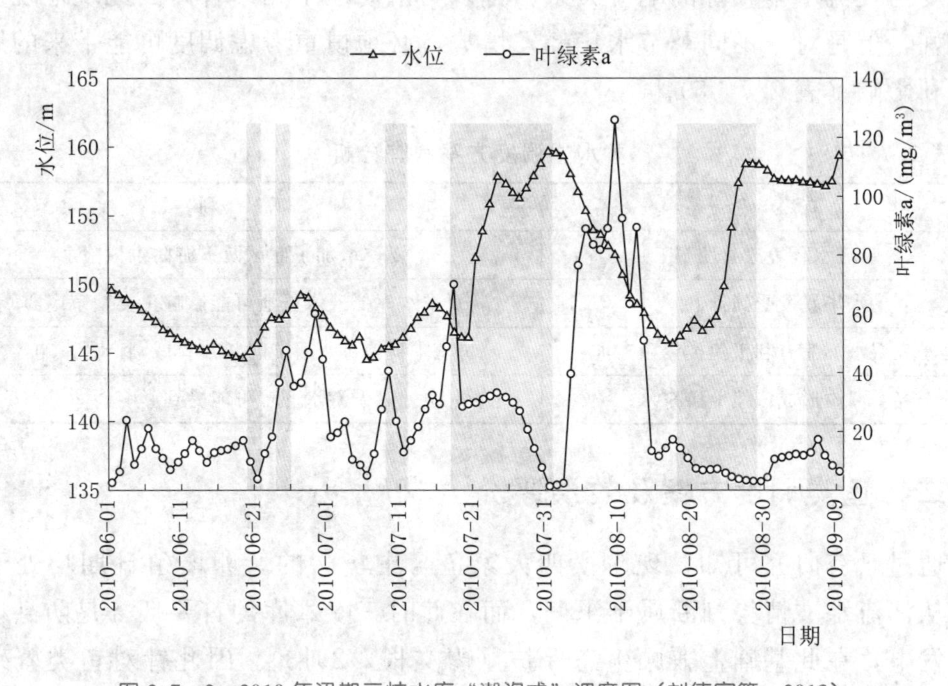

图 2.7－2 2010 年汛期三峡水库“潮汐式”调度图（刘德富等，2013）

前库区及其支流不利的水动力条件，从而达到抑制水华暴发的生态效果。从各个调度方案长期的现实可行性和调度效果来看，汛期“潮汐式”调度方案具有较强的可操作性。

3. 调度效果评价

（1）持续泄水式调度方案。综合分析其利弊（表 2.7－4），通过持续泄水压制水华对抑制水华暴发效果有限，且由于春季上游来水的限制，长期泄水不太符合现实情况。

表 2.7－4　　持续泄水式调度方案利弊分析

有　利	不　利
短时间内改善河道航运条件	常规调度支流水环境改善有限
适度泄水有利于增加发电量	加大泄水面临地质灾害风险
对下游生态需水有利	过于加大泄水不能保证发电效益
	非汛期泄水受上游水量及水库水位影响很大
	下游水环境质量可能受影响

（2）蓄水式调度方案。结果表明，支流水动力条件改善较大，水华抑制作用显著。且由图 2.7－2 可以看出，每次水位上升时（黄色区间内），水体叶绿素 a 浓度迅速下降，这说明蓄水调度与支流水华之间具有较好的响应关系。蓄水调度与支流水华较好的响应关系，可以与汛期泄水相结合，因此现地现实条件较好，但是对于不同季节水华暴发情势，必须慎重考虑调度可能带来的风险及不利影响（表 2.7－5）。

表 2.7－5　　蓄水式调度方案利弊分析

有　利	不　利
支流水环境改善明显	夏季增加了库区及下游防洪风险
水华暴发受到抑制	夏季水库低温水下泄可能影响鱼类繁殖产卵
夏季表层水下泄有利于鱼类繁殖产卵	秋季提前蓄水可能对长江口咸潮产生影响
春季潮汐形成依赖上游来水	下游水环境可能受到影响

二、鱼类调度方案及效果评价

通过已有研究可知，现阶段四大家鱼与中华鲟的产卵繁殖日期均处于夏季，从河流水文情势判断属于汛期，而在此时三峡水库的首要任务是防洪，其次为发电，在此基础上兼顾生态保护（廖文根，2013）。因此针对鱼类繁殖的生态调度应满足三个约束条件：①三峡水库尽可能少地在汛限水位，下泄流量不能使得下游水位过高；②三峡水库发电量尽可能最大化；③鱼类的产卵尽可能最多。

1. 鱼类调度方案

为了更好地解决三峡水库蓄水对鱼类繁殖产生的不利影响，从 2011 年开始，三峡工程开始针对鱼类繁殖进行生态调度。2011 年三峡工程首次针对四大家鱼的繁殖实施了生态调度。调度过程历时4天，日均出库流量增加2000m³/s左右。调度期间，出库流量从1.2万m³/s左右逐步增加到1.9万m³/s左右。调度过程中同时进行的水文监测结果表明，水库以下的水文站点水位持续上涨4～8天。2012年，针对鱼类繁殖进行了2次试验性生态调度（图2.7-3）。首次生态调度时间为5月25—31日，调度期间出库流量比入库流量均值增加2560m³/s，自然来水上涨2天，持续增加4天，最大出库流量达22775m³/s。第二次生态调度在6月25—30日，6月26—27日连续2天入库流量小幅增加，入库流量与出库流量均值基本平衡，其中在6月24—27日形成4天涨水过程，总体上涨时间增加2天。

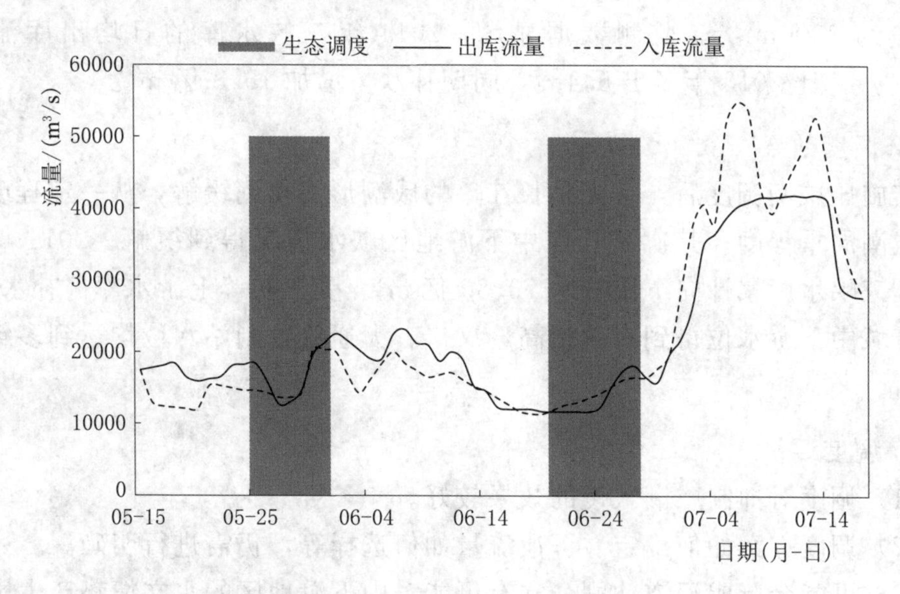

图2.7-3 2012年三峡水库鱼类试验性生态调度过程图（徐薇等，2014）

2. 鱼类调度效果

2011年的鱼类调度，使得监利断面的鱼苗丰度占2011年总量的50%左右，明显地促进了四大家鱼的繁殖，但是其鱼苗丰度较小，究其原因可能与鱼类产卵时间、初次调度缺乏经验及当年的气候条件有关。2012年鱼类调度结果显示，鱼苗丰度与日均涨水率之间的关系明显（廖文根，2013）。当日均涨水率低于2000m³/s时，鱼苗丰度随着日涨水率的加大而增加。2012年沙市断面：调查期间，四大家鱼的产卵量约为6.1亿粒，其中调度期间产卵量为4.13亿粒，占总量的67.70%以上；调度分析结果显示，四大家鱼的产卵量显著增加，生态调度对其繁殖产生了促进作用。

3. 调度评价

（1）调度效果显著。鱼卵总密度随着涨水过程逐渐增大，产卵量显著增加，卵汛出现。

（2）调度方案应以鱼类产卵时间、当年气候条件确定，否则会造成调度效果欠佳。

（3）涨水过程对鱼苗丰度产生影响。

三、长江口“压咸潮”调度方案及效果、评价

1. 调度方案

2014年2月21日，根据长江防总1号调令实施“压咸潮”调度，截至3月2日8时，三峡水库入库流量4700m^3/s，出库流量达到7740m^3/s，增加下泄流量约3000m^3/s。监测数据显示，2014年三峡水库的日均出库流量为6400m^3/s，比2013年多出5.4%，同期补水量增加16.8亿m^3。

2. 调度效果

实施压咸潮调度后，首先是长江口的咸潮形势得到缓解，从一定程度上压制了咸潮严重程度。其次是长江中下游地区缺水情况得到缓解。2014年1月以来，三峡水库累计向下游补水73.86亿m^3。受三峡等上游水库群补水影响，长江流域中下游水位得到有效抬高，汉口、大通等控制站水位均达到多年同期平均值。

3. 调度评价

（1）调度对抑制咸潮入侵的效果较好。

（2）调度方案如何确定、下泄流量如何选择等，仍需进行明确。

（3）可能会造成河道冲刷，并有可能对中下游地区的水文情势产生影响。

第八章

三峡工程建设对消落带植被、物种与湿地的影响

第一节 三峡工程建设对消落带植被的影响评估

水和湿地植物是湿地生态系统的重要组成部分。湿地水位变动发生的时间、持续周期、变动强度等特征对湿地生态系统植物群落的影响尤为明显（王强等，2012）。因此，与自然河流的河岸植被和世界上大多数大型水库消落带植被相比，受长期冬季水淹胁迫的三峡水库消落带植被具有独特的空间格局动态变化特征。在三峡库区消落带内设置消落带植被永久监测样地，对植被种类组成、多样性和生物量进行长期监测，积累大型水库消落带植被变化的长期生态数据，同时为水库消落带湿地生态保护、恢复重建及合理利用提供科学依据。

一、建库前后库区水位变化动态

为了更好地分析水库蓄水对植被的影响，下面给出了2006—2010年三峡水库水位变动曲线（图2.8-1）。

1. 蓄水156m消落带植被恢复稳定情况

蓄水至156m，支流消落带内植被的恢复和稳定状态均优于干流消落带。2007年干流、支流消落带植被覆盖度分别为47.2%和55.2%，2008年干流、支流消落带植被覆盖度分别为45.4%和56.7%，2009年干流、支流消落带植被覆盖度分别为44.8%和54.4%；典型研究区澎溪河消落带三年的植被覆盖度分别为70.4%、67.7%和62.2%。支流消落带植被恢复状况优于干流，而支流消落带中澎溪河消落带的植被恢复更为乐观，其植被覆盖度远高于支流消

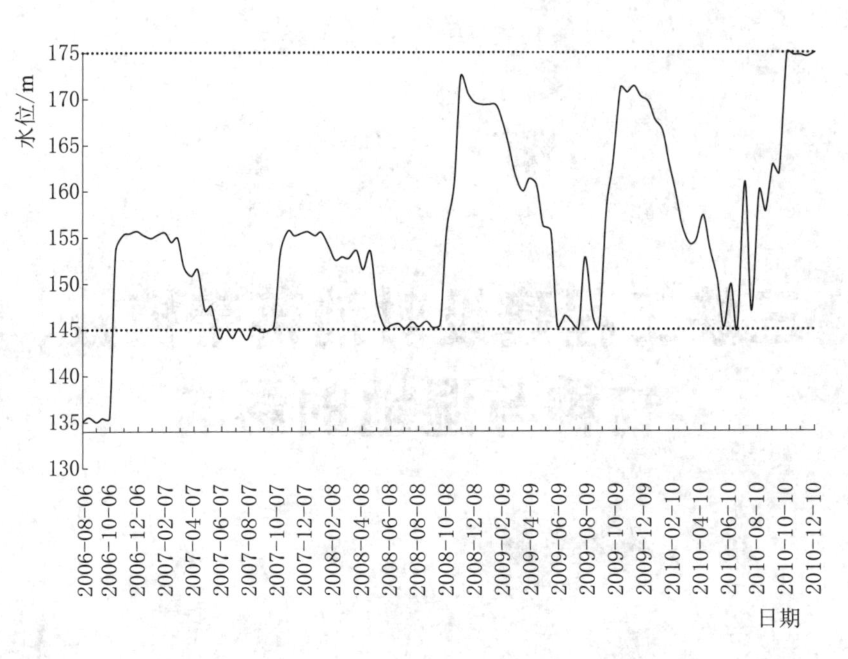

图 2.8-1　2006—2010 年三峡水库水位变动情况

落带的平均值。

从 2007—2009 年三峡库区 156 m 蓄水位消落带植被覆盖度的变化波动率来看，消落带植被覆盖度高低起伏变动不大，植被恢复处于一种比较稳定的状态。其中整个三峡消落带每年的平均植被覆盖度的变化波动率为 0.012，处于较稳定状态；干流、支流消落带的植被覆盖变化波动率为 0.022 和 0.017，分别处于不稳定和较稳定状态，支流植被覆盖状况比干流稳定。

三峡水库蓄水至 156m 后，原有自然消落带消失，新消落带形成，消落带植物群落也发生了巨大变化。相关研究表明：①在三峡水库二期蓄水后（2004 年），135～139m 水位处形成了高差约 4m 的消落带。此区域只有极少数的禾本科植物分布，而原有的一些灌木植物已经完全消失，且土壤侵蚀问题非常严重，大量砾石暴露在沿江两岸。②当水位达到 156m 时（2006 年），原始地带性植被几乎完全消失，消落带植被呈现分散分布，人为破坏严重，主要被农作物和退耕 1～4 年的次生植被所取代，高大乔木或茂密灌丛几乎消失，仅剩下少量低矮稀疏灌丛和草甸；消落带在自然状态下，新的植被生态系统将很难在短时间内建立起来，生物多样性降低、生态系统类型减少，结构和功能趋向简单化，原有植被处于逆向演替阶段。③2008 年，通过实地调查和访谈发现，156m 退水后初期产生类似荒漠化的景观，当年 6 月消落带平坦和缓坡之处露出的土地草本植物长势较好，以白茅、苍耳、雀稗和狗牙根为主，平缓岸带为绿色所覆盖。只有陡坡岩石质地的消落带为无植被的黄白色区域。④2008 年

11月，实地考察蓄水到172m后的淹没状况，被水淹没的高大乔灌均处于死亡状态和趋于死亡。蓄水172m后的退水状况应该会与蓄水156m泄洪后的植被恢复情况有所差别。

2. 蓄水172～175m植被动态变化

三峡库区2008年、2009年冬季蓄水水位达到了172m，从2010年起冬季蓄水水位达到了175m。消落带内的植被种类组成、多样性和生物量时空动态发生了较大的变化。下面以重庆开县澎溪河湿地自然保护区为例进行分析。

消落带内植物物种组成变化显著。样地内维管植物种数逐年依次降低。2008—2010年，分别在样地内记录到维管植物52种、41种和35种。从表2.8-1可以看出，各高程区物种重要性时空分布情况发生了很大变化。对于Ⅰ区而言，由于其位于白夹溪河漫滩上，除了受三峡水库冬季水淹外，受夏季洪水干扰也比较明显，植被稀疏。种类组成变化较大。2008年，Ⅰ区植物以苍耳、双穗雀稗、香附子等为主。2009年，由于夏季洪水导致的泥沙淤积，样地内无维管植物分布。2010年，狗牙根、香附子等植物又成为Ⅰ区内的优势物种。对于Ⅱ区而言，其位于白夹溪一级阶地至二级阶地前缘，坡度较大，土壤排水性较好。2008年和2009年，苍耳是Ⅱ区中的优势植物，密度大，盖度高。但是到了2010年，苍耳消失，狗牙根成为Ⅱ区的优势物种。Ⅲ区坡度平缓，蓄水前土地利用类型为稻田。2008年，优势物种为双穗雀稗，但是之后Ⅲ区出现了大面积的狗牙根单优群落。Ⅳ区在三峡水库156m蓄水时未被淹没。2008年优势种类为空心莲子草和双穗雀稗。2009年，苍耳占据了Ⅳ区，而到了2010年苍耳又被狗尾草替代。在后两次调查中，Ⅴ区中几种一年生草本逐渐替代原来的多年生草本。白茅原为Ⅵ区中的绝对优势种类，但是2009年蓄水后，水线以下白茅全部死亡，取而代之的是狗尾草、狼杷草和小蓬草。

长期水淹对植物群落多样性时空格局产生了明显影响。从Shannon-Wiener

表2.8-1　物种重要性时空分布情况

年份	物　种	重要值/%					
		Ⅰ区	Ⅱ区	Ⅲ区	Ⅳ区	Ⅴ区	Ⅵ区
2008	白茅						90.6
	苍耳	24.7	65.9	22.3			
	空心莲子草	11.8		12.0	48.9	49.9	
	双穗雀稗	18.9	23.3	54.8	45.1		
	香附子	15.1					
	钻叶紫菀					23.2	

续表

年份	物 种	重要值/%					
		Ⅰ区	Ⅱ区	Ⅲ区	Ⅳ区	Ⅴ区	Ⅵ区
2009	苍耳		69.4		41.6		
	狗牙根		26.8	91.2	11.5		
	狗尾草					47.3	34.8
	狼杷草						23.3
	马唐					36.1	
	矛叶荩草					11.1	
	小蓬草						12.7
2010	苍耳					20.1	
	狗牙根				56.9	28.6	34.1
	狗尾草	59.1	69.3	92.9	24.1	23.3	
	空心莲子草	17.6					
	青蒿					10.3	
	香附子	15.8	23.5				
	小蓬草						35.8

注 1. 仅列出重要值大于10%的物种。

2. 按5m高程梯度间隔将样地划分为6个高程区（Ⅰ区，145～150m；Ⅱ区，150～155m；Ⅲ区，155～160m；Ⅳ区，160～165m；Ⅴ区，165～170m；Ⅵ区，170～175m）。

多样性指数上看，从Ⅰ区到Ⅴ区，2008年样地内植物群落多样性指数并无明显差异（图2.8-2）。

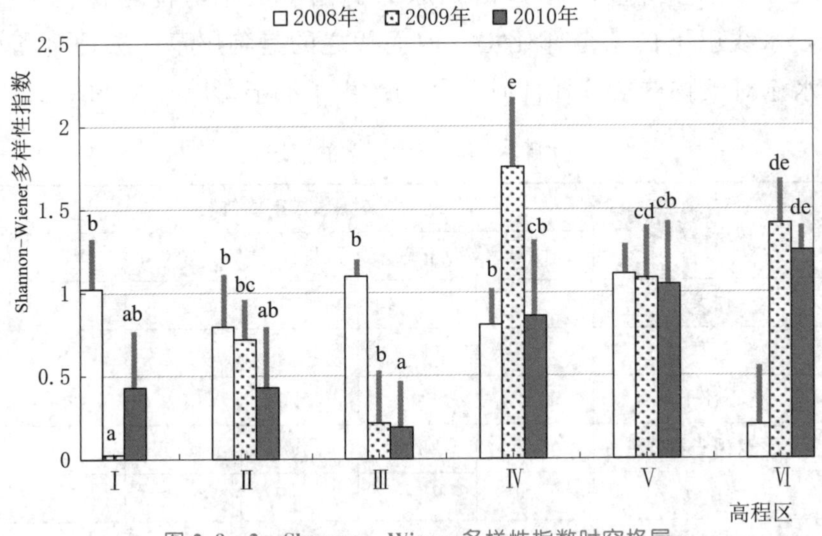

图2.8-2 Shannon-Wiener多样性指数时空格局

（同一年中，不同字母代表差异达5%显著水平）

Ⅵ区的多样性指数明显小于其他高程区。2009年和2010年植物群落多样性指数总体上表现出随着海拔升高而增加的趋势。除Ⅴ区外，其他高程区植物群落多样性指数在3次调查中表现出显著差异（$P<0.05$）。Ⅱ区和Ⅲ区多样性表现出逐渐降低的趋势，表明长期冬季水淹胁迫对植物群落多样性产生了明显影响。Ⅵ区植物群落多样性在水淹后反而增加，主要是因为具有极强竞争能力的白茅死亡后，其他一年生草本植物得以在Ⅵ区内生长。Ⅰ区由于受夏季洪水影响明显，多样性变异有较大的不确定性。2009年和2010年植物群落多样性指数总体上呈随海拔升高而增加的趋势，说明在水淹干扰梯度上，植被物种组成及物种分布由水淹持续时间及水淹强度决定（王正文等，2002；王强等，2011）。Ⅲ区水淹时间小于Ⅱ区，且Ⅲ区多样性指数也明显小于Ⅱ区。这主要是因为Ⅲ区中，克隆繁殖的狗牙根形成密度极大、厚度极高、地毯状的草甸，抑制了其他种子的萌发和生长。这也表明优势物种的种类和生长特征对群落也有一定影响。

各高程区的植物地表生物量在调查中呈现出较大波动（图2.8-3）。从植物地表生物量上看，从Ⅰ区到Ⅴ区，2008年地表生物量差异显著（$P<0.05$）。Ⅰ区地表生物量显著低于其他各高程区（$P<0.05$），而Ⅵ区地表生物量显著高于其他高程区（$P<0.05$）。被淹没的Ⅱ区与未被淹的Ⅲ区、Ⅳ区、Ⅴ区的地表生物量无显著差异。Ⅱ区至Ⅴ区植物地表生物量在2009年呈不断降低的趋势，而在2010年，地表生物量呈不断增加的趋势。Ⅰ区地表生物量显著低于其他高程区。Ⅵ区地表生物量无显著变化。

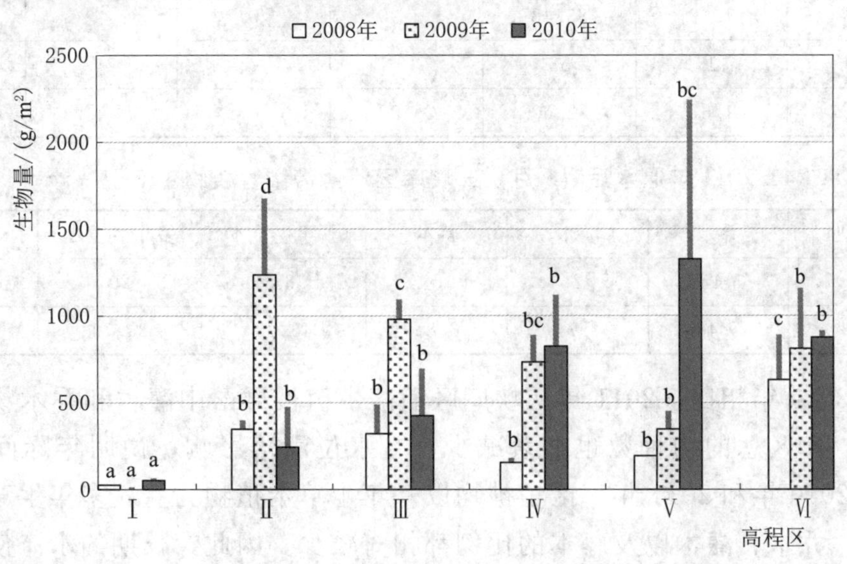

图2.8-3　各高程区植物的地表生物量

（同一年中，不同字母代表差异达5%显著水平）

3. 蓄水至175m后植被种类和数量变化情况

蓄水至175m前后（2011年9月蓄水前和5月退水后），三峡库区消落带植被的种类和数量没有显著的变化。2011年5月退水后调查结果显示，消落带共有维管植物30科62属73种（表2.8-2），存在大量寡种属和单种属，尤其是单种属，占据了总属数的85.48%，而这两类所辖的物种占总物种的97.63%（表2.8-3）。植被生活型以草本植物为主，其中一年生草本所占物种数比例为45.20%，多年生草本为39.73%，乔木、灌木以及藤本的比例都相对较少（表2.8-4）。

表2.8-2　2011年退水后（5月）三峡库区消落带维管植物科的统计

类别及比例	单种科	小科	中等科	较大科	合计
科	17	11	2		30
比例/%	56.67	36.67	6.67		100.00
属	17	23	22		62
比例/%	27.42	37.10	35.48		100.00
种	17	28	28		73
比例/%	23.29	38.36	38.36		100.00

表2.8-3　2011年退水后（5月）三峡库区消落带维管植物属的统计

类别及比例	单型属	单种属	寡种属	多种属	大属	合计
属	1	53	8	0		62
比例/%	1.62	85.48	12.90	0		100.00
种	1	53	19	0		73
比例/%	1.37	72.60	25.03	0		100.00

表2.8-4　2011年退水后（5月）三峡库区消落带维管植物生活型统计

生活型	乔木	灌木	藤本	一年生草本	多年生草本	合计
种数	4	2	5	33	29	73
比例/%	5.48	2.74	6.85	45.20	39.73	100.00

与2010年相比，2011年三峡库区消落带植被群落中灌木和乔木物种数显著减少，库区总的物种数也显著减少，受水位涨落影响，说明年际间变化明显；但2010年和2011年库区植被均以一年生草本植物为主，多年生草本植物也较多，乔木、灌木以及藤本的比例都相对较少。因此，长期的水淹使消落带植被以草本为主，并且一年生草本占优势。

根据2011年9月三峡水库蓄水前调查结果，消落带内共发现30科60属

71种维管植物（表2.8-5），未发现超过10种的大属，且寡种属和单种属的数量相当大，尤其是单种属占据了总属数的86.67%。而寡种属和单种属的物种数量占总物种数的98.59%（表2.8-6）；植被生活型以草本植物为主，其中一年生草本物种数占比为39.44%，多年生草本占比为35.21%。相比之下，乔木、灌木和藤本所占比例较小（表2.8-7）。总体上，2011年9月蓄水前和5月退水后相比，三峡消落带植被的种类和数量没有显著的变化。

表2.8-5 2011年蓄水前（9月）三峡库区消落带维管植物科的统计

类别及比例	单种科	小科	中等	较大科	合计
科	16	12	2		30
比例/%	53.33	40.00	6.67		100.00
属	16	24	20		60
比例/%	26.67	40.00	33.33		100.00
种	16	30	25		71
比例/%	22.54	42.25	35.21		100.00

表2.8-6 2011年蓄水前（9月）三峡库区消落带维管植物属的统计

类别及比例	单型属	单种属	寡种属	多种属	大属	合计
属	1	52	7	0		60
比例/%	1.67	86.67	11.66	0		100.00
种	1	52	18	0		71
比例/%	1.41	73.24	25.35	0		100.00

表2.8-7 2011年蓄水前（9月）三峡库区消落带维管植物生活型统计

生活型	乔木	灌木	藤本	一年生草本	多年生草本
种数	7	5	6	28	25
比例/%	9.86	7.04	8.45	39.44	35.21

三峡水库蓄水175m后改变了原有湖区的植被群落演替模式。以洞庭湖为例，三峡水库运行后显著减少了进入洞庭湖的沙量，减缓了洞庭湖区的淤积和萎缩。泥沙淤积的速度和方式决定了湿地植被的演变趋势，但泥沙淤积的减少暂时并不影响现有植被的生长，它主要是降低洲滩抬升速度，起着使东洞庭湖正向演替的速率变慢的作用。在水位水量变化方面，三峡工程的调蓄作用使洞庭湖年内水位波动幅度减小，主要有利于较低高程的芦苇生长、生物量增大，而在较高高程的芦苇由于得不到充足的水分，生物量相对减小，逐渐被防护林代替。而从长远来看，三峡工程的运行改变了原来自然状态下的水沙条

件，对坝下游河床的冲刷加重，降低了下游河道的水位，洞庭湖的面积、水量及平均水深都相应地发生了改变，再加上不同高程区植物群落对水位变化的敏感程度不同，将使优势品种——芦苇和湖草群落生物量不断增加，抢占沉水植物的生存空间，有利于杨树等耐水淹能力较差植物的生长繁殖、入侵新生境，打破原有植被群落演替模式，从而打破现有植被格局发生正向演替（龙勇，2013）。

三峡水库蓄水175m后，对172～175m间的植被影响不大，其余淹水位置影响较大。以三峡库区的特有乔木南川柳为例，经过冬季库区蓄水淹没，高程172m和175m段南川柳平均盖度和株高均增大，除了高程175m平均盖度外，变化差异均达到显著水平；对于基径的影响不显著，夏季汛期淹水，由于水位频繁涨落，水淹携带的泥沙沉积对植株造成堆压作用，盖度均出现降低，高程172m南川柳平均盖度变化差异达到显著水平，对于基径和株高影响不显著。经过不同水淹过程，由于样地植被类型分布差异及高程不同，高程172m物种Patrick丰富度指数和Shannon-Wiener多样性指数先增大后降低，而175m则出现相反变化趋势。水淹对高程172m Simpson优势度指数影响显著，而高程175m只有冬季淹水达到显著水平。就水淹后生物特征短时效而言，南川柳可以有效地作为三峡消落带植被恢复的适生物种，但为降低夏季水淹后由泥沙堆压造成的物理胁迫，需要适当的人为管护（艾丽皎，2013）。

2010年标记消落带150～160m高程区存活的原有桑树在2011年调查时已全部死亡，160～170m高程区存活的原有桑树在2012年后逐渐死亡；消落带存活桑树在淹水期部分须根和侧根死亡，退水期可长出新的须根，并能从根部萌发新枝条，但桑树的整体生命力明显衰退。调查在消落带140～175m高程区种植的5个品种的桑苗成活率，结果表明：140～169m高程区种植的桑苗全部死亡，170～171m高程区有少部分桑苗的根茎部萌芽成活（成活率7.8%），而在172～175m高程区桑苗的整株成活率达到87.0%；品种粤桑10号和白皮荆桑在消落带的成活率显著高于其他品种；在消落带种植菌根桑苗能显著提高桑苗成活率。

桑树是三峡库区消落带能存活的极少数木本植物之一，可作为三峡水库生态屏障区建设树种，并具备生态环境治理和促进库区经济发展的综合优势。例如：桑树作为极少数在三峡消落带存活的木本植物之一，可作为三峡水库生态屏障区建设树种。桑树（“四边桑”）成活率调查（标记消落带）结果表明：优势桑品种有粤桑10号和白皮荆桑，另外，菌根桑苗存活率较高（黄先智等，2013）。

二、影响评价结论

(1) 库区蓄水 156m 后支流消落带内植被的恢复和稳定状态均优于干流消落带。

(2) 库区蓄水 172m 和 175m 后，2008—2010 年三峡水库消落带植物群落组成、多样性和生物量发生了较大变化，样地内总物种数量逐年降低。2008 年，样地 156m 水淹线以下植物以苍耳和双穗雀稗为主。2009 年，狗牙根替代双穗雀稗，苍耳向高海拔扩散。由于 2009 年冬季三峡水库提前蓄水，2010 年样地下部的苍耳大大减少。2009 年和 2010 年植物群落多样性指数总体上表现出随着海拔升高而增加，与水淹干扰强度在空间上的变化一致。各个高程区的地表生物量表现出较大的波动。

(3) 与 2011 年 9 月三峡水库蓄水前和 5 月退水后的植被相比，三峡水库蓄水 175m 前后的植被种类和数量无显著变化，但改变了原有湖区的植被群落演替模式，虽然对 172～175m 的植被影响不大，但对其余淹水位置影响较大。

第二节 三峡工程建设对消落带物种多样性的影响评估

由于三峡库区为亚热带温暖湿润的气候，水、热条件优裕，是中国植物区系中特有属分布中心之一（即川东-鄂西分布中心），植被种质资源十分丰富，三峡库区现有维管植物 242 科 1374 属 5582 种（亚种及变种）。陆生高等植物有 3012 种（包括亚种及变种），其中只在三峡库区分布的库区特有植物就达 37 种。库区广泛分布马尾松林、柏木林及其疏林，各种灌丛、草地和农田，森林覆盖率为 27.3%（重庆库区 22.77%，湖北库区 32.87%）（范小华，2006）。三峡库区的陆地生态系统物种生命活动十分活跃，具有生物的多样性、人类活动的频繁性和生态的脆弱性。因此，对三峡水库消落带物种多样性进行长期监测，对筛选适应水淹条件的植物、恢复消落带生态环境、优化三峡水库水位调度方案有积极的意义。

一、建库前后动态变化

三峡水库蓄水前，由于降水、源头融雪等自然因素导致水位季节性涨落而在沿江两岸形成的消落带，称为三峡自然消落带。在长期适应长江自然水位节律性变化的过程中，三峡自然消落带形成了其独特的植被类型及生长节律，并呈现明显的分层结构。

1. 建库前状况

根据2001—2002年的样方调查（王勇等，2004），三峡库区自然消落带共有维管植物83科140属405种（含26变种、2变型），分别占三峡库区维管植物209科1448属6268种的39.71%、9.67%、6.46%，其中蕨类植物9科10属15种，裸子植物1科1属1种，被子植物73科229属389种。总体而言，三峡库区自然消落带的物种丰富度由高到低表现为消落带上部、消落带中部、消落带下部的空间变化规律。植物以草本和灌木为主，乔木很少，多年生草本、一年生草本和灌木构成了优势植物类型。

与自然消落带相比，三峡水库蓄水前145～175m的植物物种丰富度以及物种多样性指数均较高，且分布基本一致。根据2004年之前的一项调查（白宝伟等，2005），三峡库区145～175m的植被以灌丛和草丛为主，部分地段上部出现了乔木林。灌丛主要类型有9个，包括黄荆、黄栌、马棘、黄荆+马桑灌丛等。其中黄荆占据绝对优势，黄栌、马棘等优势也较明显。草丛以多年生禾草为主，包括黄茅+龙须草、莎草+黄茅、白茅+白羊草、蜈蚣草+金发草、棒头草、双穗雀稗+扁穗牛鞭草等草丛，同时三酌脉紫菀、荩草等也较多。部分地段上部有乔木片林。人工柏木林最多，分布较广；在居住区周边出现较多的是川泡桐、桉树、复羽叶栾树等。同时，居住区附近竹类也较多，例如慈竹、水竹等。

2. 建库后状况

与三峡水库蓄水前相比较，蓄水后库区消落带植物种类显著减少，尤其是灌木和乔木的数量显著减少。随着三峡工程的建设，原有自然消落带消失，新消落带正逐步形成，消落带植物群落也发生了巨大变化。库区植被以一年生草本植物为主，占总物种数的40%以上；多年生草本植物也较多，占总物种数的30%以上；乔木、灌木以及藤本的比例相对较少。因此，长期的水淹使消落带植被以草本为主，并且一年生草本占优势。同时，消落带植被物种总量有增加趋势，增加的种类主要以草本为主。消落带水位下降后，植被恢复较快，坡度较缓的区域植被恢复较好，坡度大于30°的区域植被恢复较困难。

2004年三峡水库二期蓄水后，在135～139m水位形成高差约4m的消落带，据调查，仅有极少数的禾本科植物分布，原有的一些灌木植物全部消失，土壤侵蚀严重，沿江两岸大量砾石暴露。2006年蓄水至156m后，原始地带性植被几乎消失殆尽，消落带植被分布分散，人为破坏严重，主要被农作物及退耕1～4年的次生植被所替代，难见高大的乔木或茂密的灌丛，仅残存少量低矮稀疏的灌丛和草甸；农作物主要包括水稻、小麦、玉米、土豆、红薯等；退耕地多被本地和外来草本植物所占据（刘云峰等，2006）。

2012年蓄水至175m后，三峡工程的建设使消落带由原来的陆生生态系统演变为季节性湿地生态系统，由于生境的巨大改变，以及消落带水位涨落违反自然洪枯规律，成陆时气候炎热潮湿，暴雨多并常有伏旱，陡坡土层流失而基岩裸露，大多数原有陆生动植物因难以适应生境而消亡、迁移或变异，在消落带及其支流回水影响区浅平地方可能只有少量的湿生和水生植物群落生长。

3. 对珍稀濒危以及特有植物的影响

三峡水库蓄水将淹没175m以下的珍稀濒危及库区特有植物的原有生境，进一步威胁它们的生存和繁殖。全部淹没的疏花水柏枝仅分布于长江奉节至秭归县段，在泥沙质江边滩地生长；巫溪叶底珠、荷叶铁线蕨和宜昌黄杨集中分布在海拔30～300m的狭窄区域，部分或大部分被淹没；巫山类芦分布于海拔100～250m水分条件较好的山坡下部。

丰都车前为2001年在三峡库区消落带发现的一种特有植物。2001—2005年的多次调查表明：丰都车前仅分布于三峡库区重庆市内的3个长江江心岛上，即巴南区梓桐村对河坝、丰都县和平村凤尾坝以及忠县乌扬镇塘土坝（王勇等，2006）。3个小岛均为季节性水淹小岛，面积相差不大，均约0.4km^2，海拔分别为152m、145m、140m。仅发现丰都车前约290株，主要分布于丰都县的凤尾坝，其余两个分布点仅零星几株。可见丰都车前是分布区十分狭窄和个体数量稀少的三峡库区消落带特有植物。2006年三峡水库第三次蓄水后，丰都车前的这三个分布点均被淹没，它是迄今为止所发现的因三峡工程建设而导致原始生境毁灭、自然居群绝灭的唯一一种草本植物。为保护这一即将野外灭绝的珍稀植物资源，中国科学院武汉植物园于2002年4月至2005年4月对其地理分布、自然生境和群落结构进行了调查，并将所发现的植株大部分移至中国科学院武汉植物园进行迁地保护和相关研究。但是目前对丰都车前的保护研究还尚未引起应有的重视和取得满意的成果，一些未知领域尚需深入研究，如种质保存技术、生殖生态和繁殖技术、遗传多样性和遗传结构等，以及探索该植物重返大自然适宜的野外恢复区。

中华蚊母树虽然未被列入三峡库区珍稀濒危保护植物，但它的存在对三峡库区消落带植物有着极其重要的意义。中华蚊母树根系发达，硬如铁丝，具有极强的喜湿耐涝、抗洪水冲击以及耐沙土掩埋的特性，是河堤防沙固土的理想树种。中华蚊母树主要分布于长江三峡两岸海拔150m以下消落带的陡峭山坡上和石壁中（杨丽等，2008）。三峡水库建成后将形成新的消落带，中华蚊母树群落伴随着三峡库区原有消落带的消失，其原生境也将全部被淹没，这必然导致中华蚊母树原生种群的消亡。

长瓣短柱茶虽在海拔175m以下有分布，但量不大，直接淹没对这种植物的破坏相对较弱。

荷叶铁线蕨分布高程为170～300m。分布在万州区武陵镇新乡附近高程170m±30m范围内的荷叶铁线蕨，水库蓄水后将使其90%以上植株被淹没。淹没地段均属该植物最适宜的分布区，而分布在石柱县临漆河、万州区吊岩坪海拔200m以上的荷叶铁线蕨不受淹没影响。

4. 对珍稀濒危重点保护药用植物的影响

三峡工程的建设，造成一些珍稀濒危药用植物资源发生了变迁，分布极不均衡，原来处于长江沿线的珍稀药用植物由于生境的改变，处于灭绝或迁移至边缘山区。从垂直分布看，多呈零星残遗分布在高程550～2100m。三峡库区列入红皮书及名录的国家珍稀濒危重点保护的药用植物有97种，隶属于46科，其中蕨类植物5科7种、裸子植物5科16种、被子植物36科74种、分别占全国此3类植物种数的53.8%、22.5%和24.3%。其种类和濒危类型与全国比较见表2.8-8。

表2.8-8　　三峡地区珍稀濒危药用植物类型与全国比较

门	科			属			种		
	三峡地区	全国	占比/%	三峡地区	全国	占比/%	三峡地区	全国	占比/%
蕨类植物	5	11	45.5	6	12	50	7	13	53.8
裸子植物	5	8	62.5	12	26	46.2	16	71	22.5
被子植物	36	83	43.4	63	207	30.4	74	305	24.3
合计	46	102	45.1	81	245	33.1	97	388	25.0

三峡地区处于我国特有植物的川东-鄂西分布中心地区，特有属中单种属、少种属所占比例较大，特有植物种类十分丰富。据不完全统计，该地区分布的我国特有药用植物主要分布在川东-鄂西山地，其中既是特有又是珍稀濒危植物的有铁线蕨属、银杉属、水杉属、金钱松属、珙桐属、伯乐树属、香果树属、杜仲属、山白树属、金钱槭属、青檀属、银鹊树属等，这些属的珍稀濒危药用植物大多处于相对孤立的地位，属于远古特有物种，它们大多数是经过第四纪冰期后残遗下来的古老物种。

5. 陆生动物多样性

消落带是水生生态系统和陆生生态系统的过渡地带，是多种湿地陆生动物赖以生存的栖息地，包括两栖类、爬行类、鸟类等。

2004年三峡工程二期蓄水后，根据冬季水禽监测调查，在139m水位线波及的区域（长江主航道及部分支流），越冬水禽的分布格局、种类、数量等出现明显增加趋势。最为明显的是长江主航道，水位线波及的江段（忠县秭归茅坪）水禽数量剧烈降低，直观感觉数量不及蓄水前的10%。种类方面也有变化，游禽中仅见到绿头鸭、斑嘴鸭、鸳鸯、棉凫等几种，且多出现在支流河口与城镇港口附近；以往容易见到的赤麻鸭、普通秋沙鸭等消失；游禽中见到1只库区新记录鸟种——斑脸海番鸭，出现在秭归茅坪—香溪河口江段。在调查的4条长江支流河道区域，水禽种类和数量的增加较为明显，但也仅限于几种鸊鷉（善于在较深水域中捕食小鱼的水禽）。巫山县大宁河是库区国家二级保护动物鸳鸯的主要栖息地之一，监测调查结果表明大宁河鸳鸯数量没有明显变化。

2005年的冬季水禽监测调查，在云阳—开县区域的彭溪河观察到大白鹭，这是自1999年开展监测调查以来在长江及其主要支流水域的首次发现。此外，在湖北库区还发现了国家二级保护动物赤腹鹰和黄脚渔鸮的繁殖地。调查发现，国家二级保护动物鸳鸯在种群数量和分布格局方面有所变动。在奉节县梅溪河尾水点上游、巫山县大宁河及巫山港—秭归茅坪港江段观察到了鸳鸯，与以往调查年份相比数量有所增加。

2006年1月进行的长江主河道及重要支流水域水禽调查发现，巫山县大宁河冲积河漫滩地带有大量崖沙燕巢洞。崖沙燕是空中傍水栖息型鸟类，巫山县大宁河139 m水位尾水处的大昌镇是其数量分布最多和最为集中的区域。蓄水后80%的崖沙燕繁殖地已被淹没，仅在145～160 m河段残存2处崖沙燕集群繁殖地，有1100～1300个巢洞。随着三峡工程全面竣工和蓄水运行，崖沙燕的生存状况受到严重的威胁。

2006年冬季，库区大宁河鸳鸯数量在蓄水后没有明显变化。在蓄水波及的大宁河口—大昌镇河段，共统计到鸳鸯39只（2001年初至2003年初，冬季水禽监测调查到30～40只）、绿头鸭10只、鸊鷉40多只。

2012年资料少见。

二、影响评价结论

1. 对植物多样性的影响

库区消落带现有植被整体上处于退化状态，正处于森林-灌丛-草丛-草坡-裸岩逆向演替状态。与三峡水库蓄水前相比较，蓄水后库区消落带植物种类显著减少，尤其是灌木和乔木的数量显著减少。原始地带性植被几乎消失殆尽，消落带植被分布分散，人为破坏严重，主要被农作物及退耕1～4年的次生植被所替代，难见高大的乔木或茂密的灌丛，仅残存少量低矮稀疏的灌丛和草甸；农作物主要包括水稻、小麦、玉米、土豆、红薯等；退耕地多为本地和外来草本植物所占据；植物灌丛主要有黄荆灌丛、慈竹林以及人工培植的刺槐林、柑橘林等。

生物多样性降低、生态系统类型减少，结构和功能趋向简单化。在自然状态下，新的植被生态系统将很难在短时间内建立起来，在一定时期内，三峡消落带可能成为“裸露”的荒地。此外，消落带频繁的人类活动以及移民后靠政策的实施，给消落带的生态环境带来更大压力，加速了坡面植被和土壤结构的破坏，水土流失量加大，加重了消落带植被恢复的困难。

国家珍稀濒危药用植物受到严重威胁。国家珍稀濒危重点保护药用植物在三峡地区的各个区县分布极不平衡，高山地带受人类干扰少，特有的药用植物类群受威胁程度较低，珍稀濒危类群相对较多；地势较低的平地和盆地受三峡工程及农业活动的影响植被破坏严重，虽然珍稀濒危品种数量不多，但灭绝的概率较大。

2. 对动物多样性的影响

水生鸟类物种多样性增加。与三峡水库蓄水前相比较，蓄水后，库区消落带面积的显著增加，为一些水生鸟类提供了生存的环境，从而使得水禽数量和种类均比建库前有所增加。三峡库区的鸟类优势种以雀形目和鹳形目种类为主，其中雀形目的优势种种类仍较多，雁形目和鸥形目鸟类仍为库区常见种，尚未取代雀形目成为优势种。三峡工程对消落带陆生动物的影响目前研究较少，但是三峡水库建成后消落带生态环境发生了巨大变化，一方面，水库建成后形成1080km^2的巨大水体，库区气候发生变化；另一方面，库区消落带的植物群落发生变化，消落带形成后的一段时间内，甚至将没有植物存在。这必然会影响到湿地动物的生长、捕食、繁殖等活动。2004—2007年对水禽的跟踪监测表明了这种影响，但是这方面仍需进一步研究。

库区部分原有鸟类生存环境需要关注。三峡水库蓄水后，80%崖沙燕繁殖地已被淹没，仅在145～160m河段上，尚存两处崖沙燕集群繁殖地，有1100～1300个巢洞。随着三峡工程全面竣工和蓄水运行，崖沙燕的生存状况值得关注。

第三节　三峡工程建设对消落带湿地的影响

湿地广义上被定义为地球上除海洋（水深6m以上）外的所有大面积水体；狭义上一般被认为是陆地与水域之间的过渡地带。按《国际湿地公约》的定义，湿地是指因自然发展或人为因素形成的沼泽地等带有静止或流动水体（包括淡水、半咸水或咸水水体）的成片浅水区。另外，水深不超过

6m（低潮时）的水域也属于湿地的范畴。湿地是极其重要和不可替代的生态系统，与森林、海洋并称为全球三大生态系统，在世界各地分布广泛，其生态系统中生存着大量动植物，很多湿地被列为自然保护区，被誉为“生命的摇篮”。湿地是自然界生物多样性和生态功能最高的生态系统，它在为野生动植物提供生境的同时也维持着区域的生态平衡（徐静波等，2011）。三峡工程作为人类历史上最大的水利工程一直以来备受关注，2010 年三峡水库达到 175m 正常蓄水位后，淹没 632km^2 陆地，形成长度为 662.9km、面积为 1084km^2、总库容为 $3.93\times10^8m^3$、库岸线长达 2200km 的巨大人工湿地，这也是中国最大的人工湿地。如何在保护的前提下对该湿地资源进行生态友好型利用，值得人们关注（王顺克，2000）。

一、建库前后湿地变化动态

1. 三峡水库蓄水 135m 前后（2004 年）水禽类数量变动明显

环境因子直接或间接地影响着鸟类区系的组成和数量，水库建成蓄水后形成的大面积湿地水域对不同类群的鸟类群落结构产生影响，尤其是在淹没区及其邻接地带。2004 年三峡水库蓄水 139m 前后的冬季鸟类的调查结果表明，水禽中以雁鸭类为主体的游禽类总体计数差别不大；涉禽类数量出现非常明显的变动；库区 11 种傍水栖息类型鸟类总体数量在蓄水前后出现急剧变动，下降明显。

三峡水库蓄水后形成的大面积湿地水域，湿地面积增加将会对不同类群的野生鸟类群落结构产生影响，尤其是在淹没区及其邻接地带。优势种为雀形目和鹳形目，雁形目和鸥形目鸟类仍为库区常见种（苏化龙等，2001）。

2. 三峡水库蓄水 156m 前后（2006—2007 年），湿地面积的增加对鸟类群落结构发生了显著影响

长江主航道水位线波及的江段水禽数量剧烈降低，但水禽的总数量有所增长，与蓄水前论证较为一致。原论证认为，三峡库区水禽中雁形目和鸥形目鸟类虽较为常见，但并未成为优势种。库区水禽的优势种仍为雀形目和鹳形目，但捕捞、旅游活动等人为干扰对水域鸟类的栖息地影响较大；由于库区天然林保护和退耕还林工程对陆栖野生脊椎动物的栖息地保护和恢复作用明显，其数量并没有像原论证中预计那样减少；人类活动的干扰使得逐渐形成一种以农田鸟类物种为主的鸟类群落；调查认为，直接淹没对陆生动物影响不大，陆生动物受到的影响主要来自人类活动。

洞庭湖湿地越冬的水鸟数量明显下降。蓄水前，在洞庭湖越冬的水鸟达到 30 万～50 万只。但蓄水后在洞庭湖越冬的水鸟数量已经减少 10 万只左右，并

呈现出进一步减少的趋势。据原国家林业局（现国家林业和草原局）和世界自然基金会开展的长江中下游水鸟调查，2003—2004 年洞庭湖水鸟约为 13.3 万只，2004—2005 年约为 1.1 万只（表 2.8-9）。另据对东洞庭湖国家级自然保护区（位于湖南省）的调查，2005—2006 年洞庭湖水鸟数量均少于 10 万只，越冬水鸟数量明显减少。

表 2.8-9　　近年来洞庭湖湿地水鸟调查种类与数量

调查时间	水鸟种类/种	水鸟数量/只	国际濒危种
2004 年 1 月 26 日至 2 月上旬		133473	白鹤、白头鹤、白枕鹤、东方白鹳、黑鹳、鸿雁、花脸鸭、小白额雁、白眼潜鸭
2005 年 2 月 14—28 日	58	110564	白鹤、东方白鹳、黑鹳、鸿雁、小白额雁
2005 年 12 月 22—27 日	50	58876	
2006 年 1 月 4—8 日	24	45240	
2006 年 12 月 24—30 日	41	73729	

注　1. 空格表示无。
2. 数据资料来源于《长江保护与发展报告 2007》。

越冬的水鸟数量明显下降，鹤类等珍稀鸟类数量呈减少趋势，湖泊湿地的水鸟栖息地丧失严重。造成湖泊湿地水鸟数量和栖息地减少的原因之一就是湖区大面积栽种杨树和芦苇，侵占了水鸟的栖息地，这个原因与三峡水库蓄水，使得水位发生变化，滩涂露滩面积和时间发生了变化有很大的关系，需进行进一步研究。

3. 三峡水库蓄水 175m 前后，湿地内的鸟类数量、丰富度增加

重要的变化体现在蓄水后，在 9 月到次年 5 月间，因库区水面增大而增加了消落带湿地总面积和浅滩，为鸟类提供了更多的活动场所和食物。但在夏季的 5—9 月放水后，消落带一部分落水区域整个夏季暴晒于空气中，变干变硬，不再是湿地；而也有一部分位于库尾和库湾地带，地势平缓，落水后地下水位仍保持较高，地面湿润，形成了很好的湿地，加之露出的沉积物，能够为鸟类提供丰富的食物。总之，消落带加上蓄水区域两岸丰富的植被，为候鸟提供了一个迁徙和栖息的良好场所。

受三峡水库水位的季节性变动影响，在“自然-人工”二元干扰作用下，水库消落带由陆地转变为水陆交替的湿地，形成典型的消落带湿地。消落带湿地是三峡库区生态功能区的重要结构单元，具有重要的生态服务功能。国际上高度关注三峡水利枢纽工程，消落带湿地生态环境最引人瞩目。尤其是重庆市开州区澎溪河湿地自然保护区，湿地类型多样，湿地生物资源丰富。重庆市开

州区澎溪河湿地自然保护区为典型的水库消落带湿地，夏季低水位运行(145m)，冬季高水位运行（175m），在高程145～175m区域，形成夏季出露、冬季淹没、涨落幅度高达30m的水库消落带。根据湿地分类系统，保护区湿地分为两大类型10个亚型，即自然湿地（湖泊河流湿地）和人工湿地两大类型，包括终年河道自然湿地、间隙河自然湿地、河滩自然湿地、水库消落带人工湿地、人工蓄水池、水生植物种植田、水生动物养殖塘等亚型。蓄水后湖汊和库湾增多，水生植物资源丰富，这里已经成为鸟类越冬的乐园。冬季来临时，大量的水禽从遥远的北方飞来越冬，调查表明，蓄水后飞到保护区越冬的水禽多达30余种，数量达到数万只，其中，国家珍稀保护鸟类就有十余种，如鸳鸯、赤颈鹏鹧等。

三峡水库消落带面积大，175m库岸线蜿蜒长达数千千米，具有水体、陆地、水陆交互和库湾、“湖盆”、河口、岛屿等不同的生态环境，水陆生态系统物质能量传输与转换频繁强烈，为水生、陆生和两栖生物提供了多种多样的生存条件，是候鸟、留鸟、鱼类及珍稀濒危水禽与水生生物良好的生存繁衍场所与迁徙通道，是物种生命活动活跃的区域。保护和培育好消落带湿地生态系统，具有保护和丰富库区生物多样化的功能。

二、影响评价结论

（1）库区水面增大增加了消落带湿地总面积，浅滩增多，为鸟类提供了更多的活动场所和食物。

（2）三峡工程的建设使消落带由原来的陆生生态系统演变为季节性湿地生态系统，大多数原有陆生动植物因难以适应生境而消亡、迁移或变异。

（3）三峡库区水位调节导致的消落带反季节被淹没和露出状况，为冬季鸟类提供了较好的湿地环境，而在夏季也为陆生植物生长提供了条件，为库区现有动物提供了很好的食物资源和避难所。跟踪和评估长江三峡工程的环境后效与防洪效益显得尤为必要。

第 九 章

三峡工程建设对消落带地形、库岸、水土流失、农业利用、落淤污染及病媒生物的影响

第一节 三峡工程建设对消落带地形地貌的影响评估

三峡库区的地形地貌是消落带生态系统下垫面的基础，开展三峡水库蓄水前后地形地貌变迁的研究，将为三峡水库消落带的生态修复和土地利用建立坚实的下垫面基础。三峡水库消落带岸坡可以分为石质、土质和“石质＋土质”复合型 3 种，会因不同因素的影响而导致地形地貌发生变化。

一、建库前后地形地貌变化动态

1. 水库蓄水水位变化及监测点

中国科学院水利部成都山地灾害与环境研究所于 2007 年在重庆市忠县石宝镇设立长期定位观测点（图 2.9－1）。土壤侵蚀和泥沙淤积采用核素示踪和侵蚀针法监测；以土壤蠕滑、浅层滑坡方式为主的重力侵蚀采用地形变化监测网进行观测。在观测库岸段按照网格法埋设标志桩，组成地形变化标志网，采用高精度差分 GPS 技术对标志桩进行 GPS 精确定位，获取各标志点的三维坐标，提取观测库岸的 DEM。每年待库区水位退至 145m 后，通过对比每年库区水位涨落周期前后各标志点高程变化和位移量，量测消落带地形地貌变化。另外，在综合国内外大型水库消落带特征及其库岸变化资料的基础上，对三峡水库各类型消落带定期进行考察。

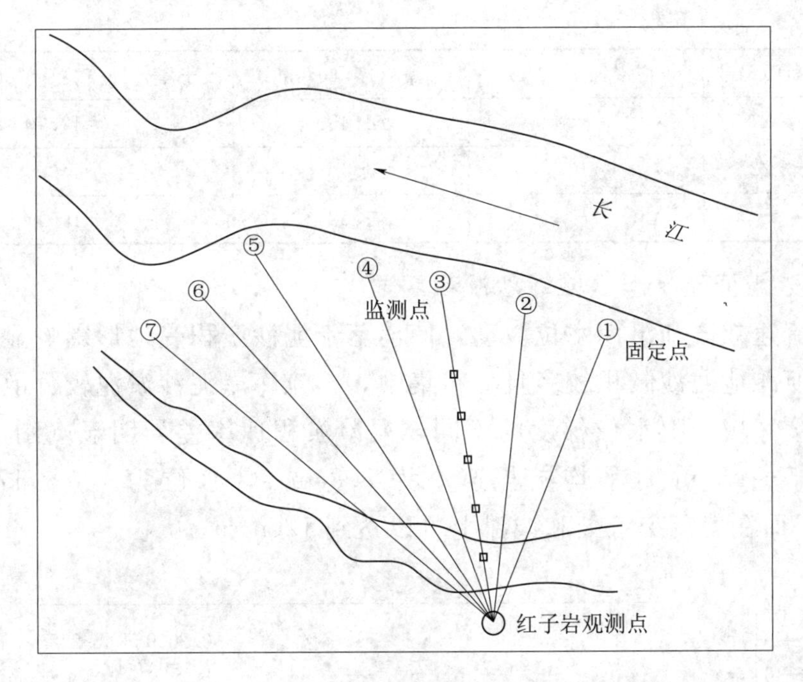

图 2.9-1 忠县石宝镇红子岩消落带地形变化监测点

2. 消落带坡地土壤侵蚀强烈，微地形变化显著

采用侵蚀针法对 12 条监测断面进行了动态观测，结果（表 2.9-1）表明消落带土壤侵蚀剧烈，是三峡库区平均土壤侵蚀模数 3185t/(km^2·a）的数倍，而且消落带土壤侵蚀受坡度、海拔、波浪等地形因子的影响，具有明显的空间差异性，在土质消落带大于 5°的坡地上，土壤侵蚀强烈，分布面积较广；而在平坝或台阶地（河流阶地、水田、旱田或台地）上，侵蚀崩塌多发生在阶地前缘、田坎和陡坎部位。

表 2.9-1 消落带土壤侵蚀监测结果

区位	断面编号	年均侵蚀厚度/mm	土壤密度/(g/cm^3)	土壤侵蚀模数/[t/(km^2·a)]
长江干流	G1	60	1.41	84600
	G2	42	1.45	60900
	G3	33	1.47	48510
	G4	56	1.49	83440
	G5	58	1.46	84680
	G6	57	1.49	84930
	G7	52	1.46	75920
	G8	30	1.45	43500
	G9	75	1.49	111750

续表

区位	断面编号	年均侵蚀厚度/mm	土壤密度/(g/cm³)	土壤侵蚀模数/[t/(km²·a)]
库湾	Z1	8	1.48	11840
	Z2	10	1.49	14900
	Z3	7	1.52	10640

3. 消落带低洼平坦区域泥沙淤积明显

水流流速减缓和汛期水位波动，使消落带泥沙淤积受地形影响显著。支流交汇处和河滩地泥沙淤积较多且分布集中，干流库岸泥沙淤泥较分散且仅发生在坡度平缓区域。随水位梯度的不同，泥沙淤积速率差异明显（图 2.9-2）。水位为 145～150m 时平均淤积速率为 5.8cm/a，水位为 150～175m 时为 2.3cm/a，而在支流交汇处和浅滩上可以达到 12cm/a。

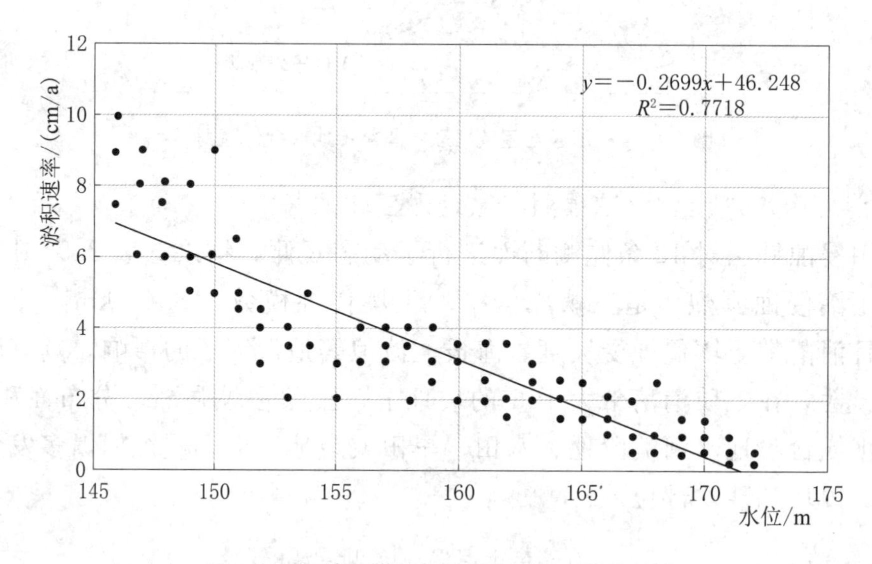

图 2.9-2　消落带泥沙淤积速率与水位的关系

4. 水库水位周期涨落对地貌变化的影响

三峡水库蓄水后，在周期性涨落的库水和地下水的作用下，不同类型岸坡受到的影响不同，影响的程度和速度也不同，对岸坡塑造的方式也不同。基岩岸坡的地貌演化过程主要以岩体坍塌、滑坡为主。水库下游段发生塌岸、崩滑体变形的情况相对较多，而干支流库尾段则相对较少。库岸变形的方式按地域划分，丰都以下（不包括开县）干支流库岸以崩滑体变形为主，占总数的 74.82%；涪陵以上（包括小江上游的开县）干支流库尾以塌岸现象为主，占总数的 90.50%（童广勤等，2011）。而坡残积+基岩型岸坡地貌变化的动力过程以蠕动、滑移、崩塌、侵蚀、冲蚀作用等为主。

5. 水库消落带地貌未来变化过程

三峡水库蓄水后的消落带坡地地貌变化可划分为：强烈侵蚀期、基本稳定期和淤积填平期3个阶段。三峡水库消落带地形地貌强烈侵蚀期为蓄水后的10～20年，个别土质消落带将需数十年才能进入动态平衡的基本稳定期（图2.9-3）。

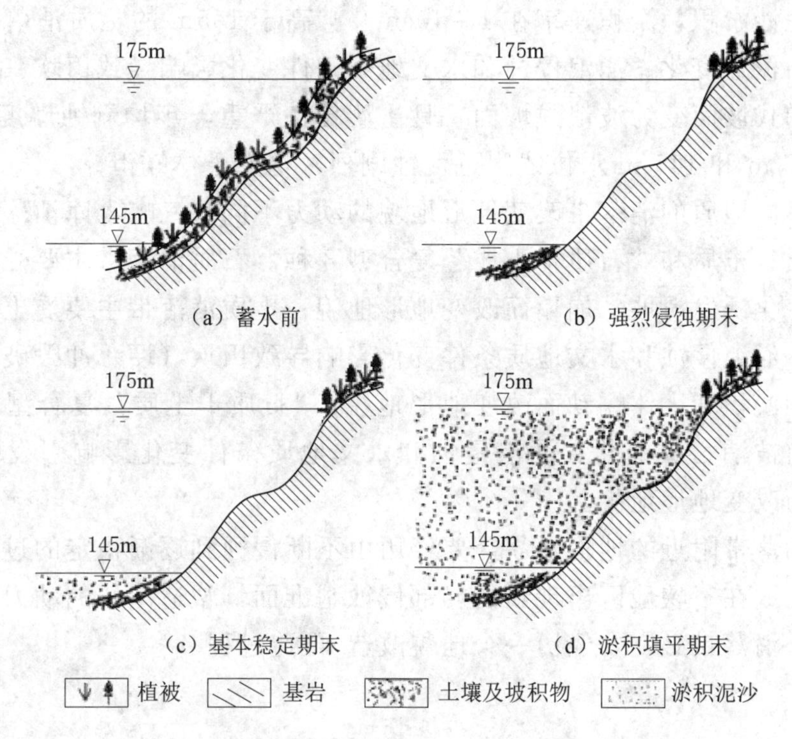

图2.9-3 蓄水后的三峡水库消落带"土+石"复合型坡地地貌变化示意图

(1) 强烈侵蚀期。由于库水位大变幅周期性变化和强烈的波浪拍岸掏蚀，消落带坡地侵蚀强烈。坡度大于淤积滩涂坡度的土质和"石质+土质"复合型坡地，在水力侵蚀和滑坡、崩塌等重力侵蚀作用下被侵蚀殆尽。高程175m以下数米内的植物根系固结较好的土质岸坡，能抗击波浪的掏蚀得以保存。坡度小于淤积滩涂坡度的高程145～175m的台地顶面和高程145m附近的库岸有泥沙淤积发生。

(2) 基本稳定期。通过多年的强烈侵蚀，消落带坡地的松散堆积物被侵蚀殆尽，绝大部分石质坡地十分稳定，坡地的水力侵蚀和重力侵蚀都比较轻微，高程145～175m的平坦台地泥沙淤积，消落带坡地地貌基本稳定。由于泥沙淤积，水库高程145m附近的边滩和江心洲逐渐发育。基本稳定期约数十年。

(3) 淤积填平期。除中央深槽外的高程145m以下的水库库容基本淤满后，高程 145m 以上的库容也将逐渐被淤满填平。这一期间，边滩以上的消落带坡地稳定，高差逐渐变小。淤积填平期约数百年。

二、影响评价结论

（1）消落带附近土壤侵蚀严重，易引发土体蠕滑。高程 135～155m 消落带主要是泥沙淤积，淤积速率在 1～40cm/a。高于 155m 的土质消落带主要受土地利用与覆盖变化、涌浪侵蚀和水文地质条件变化影响导致田坎（埂）冲毁破坏，阶梯式坡面变为波浪式坡面，且土壤侵蚀严重，年均剥蚀厚度 0.1～20 cm。在 175 m 和 145 m 水位线附近侵蚀剧烈，诱发土体蠕滑。

（2）不同地质的消落带改变地形地貌的动力不同。三峡水库消落带岸坡可以分为石质、土质和“石质＋土质”复合型 3 种。石质消落带主要受水文地质和压应力变化诱发滑坡、崩塌而改变地形地貌；土质消落带主要受土地利用与覆盖变化、涌浪侵蚀和水文地质条件变化影响导致田坎（埂）冲毁破坏、坡面侵蚀与坡下淤积和土体蠕动而改变地形地貌；“石质＋土质”复合型消落带主要受原有植被消亡或退化、涌浪侵蚀和水文地质条件变化影响引发蠕动、滑移、崩塌而改变地形地貌。

（3）消落带附近的地形地貌需要经历由不断侵蚀到逐渐稳定的过程。三峡水库蓄水导致在三峡地区出现新的局部侵蚀基准面，塑造岸坡的动力地貌条件随之改变，消落带必定要经历一个地貌改造-再造过程。

第二节　三峡工程建设对消落带库岸稳定性的影响评估

三峡水库的库水位周期性变化不可避免地影响库岸边坡的岩土力学性质，劣化其物理参数，降低岩土体抵抗外荷载的能力，同时，浮托力和孔隙压力的变化使得坡体的稳定性降低。周期性的库水位涨落导致消落带岩土体中的地下水位发生变化，从而使消落带岸坡的自然平衡条件遭到破坏，进而引发边坡形状和稳定性的改变。另外，在低水位和高水位附近浪涌冲刷时间也较长，产生掏蚀临空，诱发滑坡和崩塌，导致库岸不稳定。收集库区自试验性蓄水以来历年典型变形滑坡、崩塌等地质背景资料，滑坡长期监测数据（变形、位移、地下水等），区域降雨及库水位动态资料，有助于三峡水库消落带的生态修复和灾害预防。

一、建库前后农业利用变化动态

1. 蓄水 156m 后

长江三峡两岸是我国历史上滑坡、岩崩、泥石流等地质灾害多发地区之一。位于长江干流两岸的地质灾害一般规模较小，发生频率不高，每年泥石流物质共计约 1000 万 m^3，在近坝 70km 距离内，无较大的灾害性泥石流，对大坝不致带来破坏性影响。坝址至上游 16km 库段无大型滑坡。位于坝址上游 27km 的新滩滑坡体、链子崖危岩体规模较大，其潜在危险施工期应予重视。因蓄水后水宽水深加大，碍航的影响可减轻。库区一些城镇位于滑坡体上，水库蓄水后有些处于半淹没状态，其稳定性如何应加以研究。新建城镇的选址要注意崩塌、滑坡的影响，在土质库岸易产生浸没与塌岸的范围内不得建立移民点。

2. 蓄水 175m 后

三峡水库的库水位周期性变化必然会对库岸边坡的岩土力学性质产生影响，导致其物理参数劣化，从而降低岩土体的抗外部荷载能力。此外，坡体稳定性会受到浮托力和孔隙压力变化的影响。周期性库水位涨落导致消落带岩土体地下水位变动，破坏了消落带岸坡自然平衡，引起边坡形状及稳定性的变化；另外，低水位和高水位附近浪涌冲刷时间较长，会产生掏蚀临空，诱发滑坡和崩塌，导致库岸不稳定。

消落带库岸地层稳定性差，地质环境脆弱。三峡水库消落带库岸中土质岸坡主要为冲积物和崩塌堆积物，占库岸总长的 4.69%；其余为石质和“石质＋土质”复合型岸坡，“石质＋土质”复合型岸坡主要为基岩上覆残坡堆积物、冲积物和风化土等松散堆积物。三峡库区两岸崩滑体 2490 余处。三峡水库建成后，高水位时绝大部分的老滑坡体的中前部浸泡在水中，滑移面受水的浸润，黏聚力降低，在水位下降时因失去水的浮托而复活失稳。

蓄水对消落带坡体的悬浮减重效应。水库水位上升会补给岸坡地下水，使得岸坡内地下水位上升，岩土体含水量增大至饱和，岩土体有效应力降低，导致库水位以下滑动带承受更大的作用力。同时，受静水压力的垂直作用，库岸周围斜坡内不透水的软弱层面上所受到的滑体重量产生的法向力减小，降低了抗滑力，使库岸滑坡崩塌易于发生。

蓄水对消落带坡地岩土体的软化效应。岸坡岩土体尤其是岩土体的软弱面、结构面、松散堆积层与基岩接触带土体受水浸泡时，其抗剪强度下降，易使岸坡失去平衡，产生变形位移。尤其是三峡水库的蓄水运行，使得消落带坡体面临周期性浸泡，相当于被施加了一个循环荷载，对岩土体造成疲劳损伤，岩土强度参数损伤劣化，不利于库岸稳定性。在库水反复浸泡-落干作用下，消落带砂岩坡体岩土抗剪强度对周期性循环浸泡次数的增加而降低。

库水位骤降对消落带坡体的破坏效应。水库水位突降时，悬浮减重效应消失，库水的浮托力迅速减小，坡体受到的抗滑力明显降低。同时，库水位的突然降低导致消落带坡体内部水位高于库水位，地下水从坡体内排出，产生动水压力，加大了沿地下渗流方向的滑动力，从而引起老滑坡的复活和新滑坡的产生。

蓄水前后岸坡稳定性较低，地质灾害较多，但长期趋于稳定（童广勤等，2011）。三峡水库多期次、多阶段蓄水，导致三峡库区崩塌滑坡活动较剧烈（图 2.9－4）。因地质环境、条件的改变，其活跃度明显高于蓄水前，但呈逐年降低态势。试验性蓄水期间，三峡水库库区岸坡发生崩塌滑坡变形共计53 处，其中 135～156m 试验性蓄水连续变形的 22 处，156～175m 试验性蓄水连续变形的 13 处，175m 试验性蓄水连续变形的 18 处。

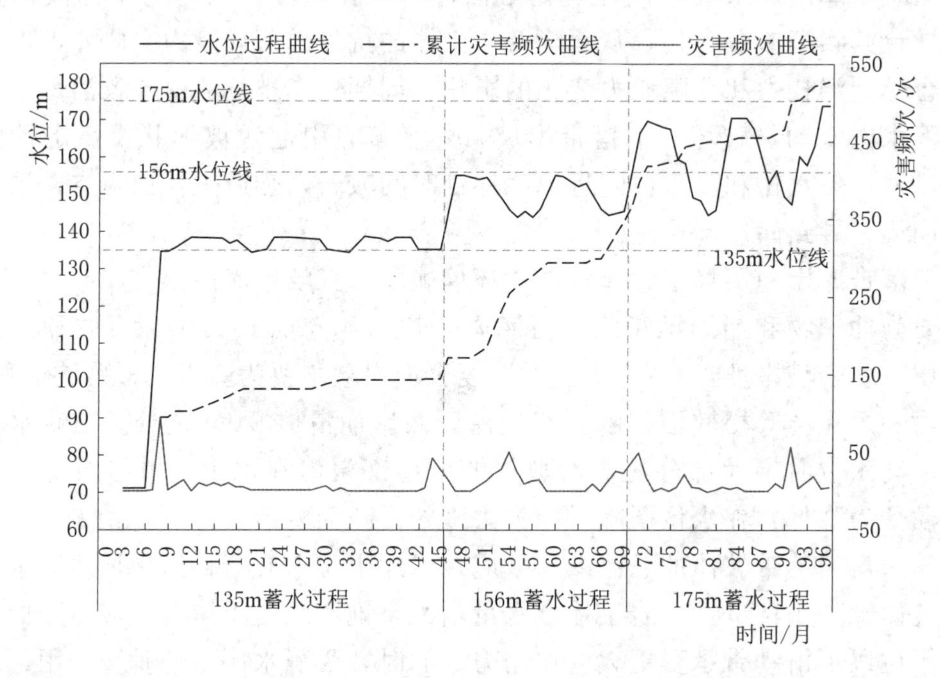

图 2.9－4　地质灾害事件发生频率与水位关系曲线

二、影响评价结论

三峡水库地质灾害活动处于较活跃阶段，但长期来看将趋于稳定状态。影响消落带库岸稳定性的因素主要有地形地貌（岸高、坡度、边坡形态等）、库岸组成的物质特性（土体容重、黏聚力、内摩擦角等）、库区水流特性（水位变化、含沙量、淹没时间等)、植被覆盖及防护以及人类活动等方面，其中坡脚的波浪掏蚀及土体自身特性对库岸稳定性的影响最大。目前，三峡水库地质灾害活动处于较活跃阶段，175m 蓄水后，需历经 8～10 年，库区地质灾害发生水平渐趋稳定。

第三节　三峡工程建设对消落带水土流失的影响评估

三峡工程是世界上最大的水利枢纽。2010 年三峡水库 175m 蓄水后，在水库周边形成了落差 30m 的水库消落带。三峡库区不可避免地面临一系列生态环境问题，如耕地淹没、水土流失、水环境恶化及生态退化等。其中水土流失问题是三峡工程生态环境影响备受关注和争议的问题之一，对三峡库区的生态环境和长江航运产生较大的负面影响，是影响库区生态安全的关键因子和亟待解决的生态环境问题之一。

一、建库前后水土流失变化动态

1. 蓄水 135m 消落带水土流失状况

在 TM 解译的三峡库区重庆段 1999 年和 2004 年水土流失数据及相关辅助数据的支持下，借助 GIS 技术，分析了研究区 1999—2004 年水土流失的时空演变及地理空间分异特征与规律（李月臣等，2008)。研究区水土流失总体呈现好转趋势，极强度和剧烈水土流失面积下降变幅最大。研究区水土流失时空格局的总体特征表现如下：

(1) 空间上，研究区东北部的开县、云阳、奉节、巫溪、巫山和万州是水土流失最为严重的地区，水土流失的面积大、强度高。根据 1999 年水土流失遥感调查结果，以上 6 个区县占研究区水土流失面积的近 51%（约 15561.16km^2)，强烈以上水土流失面积比则达到近 70%（约 6133.53km^2)。2004 年这些区县水土流失总面积和强烈以上总面积都有所减少（约 11845.00km^2 和 5167.82km^2)，但其所占比例则有所增加，分别为 57.04%和 71.22%。

(2) 1999—2004 年研究区水土流失总体呈现好转趋势。水土流失面积由 1999 年的 30537.96km^2 减少到 2004 年的 23870.16km^2，面积比 1999 年减少了 21.83%，从轻度到剧烈各种强度的水土流失类型面积均有所减少，以极强度和剧烈水土流失面积变化幅度最大，分别比 1999 年减少了 54.68%和 35.73%。很多区域水土流失强度表现出明显的降低趋势，水土流失降低的地区面积为 23014.00km^2，占辖区面积的比例为 44.01%；未发生变化的区域面积为 16321.32km^2，比例为 35.36%；水土流失加剧的地区面积仅约为 20.63%。

(3) 1999—2004 年各类型水土流失的主要转移方向表现为：剧烈—微度（无明显流失）—强度—中度；极强度—微度—中度—强度；强度—微度—中度；中度—微度—轻度—强度；轻度—微度—中度；微度—中度—轻度，总体上表现为强度减弱趋势。表明多年来三峡库区水土保持等生态环境措施已经在一定程度上发挥了效果。

(4) 水土流失加剧的地区主要为原无明显流失地区。2004 年各水土流失强度类型中有 31.19%的剧烈流失面积、20.88%的极强烈流失面积、19.15%的强烈流失面积、22.25%的中度流失面积和 29.74%的轻度水土流失面积由 1999 年的无明显流失类型转化而来。这些地区主要分布在库区移民迁建频繁的区县，如开县、云阳、奉节、巫山、万州等。移民迁建带来的大量人类干扰活动是水土流失加剧的主要原因之一（李月臣等，2008）。

2003 年三峡工程 135m 一期蓄水运行，库区共发生 4719 次崩塌与滑坡和 541 次地震，分别比 2002 年增加了 9.7%和 786.9%，导致库区 2003 年水土流失总量为 2002 年的 3 倍。因此，三峡移民和蓄水运行是导致库区局部区域水土流失加剧的主要因素（徐昔保等，2011）。

2. 蓄水 156～172m 消落带水土流失状况

三峡库区 2000—2008 年水土流失波动较大，总体上水土流失面积、总量和强度都呈减弱趋势。2006—2008 年年均水土流失总量和面积分别比 2000—2002 年减少 106t 和 1129.6km^2；强烈、极强烈和剧烈等级水土流失主要分布在秭归、巫山、巫溪、石柱和武隆等坡度 15°以上的林地和耕地，水土流失减弱主要集中分布在奉节、云阳、万州和忠县等坡度 10°以上的耕地和林地；库区水土流失时空变化主要受降水强度与分布、移民与蓄水运行和生态工程实施影响。库区水土流失总体虽然呈好转趋势，但库区水土保持与治理工作还需进一步加强，尤其是对库首秭归、兴山和巴东及库中武隆等区域（徐昔保等，2011）。

3. 蓄水 175m 后消落带水土流失状况

2006—2012 年，多次进行库区消落带上游、中游、下游的野外调查，获取消落带自然、植被、土壤资料，踏勘消落带不同坡地类型的土壤侵蚀状况。蓄水后土壤侵蚀强度加大，且干流消落带侵蚀强度大于库湾消落带。三峡库区消落带在周期性淹水-出露-高温-淹水交替条件下，消落带植被、土壤等下垫面环境短时间内发生巨变，消落带原有陆生植被根系固结作用消失，坡地岩土强度降低，土壤抗蚀能力减弱。同时，消落带遭受波浪、降雨径流和重力等多重营力复合侵蚀。因此在高程大于155m的土质消落带土壤侵蚀异常剧烈，土壤侵蚀强度是蓄水前的30倍。长江干流消落带的侵蚀强烈，侵蚀监测断面土壤侵蚀强度最大达到169mm/a，最小土壤侵蚀强度为33mm/a。库湾消落带的侵蚀程度相对较轻，侵蚀监测断面上最大的土壤侵蚀强度为15mm/a，仅为干流消落带的9%，而最小土壤侵蚀强度为8mm/a。干流消落带9个监测断面的平均土壤侵蚀强度为71mm/a，而库湾3个监测断面平均土壤侵蚀强度仅为11mm/a，干流消落带是库湾土壤侵蚀强度的6.5倍。

土壤力学特性随水分变化显著，淹水后消落带土体急剧弱化。消落带土体年复一年地进行浸水、吸水饱和与风干等干湿循环的迅速转换过程，对土壤物理力学性质影响显著，主要表现在土体的软化和弱化作用。土壤抗剪强度随含水量增加呈指数下降趋势［图2.9-5（a)］，表明当水位上升时，坡面受到水的浸泡，土壤内摩擦角减小，土壤抗剪能力降低，易被冲刷剥离。此外，土壤紧实度与土壤体积含水量具有较显著的线性关系［图2.9-5（b)］，土壤紧实度随着土壤体积含水量的增加而降低。

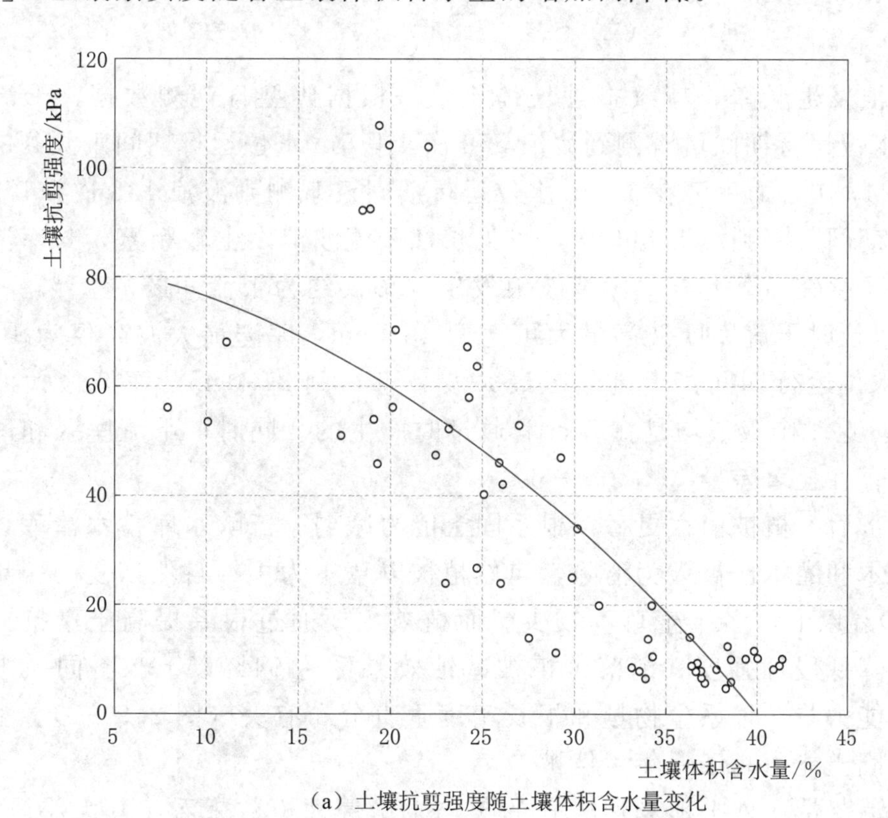

(a) 土壤抗剪强度随土壤体积含水量变化

图2.9-5（一）　消落带土壤土力学特性随含水量的变化

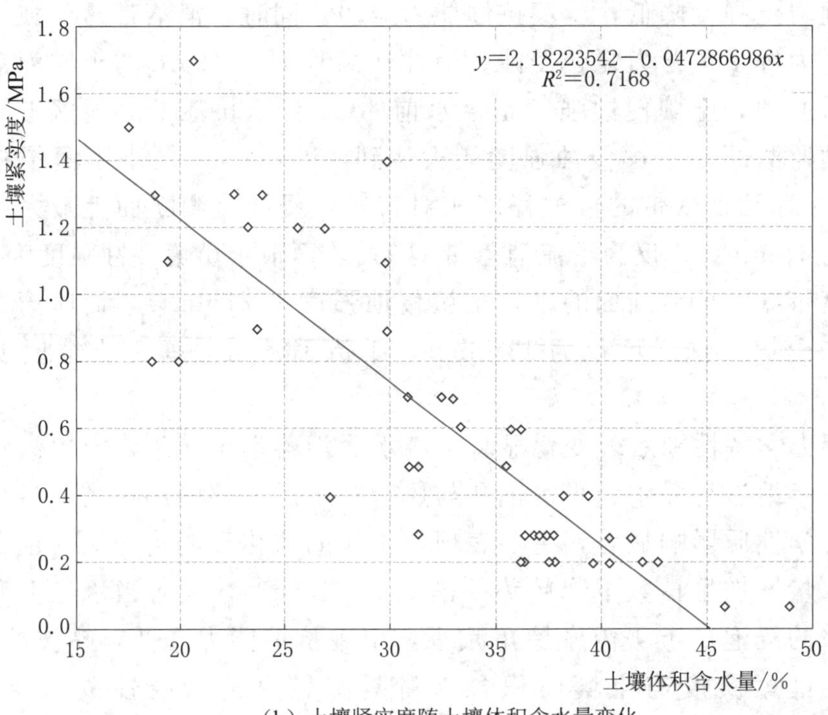

（b）土壤紧实度随土壤体积含水量变化

图 2.9-5（二）　消落带土壤土力学特性随含水量的变化

波浪发生频繁，持续掏蚀坡体土壤。根据典型日观测数据，干流库区145m水位运行期间可观测到波浪559次，175m水位运行期间观测到的波浪达到4247次，而库湾在145m水位运行期间仅观测到波浪138次，172m水位运行期间观测到波浪869次，可见长江干流波浪发生较频繁，与库湾波浪发生频率存在显著差异，库湾波浪发生频率仅约为干流库区的25%。此外，145m水位时干流库区波高最大可达到48.0cm，库湾最大波高仅为1.8cm；172m水位运行期间，干流库区最大波高可达到21.0cm，库湾最大波高为7.0cm。这4个极值均是在有行船通过时产生的。同时，干流库区和库湾波高极值存在显著差异（图2.9-6）。

蓄水后，植被消亡更替，根系固土能力减弱。三峡水库蓄水清库，消落带内乔木和灌木已被人为清除，自然植被以草本为主；自然恢复的一年生草本占70%以上，多年生草本较少。而植被主要通过根系提高土壤抗蚀、抗冲性来降低侵蚀强度，消落带植被减蚀效果可达54%以上。不同植被措施的固土能力与其根系生物量和根长密度垂直分布有关（图2.9-7），多年生植被的固土能力高于一年生植被。

从消落带5种土地利用方式的年均土壤侵蚀模数来看，其大小顺序为：传统耕作农田［94887t/(km^2·a)］>裸地［92423t/(km^2·a)］>穴播农田

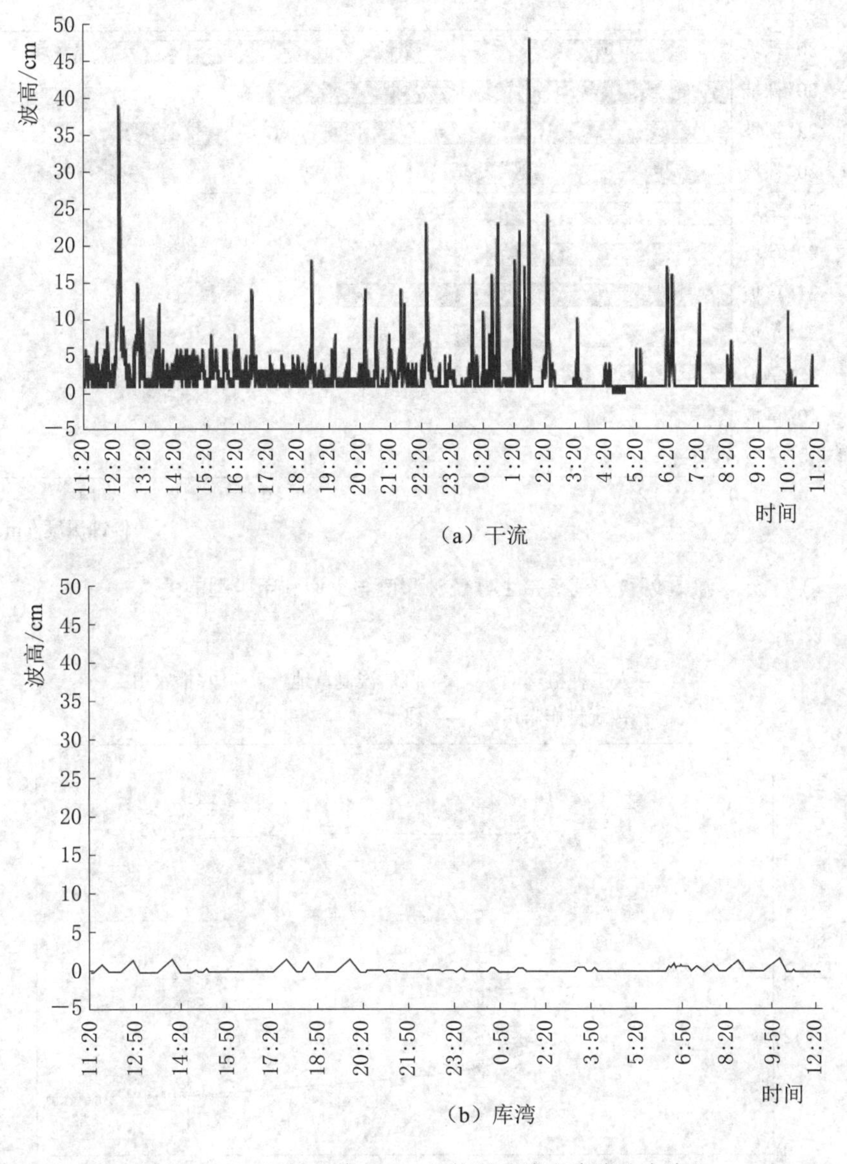

图 2.9-6　三峡水库 145m 水位时干流和库湾波高变化

[64670t/(km² · a)]＞自然恢复草地 [37794t/(km² · a)]＞人工种植草地 [21340t/(km² · a)]，可见草地恢复可有效降低土壤侵蚀速率（图 2.9-8）。人工种植草地和自然恢复草地较其对照分别减少了土壤侵蚀 74%和 55%。

二、影响评价结论

消落带土壤侵蚀形式包括涌浪侵蚀、降雨径流侵蚀、崩塌。涌浪侵蚀是未来较长时间内消落带库岸侵蚀的主要形式，在波浪长期侵蚀作用下容易产生崩塌，形成大小不一的崩塌体，且极易在水力作用下不断扩大。三峡水

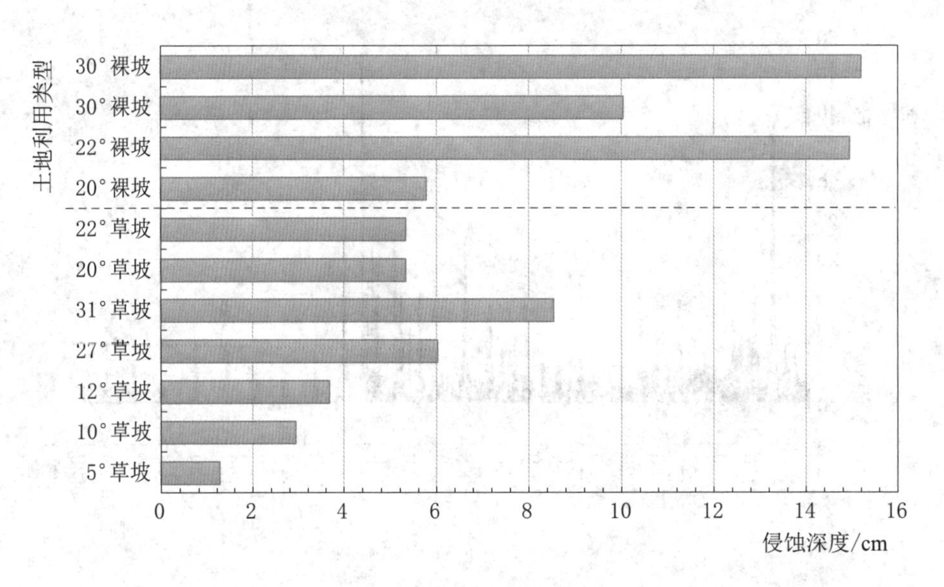

图 2.9-7　消落带土壤侵蚀深度与土地利用类型的关系

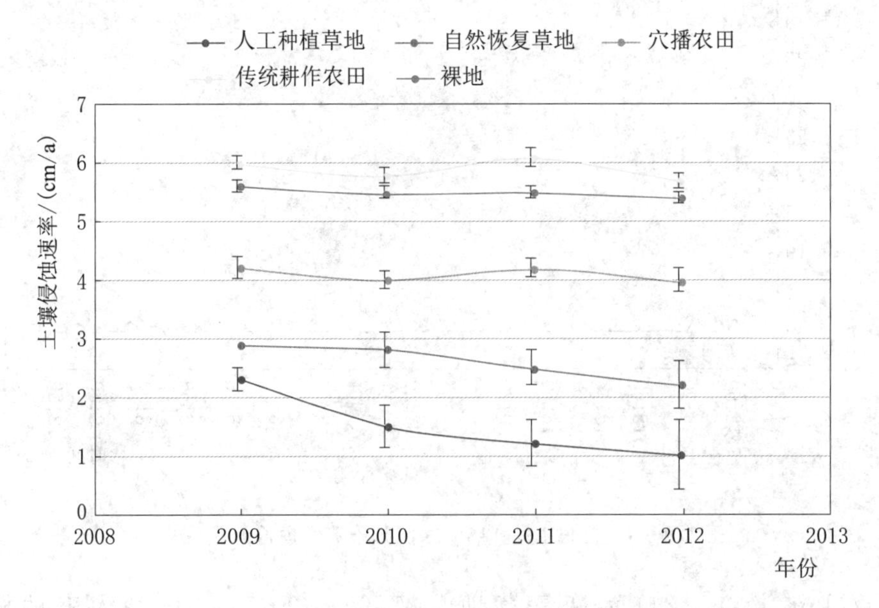

图 2.9-8　2009—2012 年不同土地利用方式下消落带土壤侵蚀速率的变化

库蓄水后土壤侵蚀强度加大，且干流消落带的侵蚀强度强于库湾消落带。通过对 9 个监测断面分析发现，其平均土壤侵蚀强度为 71mm/a，且库湾消落带的侵蚀程度较轻，3 个监测断面的平均土壤侵蚀强度仅为 11mm/a，而干流消落带的土壤侵蚀强度则为库湾的 6.5 倍。消落带区域不合理的季节性农业利用，也会因水库水位变化导致表土流失而形成面源污染，人工种植草地和自然恢复草地是减少土壤侵蚀的一种有效方式。

第四节　三峡工程建设对消落带农业利用的影响评估

三峡工程建成蓄水后，消落带分布于长江干流以及支流两岸。三峡库区消落带是特殊的土地资源，也是宝贵的土地资源，特别是在人多地少、耕地匮乏、农业经济占主导地位的三峡库区显得尤为重要。三峡库区夏季维持低水位露出较多肥沃的土地，加之雨热同期，一些农民自发地利用夏季裸露的消落带。这反映了两个问题：①利用夏季裸露的消落带，确实可以为农民带来额外的收益；②现有耕地不能满足农民的需要，即人地矛盾逐渐凸显。但是对于库区消落带的农业利用，将会加剧库区脆弱生态环境的恶化。开发利用的方向、结构、途径、程度、方式等对三峡水库的有效库容、使用寿命以及库区的社会经济发展、生态环境的稳定性有着至关重要的影响。因此，应高度重视库区消落带土地的开发利用问题。

一、建库前后农业利用变化动态

1. 三峡水库建设加深了库区人地矛盾的状况

水库淹没、移民搬迁、城镇迁建、道路建设等占用大量耕地，加上退耕还林，耕地将减少10%，在一定程度上将加剧土地不足和粮食需求的矛盾；2000年耕地由1418.7万亩降至1276万亩，粮食不足问题将更突出。如果根据水库淹没耕地、移民城镇迁建占地和人均粮食800斤计算，只需补偿约3.4亿斤粮食；但根据预测，到2000年库区人口将从1984年的1358万人增加到1563万人，增长幅度约为15%。按照人均粮食800斤计算，每年共需粮食125.04亿斤，相较于1984年的108.64亿斤增加了16.40亿斤；若增加对耕地的投入，每亩可能增产80～90斤，则库区可增产粮食11亿多斤。但到2000年仍约有10亿斤的粮食缺口。

2. 传统的农耕方式给三峡水库使用寿命以及水质带来了严重的威胁

以重庆地区为例，三峡库区是重庆市的主要农业区。农村人口众多，农业用地较多，农业经济是国民经济最重要的组成部分。因此，三峡库区消落带的土地利用现状是以农业用地为主，耕地分布最为广泛，约占总面积的39.0%，园地占5.2%，河滩地占26.4%，城镇等其他可利用的土地占29.1%，难利用的土地占0.3%。在农业耕作方式上，绝大多数是以传统的农耕方式为主，即采用可耕的方式进行耕作，而很少采用免耕的方式种植，这种不加规范和科学引导的农业利用，将会加剧库区脆弱生态环境的恶化（王勇等，2005），造成水土流失现象十分严重，给三峡水库使用寿命以及水质带来严重的威胁。

3. 三峡库区建设给农业经济作物种植带来了较大影响，其中以柑橘影响较为显著

三峡库区热量丰富，光照充足，雨量充沛，雨热同期，冬无严寒，特别是库区蓄水后，大水体的热效应可使冬季变暖，夏季变凉，更有利于多数柑橘品种的种植。库区海拔500m以下区域，年均温17.8～18.9℃，年日照时数1100～1650h，年降水量1000mm以上，与国内外大多数柑橘产区相比，具有得天独厚的优势。但是，三峡库区柑橘果园大都坡度大、土壤瘠薄、地形复杂、规模不大，尤其是万州以下西陵峡以上区县的园地更是如此。三峡库区蓄水后，柑橘果园相对集中成片，但是连片面积在0.67hm^2以上可供开发的土地并不多。虽然年降水量可满足柑橘生长之需，但是因为雨量分布不均，柑橘需要灌溉。在不少果园，水源不足甚至缺乏水源，需要投入人力物力从长江支流甚至长江提水。库区常有伏旱连着秋旱，有时还有春旱，灌溉不及时常会对柑橘的产量和品质造成较大影响。此外，三峡水库蓄水后，柑橘种植向高处转移，但是土壤性质发生了变化，农民们只好大量施用化肥，结果导致柑橘品质下降。

4. 三峡工程建设对农业耕种面积和类型的影响显著

1996—2007年的12年间，农业种植面积在2001年达到最大，约6200km^2，2003年，由于库区蓄水到139m和农业产业结构的调整，耕地面积和农作物总播种面积有较大幅度减少，后备宜农荒地资源不多，坡耕地的改造步伐加快；耕地复种指数高，农业生产仍以粮食作物为主，但经济作物的比例逐年上升；随着蓄水的进行，库区农田生态环境变化明显。

库区三区一县以粮为主的传统种植业大幅调减，水果（包括柑橘、苹果、梨、桃）、茶叶、中药材、水产、蔬菜等发展迅速。如：兴山县农业多经收入占种植业收入的66.7%；非农产业收入占农村经济总收入63.4%，畜牧、果茶、烤烟、药材、蔬菜五大特色产业收入占农业经济总收入的61.0%。库区栽培的经济林木主要有油桐林、乌柏林、桑树、茶树、核桃林、板栗林、油茶林、柑橘林、苹果林、龙眼林和半人工的漆树林等；农业以种植业为主，主要农副产品有稻谷、小麦、玉米、红薯、土豆、油菜、花生、芝麻、甘蔗、烟草、榨菜、汕桐、生漆、蚕桑、茶叶。

二、影响评价结论

（1）传统的农耕方式给三峡水库造成水土流失现象十分严重，给三峡水库使用寿命以及水质带来了严重的威胁。

（2）进一步优化较高海拔地带的土层较薄、土质较差的土壤，这些因素在受人为施加影响后会逐渐发生变化的，也就是说，在现有人力和物力条件下，土壤品质和肥力是可逐年得到改善的。

（3）三峡库区部分消落带季节性的有序农用尽管存在一定的风险，但只要科学规划、强化管理与引导，严格执行生态环境保护前提下的开发利用，是可行的。

第五节　三峡工程建设对消落带落淤污染的影响评估

三峡工程是世界上最大的水利枢纽。为了蓄清排浑延长水库寿命，三峡水库每年汛期（6—9月）将水位降至145m，放水排沙；汛期过后将水位升至175m，拦蓄清水。2010年三峡水库175m蓄水后，在水库周边形成了落差30m的水库消落带。随着水位变化，三峡库区消落带每年有大量土地处于季节性淹没状态和非淹没状态，此时其干湿交替的环境条件以及附近居民的耕作等因素都可能对三峡库区消落带的土壤生态环境及水环境产生各种影响。同时，三峡库区是我国重要的水源地，研究库区水陆交错带消落区域内土壤重金属污染程度并解析其来源，对改善水库的水环境和土壤环境具有重要意义。

一、建库前后落淤污染变化动态

1. 监测点设置及监测内容

2008年三峡水库175m蓄水后，对三峡库区消落带长江干流的11个监测点（图2.9-9）进行长期定点的监测分析。监测的内容主要包括土壤重金属及养分元素的特征及其动态变化。

2. 消落带土壤重金属的动态变化分析

重金属在土壤中积累不仅直接影响土壤理化性状、降低土壤生物活性、阻碍养分有效供应，而且通过食物链数十倍富集，通过多种途径直接或间接威胁人类健康（蔡立梅等，2008）。研究土壤重金属的含量、分析其来源并对污染进行治理，对保护人类健康、创造良好的生态环境具有重要意义。

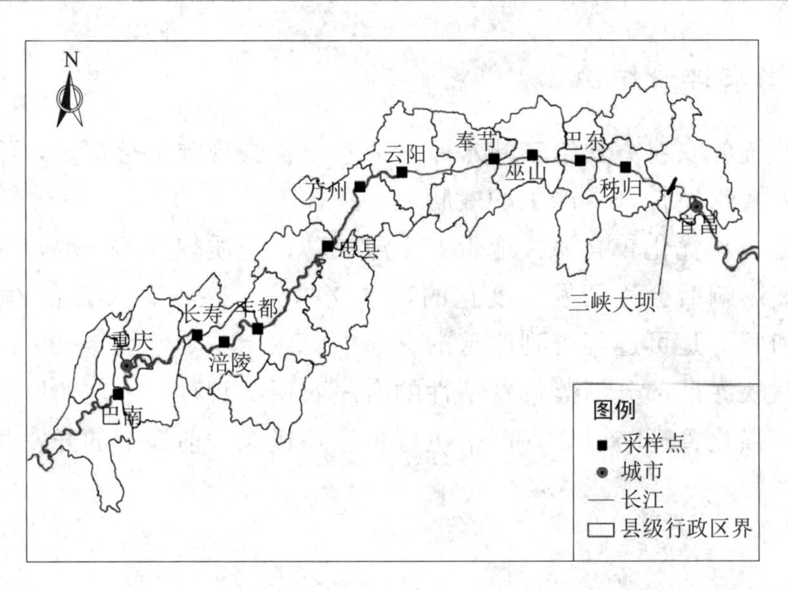

图 2.9-9 三峡水库消落带污染监测点分布

蓄水 135m 前，2002—2003 年土壤中重金属含量较低，完全满足农业生产需求。2002 年 5 月至 2003 年 5 月，通过采样监测得到土壤重金属含量（表 2.9-2）。

表 2.9-2 三峡库区消落带土壤重金属含量监测结果统计

区域	样品数	重金属含量/(mg/kg)						pH
		Cu	Pb	Zn	Cd	Hg	As	
巫山	19	28.0	37.5	75.8	0.380	0.034	7.28	8.05
奉节	10	22.4	43.4	78.2	0.309	0.035	11.7	7.83
云阳	20	22.0	25.8	83.9	0.144	0.063	11.1	8.09
万州	17	26.0	22.1	47.5	0.161	0.085	12.7	7.91
开县	18	14.9	18.7	71.3	0.116	0.082	8.81	8.08
丰都	11	28.5	14.6	67.5	0.114	0.204	8.47	8.09
忠县	12	22.0	18.1	55.2	0.081	0.062	10.9	7.88
石柱	7	10.7	35.6	60.1	0.107	0.051	5.92	7.25
涪陵	15	24.9	47.5	73.8	0.148	0.082	8.95	7.39
长寿	10	32.1	51.7	74.2	0.090	0.046	9.03	8.11
渝北	10	25.4	51.8	91.6	0.084	0.055	9.95	7.30
南岸	8	61.5	18.8	69.7	0.574	0.032	4.63	7.61
九龙坡	5	61.4	15.3	59.1	0.531	0.033	8.20	8.03
巴南	6	80.2	24.4	81.2	0.864	0.032	7.60	8.07
江津	5	75.9	22.7	93.3	0.765	0.040	7.11	7.97
江北	10	57.0	21.0	81.4	0.673	0.042	6.10	7.80

分析三峡库区淹没区16个区县的土壤重金属（Cu、Pb、Zn、Cd、Hg、As）含量的平均值发现，三峡库区消落带重金属含量较低，所监测的6项指标除Cu、Cd超过国家土壤环境质量一级标准达到二级标准外，Pb、Zn、Hg、As指标均值均低于国家土壤环境质量一级标准。总体上看，库区消落带土壤环境质量能够满足农业生产的需要，能够保证农作物正常生长、农业持续发展。但是蓄水后，大面积淹水将导致土壤物理、化学、生物学和矿物学性质的变化，这些变化将通过改变土壤组分的化学行为最终影响元素的活化和迁移，消落带的土壤重金属含量可能增加，需要进行蓄水后的继续观察。分析的16个区县中，开县、忠县土壤重金属处于安全状态，污染水平为清洁；云阳、万州、石柱土壤重金属处于警戒线以内，污染水平为尚清洁；巫山、奉节、丰都、涪陵、长寿、渝北、九龙坡土壤污染物超过背景值，视为轻度污染；南岸、江津、江北土壤重金属处于中度污染状态；巴南土壤重金属已经处于重度污染状态。空间分布格局上，三峡库区消落带土壤重金属分布呈库尾高、中间低而近坝端高的分布特点（黎莉莉等，2005）。

蓄水172m前，用地质累积指数法，以三峡库区土壤重金属背景值作为基准值，对整个三峡库区消落带68个土样的重金属污染进行评价，结果表明整个研究区不受Cr污染，70%以上土样不受Pb、Cu和Zn污染，As污染最严重，其次是Cd和Hg。要结合土壤重金属的来源，从根本上对土壤污染进行治理，改善整个库区的生态环境。Hakanson潜在生态危害指数法和地质累积指数法评价结果均显示三峡库区消落带土壤主要重金属污染元素为Cd、Hg和As，因此对该区土壤恢复治理时要加强这3种元素的治理。通过对三峡库区消落带12个采样区表层土壤重金属来源解析，把7种重金属分为2个类别："自然因子"类别元素（Cr、Pb、Cu、Zn）和"工业污染因子"类别元素（Hg、As、Cd）。

175m试验性蓄水后，2008—2011年三峡库区消落带土壤重金属中Hg、Cr和Cd呈现出先增加后减少的变化趋势，与2008年相比，全Cd减少最多，达44.5%；全Pb、全Cu和全Zn均呈现增加的趋势，与2008年相比，分别增加了68.5%、68.4%和41.9%；全As呈现减少的变化趋势，与2008年相比，减少了41.6%。

根据《土壤环境质量标准》（GB 15618—1995）一级标准对库区消落带土壤进行评价，可以得知库区土壤重金属Hg、As和Cr的含量均在一级标准值之下，而Cd、Pb、Cu和Zn的含量在2011年均超过一级标准值，同时将消落带土壤重金属平均含量与三峡库区土壤背景值相比，大部分重金属（除Cr外）含量均超过土壤背景值，说明三峡库区消落带土壤重金属含量受到人为活动的影响，蓄水后消落带土壤重金属中 Pb、Cu 和 Zn 含量呈富集的状态，污染加重。

通过对土壤重金属含量与土壤颗粒组成进行相关分析，发现土壤重金属含量与黏粒的含量呈显著正相关，因为黏粒含量较高，吸附的表面积增大，促进土壤对重金属含量的吸收。同时，蓄水后消落带土壤颗粒组成也发生了显著变化，其中黏粒含量显著增加，因此蓄水可以通过改变消落带土壤颗粒组成进而对土壤重金属含量产生影响。多元统计分析三峡库区消落带土壤重金属来源，发现 Pb、Cu 和 Zn 主要来自工业废水污染，蓄水时，排放的工业废水可以通过水体与消落带土壤进行物质交换，造成重金属的富集，因此要加强库区工业废水排放前的处理工作。

3. 消落带土壤养分的动态变化分析

2008—2011 年三峡库区消落带土壤全磷、全钾和有效磷呈现增加的趋势，与 2008 年相比，分别增加了 24.7%、68.0%和 544.1%；全氮、铵态氮和硝态氮则呈减少的趋势，与 2008 年相比，分别减少了 52.3%、68.8%和 37.1%。

淹水主要通过改变消落带植被群落结构和土壤性质（包括 pH、颗粒组成及氧化还原电位）对消落带土壤的养分产生影响。研究发现淹水后土壤的 pH 会增加，从而减少土壤中氮的可利用性，使得土壤中氮的含量减少。通过逐步回归分析发现淹水可以通过改变土壤的颗粒组成，进而对土壤养分含量产生影响。土壤的氧化还原条件可以影响土壤养分的可溶性和可利用性，淹水会降低土壤的氧化还原电位，从而增加土壤中磷的可利用性和有效磷的含量，因此消落带也被认为是磷的释放源。三峡水库蓄水后，由于淹水时间长以及反自然节律的水淹，使得消落带植被无法适应现在的生境而死亡，因此消落带存在大部分的“裸秃”地带。增加的“裸秃”地带会促进岩石的风化，而土壤中的钾主要来自岩石风化，因此淹水会增加土壤中钾的含量。周期性水淹会促进土壤微生物的反硝化作用，从而改变土壤中氮的含量。最后，周期性水淹会促进消落带土壤与上覆水间频繁的物质交换。研究表明，消落带土壤落干时会吸收地表径流中的氮，淹水时会通过与上覆水间的物质交换，向水体中释放氮，并且在落干时吸收的氮越多，在淹水时向水体中释放的氮也越多。

2010 年 4 月采样的研究结果发现，与其他区域土壤有机质（OM）和全氮（TN）含量的比较表明，库区消落带土壤 OM 和 TN 含量处于偏低水平，且与消落带的早期研究成果对比后发现，消落带土壤 OM 和 TN 含量随三峡水库运行而有所降低。OM 和 TN 是湿地土壤重要的组成部分，也是湿地生态系统十分重要的生态因子，其含量变化对湿地生态系统的生产力影响非常显著。OM含量是土壤肥力状况的重要指标，并为水体及土壤中的生物活动提供了能源和基质，在维持生物多样性方面起着至关重要的作用。氮素则是湿地生态系统中最重要的限制因素之一，也是水体富营养化的重要诱导因子，是一种湿地营养水平指示物，而消落带是淡水湿地的一种，具有类似湿地的生态环境特征。

研究区域内OM含量的统计分析结果表明，消落带土壤OM含量平均值为10.70mg/g±4.03mg/g，与对照带土壤OM含量相比，二者差异性不显著。库区消落带土壤碳氮比（C/N）为4.04～22.47，相比对照带的C/N较低，表明消落带土壤有机氮容易发生分解矿化生成无机氮，增加其在淹水过程中向上覆水体释放的潜力。干湿交替是影响消落带土壤OM和TN分布的重要因子（表2.9-3）。

表2.9-3　研究区域消落带OM、TN和C/N的统计结果

分析项目	采样区域	变化范围	平均值	标准差	变异系数
OM	对照样	1.80～23.09	10.32	5.95	57.7
	消落带样	3.89～18.14	10.70	4.03	37.7
TN	对照样	0.23～2.97	1.10	0.87	79.1
	消落带样	0.26～1.90	0.84	0.39	46.7
C/N	对照样	2.53～12.75	6.12	2.51	41.0
	消落带样	4.04～22.47	8.32	3.86	46.4

注　OM和TN的变化范围、平均值和标准差的单位均为mg/g；C/N无单位，变异系数为百分数；对照样$n=13$，消落带样$n=41$。

二、影响评价结论

（1）库区消落带土壤重金属中全Pb、全Cu和全Zn呈现富集的状态。这一方面与土壤的颗粒组成改变有关，尤其是土壤中粒径小的颗粒含量增加，提高了土壤的吸附作用；另一方面，Pb、Cu和Zn主要来自工业废水。

（2）库区消落带土壤中全磷、全钾和有效磷呈现增加的趋势，而全氮、铵态氮和硝态氮则呈减少的趋势。这主要与蓄水改变了消落带植被群落结构和土壤性质有关。落干时消落带土壤吸收的氮越多，在淹水时向库区水体中释放的氮越多。影响土壤养分含量的主要因素为土壤性质（包括pH、颗粒组成及氧化还原电位）。大量的生活污水和农业废水的排放，将会使消落带土壤在蓄水时向库区水体释放氮和磷，影响库区水质安全。

第六节　三峡工程建设对消落带病媒生物的影响评估

媒介生物性传染病的预防与控制，是当前公共卫生领域中的一个重大问题。随着全球变化、人类对生态环境的影响以及兴修大型水利工程等，局部地区暴发媒介生物性传染病的风险也随之增加。三峡工程作为我国最大的水利工程，水库季节性水位涨落使库区被淹没土地周期性出露于水面形成巨大的消落带。该区域地势平缓，冬季被淹，夏季暴露期间往往长出大量植被，或被农民临时开垦种植，因此，这些地区往往成为各种医学昆虫和鼠类的滋生场所。而当秋季水位上涨时，各类昆虫和鼠类则被迫向高海拔区域迁徙，有可能进入居民区，从而造成医学昆虫和鼠类的密度增高，或引发病媒生物相关的传染病。故而，掌握三峡库区蓄水前后病媒生物的生活规律和习性，保障三峡库区人民健康生活具有重要的意义。

一、建库前后病媒生物变化动态

1. 蓄水 135m 前后三峡库区消落带内病媒生物动态变化情况

根据2003年蓄水前后所做的三峡工程湖北段鼠类种群数量变动的调查（张令要等，2005），蓄水前库区鼠密度室内为4.07 %，室外为3.17 %；蓄水后库区鼠密度室内为3.17 %，室外为2.35 %。蓄水前后库区鼠密度未发生明显变化。

三峡库区万州段1997—2003年鼠类监测分析研究结果表明，室内的鼠密度有下降的趋势（$R^2=31.32$，$P<0.0001$），优势鼠种为褐家鼠和小家鼠。室外的鼠密度较室内为高（$R^2=55.05$，$P<0.0001$），而且鼠密度的波动较大，优势鼠种为四川短尾鼩、黑线姬鼠、褐家鼠、小家鼠（秦正积等，2006）。

另据监测（汪新丽，2006），三峡库区蓄水前室内、外鼠密度（3.1%、4.8%）高于蓄水后室内、外鼠密度（2.0%、2.2%）（室内：$R^2=864.54$，$P<0.01$；室外：$R^2=1749.90$，$P<0.01$，有显著性差异）。室内鼠种以褐家鼠和小家鼠为主，室外鼠种以食虫目小兽、褐家鼠、黑线姬鼠为主，鼠密度有所降低。

三峡库区蓄水后各种动物随水位升高而上迁，库区蓄水前的鼠密度在1%以下，蓄水后库区鼠、蚊密度维持在较低水平（表2.9-4）；三峡水库蓄水期间部分地方曾出现蛇、蜥蜴、鼠等动物上移情况，由于蓄水前采取了两次库区大面积灭鼠行动，鼠密度被控制在较低的水平，蓄水后135m以上区域的居民区和耕作区鼠密度并未出现大幅度上升现象（曹闻等，2011）。

表 2.9-4　　库区蓄水前后的鼠密度

布夹时间	室内			室外		
	布夹数/个	捕鼠数/只	鼠密度/%	布夹数/个	捕鼠数/只	鼠密度/%
蓄水前（2002 年）	909	37	4.07	1198	38	3.17
蓄水前（2003 年）	1556	12	0.77	943	7	0.74
蓄水后（2003 年）	596	4	0.67	440	1	0.23
蓄水后（2004 年）	1198	38	3.17	1275	30	2.35

蓄水前后（2003 年为界）三峡库区各区县鼠密度有很大变化，蓄水前（2000—2002 年）库区平均鼠密度为 2.986%，鼠密度较高的 5 个区县为长寿（5.330%）、渝北（5.207%）、重庆主城区（4.843%）、巴南（4.667%）、涪陵（4.647%）；蓄水后（2006—2008 年）库区平均鼠密度为 1.661%，鼠密度较高的 5 个区县为渝北（2.691%）、巴南（2.590%）、重庆主城区（2.559%）、长寿（2.502%）、江津（2.498%）。蓄水前后库区鼠密度的巨大差异，与水库蓄水、灭鼠及库底清理有关。蓄水后三峡库区鼠密度大幅下降，但是其空间分布形式并没有太大变化，鼠密度较高区域仍然为库尾几个区县，库腹区域次之，库首区域最低（任周鹏，2011）。

2. 蓄水 156m 前后三峡库区消落带内病媒生物动态变化情况

2007 年 5 月和 9 月对三峡坝区进行两次现场流行病学调查。全年共布夹 2914 夹夜，共捕鼠 317 只，总鼠密度为 10.88%。其中 5 月共布夹 1445 夹夜，共捕鼠 145 只，鼠密度为 10.03%；9 月共布夹 1469 夹夜，共捕鼠 172 只，鼠密度为 11.71%；两者差异无统计学意义（$R^2=2.11$，$P=0.147$）。全年室内、野外的鼠密度分别为 16.70%和 5.12%，两者差异有统计学意义（$R^2=100.79$，$P<0.001$）。全年三峡坝区上游鼠密度为 13.06%，坝区下游鼠密度为 10.51%，两者差异有统计学意义（$R^2=8.21$，$P<0.05$）。

三峡坝区三期蓄水期间鼠密度有了较快的增长，同三峡工程建设过程的历年鼠密度相比，增幅较大。鼠群流行性出血热病毒的带毒率也有了一定程度的增长。根据全年两次现场流行病学调查结果可知，随着三峡坝区鼠密度及其带毒率的升高，流行性出血热将对坝区人群的健康构成威胁（何盼，2008）。

三峡库区蓄水前后湖北宜昌段库区鼠密度和鼠类种群的变化：蓄水前鼠密度呈现下降趋势，室内从 1997 年的 7.14%下降到 2002 年的 0.33%，室外从 1997 年的 1.74%下降到 2002 年的 0.84%；蓄水后鼠密度呈上升趋势，室内鼠密度从 2003 年的 0.68%上升到 2008 年的 5.51%，室外鼠密度从 2003 年的

0.22%上升到2008年的0.97%，室内鼠密度均高于室外鼠密度（表2.9-5）。三峡库区宜昌段蓄水前后室内、外鼠密度变化明显，蓄水前室内外鼠密度呈下降趋势，而蓄水后呈明显上升趋势（杨小兵等，2010）。

表2.9-5　　1997—2008年三峡库区湖北宜昌段监测点鼠种构成

生境	年份	有效夹数	捕鼠数	鼠种构成/%						
				褐家鼠	小家鼠	黄胸鼠	黑线姬鼠	黄毛鼠	食虫目	其他
室内	1997	1289	92	71.74	26.09	1.09	0.00	0.00	0.00	1.09
	1998	1655	76	61.84	19.74	18.42	0.00	0.00	0.00	0.00
	1999	1125	78	83.33	14.10	2.56	0.00	0.00	0.00	0.00
	2000	279	16	93.75	0.00	0.00	0.00	0.00	0.00	6.25
	2001	1732	54	61.11	18.52	0.00	0.00	0.00	18.52	1.85
	2002	608	2	0.00	0.00	0.00	0.00	100.00	0.00	0.00
	2003	1172	8	50.00	50.00	0.00	0.00	0.00	0.00	0.00
	2004	1330	17	52.94	0.00	29.41	0.00	17.65	0.00	0.00
	2005	1166	14	78.57	7.14	14.29	0.00	0.00	0.00	0.00
	2006	802	33	33.33	54.55	6.06	0.00	0.00	0.00	6.06
	2007	478	23	47.83	0.00	21.74	30.43	0.00	0.00	0.00
	2008	1108	61	3.28	13.11	83.61	0.00	0.00	0.00	0.00
室外	1997	344	6	16.67	0.00	0.00	0.00	0.00	0.00	66.67
	1998	187	3	0.00	0.00	0.00	0.00	0.00	0.00	100.00
	1999	476	8	0.00	0.00	0.00	0.00	0.00	0.00	100.00
	2000	1510	39	2.6	0.00	0.00	0.00	58.97	0.00	38.46
	2001	1027	8	0.00	0.00	0.00	0.00	75.00	0.00	25.00
	2002	1430	12	58.33	41.67	0.00	0.00	0.00	0.00	0.00
	2003	898	2	0.00	0.00	0.00	100.00	0.00	0.00	0.00
	2004	544	12	0.00	0.00	0.00	16.67	25.00	0.00	58.33
	2005	859	6	0.00	0.00	0.00	66.67	0.00	0.00	33.33
	2006	1162	11	0.00	0.00	9.09	63.64	0.00	0.00	27.27
	2007	1462	40	0.00	0.00	10.00	60.00	15.00	0.00	15.00
	2008	3508	34	2.94	23.53	41.18	17.65	0.00	0.00	14.71

3. 蓄水175m前后三峡库区消落带内病媒生物变化情况

长江三峡工程完全建成后，冬季蓄水发电水位为175m，夏季防洪水位降至145m，其间30m水位落差暴露出的土地均属于消落带部分。由于三峡水库的消落面积大，被水体反复浸泡，消落带的生态学和公共卫生学意义已经为许多学者所关注（王宏等，2005；胡波等，2010）。在公共卫生方面，消落带造成的元素性疾病、水源性传染病以及病媒生物相关传染病都备受关注（李培龙等，2009）。

（1）鼠类监测结果及分析。蓄水175m前后，于2010年在三峡库区上游、中游、下游选择9个典型消落区域作为监测点。分别于退水后的6月和蓄水前的9月进行监测（刘京利等，2012）。结果表明在6—7月蓄水前，在4个监测点共布放鼠夹1394个，捕获小型兽类31只，密度为2.22%；主要种类及构成为黑线姬鼠（80.65%）、黄胸鼠（6.45%）、四川短尾鼩（9.68%）、褐家鼠（3.22%）。9—10月，共布放鼠夹891个，捕获小型兽类11只，密度为1.23%；主要种类及构成为黑线姬鼠（9.09%）、黄胸鼠（45.46%）、四川短尾鼩（18.18%）、褐家鼠（18.18%）和长尾巨鼠（9.09%）。退水后（6月）的密度要高于蓄水前（9月），黑线姬鼠为优势种。在消落带范围内，存在多种鼠类，种群结构与迁移有季节性的变化（表2.9-6）。

表2.9-6　三峡水库蓄水175m前后鼠类情况

监测点	时间	有效夹数	捕鼠数/只						鼠密度/%
			褐家鼠	黑线姬鼠	四川短尾鼩	黄胸鼠	长尾巨鼠	合计	
巴南区	6月	189	1	4	3	0	0	8	4.23
	10月	192	0	1	2	0	0	3	1.56
忠县	7月	296	0	9	0	0	0	9	3.04
	10月	99	1	0	0	2	1	4	4.04
开县	6月	600	0	9	0	2	0	11	1.83
	9月	300	1	0	0	3	0	4	1.33
秭归县	7月	300	0	3	0	0	0	3	1.00
	8月	300	0	0	0	0	0	0	0
小计	6—7月	1385	1	25	3	2	0	31	2.24
	9—10月	891	2	1	2	5	1	11	1.23
合计		2276	3	26	5	7	1	42	1.85

（2）蓄水175m前后2010—2012年鼠类变化动态。

1）2010—2012年三峡水库消落带监测点的总体鼠密度处于相对低的水平，呈现逐年下降趋势，但部分监测点鼠密度有上下波动现象（图2.9-10、表2.9-7）。

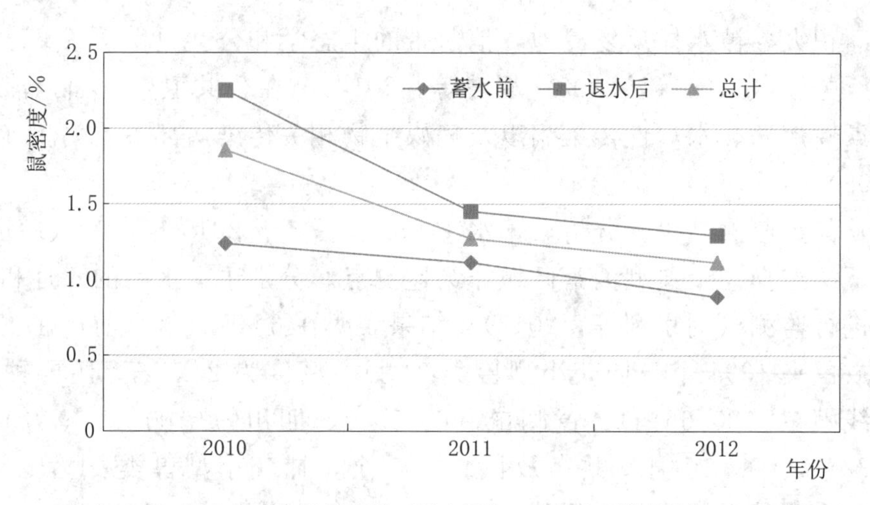

图 2.9-10　蓄水前后的鼠类密度（退水后为 5—6 月，蓄水前为 9—10 月）

表 2.9-7　三峡库区消落带生物媒介监测鼠密度　%

监测点	时间	2010 年	2011 年	2012 年	2011 年环比	2012 年环比
巴南	退水后	4.23	5.00	4.28	18.20	−14.40
	蓄水前	1.56	3.33	2.60	113.46	−21.92
	平均	2.89	4.17	3.43	44.29	−17.75
忠县	退水后	3.04	1.07	1.69	−64.80	57.94
	蓄水前	4.04	0.70	2.04	−82.67	191.43
	平均	3.29	0.88	1.78	−73.25	102.27
开县	退水后	1.83	0	0	−100.00	
	蓄水前	1.33	0	0	−100.00	
	平均	1.67	0	0	−100.00	
秭归	退水后	1.00	0.03	0.03	−97.00	0.00
	蓄水前	0	0	0.03		
	平均	0.50	0.02	0.03	−96.00	50.00
合计	退水后	2.24	1.45	1.29	−35.27	−11.03
	蓄水前	1.23	1.23	0.89	0.00	−27.64
	平均	1.85	1.30	1.11	−29.73	−14.62

2）开县、忠县、巴南消落带的鼠类密度高于秭归，种类较多，主要与这 3 个地区较秭归监测样地的生境多样，且便于人群活动等因素有关。

3）捕到的鼠形动物有黑线姬鼠、黄胸鼠、短尾鼩、褐家鼠和长尾巨鼠；以黑线姬鼠最多（62%），其次为黄胸鼠（17%）、短尾鼩（12%）。消落带中大面积的荒草滩，为黑线姬鼠的滋生场所；黑线姬鼠在不同类型的消落带中都有捕获，而且密度比较高。由于黑线姬鼠是流行性出血热的主要宿主动物，因此，要对该鼠种的密度变化予以关注，防止蓄水时其进入175m以上区域的民居周围传播疾病。黄胸鼠是南方家鼠鼠疫宿主，且在蓄水前高海拔处比例相对较高，值得关注。

(3) 蚊类监测结果及分析。

1) 退水后监测中成蚊及幼蚊均有发现，且在巴南密度值较高。

2) 蓄水前蚊密度较退水后呈现上升趋势（图2.9-11）。蚊虫具有滋生广泛、生活周期短、繁殖快等特点，在温湿度适宜条件下很快会有蚊虫滋生，消落带的生态环境正好为其发生提供了良好滋生条件，因而在退水后很快有蚊出现，并具有一定密度。但退水后与蓄水前监测的蚊密度差异无统计学意义，需要继续监测，掌握其分布规律。

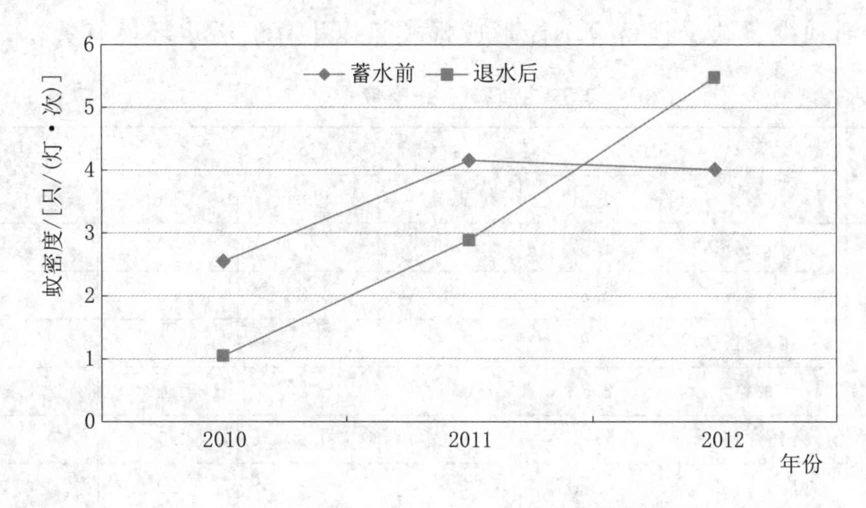

图2.9-11 蓄水前后的蚊密度（退水后为5—6月，蓄水前为9—10月）

3) 退水后、蓄水前各监测点均以海拔165～175m的蚊密度最高，对人群可能有一定影响。

4) 消落带蚊虫种群构成中三带喙库蚊（22%）是主要优势蚊种，其次是中华按蚊（17%）和致倦库蚊（17%）、骚扰阿蚊（7%）。三带喙库蚊偏好清洁或稍污染、静止或半流动的水体，在水位较低、水质清洁、漂浮植物丛生的水域，如水田、池塘、沼泽、水坑、洼地、山溪、积水、灌溉沟渠等中常见（陆宝麟，1997）。库区消落带的生态环境包含沼泽地，有部分水田，水质清洁，几乎无污染，故成为三带喙库蚊偏好的生境，其构成占很大比例。

中华按蚊滋生于阳光充足、水质较污、水温较暖、面积较广而静止的水中，主要滋生于稻田、秧田、苇塘、灌溉沟等。其最适宜生长水温在28℃左右。从消落带的生态环境看，水田和灌溉沟渠有一定数量中华按蚊，但缺少大型静止积水；中华按蚊偏嗜牛血、人血，消落带一般缺少牲畜，人为活动较少，因而中华按蚊的构成具有一定的比例，但低于三带喙库蚊。

三带喙库蚊是乙脑的主要传播媒介。中华按蚊是疟疾的主要传播媒介，在消落带应继续加强监测，了解其分布，在蚊密度增高的时候及时采取控制措施。

(4) 蝇类监测结果及分析。

1) 在三峡消落带范围内，存在着多种蝇类，均处于低密度水平（表2.9-8）。在蝇类种群构成中，棕尾别麻蝇（51%）为优势蝇种，然后依次是市蝇（27%）、家蝇（11%）、丝光绿蝇（8%）；同时发现了伏蝇、铜绿蝇和夏厕蝇的分布。

2) 库区消落带的蝇密度值（0.00～3.67只/笼）处于低密度水平；与消落带人为活动少、缺少牲畜等不能形成蝇类赖以生存的滋生环境有关。

表2.9-8　　2010年三峡消落带蝇密度监测结果

时间	高程/m	蝇密度/(只/笼)				平均密度/(只/笼)
		开县	忠县	巴南	归州	
退水后	145～155	1.67	0.00	—	0.00	0.42
	155～165	3.67	0.33	0.33	0.00	1.08
	165～175	1.67	0.33	0.33	0.00	0.58
	平均	2.33	0.22	0.22	0.00	0.69
蓄水前	145～155	1.67	—	0.00	0.00	0.42
	155～165	0.33	—	0.33	0.00	0.17
	165～175	0.33	0.67	0.33	1.67	0.75
	平均	0.78	0.22	0.22	0.56	0.45

(5) 钉螺监测结果及分析。此次钉螺监测，未发现钉螺。相关研究证实，三峡水库建成后，生态环境发生变化，库区已形成钉螺适宜滋生地，且其上游（四川）、中下游（宜昌、荆州）都是血吸虫病流行区，因此还需继续加强监测。

二、影响评价结论

(1) 三峡库区2007年蓄水至156m期间鼠密度有了较快的增长，同三峡工程建设过程的历年相比，增幅较大。

(2) 2008—2012年三峡水库试验性蓄水期间，未发现因蓄水引起消落带以及周边居民区的病媒生物密度的异常升高，在库周居民中也未发生病媒生物传播的疾病流行。

（3）消落带仍存在一定数量的能传播疾病的鼠类，且退水后库周居民在部分消落带的农耕等活动较为频繁，因此会增加人群感染的机会，可能对健康构成潜在威胁。

（4）消落带内蚊密度在退水后呈现增高的趋势，退水后、蓄水前各监测点均以高程 165～175m 的蚊密度最高，可能对在消落带活动的人群有一定影响。

（5）消落带监测点内未发现血吸虫中间宿主——钉螺的滋生，蝇密度较低，且因消落带一般无大牲畜的活动，因此蝇类对人类的危害性较小。

参 考 文 献

艾丽皎，2013. 南川柳对三峡消落带干湿交替环境的生理生态响应研究［D］. 南京：南京林业大学.

白宝伟，王海洋，李先源，等，2005. 三峡库区淹没区与自然消落区现存植被的比较［J］. 西南农业大学学报（自然科学版），27（5）：684－691.

蔡立梅，马瑾，周永章，等，2008. 东莞市农业土壤重金属的空间分布特征及来源解析［J］. 环境科学（12）：3496－3502.

蔡其华，2011. 三峡工程防洪与调度［J］. 中国工程科学，13（7）：15－20.

曹巧丽，黄钰玲，陈明曦，2008. 水动力条件下蓝藻水华生消的模拟实验研究与探讨［J］. 人民珠江（4）：8－10，13.

曹闻，邓旺球，王庆芬，等，2011. 长江三峡水库蓄水后坝区重点人畜共患病监测结果分析［J］. 中华疾病控制杂志，15（1）：56－58.

长江水利委员会长江科学院，中国水电工程顾问集团有限公司，2014. 长江三峡水利枢纽工程竣工环境保护验收水土流失调查专题报告［R］：121－163.

陈宝麟，1997. 蚊虫防治方法选择的思考［J］. 中国媒介生物学及控制杂志，8（6）：485－489.

陈吉余，徐海根，1995. 三峡工程对长江河口的影响［J］. 长江流域资源与环境，4（3）：242－246.

陈伟烈，汪明喜，赵堂明，等，2008. 三峡库区谷地的植物与植被［M］. 北京：中国水利水电出版社.

程辉，吴胜军，王小晓，等，2015. 三峡库区生态环境效应研究进展［J］. 中国生态农业学报，23（2）：127－140.

程瑞梅，肖文发，蒋有绪，1998. 三峡库区植物多样性特点及其保护对策［J］. 环境与开发，13（3）：19－21.

程瑞梅，肖文发，李建文，2005. 长江三峡库区草丛群落多样性的研究［J］. 山地学报，23（4）：502－506.

程瑞梅，肖文发，李新新，等，2004. 三峡库区柏木林研究［J］. 林业科学研究，17（3）：382－386.

邓伟，2014. GIS 支持下的三峡库区生态空间研究 [D]. 重庆：重庆大学.

董克斌，2010. 河道型水库中流速对水华影响研究——藻类生长研究 [D]. 重庆：重庆大学.

董哲仁，孙东亚，赵进勇，2007. 水库多目标生态调度 [J]. 水利水电技术（1）：28-32.

杜榕桓，史德明，袁建模，等，1994. 长江三峡库区水土流失对生态与环境的影响 [M]. 北京：科学出版社.

范建容，刘飞，郭芬芬，等，2011. 基于遥感技术的三峡库区土壤侵蚀量评估及影响因子分析 [J]. 山地学报，29（3）：306-311.

范小华，2006. 三峡库区河岸带复合生态系统研究 [D]. 重庆：西南大学.

高龙，邓爱青，谭维红，2006. 三峡库区外来入侵有害生物的防控及生态安全 [J]. 中国农业科技（9）：13.

郭宏忠，于亚莉，2010. 重庆三峡库区水土流失动态变化与防治对策 [J]. 中国水土保持（4）：58-59.

郭文献，王鸿翔，徐建新，等，2011. 三峡水库对下游重要鱼类产卵期生态水文情势影响研究 [J]. 水力发电学报，30（3）：22-26，38.

郭文献，夏自强，王远坤，等，2009. 三峡水库生态调度目标研究 [J]. 水科学进展，20（4）：554-559.

国家环境保护总局，1992. 长江三峡工程生态与环境监测报告（1992）[R]. 北京：国家环境保护总局.

国家环境保护总局，2002. 长江三峡工程生态与环境监测报告（2002）[R]. 北京：国家环境保护总局.

郝弟，张淑荣，丁爱中，等，2012. 河流生态系统服务功能研究进展 [J]. 南水北调与水利科技，10（1）：106-111.

何丙辉，2003. 重庆市三峡库区土壤侵蚀分级分类标准的探讨 [J]. 水土保持研究，10（4）：63-65.

何盼，2008. 三期蓄水期间三峡坝区鼠类种群数量变动及其带毒状况的调查 [D]. 武汉：华中科技大学.

何伟，2004. 浅析三峡工程对航运的影响 [J]. 中国水运（理论版），2（4）：153-154.

胡波，张平仓，任红玉，等，2010. 三峡库区消落带植被生态学特征分析 [J]. 长江科学院院报，27（11）：81-85.

黄先智，沈以红，蒋贵兵，等，2013. 三峡库区消落带桑树种植及资源利用调查 [J]. 蚕业科学，39（6）：1193-1197.

黄真理，2001. 三峡工程中的生物多样性保护［J］. 生物多样性，9（4）：472－481.
焦世珺，2007. 三峡库区低流速河段流速对藻类生长的影响［D］. 重庆：西南大学.
黎莉莉，张晟，刘景红，等，2005. 三峡库区消落区土壤重金属污染调查与评价［J］. 水土保持学报（4）：127－130.
李芬，孙然好，杨丽蓉，等，2010. 基于供需平衡的北京地区水生态服务功能评价［J］. 应用生态学报，21（5）：1146－1152.
李培龙，张静，杨维中，2009. 大型水库建设影响人群健康的潜在危险因素分析［J］. 疾病监测，24（2）：137－140.
李巧燕，王襄平，2013. 长江三峡库区物种多样性的垂直分布格局：气候、几何限制、面积及地形异质性的影响［J］. 生物多样性，21（2）：141－152.
李素琼，敖大光，2000. 海平面上升与珠江口咸潮变化［J］. 人民珠江（6）：42－44.
李孝坤，2005. 重庆三峡库区水环境研究［J］. 地域研究与开发，24（4）：109－112.
李秀清，1999. 三峡工程淹没区文物保护及旅游协调发展［J］. 长江流域资源与环境，8（1）：30－37.
李旭光，2004. 长江三峡库区生物多样性现状及保护对策［J］. 中国发展（4）：17－22.
李月臣，刘春霞，赵纯勇，等，2008. 三峡库区重庆段水土流失的时空格局特征［J］. 地理学报，63（5）：475－486.
联合国环境规划署（UNEP），2007. 全球环境展望年鉴［M］. 北京：中国环境科学出版社.
廖文根，2013. 长江生态保护，困境中的博弈［J］. 中国三峡（1）：30－34.
林英华，苏化龙，马强，等，2003. 三峡库区珍稀濒危陆生脊椎动物现状及其保护对策［J］. 林业科学，39（6）：100－109.
刘德富，黄钰铃，纪道斌，等，2013. 三峡水库支流水华与生态调度［M］. 北京：中国水利水电出版社.
刘京利，鲁亮，郭玉红，等，2012. 2010 年长江三峡库区消落带小型兽类监测［J］. 疾病监测，27（6）：456－458，484.
刘某承，李文华，2009. 基于净初级生产力的中国生态足迹均衡因子测算［J］. 自然资源学报，24（9）：1550－1559.
刘少英，冉江洪，林强，等，2002. 重庆库区陆生脊椎动物多样性［J］. 四川林业科技，2002，23（4）：1-8.

刘云峰，刘正学，2006. 三峡水库涨落带植被重建模式初探［J］. 重庆三峡学院学报（3）：4-7.

龙勇，2013. 东洞庭湖湿地植被及其生物量研究与三峡工程影响分析［D］. 长沙：湖南大学.

鲁春霞，谢高地，成升魁，2001. 河流生态系统的休闲娱乐功能及其价值评估［J］. 资源科学，23（5）：77-81.

陆宝麟，1997. 蚊虫防治方法选择的思考［J］. 中国媒介生物学及控制杂志，8（6）：1-5.

骆辉煌，2013. 中华鲟繁殖的关键环境因子及适宜性研究［D］. 北京：中国水利水电科学研究院.

莫创荣，李霞，陈新庚，等，2005. 水电开发对河流生态系统服务功能影响的价值评估方法与案例研究［J］. 中山大学学报（自然科学版），4（S2）：250-253.

牟新利，郭佳，刘少达，等，2013. 三峡库区农林土壤重金属形态分布与污染评价［J］. 江苏农业科学，41（9）：314-317.

欧阳志云，赵同谦，王效科，等，2004. 水生态服务功能分析及其间接价值评价［J］. 生态学报，24（10）：2091-2099.

欧阳志云，郑华，高吉喜，等，2009. 区域生态环境质量评价与生态功能区划［M］. 北京：中国环境出版社.

潘家铮，2004. 三峡工程从根本上改变了川江航运面貌［J］. 中国三峡建设（4）10-12，67.

潘明祥，2011. 三峡水库生态调度目标研究［D］. 上海：东华大学.

彭期冬，廖文根，李翀，等，2012. 三峡工程蓄水以来对长江中游四大家鱼自然繁殖影响研究［J］. 四川大学学报（工程科学版），44（S2）：228-232.

秦正积，张菊英，万时学，等，2006. 三峡库区万州段1997～2003年鼠表监测分析［J］. 现代预防医学（12）：2281-2282，2286.

任周鹏，2011. 三峡库区蓄水前后鼠密度空间分布统计推断［D］. 长春：东北师范大学.

沈国舫，2010. 三峡工程对生态和环境的影响［J］. 科学中国人（S1）：48-53.

苏化龙，林英华，张旭，等，2001. 三峡库区鸟类区系及类群多样性［J］. 动物学研究（3）：191-199.

谭培论，汪红英，2004. 三峡工程对改善长江口咸潮入侵情势的分析［J］. 中国三峡建设（5）：29-31，75.

唐建华，赵升伟，刘玮祎，等，2011. 三峡水库对长江河口北支咸潮倒灌影响

探讨 [J]. 水科学进展，22 (4)：554-560.

滕明君，曾立雄，肖文发，等，2014. 长江三峡库区生态环境变化遥感研究进展 [J]. 应用生态学报，25 (12)：3683-3693.

田自强，陈伟烈，赵常明，等，2007. 长江三峡淹没区与移民安置区植物多样性及其保护策略 [J]. 生态学报，27 (8)：3110-3118.

童广勤，余祖湛，钟言，2011. 三峡水库蓄水后地质灾害活跃性强度指数研究 [J]. 人民长江，42 (22)：23-26.

汪新丽，2006. 三峡工程的兴建对库区人群健康的影响及防控对策 [C] //中华预防医学会，预防医学学科发展蓝皮书 (2006 卷)：204-208.

王超俊，张鸣冬，1994. 三峡水库调度运行对长江口咸潮入侵的影响分析 [J]. 人民长江 (4)：44-48，63.

王海峰，曾波，李娅，等，2008. 长期完全水淹对 4 种三峡库区岸生植物存活及恢复生长的影响 [J]. 植物生态学报，32 (5)：977-984.

王海峰，曾波，乔普，等，2008. 长期水淹条件下香根草 (*Vetiveria zizanioides*)、菖蒲 (*Acorus calamus*) 和空心莲子草 (*Alternanthera philoxeroides*) 的存活及生长响应 [J]. 生态学报，28 (6)：2571-2580.

王宏，刘达伟，汪洋，等，2005. 三峡库区中学生生活质量及其影响因素的定性研究 [J]. 现代预防医学 (2)：102-104.

王华，逄勇，2008. 藻类生长的水动力学因素影响与数值仿真 [J]. 环境科学 (4)：884-889.

王晖，廖炜，陈峰云，等，2007. 长江三峡库区水土流失现状及治理对策探讨 [J]. 人民长江 (8)：34-36，50.

王建慧，2012. 流速对藻类生长影响试验及应用研究 [D]. 北京：清华大学.

王建柱，2006. 三峡大坝的修建对库区动物的影响 [D]. 北京：中国科学院研究生院 (植物研究所).

王强，刘红，张跃伟，等，2012. 三峡水库蓄水后典型消落带植物群落时空动态——以开县白夹溪为例 [J]. 重庆师范大学学报 (自然科学版)，29 (3)：66-69.

王强，袁兴中，刘红，等，2011. 三峡水库初期蓄水对消落带植被及物种多样性的影响 [J]. 自然资源学报，26 (10)：1680-1692.

王顺克，2000. 三峡库区生态经济复合产业带的构建 [J]. 重庆商学院学报 (6)：25-28.

王晓青，2012. 三峡库区澎溪河 (小江) 富营养化及水动力水质耦合模型研究 [D]. 重庆：重庆大学.

王晓阳，2011. 三峡库区小江流域消落带土壤重金属环境质量评价［D］. 重庆：西南大学.

王勇，刘义飞，刘松柏，等，2005. 三峡库区消涨带植被重建［J］. 植物学通报，22（5）：513－522.

王勇，刘义飞，刘松柏，等，2006. 三峡库区消涨带特有濒危植物丰都车前 *Plantago fengdouensis* 的迁地保护［J］. 武汉植物学研究（6）：574－578.

王勇，吴金清，黄宏文，等，2004. 三峡库区消涨带植物群落的数量分析［J］. 武汉植物学研究（4）：307－314.

王正文，邢福，祝廷成，等，2002. 松嫩平原羊草草地植物功能群组成及多样性特征对水淹干扰的响应［J］. 植物生态学报（6）：708－716.

魏国良，崔保山，董世魁，等，2008. 水电开发对河流生态系统服务功能的影响——以澜沧江漫湾水电工程为例［J］. 环境科学学报，28（2）：235－242.

吴金清，赵子恩，金义兴，等，1998. 三峡库区湖北段川明参的生境特征及保护对策［J］. 长江流域资源与环境，7（1）：38－42.

吴金清，赵子恩，金义兴，等，1998. 三峡库区特有植物疏花水柏枝的调查研究［J］. 武汉植物学研究，16（2）：111－116.

吴晓辉，李其军，2010. 水动力条件对藻类影响的研究进展［J］. 生态环境学报，19（7）：1732－1738.

吴勇前，覃朝富，2003. 长江三峡库区水土保持监督管理的问题与建议［J］. 水土保持通报（1）：60－61.

肖笃宁，1992. 美国环境监测和评价项目中的生态指标研究［J］. 资源生态环境网络研究动态，3（1）：22－27.

肖建红，2007. 水坝对河流生态系统服务功能影响及其评价研究［D］. 南京：河海大学.

肖建红，施国庆，毛春梅，等，2008. 水利工程对河流生态系统服务功能影响经济价值评价［J］. 水利经济，26（6）：29－33，68.

肖铁岩，许晓毅，付永川，等，2009. 三峡库区次级河流富营养化及其生态治理［J］. 重庆大学学报（社会科学版），15（1）：5－8.

肖文发，程瑞梅，李建文，等，2001. 三峡库区杉木林群落多样性研究［J］. 生态学杂志，20（1）：1－4.

谢高地，曹淑艳，2006. 生态足迹方法作为生态系统评估工具的潜力［J］. 资源科学，28（4）：8.

谢高地，鲁春霞，冷允法，等，2003. 青藏高原生态资产的价值评估［J］. 自然资源学报，18（2）：189－196.

谢涛，纪道斌，尹卫平，等，2013. 三峡水库不同下泄流量香溪河水动力特性与水华的响应 [J]. 中国农村水利水电（11）：1-6，10.

谢文萍，杨劲松，2011. 三峡工程调蓄进程中长江河口区土壤水盐动态变化 [J]. 长江流域资源与环境，20（8）：951-956.

熊平生，谢世友，莫心祥，2006. 长江三峡库区水土流失及其生态治理措施 [J]. 水土保持研究，13（2）：272-273.

熊雁晖，2004. 海河流域水资源承载能力及水生态系统服务功能的研究 [D]. 北京：清华大学.

徐静波，刘红，袁兴中，2011. 三峡库区东溪河湿地保育区建设的生态学途径 [J]. 重庆师范大学学报（自然科学版），28（1）：23-26，75.

徐薇，刘宏高，唐会元，等，2014. 三峡水库生态调度对沙市江段鱼卵和仔鱼的影响 [J]. 水生态学杂志，35（2）：1-8.

徐昔保，杨桂山，李恒鹏，等，2011. 三峡库区蓄水运行前后水土流失时空变化模拟及分析 [J]. 湖泊科学，23（3）：429-434.

杨丽，邓洪平，韩敏，等，2008. 三峡库区抢救植物中华蚊母种子特性研究 [J]. 西南大学学报（自然科学版）（1）：79-84.

杨小兵，徐勇，赵鑫，等，2010. 三峡工程蓄水前后湖北宜昌段鼠密度及鼠类种群变化趋势分析 [J]. 疾病监测，25（10）：813-815，819.

叶亚平，刘鲁君，2000. 中国省域生态环境质量评价指标体系研究 [J]. 环境科学研究，13（3）：33-36.

余世鹏，杨劲松，刘广明，2009. 三峡调蓄条件下长江河口地区滨海滨江土壤盐渍化状况研究 [J]. 土壤学报，46（2）：235-240.

袁超，陈永柏，2011. 三峡水库生态调度的适应性管理研究 [J]. 长江流域资源与环境，20（3）：269-275.

曾祥福，黄闰泉，葛正明，等，1998. 三峡库区农林复合生态系统植物物种多样性指数 [J]. 湖北林业科技，104（2）：1-5.

张大鹏，2010. 石羊河流域河流生态系统服务功能及农业节水的生态价值评估 [D]. 杨凌：西北农林科技大学.

张令要，岳木生，董大萍，2005. 三峡工程湖北段二期蓄水前后库区鼠类种群数量变动调查 [J]. 中国媒介生物学及控制杂志，16（4）：279-281.

张晓惠，2007. 黄河三角洲湿地生态系统服务功能价值评估 [D]. 济南：山东师范大学.

张智，龙天渝，谷尘勇，等，2006. 三峡成库后重庆段运行水位流场模拟 [J]. 重庆大学学报（自然科学版），29（8）：14-17，24.

章家恩，徐琪，1997. 三峡库区生物多样性的变化态势及其保护对策［J］. 热带地理，17（4）：412－418.

赵健，郭宏忠，陈健桥，等，2010. 三峡库区水土流失类型划分及防治对策［J］. 中国水土保持（1）：16－18.

赵军，杨凯，邰俊，等，2005. 上海城市河流生态系统服务的支付意愿［J］. 环境科学，26（2）：5－10.

赵同谦，欧阳志云，王效科，等，2003. 中国陆地地表水生态系统服务功能及其生态经济价值评价［J］. 自然资源学报，18（4）：443－452.

中国工程院三峡工程阶段性评估项目组，2010. 三峡工程阶段性评估报告［M］. 北京：中国水利水电出版社.

中国工程院三峡工程试验性蓄水阶段评估项目组，2014. 三峡工程试验性蓄水阶段评估报告［M］. 北京：中国水利水电出版社.

中国环境监测总站，2004. 中国生态环境质量评价研究［M］. 北京：中国环境科学出版社.

中国科学院三峡工程生态与环境科研项目领导小组，1987. 长江三峡工程对生态与环境影响及其对策研究论文集［M］. 北京：科学出版社.

中华人民共和国环境保护部，2009. 长江三峡工程生态与环境监测报告（2009）［R］. 北京：国家环境保护总局.

中华人民共和国环境保护部，2012. 长江三峡工程生态与环境监测报告（2012）［R］. 北京：国家环境保护总局.

钟冰，唐治诚，2001. 三峡库区水土流失及其防治［J］. 水土保持研究，8（2）：147－149.

周乐群，孙长安，胡甲均，等，2004. 长江三峡工程库区水土保持遥感动态监测及 GIS 系统开发［J］. 水土保持通报，24（5）：49－53.

周万村，2001. 三峡库区土地自然坡度和高程对经济发展的影响［J］. 长江流域资源与环境（1）：15－21.

周万村，孙育秋，邹仁元，等，1987. 三峡库区地表覆被环境容量遥感分析［C］//长江三峡工程对生态与环境影响及其对策研究论文集. 北京：科学出版社.

朱慧峰，阮仁良，陈国光，等，2011. 三峡水库运行调度对长江口水源地安全的影响分析［J］. 中国给水排水，27（8）：34－36.

左太安，苏维词，马景娜，等，2010. 三峡重庆库区针对水土流失的土地资源生态安全评价［J］. 水土保持学报，24（2）：74－78.

BICKNELL K，BALL R J，CULLEN R，et al.，1998. New methodology for the ecological footprint with an application to New Zealand economy [J]. Ecological Economics, 27 (2): 149 - 160.

CARDINALE B J, SRIVASTAVA D S, DUFFFY J E, et al., 2006. Effects of biodiversity on the functioning of trophic groups and ecosystems [J]. Nature, 443: 989 - 992.

COSTANZA R, D'ARGE R, GROOT R, et al., 1997. The value of the world's ecosystem services and natural capital [J]. Nature, 387 (15): 253 - 260.

DAI H, ZHENG T, LIU D, 2010. Effects of reservoir impounding on key ecological factors in the Three Gorges Region [J]. Procedia Environmental Sciences, 2 (1): 15 - 24.

DAILY G C, 1997. Nature's Services: Social Dependence on Natural Ecosystem [M]. Washington DC: Island Press.

ESWG (Ecological Stratification Working Group), 1995. A national Ecological Framework for Canada, 1996. Ottawa: Agriculture and Agri - food Canada, Research Branch, Center for Land and Biological Resources Research, Environment Canada, State of the Environment Directorate, Ecozone Analysis Branch [Z]. (map)

FERNG J, 2001. Using composition of land multiplier to estimate ecological footprints associated with production activity [J]. Ecological Economics, 37 (2): 159 - 172.

FU B J, WU B F, LU Y H, et al., 2010. Three Gorges Project: Efforts and challenges for the environment [J]. Progress in Physical Geography, 34 (6): 741 - 754.

HICKMAN M, Klaber D M, 1974. Growth of some epiphytic algae in a lake receiving thermal effluent [J]. Archiv Fur Hydrobiologie, 74 (3): 403 - 426.

LI T, 2010. Synthetic illustration of ecological environment evaluation both overseas and domestics [J]. Lecture Notes in Electrical Engineering. 144 (13): 173 - 181.

LIU M, LI W, FU C, et al., 2010. Dynamic prediction of Chinese development based on the ecological footprint method [J]. International Journal of Sustainable Development & World Ecology, 17 (6): 499 - 506.

LOOMIS J, KENT P, STRANGE L, et al., 2000. Measuring the total economic value of restoring ecosystem services in an impaired river basin: Results from a contingent valuation survey [J]. Ecological Economics, 33 (1): 103 - 117.

MILLENNIUM ECOSYSTEM ASSESSMENT (MA), 2005. Ecosystems and human well - being: Biodiversity synthesis [M]. Beijing: China Environment Science Press.

MILLENNIUM ECOSYSTEM ASSESSMENT (MA), 2005. Ecosystems and human well - being: A framework for assessment. Report of the Conceptual Framework Working Group of the Millennium Ecosystem Assessment [M]. Washington DC: Island Press.

NRC (NATIONAL RESEARCH COUNCIL), 2000. Ecological indicators for the Nation [M]. Washington DC: National Academies Press.

RINGOLD P L, BOYD J, LANDERS D, et al., 2009. Report from the workshop on indicators of final ecosystem services for streams [R]. Remote Sensing of Environment.

SASTRE J, RAURET G, VIDAL M, 2006. Effect of the cationic composition of sorption solution on the quantification of sorption - desorption parameters of heavy metals in soils [J]. Environmental Pollution, 140 (2): 322 - 339.

SHI W, BISCHOFF M, TURCO R, et al., 2002. Long - term effects of chromium and lead upon the activity of soil microbial communities [J]. Applied Soil Ecology, 21 (2): 169 - 177.

SIMMONS C, CHAMBERS N, 1998. Footprinting UK households: how big is your ecological garden? [J]. Local Environment, 3 (3): 355 - 362.

THE HEINZ CENTER, 2002. The State of the Nation's Ecosystems: Measuring the lands, waters, and living resources of the United States [M]. New York: Cambridge University Press.

UNEP (UNITED NATIONS ENVIRONMENT PROGRAMME), 2007. Global environment outlook 4: environment for development [M]. Valletta, Malta: Progress Press Ltd.

WACKERNAGEL M, REES W E, 1996. Our Ecological Footprint: Reducing human impact on the Earth [M]. Gabriela Island, Philadelphia: New Society Publishers.

WACKERNAGEL M, ONISTO L, BELLO P, et al., 1999. National natural capital accounting with the ecological footprint concept [J]. Ecological

Economics, 29 (3): 375 - 390.

YAO Y, RUAN L, LI H, et al., 2013. Changes of meteorological parameters and lightning current during water impounded in Three Gorges area [J]. Atmospheric Research, 134: 150 - 160.

YE C, LI S, ZHANG Y, et al., 2011. Assessing soil heavy metal pollution in the water - level - fluctuation zone of the Three Gorges Reservoir, China [J]. Journal of Hazardous Materials, 191 (1/3): 366 - 372.

ZHANG J, LIU Z, SUN X, 2009. Changing landscape in the Three Gorges Reservoir Area of Yangtze River from 1977 to 2005: Land use/land cover, vegetation cover changes estimated using multi - source satellite data [J]. International Journal of Applied Earth Observation and Geoinformation, 11 (6): 403 - 412.

专题成员名单

李文华　中国科学院地理科学与资源研究所
张　彪　中国科学院地理科学与资源研究所
闵庆文　中国科学院地理科学与资源研究所
黄河清　中国科学院地理科学与资源研究所
刘某承　中国科学院地理科学与资源研究所
焦雯珺　中国科学院地理科学与资源研究所
孙雪萍　中国科学院地理科学与资源研究所
史芸婷　中国科学院地理科学与资源研究所
周万村　中国科学院成都山地灾害与环境研究所
马泽忠　中国科学院成都山地灾害与环境研究所
周启刚　中国科学院成都山地灾害与环境研究所
宋述军　中国科学院成都山地灾害与环境研究所
王凤霞　中国科学院成都山地灾害与环境研究所
仙　巍　中国科学院成都山地灾害与环境研究所
陈　倩　中国科学院成都山地灾害与环境研究所
王继燕　中国科学院成都山地灾害与环境研究所
刘恩勤　中国科学院成都山地灾害与环境研究所
刘雪华　清华大学环境科学与工程系
李艳中　清华大学环境科学与工程系
刘肖言　清华大学环境科学与工程系
张洪江　北京林业大学水土保持学院
程金花　北京林业大学水土保持学院
王　葆　北京林业大学水土保持学院

第三篇　三峡工程建设对水生生态的影响专题报告

第一章

三峡库区及上游鱼类的变化

《长江三峡水利枢纽环境影响报告书》（中国科学院环境评价部等，1996）预测，三峡工程将导致约40种鱼类受到不利影响，其中有2/5是长江上游特有鱼类。这些鱼类的栖息地面积将缩小约1/4，其种群数量也会相应减少。本章根据中国科学院水生生物研究所的监测数据，分析三峡水库蓄水前后，三峡库区上游江段长江上游特有鱼类群落结构、三峡库区鱼类群落以及上游和库区四大家鱼产卵场的变化。

第一节　三峡库区及上游鱼类的分布特点

一、上游特有鱼类群落结构

（一）鱼类物种组成

1. 宜宾江段

1997—2002年宜宾江段的渔获物中，共调查到鱼类65种，隶属于10科40属。其中，长江上游特有鱼类14种，占种数的21.5%；外来种2种，占种数的3.1%。2003—2013年宜宾江段渔获物的调查中，共发现了16科52属的75种鱼类。其中，包括17种长江上游特有的鱼类，占种数的22.7%；另外有7种是外来种，占种数的9.3%。与蓄水前相比，宜宾江段的总鱼类种数与外来种数均有增加。详见图3.1-1。

2. 合江江段

1997—2002年合江江段的渔获物中，共调查到鱼类87种，隶属于9科43属。其中，长江上游特有鱼类23种，占种数的26.4%；外来种1种，占种数的1.1%。2003—2013年合江江段渔获物的调查中，共调查到鱼类121种，隶

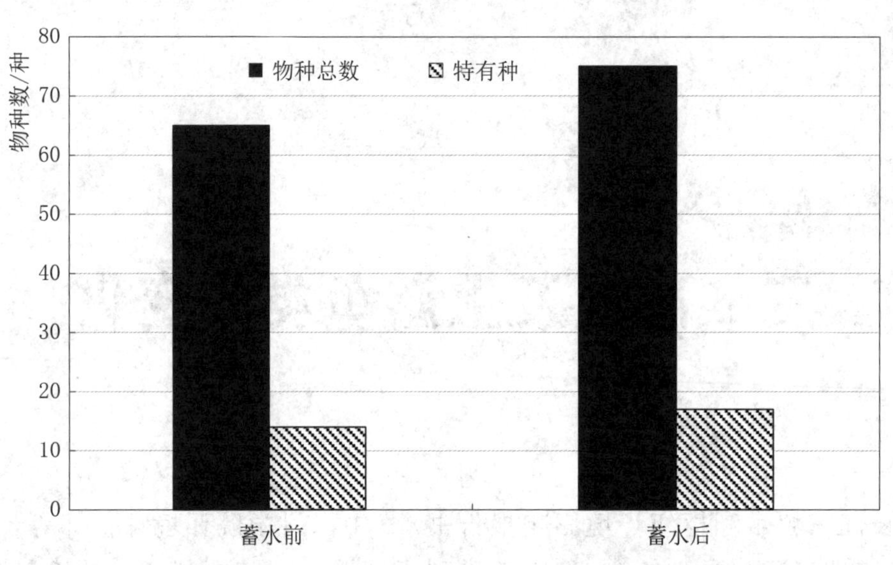

图 3.1-1　1997—2013 年三峡水库蓄水前后宜宾江段鱼类物种组成

属于 19 科 73 属。其中，长江上游特有鱼类 29 种，占种数的 24.0%；外来种共 8 种，占种数的 6.6%。与蓄水前相比，合江江段的鱼类物种总数有增加的趋势。详见图 3.1-2。

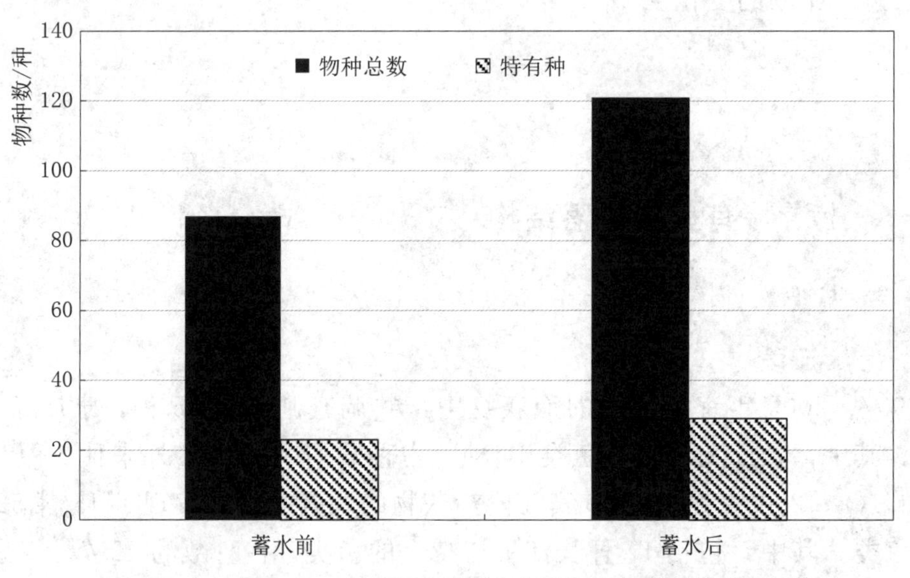

图 3.1-2　1997—2013 年三峡水库蓄水前后合江江段鱼类物种组成

图 3.1-3 为三峡工程渔获物调查照片。图 3.1-4 为三峡水库蓄水前后在库区及以上江段采集到的部分珍稀、特有鱼类。

（二）鱼类群落结构

1. 宜宾江段

1997—2002 年宜宾江段优势鱼类有瓦氏黄颡鱼、圆口铜鱼、长鳍吻鮈、

（a）照片1　（b）照片2

图 3.1-3　三峡工程渔获物调查照片

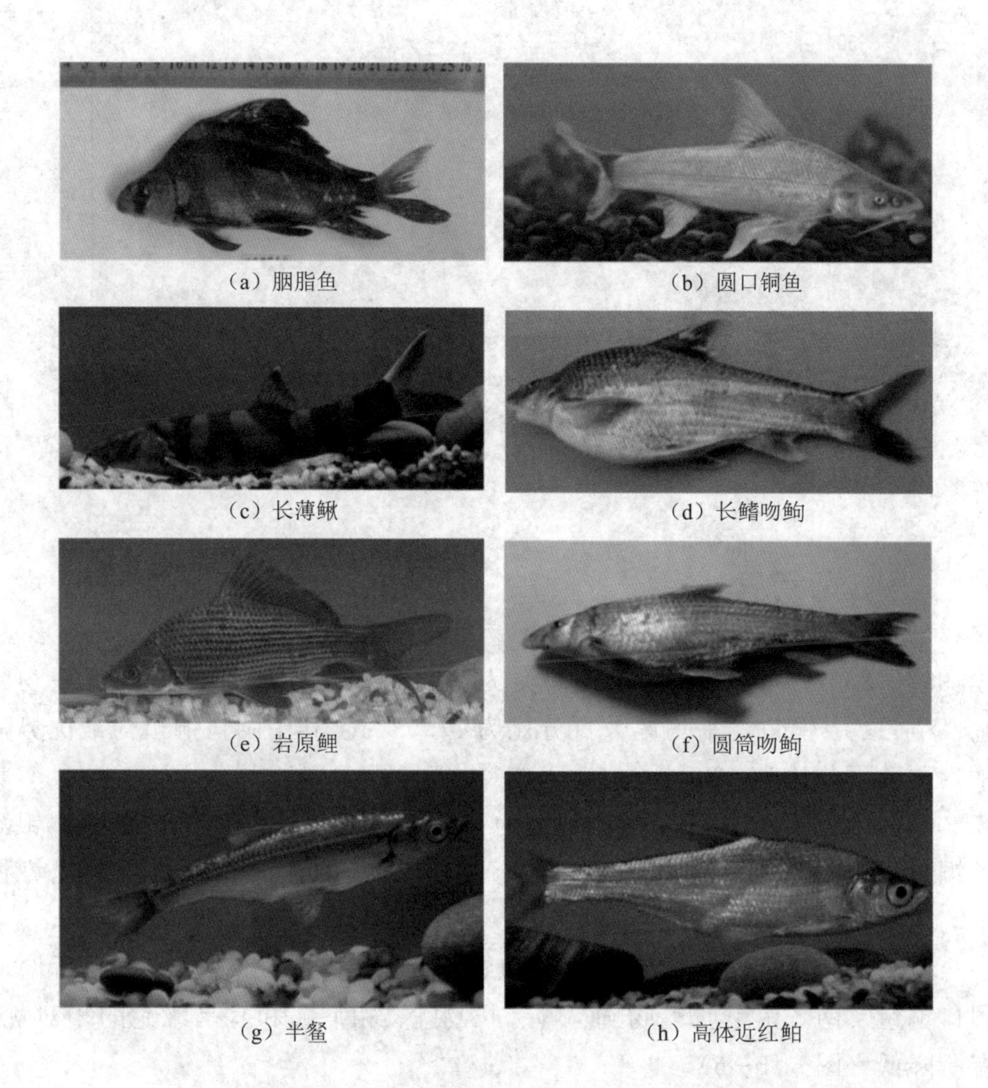

（a）胭脂鱼　（b）圆口铜鱼

（c）长薄鳅　（d）长鳍吻鮈

（e）岩原鲤　（f）圆筒吻鮈

（g）半鳌　（h）高体近红鲌

图 3.1-4　三峡水库蓄水前后在库区及以上江段采集到的部分珍稀、特有鱼类

南方鲇、长吻鮠、异鳔鳅鮀，平均尾数百分比为75.42%，其中圆口铜鱼为最优势的种，其平均尾数百分比为34.25%。

2003—2013年宜宾江段优势鱼类主要有圆口铜鱼、瓦氏黄颡鱼、铜鱼、长薄鳅、长吻鮠、长鳍吻鮈，其平均尾数百分比为73.85%，其中圆口铜鱼为最优势的种，其平均尾数百分比达到31.92%。

与蓄水前相比，蓄水后圆口铜鱼、蛇鮈、凹尾拟鲿的平均相对优势度有所升高，而瓦氏黄颡鱼、长鳍吻鮈、异鳔鳅鮀、宜昌鳅鮀、光泽黄颡鱼和寡鳞飘鱼的平均相对优势度则有所降低（图3.5-1）。

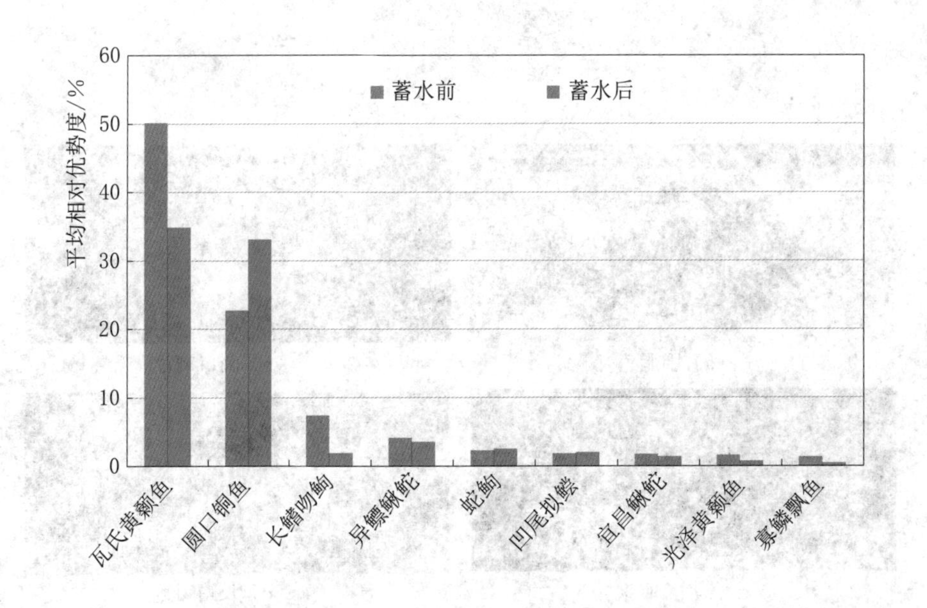

图3.1-5　宜宾江段蓄水前后鱼类群落结构差异

2. 合江江段

1997—2002年合江江段优势种类为圆口铜鱼、瓦氏黄颡鱼、长鳍吻鮈、蛇鮈、粗唇鮠、铜鱼，平均尾数百分比为77.52%。其中圆口铜鱼为最优势种，其平均尾数百分比为43.86%。

2003—2013年合江江段优势种类为瓦氏黄颡鱼、中华沙鳅、银鲴、银鮈、圆口铜鱼、蛇鮈，平均尾数百分比为71.51%。其中瓦氏黄颡鱼为最优势种，其平均尾数百分比为16.32%。

与蓄水前相比，蓄水后瓦氏黄颡鱼、铜鱼、蛇鮈的相对优势度有所增加，而圆口铜鱼、南方鲇、长鳍吻鮈、鲤、长吻鮠、粗唇鮠和宜昌鳅鮀的相对优势度有所降低（图3.1-6）。

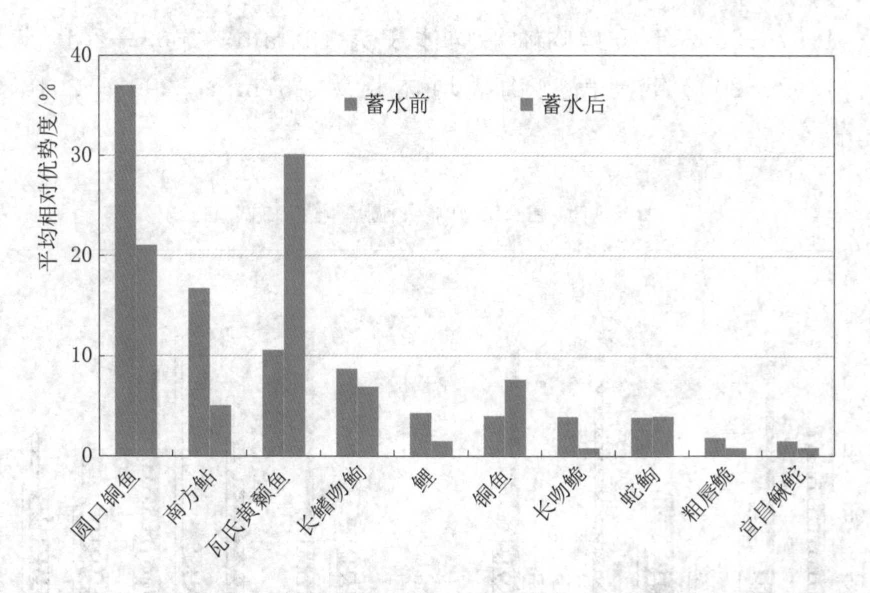

图 3.1-6 合江江段蓄水前后鱼类群落结构差异

(三) 代表性特有种类的种群结构

1. 宜宾江段

1997—2013 年，长江宜宾江段渔获物中主要特有鱼类平均体长和平均体重见图 3.1-7 和图 3.1-8。结果显示，宜宾江段渔获物中长薄鳅平均体长和平均体重有减小的趋势，1997—2002 年平均体长为 175mm，2003—2013 年下降至 172mm。而圆口铜鱼、长鳍吻鮈和圆筒吻鮈的平均体长、平均体重有增大的趋势。1997—2002 年圆口铜鱼平均体长为 143mm，2003—2010 年增加至

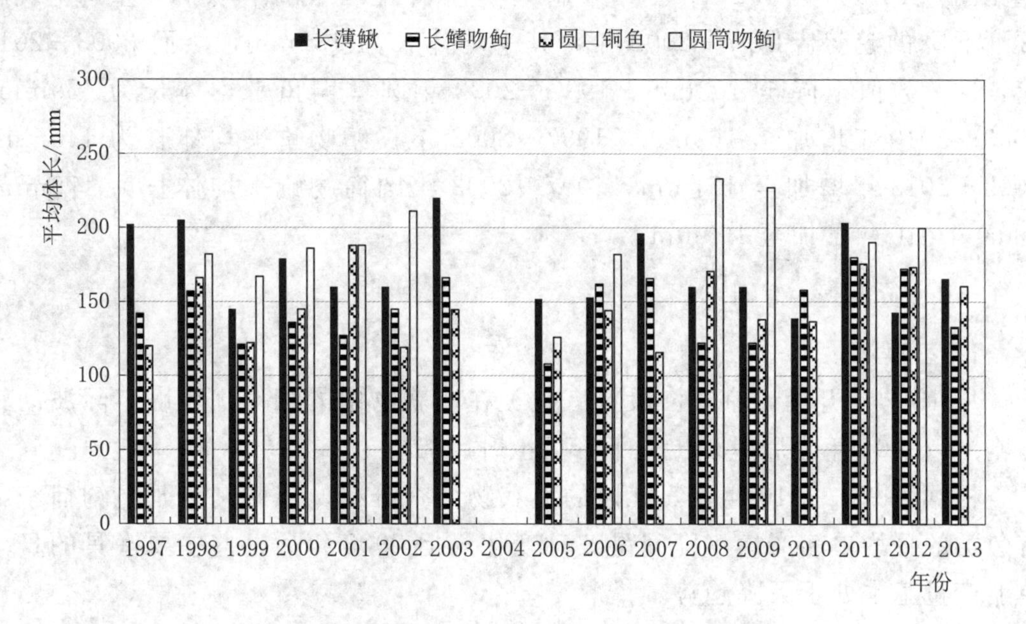

图 3.1-7 1997—2013 年长江宜宾江段主要特有鱼类平均体长

148mm。1997—2002 年长鳍吻鮈平均体长为 138mm，2003—2010 年增加至 153mm。1997—2002 年圆筒吻鮈平均体长为 187mm，2003—2010 年增加至 212mm。

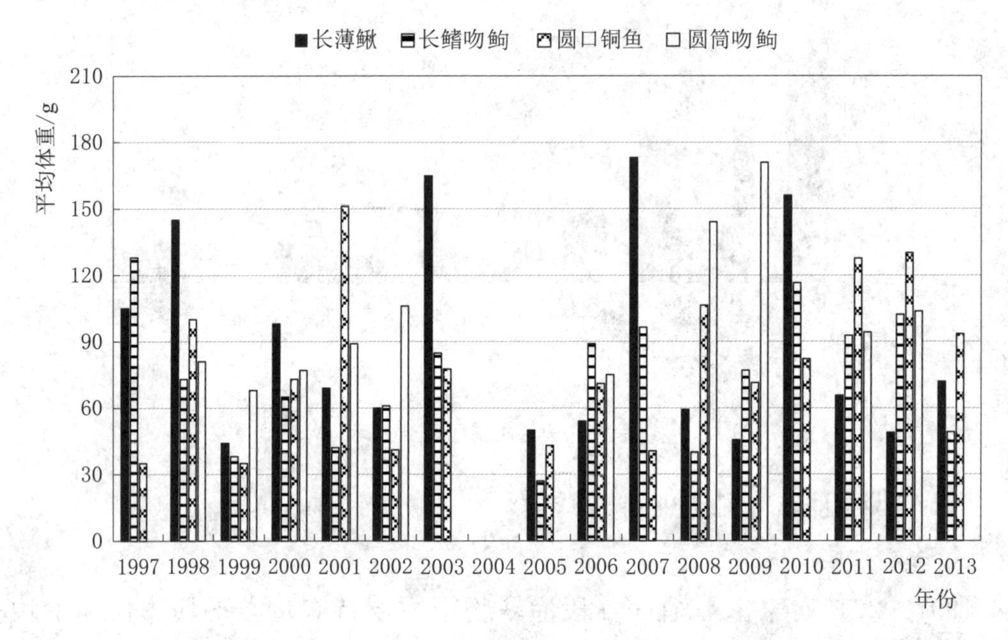

图 3.1-8　1997—2013 年长江宜宾江段主要特有鱼类平均体重

2. 合江江段

1997—2013 年，长江合江江段渔获物中主要特有鱼类平均体长和平均体重见图 3.1-9 和图 3.1-10。结果显示，合江江段长薄鳅体长和体重均呈现出逐渐下降的趋势。1997—2002 年，其平均体长为 182mm，然而 2003—2013 年，这一数值下降至 153mm。1997—2002 年圆口铜鱼平均体长为 159mm，2003—2010 年增加至 163mm。1997—2002 年长鳍吻鮈平均体长为 140mm，2003—2013 年增加至 171mm。1997—2002 年圆筒吻鮈平均体长为 179mm，2003—2010 年增加至 190mm。

（四）资源量（CPUE）

1. 宜宾江段

从 1997 年开始，宜宾江段特有鱼类在渔获物中的相对优势度年际波动较为剧烈，2003 年之后呈现出先下降后上升趋势。

根据 1997—2010 年宜宾江段的渔获物调查分析，流刺网和延绳钓捕获特有鱼类的日均单船产量年度间呈波动变化，但 2003 年后这些主要渔具的日均单船产量基本处于下降趋势。

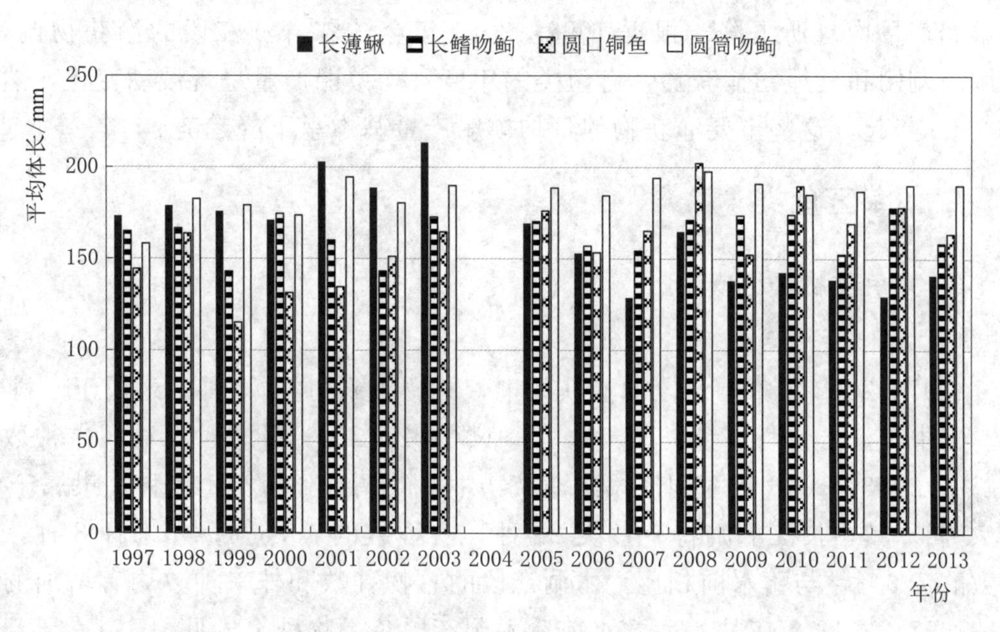

图 3.1-9　1997—2013 年长江合江江段主要特有鱼类平均体长

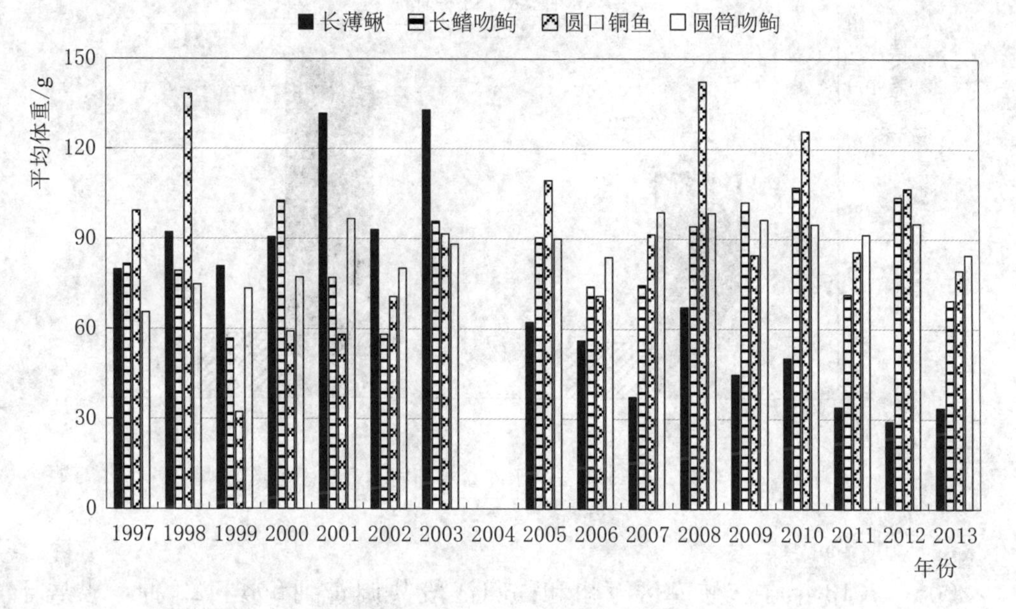

图 3.1-10　1997—2013 年长江合江江段主要特有鱼类平均体重

2. 合江江段

1997—2013 年，合江江段长江上游特有鱼类在渔获物中的相对优势度呈现下降趋势。三峡水库蓄水后特有鱼类在渔获物中的相对优势度与蓄水前相比明显减少。2003—2013 年蓄水后，特有鱼类年均优势度为 33.6%，与蓄水前相比，同比减少了 31.0%。

与历史数据相比，2012—2013 年特有鱼类在流刺网和延绳钓渔获物的日均单船产量均有所下降。根据1998—2013年金沙江合江江段的渔获物调查，利用流刺网和延绳钓捕获的特有鱼类的年度日均单船产量呈现波动变化，然而自2003年起，这些主要渔获物的日均单船产量基本呈下降趋势。

二、库区鱼类

（一）鱼类物种组成

1. 木洞江段

1997—2002年木洞江段的渔获物中，共调查到鱼类73种，隶属于9科45属。其中长江上游特有鱼类18种，占种数的24.7%；外来种1种，占种数的1.4%。2003—2013年木洞江段的渔获物中，共调查到鱼类109种，隶属于21科70属。其中长江上游特有鱼类21种，占种数的19.3%；外来种8种，占种数的7.3%。与蓄水前相比，木洞江段的总物种数和外来种数均有增加的趋势。1997—2013年三峡水库蓄水前后木洞江段鱼类物种组成见图3.1-11。

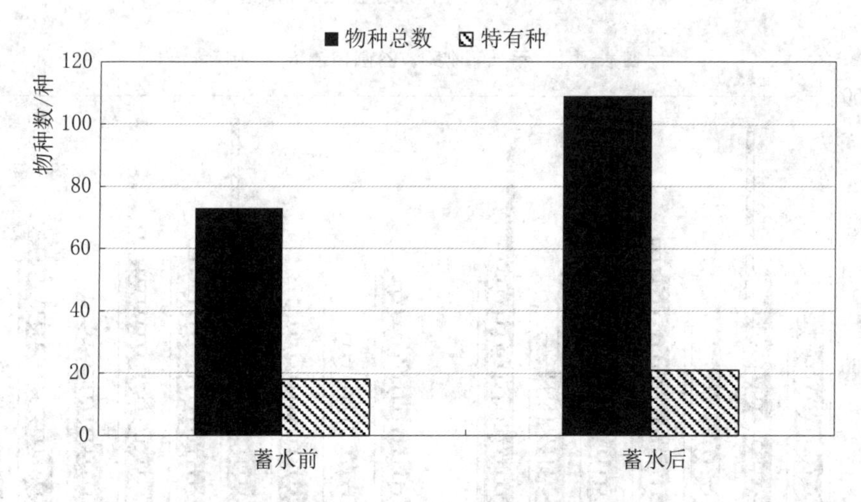

图3.1-11　1997—2013年三峡水库蓄水前后木洞江段鱼类物种组成

2. 万州和秭归江段

2005—2013年在三峡库区万州和秭归江段共调查到鱼类122种，隶属于24科76属。其中，长江上游特有鱼类21种，占种数的17.2%；外来种17种，占种数的13.9%。与库区以上江段相比，万州和秭归江段的外来种明显增多。

其中，2005—2013年万州江段的渔获物中，共调查到鱼类105种，隶属于20科69属。其中，长江上游特有鱼类17种，占种数的16.2%；外来种9种，占种数的8.6%。2008—2013年秭归江段的渔获物中，共调查到鱼类96种，隶属于19科65属。其中，长江上游特有鱼类9种，占种数的9.4%；外来种14种，占种数的14.6%。三峡水库蓄水后在库区及以上江段采集到的部分外来种见图 3.1－12。

（a）大银鱼　（b）斑点叉尾鮰

（c）短盖巨脂鲤　（d）杂交鲟

（e）罗非鱼　（f）梭鲈

图 3.1－12　三峡水库蓄水后在库区及以上江段采集到的部分外来种

（二）鱼类群落结构

1. 木洞江段

1997—2002 年木洞江段优势种类为圆口铜鱼、瓦氏黄颡鱼、铜鱼、长鳍吻鮈、圆筒吻鮈和似鳊，平均尾数百分比为 90.85%。其中圆口铜鱼为最优势种，平均尾数百分比为 56.55%。

2003—2013 年木洞江段优势种类为圆口铜鱼、铜鱼、蛇鮈、圆筒吻鮈、瓦氏黄颡鱼和光泽黄颡鱼，平均相对优势度为 68.73%。其中圆口铜鱼为最优势种（图 3.1－13），平均相对优势度为 14.07%。

相比蓄水前，蓄水后铜鱼、瓦氏黄颡鱼、圆筒吻鮈、吻鮈和鲤相对丰度有所增加，而圆口铜鱼、长鳍吻鮈、长吻鮠、南方鲇和宜昌鳅鮀相对丰度有所下降。

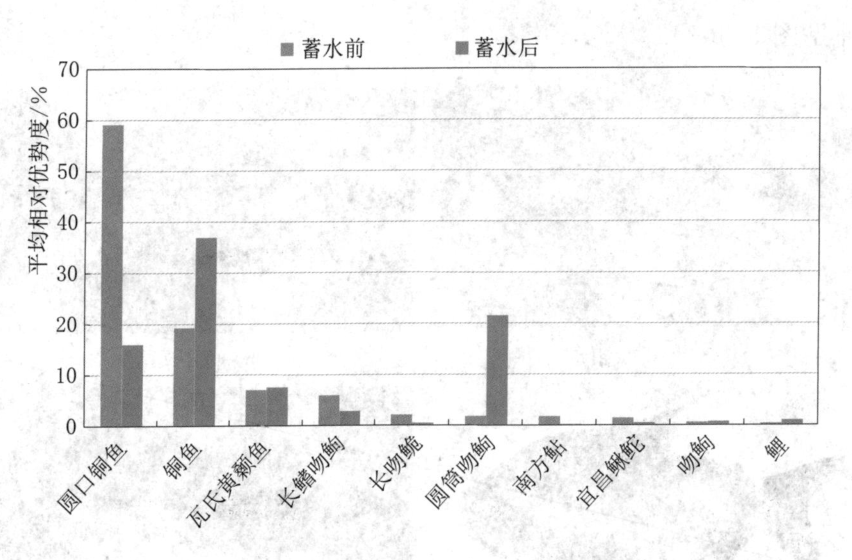

图 3.1-13　木洞江段蓄水前后鱼类群落结构差异

2. 万州和秭归江段

2005—2013 年万州江段优势种类为贝氏䱗、蛇鮈、银鮈、䱗、似鳊、光泽黄颡鱼和瓦氏黄颡鱼，平均尾数百分比为 85.41%，其中贝氏䱗为最优势种，平均尾数百分比为 31.67%。调查期间万州江段鱼类群落中贝氏䱗、蛇鮈、银鮈、似鳊、南方鲇和䱗的相对丰度较大，平均相对优势度为 75.46%，其中贝氏䱗最大，为 27.09%。

2008—2013 年秭归江段优势种类为贝氏䱗、似鳊、陈氏短吻银鱼、银鮈、中华鳑鲏和䱗，平均尾数百分比为 77.26%，其中贝氏䱗为最优势种，为 36.80%。

调查期间，在秭归江段鱼类群落中贝氏䱗、鲢、似鳊、鲤、鲫、鳙、鳊和银鮈的相对丰度较高，它们的平均相对优势度为 78.08%，其中贝氏䱗的优势度最大，达到了 24.52%。

（三）代表性种类的种群结构

1. 木洞江段

1997—2013 年，长江木洞江段渔获物中主要特有鱼类平均体长和平均体重见图 3.1-14 和图 3.1-15。结果显示，木洞江段长薄鳅、长鳍吻鮈平均体长和平均体重均有减小的趋势，而圆口铜鱼、圆筒吻鮈有增加的趋势。1997—2002 年长薄鳅的平均体长为 217mm，2003—2013 年下降至 167mm。1997—2002 年长鳍吻鮈的平均体长为 177mm，2003—2013 年下降至 145mm。1997—2002 年圆口铜鱼的平均体长为 117mm，2003—2013 年增加至 141mm。1997—2002 年圆筒吻鮈的平均体长为 177mm，2003—2013 年增加至 182mm。

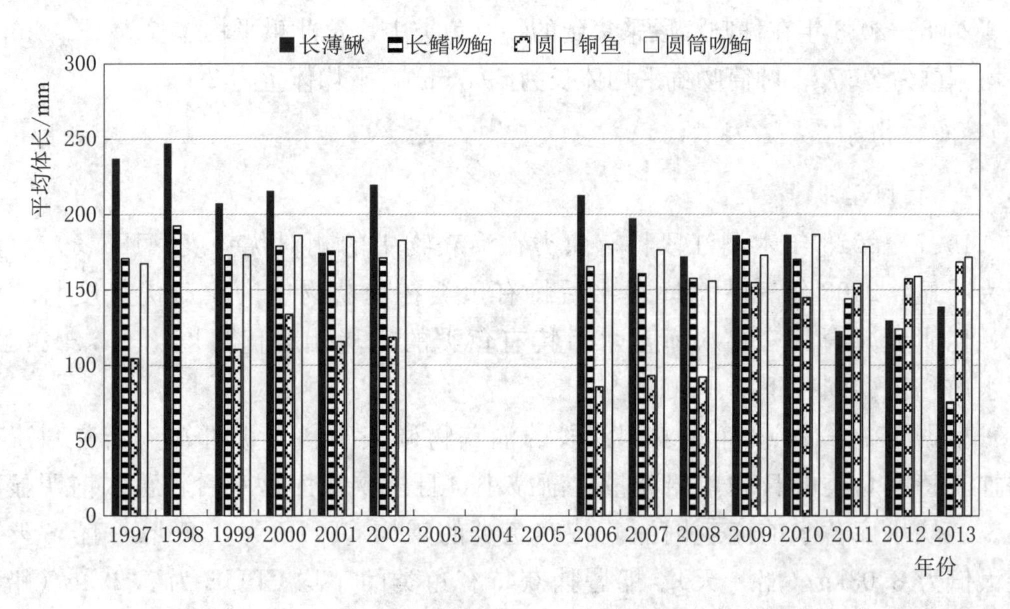

图 3.1-14　1997—2013 年长江木洞江段主要特有鱼类平均体长

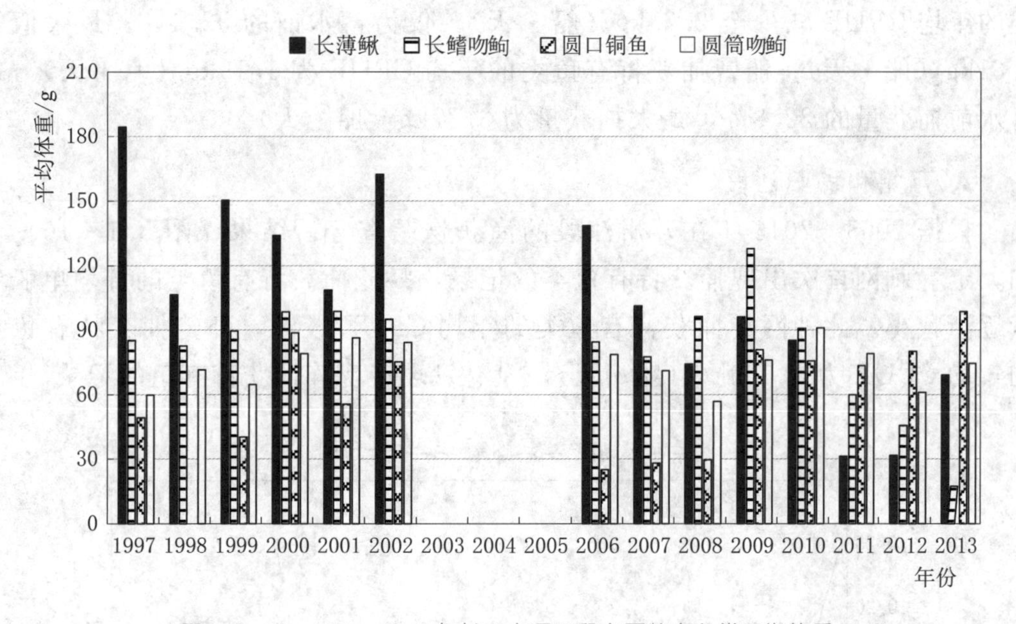

图 3.1-15　1997—2013 年长江木洞江段主要特有鱼类平均体重

2. 万州和秭归江段

2005—2013 年在三峡库区万州和秭归江段调查到的特有鱼类平均体长和平均体重普遍较小。其中，2005—2013 年在万州江段采集到的特有鱼类中，长薄鳅平均体长为 80.0mm，平均体重为 7.4g；长鳍吻鮈平均体长为 184.6mm，平均体重为 127.3g；圆口铜鱼平均体长为 143.2mm，平均体重为 102.5g；圆筒吻鮈平均体长为 61.5mm，平均体重为 3.8g。

2008—2013年在秭归江段采集到的特有鱼类中，长薄鳅平均体长为122.8mm，平均体重为25.7g；圆筒吻鮈平均体长为59.7mm，平均体重为2.4g。

（四）资源量（CPUE）

1. 木洞江段

1997—2013年木洞江段特有鱼类在渔获物中的相对优势度（IRI%）下降较为明显。2003年三峡水库蓄水后特有鱼类在渔获物中的相对优势度与蓄水前相比明显减少。三峡水库蓄水后特有鱼类的年均相对优势度为37.2%，与蓄水前相比，同比下降了41.0%。

根据1997—2013年在木洞江段的渔获物调查资料分析可知，船罾和流刺网捕获特有鱼类的日均单船产量逐渐减小，且三峡水库蓄水后较蓄水前明显减小。三峡水库蓄水前流刺网捕获特有鱼类的年均CPUE为4.26kg/(船·天)、最大值为8.03kg/(船·天)；船罾捕获特有鱼类的年均CPUE为5.22kg/(船·天)、最大值为10.38kg/(船·天)。三峡水库蓄水后，使用流刺网捕获特有鱼类的年均CPUE减少至2.23kg/(船·天)，仅为蓄水前的52.4%，最大值为3.61kg/(船·天)；船罾捕获特有鱼类的年均CPUE为1.19kg/(船·天)，是蓄水前捕获量的22.8%，最大捕获量为3.77kg/(船·天)。

2. 万州和秭归江段

根据2005—2013年在万州江段的渔获物调查分析结果（图3.1-16）可知，定置刺网首次出现捕获特有鱼类的记录，虾笼捕获特有鱼类的日均单船产量逐渐减小。此种网具捕获特有鱼类的年均CPUE较小，虾笼捕获特有鱼类的年均CPUE为0.029kg/(船·天)，没有发现迷魂阵捕获特有鱼的记录。

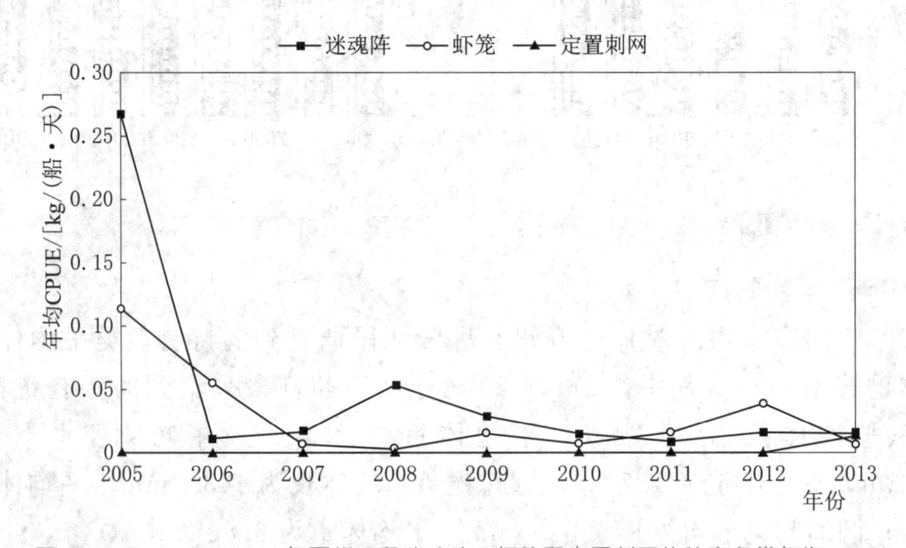

图3.1-16　2005—2013年万州江段迷魂阵、虾笼和定置刺网的特有鱼类年均CPUE

三、上游及库区四大家鱼产卵场

（一）长江上游四大家鱼产卵场位置

1. 库区以上

根据20世纪80年代的调查，宜宾江段的新市镇、屏山和安边有四大家鱼产卵场的分布（刘乐和等，1986）。2002—2003的调查数据表明泸州江段也有四大家鱼产卵场的分布（刘建虎等，2007）。三峡水库建成后，形成超过660km长的库区，分布在库区内的产卵场受到影响，原在库区产卵场繁殖的四大家鱼需上溯至库区上游寻找新的产卵场。根据2007—2009年的调查，在重庆江津至泸州大渡口江段分布有数个四大家鱼产卵场（姜伟，2009；唐锡良，2010），具体位置为江津至白沙、朱沱下游至合江下游、合江上游至弥陀、泸州城区至大渡口（图3.1-17）。可见，三峡工程建成后，长江重庆以上江段的四大家鱼产卵场仍存在，并形成了部分新产卵场，与《长江三峡水利枢纽环境影响报告书（简写本）》（中国科学院环境评价部等，1996）中“鱼类将移至库尾以上水域繁殖”的预测相吻合。

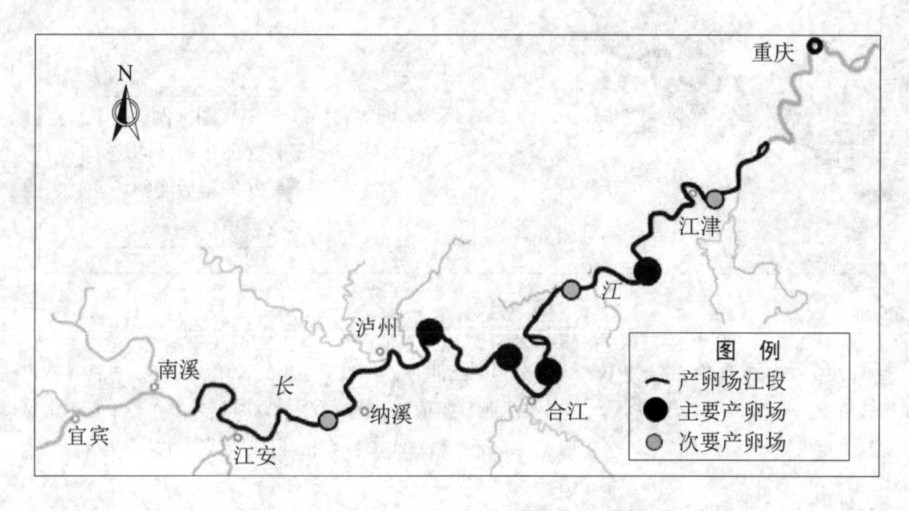

图3.1-17　长江上游重庆以上江段四大家鱼产卵场分布图

2. 库区

1986年重庆至宜昌的上游江段，分布有11个产卵场（易伯鲁等，1988），2002—2003年对云阳断面以上江段四大家鱼产卵场的调查表明，原分布于库区的四大家鱼产卵场基本存在，在云阳至武陵、忠县、涪陵及重庆江段较集中，产卵场位置未发生明显变化（刘建虎等，2007）。2003年三峡水库蓄水后，完全改变了原库区河道的水流条件，库区流速减缓，坝前出现大面积缓流或静水区域，使该江段四大家鱼产卵、孵化条件发生变化。三峡水库坝址位于长江干流三斗坪，而三峡水库 175m 调度运行方式下库区回水影响至重庆江津花红堡水域，故原分布于重庆至宜昌间的 11 个四大家鱼产卵场均受到三峡水库的直接影响。

根据 2011—2012 年三峡水库库尾珞璜江段的调查，峡口镇至江津江段有四大家鱼产卵场分布，表明原分布于库尾的重庆产卵场仍存在（母红霞，2014）。中国科学院水生生物研究所自 2005 年起在坝下江段进行四大家鱼早期资源监测，通过所采集的四大家鱼仔鱼推算，每年的 6 月下旬至 7 月库区某些江段仍存在四大家鱼产卵场。三峡水库坝下江段所采集到的仔鱼来自三峡大坝上游 70～195km 江段，主要集中在坝上 130～140km 江段（与建坝前巫山产卵场位置基本一致）（图 3.1-18）。由此推断，三峡库区内，在一定时间内仍具备四大家鱼产卵的水文条件，某些江段仍能发挥产卵场的功能。

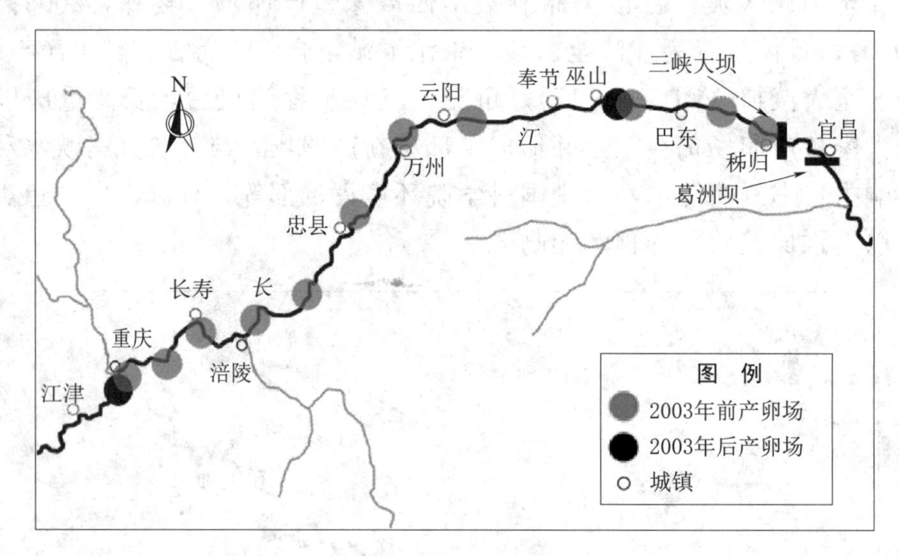

图 3.1-18　长江上游干流江段四大家鱼产卵场分布图

［注：2003 年前自宜昌至重庆产卵场分别为三斗坪、秭归、巫山、云阳、万县、忠县、高家镇、涪陵、长寿、木洞、重庆，为 1986 年数据（易伯鲁等，1988）；2003 年后产卵场来自中国科学院水生生物研究所 2005—2013 年调查数据及 2011—2012 年数据（母红霞，2014）］

总体上，三峡工程的建设对长江上游四大家鱼的产卵场带来了一定的影响。三峡水库蓄水后，长江上游重庆以上江段原有的产卵场仍存在，并形成部分新产卵场。库尾江段的产卵场与蓄水前相比基本不变，库区内的产卵场大部分被淹没而丧失，但是在一定水文条件下仍能满足四大家鱼的繁殖需求。

（二）长江上游四大家鱼产卵规模

1. 库区以上

三峡工程建成前，长江上游重庆以上江段并不是四大家鱼的主要产卵场，其产卵规模占全江四大家鱼产卵总量的不到 1%（长江四大家鱼产卵场调查队，

1982)。1984 年新市镇、屏山、安边江段四大家鱼产卵场的产卵规模共为 7.11×10^8 粒，仅占长江上游江段四大家鱼产卵规模的 28.68%（刘乐和等，1986）。

三峡工程修建以后，长江上游的四大家鱼仍然维持有一定的种群资源量，并在重庆以上江段形成一定的产卵规模。2007 年和 2008 年，姜伟（2009）在长江重庆小南海江段的调查结果表明，2007 年通过小南海江段的四大家鱼卵苗径流量为 12×10^8 粒（尾），2008 年为 8.8×10^8 粒（尾）。此外，2009 年江津断面四大家鱼卵苗径流量为 3.76×10^8 粒（尾）（唐锡良，2010）。可见，三峡工程建成后，在库区以上江段四大家鱼产卵场的繁殖规模有所增加，证实了“鱼类将移至库尾以上水域繁殖”的预测。

三峡工程建设后，长江上游四大家鱼卵苗比例发生了一定的变化。三峡水库建成前，库尾及重庆以上江段四大家鱼中草鱼占优势数量，在卵苗中的比例不低于 87.3%（图 3.1－19），其余三种鱼类数量非常少。三峡工程建成后，卵苗中鲢的数量明显上升，最高占 64.4%；草鱼的比例明显下降，最高仅占 38.8%，青鱼和鳙的数量仍较少。这种变化的出现是因为三峡库区的形成，为浮游生物提供了有利生境，由此滤食浮游生物的鲢的数量迅速增加。

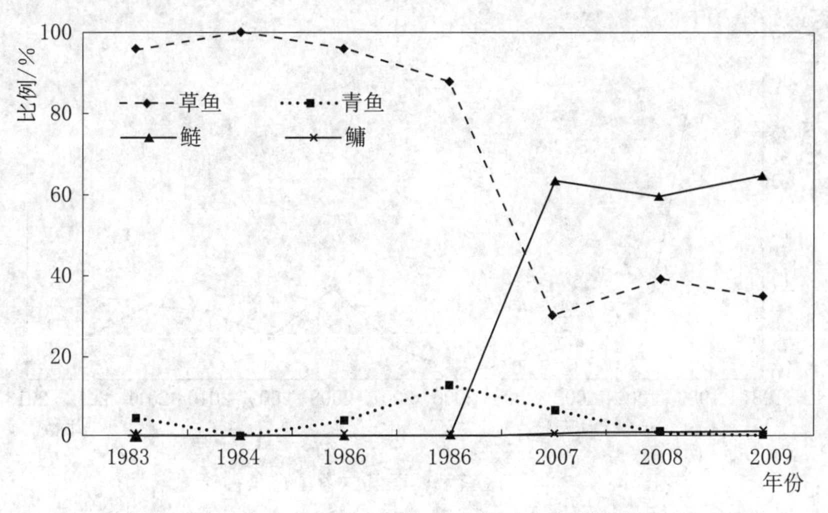

图 3.1－19 长江上游江段四大家鱼卵苗比例

［注：数据来自刘乐和等（1986）、易伯鲁等（1988）、姜伟（2009）、唐锡良（2010）；第一个 1986 年数据为万县断面数据，第二个为巫山断面数据］

2. 库区

三峡工程运行后，位于库尾的四大家鱼产卵场仍存在一定产卵规模，但产卵规模不大。2011—2012 年长江干流峡口镇至江津油溪镇的四大家鱼繁殖规模分别为 0.21×10^8 粒和 0.22×10^8 粒。在三峡水库蓄水前，1984 年重庆产卵场繁殖规模为 2.04×10^8 粒，占整个上游江段繁殖规模的 8.22%（刘乐和等，1986）。1986 年重庆产卵场四大家鱼产卵规模占全江产卵总量的 1.3%（易伯鲁等，1988）。可见，三峡工程运行后，位于库尾的重庆产卵场产卵规模略有减小。

中国科学院水生生物研究所长期在长江中游的宜都断面开展四大家鱼早期资源监测。宜都断面所采集的四大家鱼仔鱼均来自三峡坝上江段的产卵场，因而，宜都断面四大家鱼仔鱼资源量可以反映出三峡坝上四大家鱼的产卵规模。历史上，宜都断面仔鱼资源量较丰富，1986 年达 34.51×10^8 尾，但受多方面因素的影响，2001 年和 2002 年，四大家鱼仔鱼径流量下降明显，分别为 2.29×10^8 尾和 3.62×10^8 尾。三峡工程运行后，2005—2013 年宜都江段四大家鱼仔鱼仍有一定数量，其中 2005—2008 年呈增加趋势，2008 年达最高，为 9.12×10^8 尾，2006 年最少，为 0.61×10^8 尾。2008 年后呈一定的下降趋势，至 2013 年为 1.52×10^8 尾（图 3.1-20）。与三峡水库蓄水前相比，蓄水后宜都断面四大家鱼仔鱼径流量有一定的增加。2005—2013 年均为 4.29×10^8 尾，相比 2001 年和 2002 年年均径流量增加了 45.2%。根据推断，增加的原因主要是三峡水库为长江上游四大家鱼提供了广阔的栖息地，长江上游四大家鱼亲鱼数量增加。

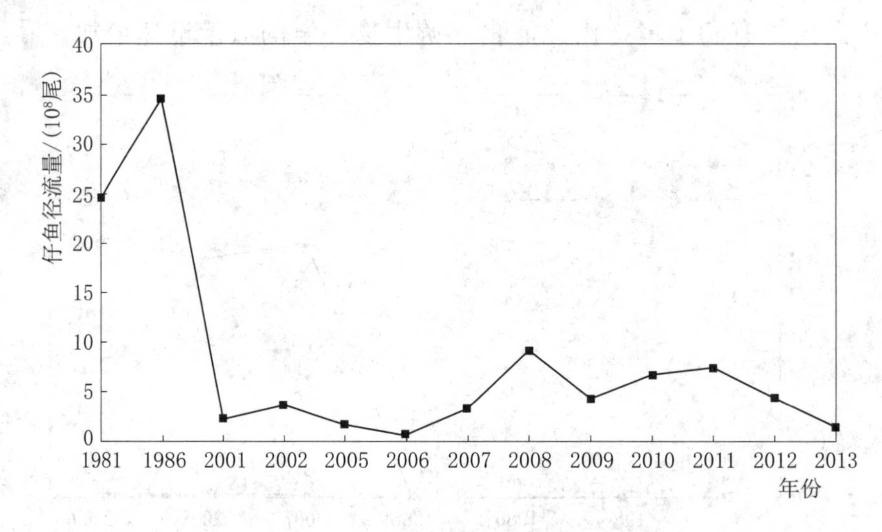

图 3.1-20　长江宜都断面四大家鱼仔鱼径流量

三峡水库蓄水后，长江上游四大家鱼比例发生变化，这一变化在宜都断面所采集到的四大家鱼仔鱼中得到反映。蓄水前宜都断面草鱼一直占数量优势，在 20 世纪 60 年代平均占 77.5%，80 年代平均占 59.75%，2001—2002 年平均占 57.1%；青鱼的数量其次；鲢和鳙均较少。蓄水后（2005—2013 年）宜都断面四大家鱼仔鱼的种类组成有明显的变化，草鱼的比例下降到年均 35.4%；青鱼的比例下降到年均 10.6%。而蓄水前鲢的比例仅为年均 17.6%，蓄水后增加到年均 43.2%。蓄水前鳙的比例仅年均 2.4%，蓄水后增加到年均 10.8%（图 3.1-21）。

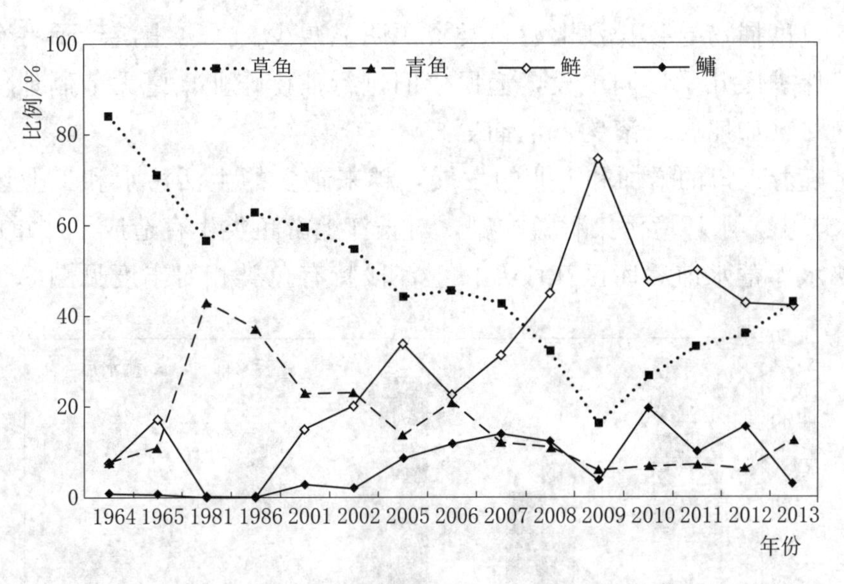

图 3.1-21 三峡水库蓄水前后长江宜都断面四大家鱼仔鱼的种类组成比例变化

第二节 三峡工程对长江上游鱼类栖息繁殖的影响

一、对库区及长江上游鱼类群落结构的影响

在三峡水库蓄水前后，三峡库区及以上江段鱼类群落结构发生显著变化，主要情况如下：

（1）三峡工程开始建设后，长江上游特有鱼类资源明显减少。三峡水库蓄水后，库区江段由原来的流水环境转变为缓流和静水环境，不适宜特有鱼类栖息繁殖，栖息地的丧失导致特有鱼类数量显著下降，某些物种已由优势种变为偶见种。

（2）三峡水库蓄水前后，三峡水库库尾木洞江段以及以上合江和宜宾江段鱼类群落结构发生一定变化，但是仍以喜流水性鱼类为主，如圆口铜鱼、长鳍吻鮈等。三峡水库库中万州和库首秭归江段，鱼类群落结构发生明显变化，以喜静水和缓流的鱼类为主，如贝氏䱗、蛇鮈、银鮈、䱗、似鳊、鲤、鲫等。

研究结果与中国科学院环境评价部等（1996）的预测完全相符。造成这一现象的原因可能有以下几个方面：

（1）三峡水库蓄水以后，淹没了长江上游约 600km 的江段，库区的流水环境变成缓流环境，特有鱼类和喜流水环境的鱼类不适应库区的环境，被迫向上游流水江段迁移，喜静水和缓流环境的鱼类成为库区的优势种类。

（2）过度捕捞导致长江上游鱼类资源明显减少。长江上游珍稀特有鱼类国家级自然保护区几乎形同虚设，渔民依旧进行捕捞作业，毫无节制地使用有害的渔具渔法（如船罾、滚钩、电捕等）。

（3）随着人口的增加和工业的发展，越来越多的生活污水和工业废水排放到天然水域中，水环境污染日益加剧，对长江上游鱼类生存造成了严重的影响。

三峡水库蓄水前后库区江段及以上江段特有鱼类相对丰度见图 3.1-22。

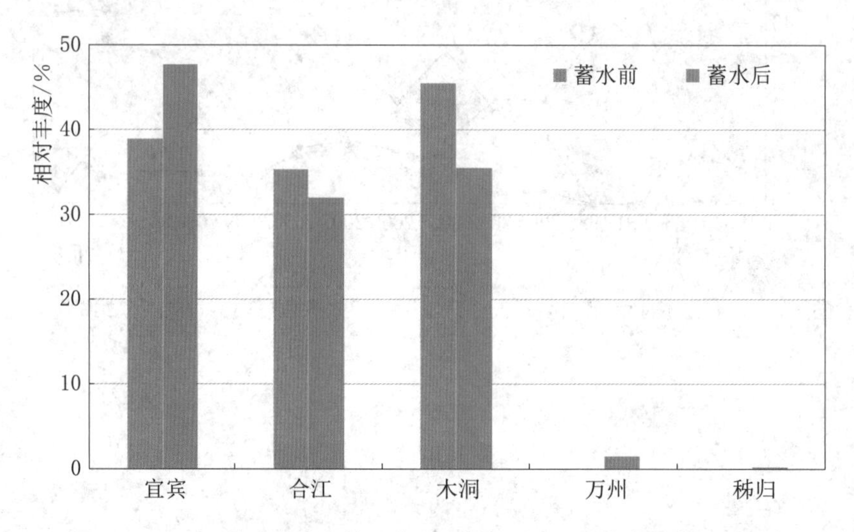

图 3.1-22　三峡水库蓄水前后库区江段及以上江段特有鱼类相对丰度

二、对长江上游四大家鱼繁殖的影响

2003 年三峡水库蓄水后，长江上游四大家鱼的繁殖活动发了一些变化：①库区上游江段四大家鱼产卵场仍存在，并形成了部分新产卵场，整个库区上游江段四大家鱼的产卵规模相比蓄水前有所增加；②与蓄水前相比，库尾江段的产卵场位置基本保持不变，然而在库区内大部分产卵场被淹没，只有部分产卵场在一定的水文条件下仍能满足四大家鱼的繁殖需求。总体上，三峡库区及上游江段四大家鱼产卵规模有增加的趋势，其中鲢的数量显著增加。此研究结果与中国科学院环境评价部等（1996）的预测相近，但也有差异。

发生以上变化主要原因如下：

（1）三峡大坝蓄水后形成超过 600km 的库区，水流环境改变，流速变慢，导致库区产卵场规模变小甚至消失，四大家鱼上溯至库区以上的干流、支流繁殖，库区以上江段成为长江上游四大家鱼的主要产卵场。

（2）三峡水库为上游四大家鱼提供广阔的栖息地，以及丰富的饵料生物，因此长江上游四大家鱼资源得到增殖，长江上游四大家鱼的繁殖规模也相应地增加。

第二章

坝下中华鲟及四大家鱼繁殖活动的变化

《长江三峡水利枢纽环境影响报告书（简写本）》中国科学院环境评价部等（1996）预测，三峡工程虽不存在阻隔的问题，但其改变了长江径流时空分布的格局，将直接或间接地对中华鲟的产卵场、产卵活动以及繁殖群体产生不利影响。直接原因是使中华鲟产卵场面积缩小；间接原因是中华鲟受到的干扰加剧。中游家鱼的繁殖活动将因三峡水库的调蓄作用受到较严重影响，不能产卵或产卵量大幅度减少，资源的补充将发生困难。本章根据中国科学院水生生物研究所的监测数据，对比分析三峡水库蓄水前后，三峡坝下中华鲟繁殖群体和繁殖活动的变化以及长江中游四大家鱼繁殖活动的变化。

第一节　坝下中华鲟及四大家鱼的繁殖活动

一、中华鲟繁殖活动

中华鲟隶属于鲟形目鲟科鲟属，为国家一级保护动物，世界自然保护联盟（International Union for Conservation of Nature，IUCN）的红色名录将其评定为极危。中华鲟是一种海河洄游性鱼类，它们在海洋里生长，渤海、黄海、东海和南海北部都有其踪迹，成熟后溯游到江河内繁殖，长江和珠江都分布有产卵场。长江中华鲟种群和珠江中华鲟种群属于不同的生态类群，但是也有学者认为两者是不同的种。目前，珠江中华鲟种群已经几乎消失，长江中华鲟种群还有一定的数量。长江中华鲟性成熟晚，初次性成熟年龄为 8～26 龄，成熟个体年龄最大为 35 龄。每年的 6—7 月，中华鲟成体由长江口进入长江，9—10 月到达产卵场后停留一年，待性腺发育成熟后，次年的 10 月中旬至 11

月下旬产卵繁殖，产卵时江水温度为16.1～20.8℃。中华鲟原产卵场位于金沙江下游新市镇至重庆涪陵之间600～800km的江段。被葛洲坝水利枢纽阻隔后，中华鲟在坝下江段形成了新的产卵场。然而，坝下产卵场范围过于狭小，不能容纳所有亲鱼参加繁殖，每年只有一小部分亲鱼能够产卵，产卵规模缩小，中华鲟种群资源量显著下降。

（一）繁殖群体

1998—2013年中国科学院水生生物研究所的水声学探测结果表明，同一年度内产卵前中华鲟数量多于产卵后，说明中华鲟在产卵结束后，会尽快离开产卵场，返回大海。根据水声学探测数据估算，与1998—2002年三峡水库蓄水前相比，2003—2013年蓄水后宜昌葛洲坝下游中华鲟产卵前繁殖群体数量下降了53.9%，产卵后繁殖群体数量下降了64.4%。三峡水库蓄水后，中华鲟产卵前的繁殖群体数量减小为平均每年203尾，一直维持在较低水平（图3.2-1）。

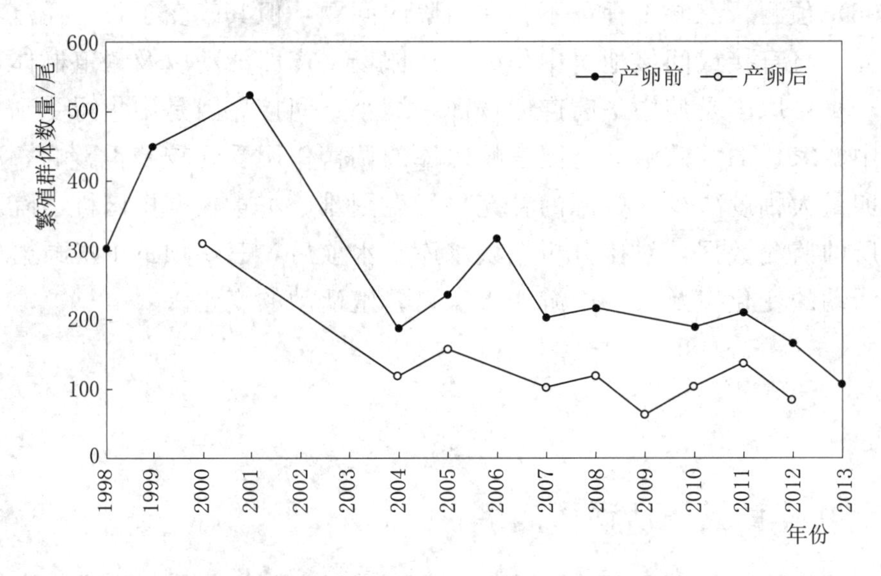

图3.2-1　1998—2013年中华鲟繁殖群体数量

（二）繁殖次数和时间

中国科学院水生生物研究所对中华鲟自然繁殖监测结果显示，三峡水库蓄水后中华鲟首次产卵时间不断延后，产卵次数也由原来的2次减少到1次。1997—2002年三峡水库蓄水前，中华鲟的首次产卵时间在10月中下旬，2003—2012年三峡水库蓄水后，中华鲟的首次产卵时间不断推迟，直至11月底（图3.2-2）。

1997—2002年三峡水库蓄水前，在宜昌中华鲟产卵场，除了1998年外，

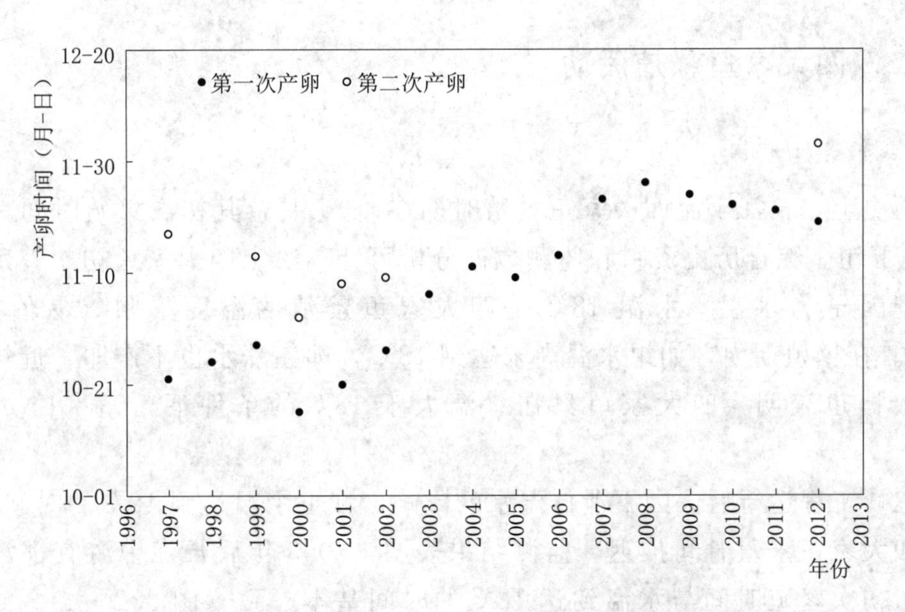

图 3.2-2 1997—2013 年中华鲟产卵时间和次数

中华鲟每年都有 2 次产卵活动。2003—2012 年三峡水库蓄水后，仅 2012 年中华鲟有 2 次产卵活动，其余年份中华鲟都只有 1 次产卵活动。

2013 年，中华鲟没有在葛洲坝下游的已知产卵场进行繁殖活动。

（三）繁殖规模

中国科学院水生生物研究所产卵鱼调查结果显示，1997—2013 年中华鲟产卵规模明显减小，2003 年之后其产卵规模一直维持在较低水平。1997—2002 年三峡水库蓄水前中华鲟产卵规模年均约为 14.99×10^6 粒，2003—2013 年蓄水后产卵规模下降至年均 4.40×10^6 粒，同比下降了 73.5%，产卵规模为 $1.94\times10^6\sim10.93\times10^6$ 粒（图 3.2-3）。

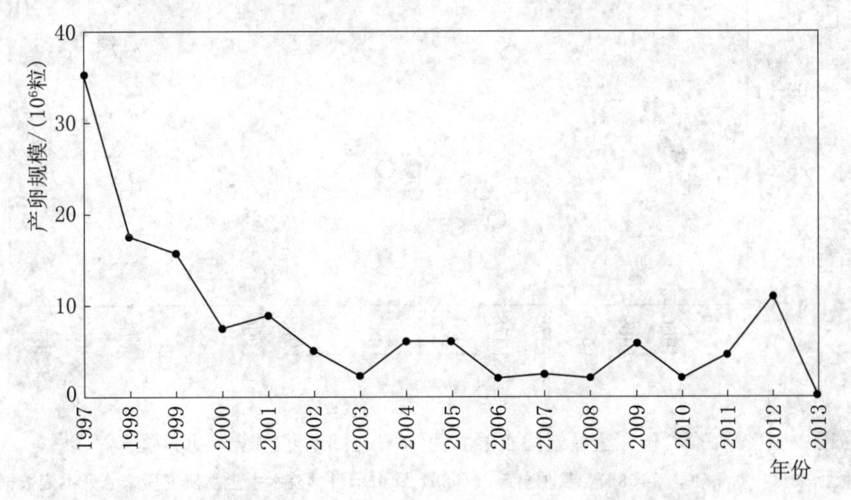

图 3.2-3 1997—2013 年葛洲坝下产卵场中华鲟产卵规模

二、四大家鱼繁殖活动

（一）繁殖时间

历史上，长江干流四大家鱼繁殖时期在4—7月，其初次繁殖时间一般在4月中下旬。综合历史资料和监测数据分析可知，决定四大家鱼初次繁殖时间的关键因子为水温，水温18℃是四大家鱼繁殖的温度下限（易伯鲁等，1988）。在繁殖期内，如果水温尚未达到18℃，即使涨水也不产卵。近年实际监测数据也表明，四大家鱼只在水温大于18℃的条件下繁殖（Li et al.，2013）。

三峡工程运行后，因下泄低温水的影响，坝下水温达到18℃的时间滞后，引起四大家鱼繁殖时间推迟。监测结果表明，2003年后长江中游宜都江段四大家鱼初次繁殖时间与水温到达18℃的时间基本一致（图3.2-4）。2005—2012年宜都江段水温到达18℃的时间最早在5月6日，最晚在5月24日，距离4月1日的日期平均为42.25天±6.98天，而四大家鱼初次繁殖时间最早在5月8日，最晚在5月28日，距离4月1日的日期平均为46.5天±7.94天。与蓄水前相比，蓄水后水温到达18℃的日期平均推迟23天（图3.2-5，蓄水前为19天±7.52天），而蓄水后初次繁殖的时间也平均推迟约25天（图3.2-5，蓄水前为21.8天±3.8天）。可见三峡水库蓄水后，宜昌江段四大家鱼初次繁殖时间明显推迟。

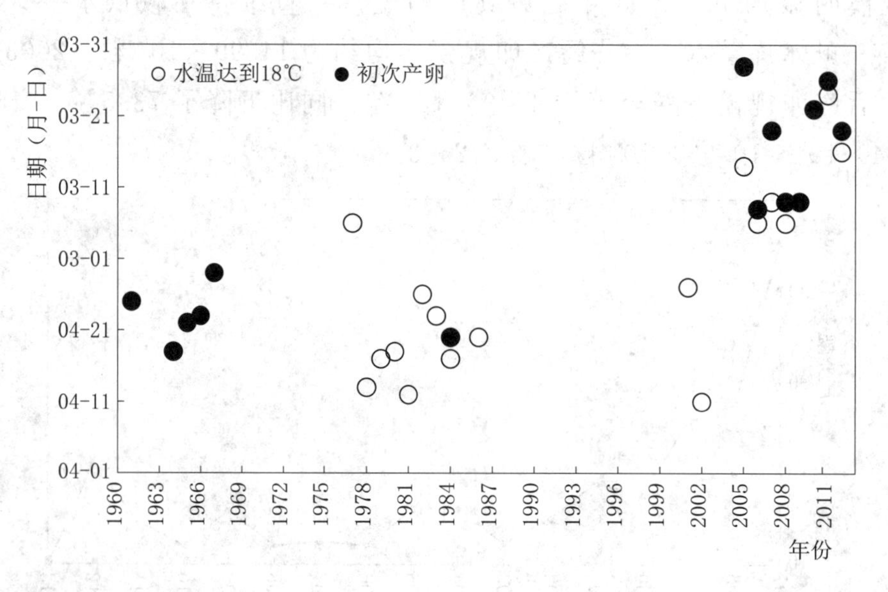

图3.2-4　长江宜昌江段水温到达18℃时间及四大家鱼初次繁殖时间

［数据来源：刘乐和等（1986）、易伯鲁等（1988）和中国科学院水生生物研究所未公开发表数据］

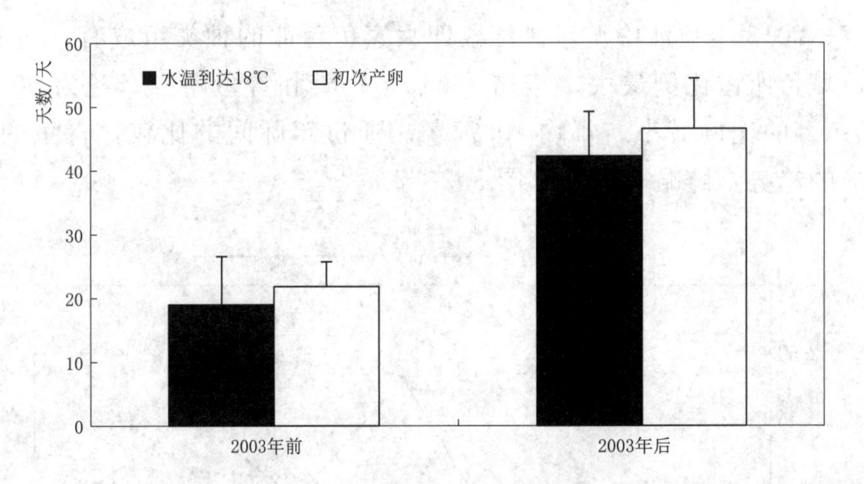

图 3.2-5　三峡水库蓄水前后长江宜昌江段四大家鱼产卵场水温到达 18℃日期的变化

（注：纵坐标为自 4 月 1 日起至水温达到 18℃的天数）

（二）繁殖规模

三峡水库蓄水前，长江中游宜昌至城陵矶江段成为长江干流四大家鱼最重要的产卵江段，产卵量在 1986 年占全江总产卵量的 42.7%，尤其是处于葛洲坝下游的宜昌产卵场，是全长江最大的产卵场（易伯鲁等，1988）。据中国科学院水生生物研究所监测，三峡工程建设后，长江中游宜昌产卵场仍然有四大家鱼繁殖。2005—2008 年平均规模为 0.79×10^{8} 粒，2009—2013 年平均规模为 4.24×10^{8} 粒，呈现一定的增加趋势（图 3.2-6）。虽然 2009—2013 年的四大家鱼产卵规模整体上有一定增加，但是目前的产卵规模与 20 世纪 60 年代和 80 年代相比仍有显著的差距。2005—2013 年的年均产卵规模仅为 20 世纪 60 年代的 2.4%，为 80 年代的 16.8%。

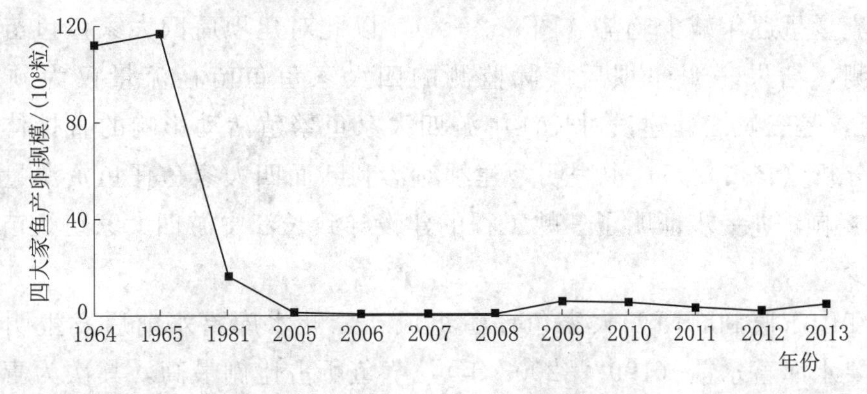

图 3.2-6　三峡水库蓄水前后长江宜昌江段四大家鱼的产卵规模变化

［数据来源：长江四大家鱼产卵场调查队（1982）、易伯鲁等（1988）、中国科学院水生生物研究所未公开发表调查数据］

2007—2013年长江中游宜昌江段四大家鱼鱼卵的种类组成有一定的变化。总体上，草鱼所占比例最大，年均38.40%；鲢和青鱼略少，各为30.86%和19.99%；鳙的比例最小，年均10.75%。通过年际间的比较，青鱼的比例有逐渐下降的趋势，鲢略有增加（图3.2-7）。

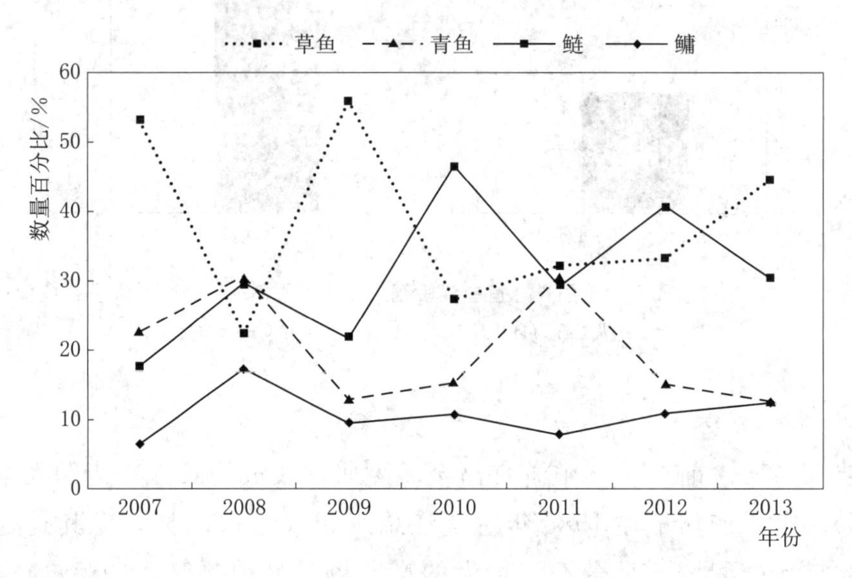

图3.2-7　长江宜昌江段四大家鱼鱼卵种类组成

三峡水库蓄水后，长江中游监利断面四大家鱼的早期资源量出现明显的减少。1986年，监利断面四大家鱼鱼苗径流量为72×10^8尾，1997年为35.87×10^8尾，2002年为19×10^8尾，而2003年仅为4.06×10^8尾。整体上，蓄水后2003—2010年监利断面四大家鱼年均产卵规模为2.27×10^8尾，为蓄水前1997—2002年平均值的9.01%。在2003年前，监利断面四大家鱼鱼苗径流量呈逐年减少趋势（图3.2-8），以此对建坝后四大家鱼鱼苗资源量进行预测，结果表明建坝后实际监测的四大家鱼鱼苗径流量仅为预测值的24.66%，是三峡工程建设对长江中游四大家鱼繁殖活动影响的直接体现。而协方差分析（$P<0.05$）也表明，建坝对监利断面四大家鱼仔鱼资源量产生了明显的影响，进一步证明了三峡工程的建设导致长江中游四大家鱼鱼苗资源量显著减少。

长江中游监利断面四大家鱼仔鱼组成在三峡水库蓄水前后发生明显的变化。三峡水库蓄水前（1997—2002年），草鱼所占比例最高，其次为青鱼，鲢和鳙较少。三峡水库蓄水后（2003—2010年），鲢的比例明显上升，平均占55.88%；草鱼所占比例有所下降，为38.17%；青鱼所占比例明显下降，为3.69%；鳙的比例仍较低，为2.23%（图3.2-9）。

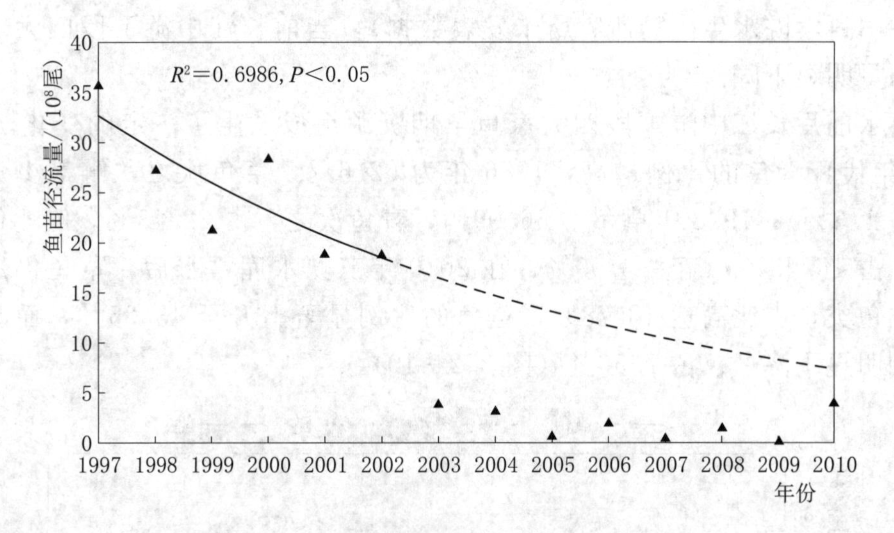

图 3.2-8　长江监利断面四大家鱼鱼苗径流量变化
[数据来源于中华人民共和国环境保护部（1998—2011）]

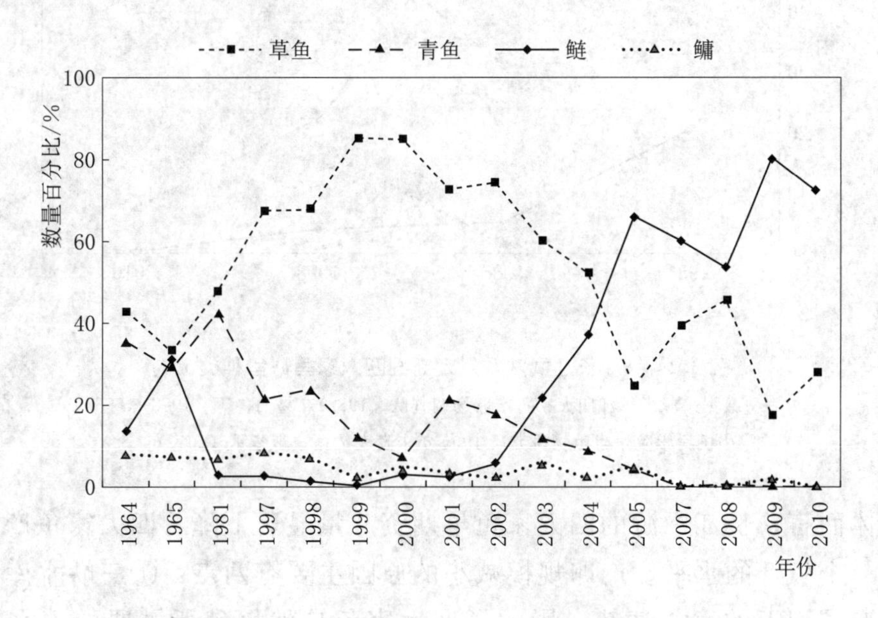

图 3.2-9　长江监利断面四大家鱼仔鱼种类组成
[数据来源于易伯鲁等（1988）、长江四大家鱼产卵场调查队（1982）
和中华人民共和国环境保护部（1998—2011）]

三峡水库蓄水前，长江中游城陵矶至武穴江段也分布有四大家鱼产卵场，其产卵规模约占全江产卵量的27.7%（易伯鲁等，1988）。2008年，在长江中游武穴断面的四大家鱼仔鱼径流量为0.376×10^8尾，相比历史资料，1986年武穴断面四大家鱼仔鱼总径流量为50.73×10^8尾（易伯鲁等，1988），1998年九江断面、1999年纱帽断面的仔鱼径流量分别为3.32×10^8尾和4.47×10^8

尾（中国科学院水生生物研究所未发表数据），当前长江中游下段四大家鱼早期资源量明显下降。

蓄水前后长江中游下段四大家鱼早期资源组成发生了一定的变化。20 世纪 80 年代，青鱼的比例最高，1986 年为 62.6%，草鱼次之，鲢最少（1986 年仅占 1.3%）；1998 年草鱼占 56.09%，青鱼次之，占 22.13%，鲢比例有所增加，占 17.78%，鳙占 3.99%；在 2010 年三峡水库蓄水后，草鱼仍然是最主要的鱼类，占比高达 48.78%，鲢鱼的比例显著上升至 43.35%，而青鱼的比例则明显下降，仅占 7.56%（图 3.2-10）。

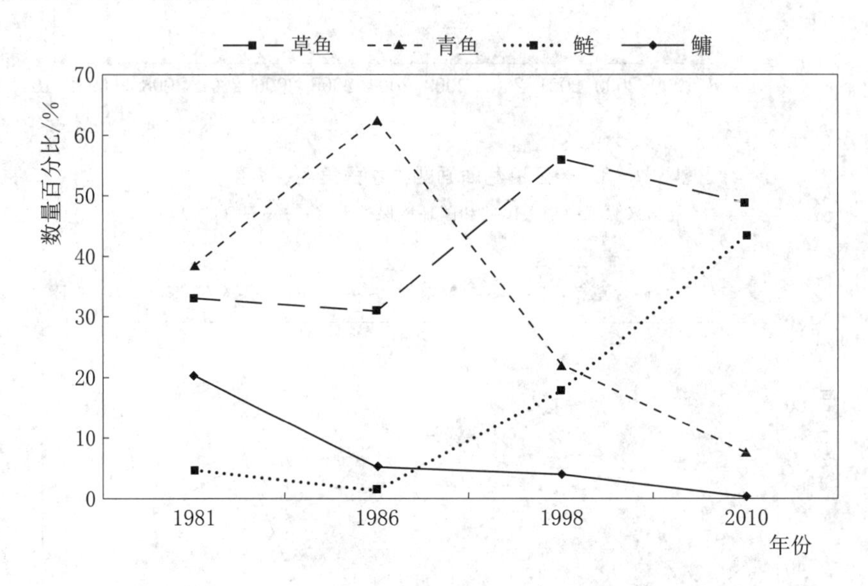

图 3.2-10　长江武穴及九江断面四大家鱼仔鱼种类组成

[数据来源于长江四大家鱼产卵场调查队（1982）、易伯鲁等（1988）、中国科学院水生生物研究所 1999 年未发表数据；李建军（2011）]

总体而言，长江中游的四大家鱼早期资源量显著下降，四大家鱼产卵规模维持在一个较低的水平。产卵规模减小的原因主要有两点：①三峡水库的运行调度改变了坝下的水文情势，影响了四大家鱼自然繁殖所需要的涨水节律和 18℃以上水温的时间规律；②江湖阻隔、过度捕捞等导致长江中游湖泊中四大家鱼幼鱼资源遭到严重破坏，补充群体数量不足，亲鱼数量减少。

（三）产卵场位置

三峡水库蓄水前后，长江中游宜昌至城陵矶江段四大家鱼产卵场的变化不大。根据调查，葛洲坝下至宜都江段仍存在葛洲坝至虎牙滩、云池至宜都两个较大的产卵场（中国科学院水生生物研究所，2005—2013），宜都至城陵矶江段的 8 个产卵场与蓄水前相比也无明显变化（段辛斌等，2008）（图 3.2-11）。

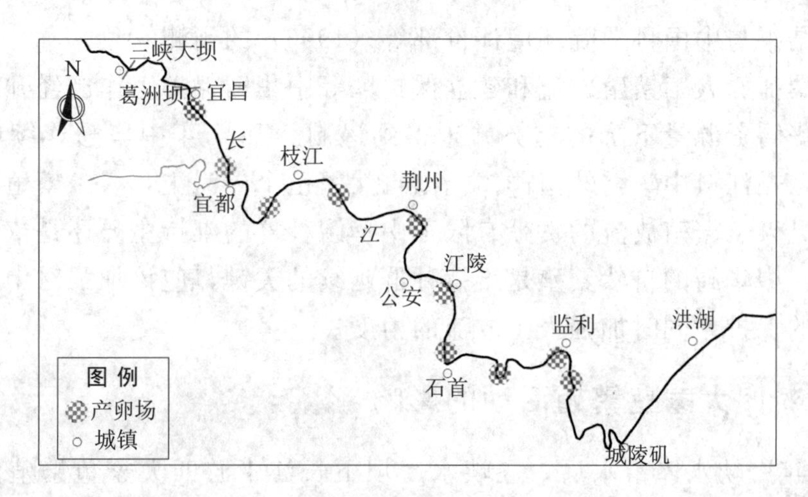

图 3.2-11　长江中游宜昌至城陵矶四大家鱼产卵场分布图

2003年后，长江中游城陵矶至九江江段四大家鱼产卵场部分消失或产卵规模降至很低。1986年，城陵矶至九江共分布有8个四大家鱼产卵场，分别为螺山、嘉鱼、簰州、大咀、白浒山、团风、黄石、田家镇等。三峡水库蓄水后，根据武穴江段所采集的四大家鱼仔鱼推算，这些仔鱼主要来自武穴上游292.72km以上江段的产卵场，即长江公安以上江段的产卵场（黎明政等，2010）。此外，根据2010年瑞昌四大家鱼原种场所采集四大家鱼仔鱼分析，所采集仔鱼发育期主要为卵黄吸尽至尾索上翘期，推测主要来自郝穴至石首产卵场（李建军，2011）。

第二节　三峡工程对坝下中华鲟及四大家鱼繁殖活动的影响

一、对中华鲟繁殖活动的影响

调查结果表明，三峡水库蓄水后，中华鲟产卵时间推迟，产卵次数减少。中国科学院水生生物研究所的研究结果显示，20℃的水温和10月的流量是影响中华鲟产卵时间的主要因素。17～20℃是中华鲟产卵的最佳温度范围（陈细华，2004）。三峡水库蓄水后，葛洲坝下游中华鲟繁殖季节水温逐渐变暖，水温下降至20℃的时间逐渐推迟，导致中华鲟产卵时间推迟。同时，三峡水库蓄水后，10月的流量明显减小，可能影响中华鲟的性腺成熟。

事实上，自葛洲坝截流以来，受截流阻隔、长江水环境恶化和捕捞的影响，中华鲟群体规模持续减小。三峡水库蓄水后，对中华鲟的不利影响进一步加剧。

研究结果与中国科学院环境评价部等（1996）的预测一致。

尽管禁捕、人工繁殖放流和建立保护区等中华鲟保护工作已经开展了数十年，但中华鲟资源量下降的趋势并未得到遏制。2017年中华鲟连续中断自然繁殖以前，长江口中华鲟幼鱼群体仍以自然繁殖个体为主，人工繁殖个体约占10%。可见人工繁殖放流的贡献有限，中华鲟种群的维持主要还是依靠自然繁殖。因此，中华鲟的自然繁殖是维持种群延续的关键，应该加强对中华鲟自然繁殖活动的保护，同时加强人工放流的力度。

二、对四大家鱼繁殖活动的影响

2003年三峡水库蓄水后，三峡水库坝下长江中游四大家鱼繁殖活动相比2003年以前发生了一些变化。长江中游四大家鱼初次繁殖时间平均推后约25天，四大家鱼早期资源量显著下降，当前四大家鱼产卵规模维持在一个很低的水平。研究结果与中国科学院环境评价部等（1996）的预测相近。

发生以上变化的主要原因如下：

（1）三峡水库的运行调度对下泄流量、水位有明显影响。四大家鱼产漂流性卵，繁殖行为需要洪峰涨水的刺激。而三峡水库具有调节洪峰的作用，坝下江段的涨水过程被改变为洪峰低平、涨幅很小的情形。另外，三峡水库下泄的清水将使中游江段发生长距离冲刷，改变河床形态，导致中下游断面流速减少、洪峰削平。

（2）5—6月，四大家鱼繁殖季节，三峡水库下泄水的温度偏低，使得四大家鱼的自然繁殖需要的18℃以上的水温时间推迟，导致繁殖时间推迟。

（3）由于受江湖阻隔以及过度捕捞等因素影响，长江中游四大家鱼的幼鱼资源遭到严重破坏，使得补充群体数量不足，亲鱼数量急剧减少。

第三章

长江中游通江湖泊鱼类资源补充及生长的变化

《长江三峡水利枢纽环境影响报告书（简写本）》（中国科学院环境评价部等，1996）预测，三峡工程对洞庭湖的影响与径流的时空分配变化有关。受水库10月蓄水影响，坝下江段水位急剧下降，这将使洞庭湖约提前一个月进入枯水期，过早地形成渔汛，鱼类生长期相应缩短，渔产品的数量和质量都将下降。本章根据历史数据和文献资料，分析三峡水库蓄水前后，通江湖泊鱼类江湖交流和生长变化。

第一节 长江中游通江湖泊鱼类资源的补充及生长

一、通江湖泊鱼类江湖交流

长江鱼类一年之中除越冬期间活动范围较小外，其他季节都有一定数量的鱼类在江湖间交流。4—5月许多在湖泊繁殖的鱼类进湖产卵，6月以后在江河繁殖的鱼类进湖肥育，秋季以后湖泊中的鱼类到江河或湖泊深处越冬。鱼类的这些活动与水位的变动有一定的关系。三峡工程建成后，长江中游水文条件发生变化，对鱼类的江湖交流有一定的影响。

（一）4—5月鱼类的江湖交流

三峡水库蓄水有利于4—5月进入湖区产卵鱼类的入湖交流。宜昌站多年径流变化过程的分析结果表明，2000年后，宜昌站12月至次年4月径流的年内分配百分比均为各年代最高，大于多年平均水平（表3.3-1）（赵军凯等，2012）。通过宜昌站在三峡水库蓄水前后多年月平均流量的比较（蔡文君等，2012）可知，三峡水库蓄水后1—4月下泄流量有增加的趋势（图3.3-1）。4

月正是湖泊鱼类繁殖的重要时期，此时径流量增加有利于产卵亲鱼进入湖区产卵场。以鄱阳湖为例，1—4 月，三峡水库增泄流量将抬升湖口水位 0.2～0.7m，当水库增泄流量达到 400m^3/s 时，湖区水位增加的范围可以影响至都昌水域；5—6 月，将抬升湖口水位 0.3～1.1m，尤其是增泄流量达到 6000m^3/s 时，湖区水位平均约抬升 0.9m（许继军等，2013）。当然，鲤、鲇、鲌类等产黏性卵的鱼类也可在干流的一些洲滩找到适当的环境繁殖，但这些环境条件相对湖泊的产卵条件要差一些。

表 3.3-1　　宜昌站年代际平均径流年内分配百分比　　%

时段	1月	2月	3月	4月	5月	6月	7月	8月	9月	10月	11月	12月
20 世纪 50 年代	2.6	2.1	2.5	3.6	7.1	10.0	18.8	18.7	14.6	10.6	5.9	3.6
20 世纪 60 年代	2.5	2.0	2.6	3.7	6.8	9.7	18.0	16.9	16.2	11.6	6.3	3.6
20 世纪 70 年代	2.6	2.1	2.5	4.2	8.2	11.9	16.8	15.4	15.2	11.5	6.0	3.5
20 世纪 80 年代	2.5	2.1	2.6	3.8	6.1	10.5	19.3	16.4	16.2	11.5	5.6	3.5
20 世纪 90 年代	2.8	2.3	2.8	4.1	7.3	11.0	20.0	17.3	13.1	10.0	5.7	3.6
2000—2010 年	3.2	2.7	3.4	4.4	7.4	11.3	17.6	16.4	15.0	9.1	5.7	3.8
多年平均	2.7	2.2	2.7	4.0	7.2	10.7	18.4	16.9	15.1	10.7	5.9	3.6

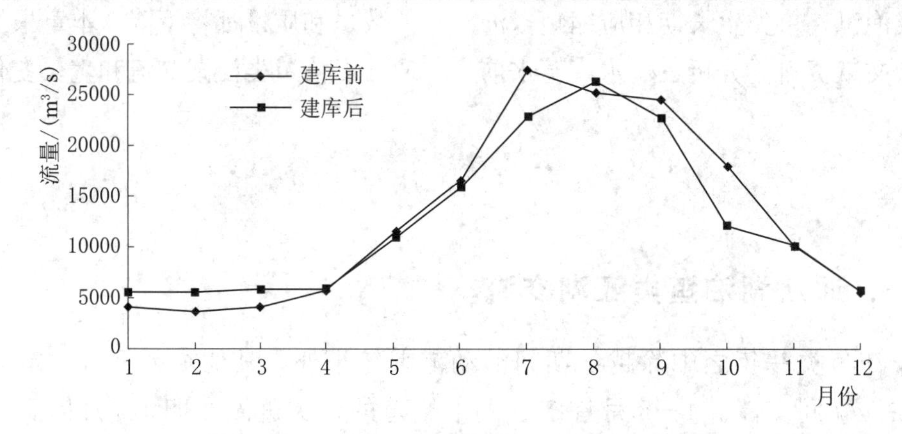

图 3.3-1　三峡水库建成前后宜昌站多年月平均流量
［数据来自蔡文君等（2012）］

（二）由三口进入洞庭湖的长江干流鱼类早期资源

在鱼类繁殖季节，有相当数量的长江鱼苗随水流入洞庭湖，这对洞庭湖鱼类资源的补充起着重要的作用。历史上在松滋河和虎渡河，每年 5—6 月都有捕捞天然鱼苗的弶网作业，说明这两条河道中有一定数量的鱼苗。

根据葛洲坝枢纽截流后的长江四大家鱼产卵场调查的资料，从宜昌至藕池口江段距离为 255km，分布有宜昌、枝江、江口、沙市、郝穴等产卵场，其中以宜昌和枝江的产卵规模为最大，约占由奉节至监利江段四大家鱼总产卵量的50%。该江段的部分卵苗可随江水由三口（松滋口、太平口、藕池口）进入洞庭湖。长江流域家鱼的繁殖季节从4月下旬至7月，以5—6月最为集中。中国科学院水生生物研究所1988年的研究结果表明5—6月通过松滋河口进入洞庭湖的四大家鱼鱼苗径流量约为1.82×10^8尾，且其占长江干流鱼苗径流量的比例同两个采集断面鱼苗径流量的比例十分接近（表3.3-2）。

表3.3-2　长江松滋口、松滋河口的径流量与鱼苗径流量（1988年）

时间	江段	径流量/m^3	四大家鱼鱼苗径流量/万尾	铜鱼鱼苗径流量/万尾	其他鱼苗径流量/万尾	鱼苗合计/万尾
5月23—31日	长江松滋口	4782472	12097.86	4732.76	482699.9	65100.52
	松滋河口	266880	679.83	22.46	4129.89	4831.73
	占比/%	5.58	5.62	0.47	0.86	7.47
6月1—30日	长江松滋口	23501979	268271.53	238887.3	223814.5	730973.3
	松滋河口	2042025	17507.94	4798.36	11250.62	33556.92
	占比/%	8.69	6.53	2.01	5.03	4.59

三峡水库蓄水后由于三口入湖水量的减少，洞庭湖区总来水量呈现下降趋势，对由三口进入湖区的鱼苗带来不利影响。根据分析，洞庭湖多年平均年入湖水量约为$2825\times10^8m^3$，其中出自三口的约$908\times10^8m^3$，占32.1%；出自四水（湘江、资水、沅江、澧水）的约为$1663\times10^8m^3$，占58.9%。另外出自区间的约为$254\times10^8m^3$，占9.0%。出湖水量$2966\times10^8m^3$，基本与入湖水量持平。从不同时期来看，三口入湖水量均呈现减少的趋势，尤其是三峡水库蓄水后，三口入湖水量急剧下降（表3.3-3），2003—2008年仅占总入湖水量的21.6%。由此可见长江经由三口进入洞庭湖的四大家鱼及其他江湖洄游鱼类的鱼苗量也将大大减少，将导致洞庭湖江湖、洄游性鱼类的比例降低。

表3.3-3　不同时段洞庭湖平均年入湖及出湖水量　单位：10^8m^3

时段	入湖水量				出湖水量
	三口	四水	区间	合计	
1951—1966年	1474	1640	252	3366	3366
1967—1972年	1023	1730	255	3008	2982
1973—1980年	835	1699	252	2786	2789
1981—2000年	708	1699	254	2661	2711
2003—2008年	498	1546	259	2303	—
1951—2008年	908	1663	254	2825	2966*

注　数据引自李景保等（2009）。

*　仅为1951—2000年平均。

根据研究，2003年后，洞庭湖典型江湖洄游鱼类四大家鱼在渔获物中所占的比例呈逐年下降的趋势（图3.3-2）。四大家鱼占总渔获物量的比例在1999—2002年平均为8.48%，而2004—2007年平均为6.63%。

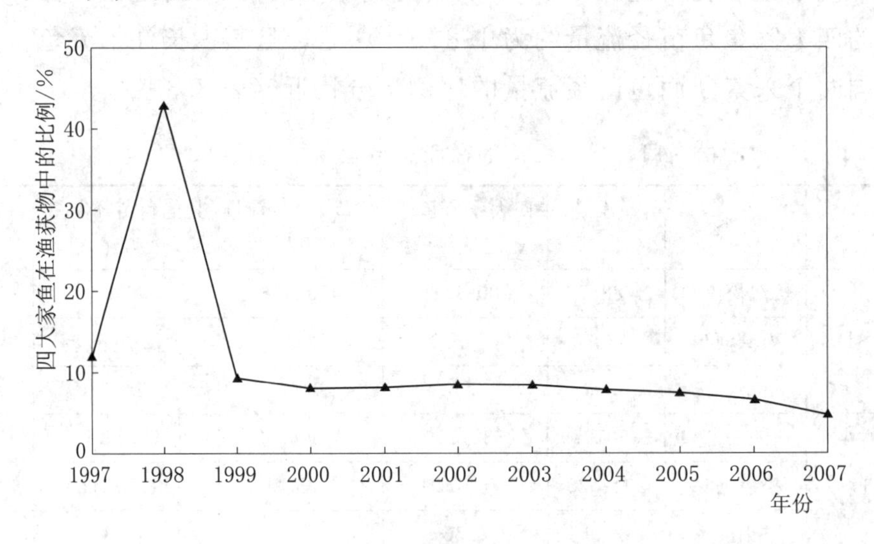

图3.3-2　1997—2007年洞庭湖四大家鱼在渔获物中的比例变化趋势

［注：数据来自李红柄等（2008）和中华人民共和国环境保护部（2008）］

二、长江中游鱼类生长

（一）春夏季鱼类繁殖时间与鱼类生长

三峡工程运行后，坝下水温年内分布过程和蓄水前存在明显差异。根据蓄水前（1983—2002年）和蓄水后（2004—2009年）三峡坝下宜昌站的月平均水温对比，蓄水后4—5月水温降低明显，最多的4月可降低3.0℃；10月到次年2月水温升高显著，升高可达3.6℃（彭期冬等，2012）。中国科学院水生生物研究所的监测数据也证实了坝下产卵场在四大家鱼繁殖季节水温达到18℃的时间推迟，从而导致四大家鱼产卵时间推迟约25天。随着三峡水库175m水位的正常运行，坝下四大家鱼初次繁殖延后的时间在1个月以上。繁殖时间的延后带来的直接结果是鱼类年内生长的时间相应缩短，因此，三峡水库下泄的低温水缩短了坝下鱼类早期阶段的生长时间。

三峡水库蓄水后，春夏季坝下水温偏低对鱼类早期生长带来了直接的不利影响。根据2008—2009年坝下四大家鱼幼鱼耳石日轮分析，在洞庭湖和长江干流监利江段的幼鱼期仔鱼阶段形成的耳石日轮宽度较鄂州和武穴江段幼鱼同期形成的耳石日轮宽度窄，表明前者仔鱼阶段的生长速度小于后者，这可能是前者离三峡大坝距离较近、受大坝影响更加显著造成的（张国等，2013）。据此分析，三峡大坝下泄水温较低、营养物质较少是影响坝下四大家鱼繁殖和早期生长的重要因素。繁殖季节推迟和早期生长速度下降可能导致坝下四大家鱼早期生活史阶段死亡率增大，从而影响其资源补充和种群数量变动（张国等，2013）。

（二）秋季通江湖泊鱼类的生长

三峡水库在秋季要大量蓄水，直接导致下泄流量较自然情况下减少，将引起通江湖泊水位提前下降。以洞庭湖为例，根据预测当三峡水库下泄流量分别减少 $2000m^3/s$、$4000m^3/s$ 和 $6000m^3/s$ 时，洞庭湖三口水位分别下降 0.16m、0.66m 和 1.23m，而此时洞庭湖正进入秋季枯水季节，使洞庭湖在 10 月下旬就可能进入枯水期。在三峡水库运行期对洞庭湖水位影响进行分析，分别将 2006 年 9 月 20 日至 10 月 27 日蓄至 156 m 和 2009 年 9 月 15 日至 11 月底蓄至 171.43 m 的两次蓄水过程期间城陵矶实测水位、通过模拟无三峡工程影响的还原水位以及 1990—1999 年日最大、日最小和日平均水位进行比较，结果表明，对比还原后的城陵矶水位，三峡水库蓄水对秋季城陵矶水位造成了较大程度的下降，尤其在 2009 年最大降幅达到 3.12m。此结果也证明了洞庭湖因三峡水库的影响秋季退水提前的事实（黄群等，2011）。

秋季退水的提前对通江湖泊渔业资源将可能产生三个负面影响（以洞庭湖为例），具体如下。

（1）缩短鱼类育肥生长期。因枯水期提前，水位降低导致的鱼类索饵场面积减少，天然饵料减少。

（2）洞庭湖秋季将难以形成渔汛。长江水量减少，城陵矶水位下降将导致洞庭湖湖水退落，鱼类随水出湖，将改变千百年来形成的渔业秋汛洄游规律。洞庭湖秋汛一般在 10 月下旬至 11 月，高产期大约为 20 天，产量占全年天然捕捞量的 20%。三峡水库运行后洞庭湖的秋季鱼汛要提前半个月至 1 个月。鱼类在 10—11 月虽非生长旺季，但仍在生长。秋季鱼汛的提前意味着缩短了鱼类的生长期。参考湖北省东湖鲢、鳙的月平均生长资料，鲢 11 月平均体重达 740g，比 10 月增重 40g；鳙 11 月平均体重 850g，比 10 月增重 100g。由此，退水提前，缩短了鱼类生长期而导致鱼产量减少的情况将会出现。

（3）对主要经济鱼类亲体入江越冬造成较大影响。由于枯水期提前，有可能造成入江亲体数量减少，或提前入江而影响亲鱼育肥。秋季长江的提前退水，洞庭湖的水位也将急剧下降，与建坝前同期相比，约提前 1 个月进入枯水季节，湖区生活的鱼类随水向长江或湖泊深水处转移。此时的水温与建坝前同期相比略有增高，鱼类仍处于摄食生长阶段，提前进入饵料条件较差的越冬场所，导致生命节律的紊乱，对鱼类生产不利，尤其是对出生于7—8月的个体小、生长慢的幼鱼的影响更大。总之，鱼类生长期的缩短、秋季退水的提前将会影响鱼类的生长并导致渔业产量的减少。

三、长江中游渔业资源

（一）三峡坝下渔业资源

三峡水库蓄水后，坝下渔业天然捕捞产量明显下降。与三峡水库蓄水前（1998—2002年）相比，蓄水后（2003—2012年）坝下渔业天然捕捞产量下降了75.5%，其中铜鱼、鲤产量下降较为明显。蓄水后鲤的产量较蓄水前下降了80.2%，铜鱼的产量较蓄水前下降了78.3%。蓄水后四大家鱼产量较蓄水前下降了68.0%（表3.3-4）（中华人民共和国环境保护部，1997—2013）。

表3.3-4　　1998—2012年坝下渔业天然捕捞产量　　单位：t

年份	铜鱼	鲇	鲤	黄颡鱼	四大家鱼	总量
1998	—	—	—	—	—	14600
1999	—	—	—	—	—	7900
2000	2655	528	4791	—	814	5300
2001	1468	290	273	252	337	3300
2002	1077	290	489	150	335	2800
2003	1078	353	217	200	135	2450
2004	796	551	184	122	101	2100
2005	406	542	301	177	168	1970
2006	470	70	540	140	—	1750
2007	389	265	323	98	—	1402
2008	184	390	358	64	97	1317
2009	206	67	331	54	95	1270
2010	75	166	373	35	149	1425
2011	77	149	485	59	189	1340
2012	72	103	554	50	336	1570

（二）洞庭湖渔业资源

三峡水库蓄水后，洞庭湖渔业全捕捞产量较蓄水前明显下降。蓄水后洞庭湖渔业全捕捞产量呈逐年下降的趋势，2012年为21200 t。与三峡水库蓄水前相比，蓄水后洞庭湖渔业产量下降了46.0%。洞庭湖区鲤产卵群体数量和产卵量在蓄水后均有下降的趋势，2002年产卵群体有21.5万尾，产卵量为60.25×10^8粒，而至2005年分别为15.9万尾和46.18×10^8粒；鲫的产卵群体和产卵量基本保持稳定（表3.3-5）（中华人民共和国环境保护部，1997—2013）。

表3.3-5 1996—2012年洞庭湖渔业全捕捞产量及鲤鲫鱼产卵群体数量和产卵量

年份	总产量/t	鲤产卵群体/万尾	鲤产卵量/(10^8粒)	鲫产卵群体/万尾	鲫产卵量/(10^8粒)
1996	55000	20	10	30	10
1997	41700	25	61.57	30	37.65
1998	51500	28	60.4	35	44.61
1999	40300	25	53.25	30	35.94
2000	40100	22	67.76	30	42.49
2001	29800	18.5	56.13	27.8	37.63
2002	32564	21.5	60.25	29.8	39.36
2003	29516	19.6	53.31	27.1	38.29
2004	26000	17.5	50.35	37.8	41.98
2005	23600	15.9	46.18	40.5	40.63
2006	22000	—	—	—	—
2007	21400	—	—	—	—
2008	20800	—	—	—	—
2009	18400	—	—	—	—
2010	23200	—	—	—	—
2011	18300	—	—	—	—
2012	21200	—	—	—	—

三峡水库蓄水后，洞庭湖四大家鱼年捕捞产量及其在渔获物中所占的比例均呈逐年下降的趋势（图3.3-3）。2006年捕捞产量仅为2002年的53.24%，比例由2002年的8.51%下降至2006年的6.61%（李红炳等，2008）。

（三）鄱阳湖渔业资源

三峡水库蓄水后，鄱阳湖全捕捞产量与蓄水前相比在波动中呈下降趋势，最低年份为2011年，为22300t，而蓄水前的2002年为39300t。与三峡水库蓄水前（1997—2002年）相比，蓄水后（2003—2012年）鄱阳湖渔业产量下降了34.5%。鲤鲫产卵量在蓄水后也有所下降，2011年较2002年下降了32.6%（图3.3-4）。

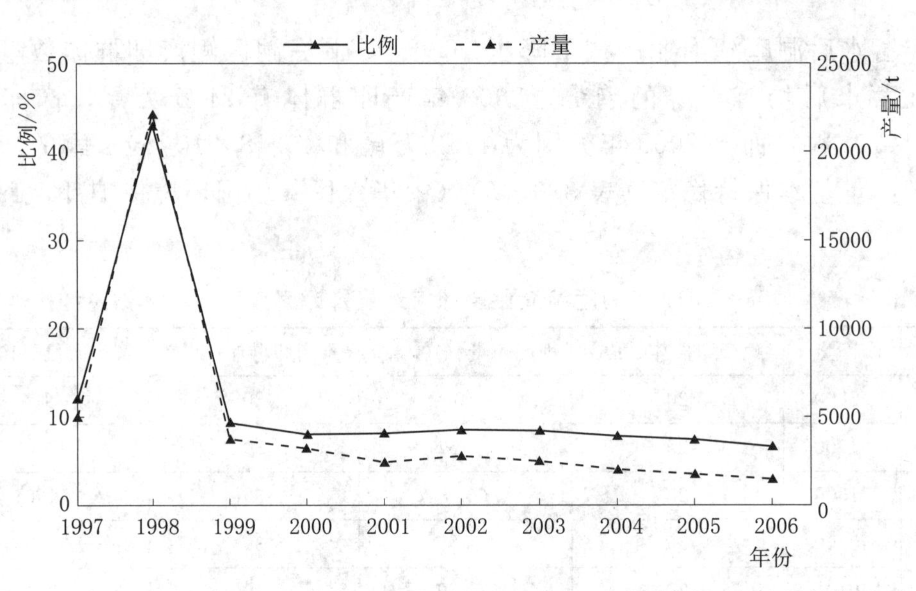

图 3.3-3　1997—2006 年洞庭湖四大家鱼产量和在渔获物中的比例变化趋势

（李红炳等，2008）

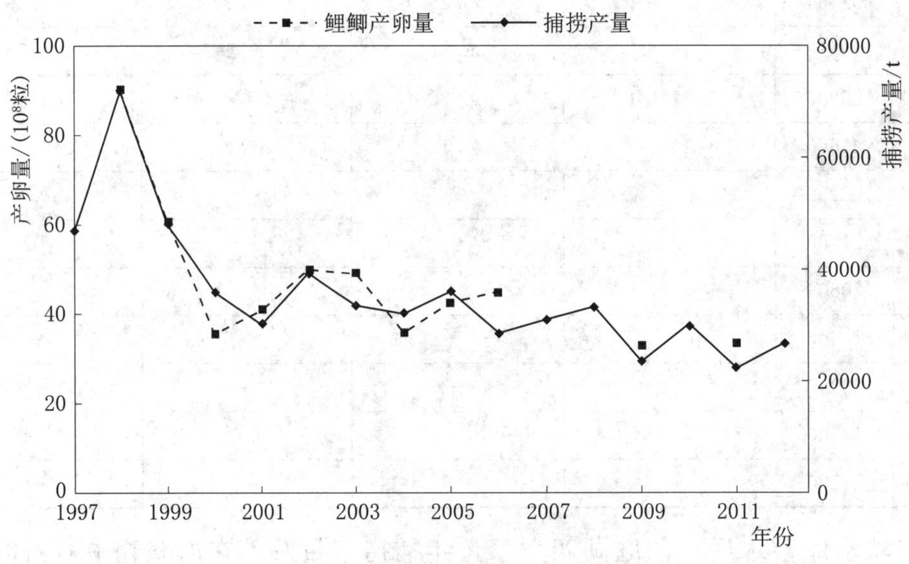

图 3.3-4　1997—2012 年鄱阳湖捕捞产量与鲤鲫产卵量变化趋势

（中华人民共和国环境保护部，1998—2013）

第二节　三峡工程对长江中游通江湖泊鱼类资源补充及生长的影响

2003 年后，长江中游大型通江湖泊——鄱阳湖和洞庭湖渔业资源产量均呈一定的下降趋势，典型江湖洄游鱼类四大家鱼在渔获物中的比例也有一定的下降。研究结果与《长江三峡水利枢纽环境影响报告书（简写本）》（中国科学院环境评价部等，1996）的预测相近。发生以上变化的主要原因如下：

（1）三峡水库蓄水调度，通过松滋口、藕池口、太平口进入洞庭湖的水量呈减少的趋势，使得长江鱼类资源对洞庭湖鱼类资源的补充量减少；另外，通江湖泊退水提前，间接缩短了进入湖区育肥鱼类的生长时间，影响鱼类生长。

（2）三峡水库蓄水后，春夏季节下泄低温水对长江中游鱼类生长带来负面影响。一方面，下泄低温水延迟了鱼类繁殖时间；另一方面，低温水对鱼类早期阶段生长带来不利影响，进而影响到鱼类的早期存活率。

第四章

长江下游及河口水生生态的变化

《长江三峡水利枢纽环境影响报告书（简写本）》预测（中国科学院环境评价部等，1996），三峡建坝后，长江上游繁殖的家鱼鱼苗滞留于水库内，不能下坝，中游宜昌至城陵矶江段家鱼正常繁殖将受到较严重影响。这样，长江中下游将减少50%～60%的家鱼鱼苗来源，对种群的补充极为不利。家鱼种质资源衰退不但直接影响天然鱼产量，对我国淡水养殖业带来的损失则更巨大。本章根据《长江三峡工程生态与环境监测公报》（中华人民共和国环境保护部，1997—2013）公布的数据和文献资料数据，分析三峡水库蓄水前后，长江下游渔业资源的变化和河口水生生态的变化。

第一节　长江下游及河口水生生态的特点

一、长江下游渔业资源

三峡水库蓄水前，河口区域凤鲚单船全汛多年平均年捕捞量为4363.2kg，蓄水后下降到2210.2kg，同比下降49.3%。总捕捞量从蓄水前的901.8t下降到蓄水后的380.9t，下降57.8%。而且捕捞量在蓄水后呈逐年下降趋势，2012年总捕捞量最小，为8.2t。蓄水后，河口亲蟹单船全汛平均捕捞量和总捕捞量有增加的趋势，较蓄水前增加8.4倍和12.7倍。2011年达到最大，分别为742.7kg和31200kg。捕捞量增加的主要原因可能是2003年开始河口区开展了河蟹亲本和蟹种的持续性放流。蓄水后，河口区鳗苗单船全汛平均年捕捞量和总捕捞量呈波动变化，且波动幅度较大。蓄水前，单船全汛多年平均年捕捞量为0.66万尾，总捕捞量为1973.8kg；蓄水后，单船全汛多年平均年捕捞量增加了约2倍，总捕捞量增加了1.47倍。1997—2012年河口凤鲚、亲蟹以及鳗苗资源动态见表3.4-1。

表 3.4-1　　1997—2012 年河口凤鲚、亲蟹以及鳗苗资源动态

年份	凤鲚		亲蟹		鳗苗	
	单船全汛平均捕捞量/kg	总捕捞量/t	单船全汛平均捕捞量/kg	总捕捞量/kg	单船全汛平均捕捞量/万尾	总捕捞量/kg
1997	4994	1020	15.3	810	0.0593	976
1998	5750	1252	40.0	800	0.1721	830
1999	4195	1220	37.7	1200	0.8755	935
2000	4432	510	45.1	900	0.7645	2600
2001	3062	551	37.5	862	1.1347	4777
2002	3746	858	23.5	769	0.9578	1725
2003	5024	1257	125.0		5.2298	8897
2004	3311	748	68.2	1827	1.7085	5101
2005	4790	814	262.2	10646	1.5615	3963
2006	3022	408	84.5	1352	2.0415	8466
2007	1675	226	371.2	4083	0.7783	3072
2008	1687	228	365.0	10950	1.1819	4061
2009	1558	62	470.7	13178	3.5924	8135
2010	537	34	308.5	13000	1.2818	3127
2011	367.9	23.3	742.7	31200	1.8669	2370
2012	130.0	8.2		28000	0.8162	1520

注　鳗苗单船全汛平均捕捞量为张网监测数据，数据来自《长江三峡工程生态与环境监测公报》(1997—2013)。

综上所述，三峡水库蓄水后，三峡水库坝下江段及通江湖泊的渔业产量较蓄水前下降 34.5%～75.5%（图 3.4-1）。

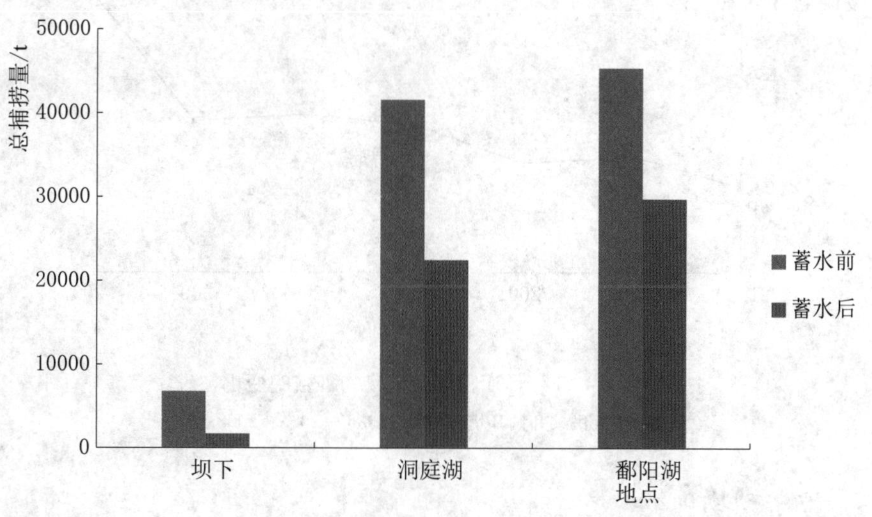

图 3.4-1　三峡水库蓄水前后坝下江段及通江湖泊的渔业产量变化

（中华人民共和国环境保护部，1997—2013）

二、河口水生生态

三峡工程通过水库运行调度，可对长江干流径流实施调控，从而改变了长江口径流固有的时空分布。三峡水库每年秋季开始蓄水，致使长江口的径流减少，淡水冲淡能力下降，咸潮入侵时间提前。近岸水域水温有所增加，盐度也有所增加。在长江的枯水期（1—3 月），三峡水电站发电过程中的泄水，又会使咸潮提前减退。因此，打乱了长江口咸潮变化的规律，改变了水和泥沙输运原有的季节性与年际变化格局。三峡大坝拦截了大量长江上游的泥沙，减少了长江口江水的泥沙含量，减缓了长江口滩涂的淤积速度。三峡水库蓄水后改变了长江口的生态环境，对长江口生物群落造成了一定的影响，包括游泳生物（鱼类和大型无脊椎动物）、底栖生物和浮游生物（浮游植物、浮游动物和鱼类浮游生物）等。

（一）浮游植物种类

根据《长江三峡工程生态与环境监测公报》（中华人民共和国环境保护部，2000—2005，2008），三峡水库蓄水前后长江口浮游植物发生了较大变化。在种类数量上，2004 年共采集鉴定浮游植物种类 92 种，2007 年高达 173 种，与蓄水前相比呈现上升的趋势（图 3.4－2）。在丰度上，2003 年和 2004 年平均丰度显著上升，2004 年高达 5340×10^4 个/m^3；但是 2007 年减少剧烈，降到蓄水前的水平，仅为 218×10^4 个/m^3（图 3.4－3）。

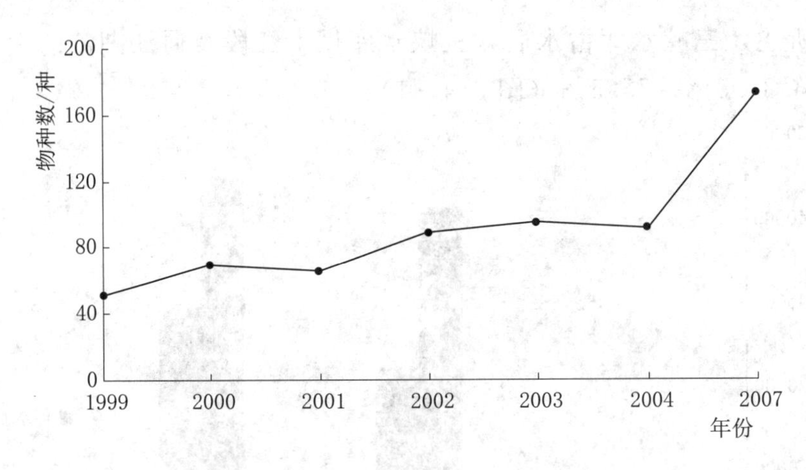

图 3.4－2　长江口浮游植物物种数的变化

（中华人民共和国环境保护部，2000—2005，2008）

（二）浮游动物种类

根据《长江三峡工程生态与环境监测公报》（中华人民共和国环境保护部，

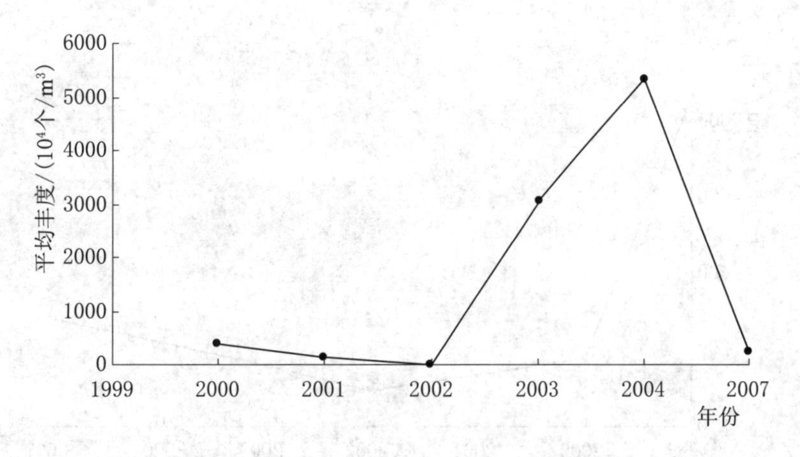

图 3.4-3　长江口浮游植物平均丰度的变化

（中华人民共和国环境保护部，2000—2005，2008）

2000—2005，2008），可以得到三峡水库蓄水前后长江口浮游动物的变化情况。在种类数量上，1999—2007 年浮游动物的物种数呈现逐渐上升的趋势，到了 2009 年又开始下降，其中 1999 年最低，为 47 种；2007 年最高，为 223 种。在丰度上，2002 年浮游动物密度减少尤为剧烈，总平均丰度只有 86.5ind./m^3，仅为 2000 年的一半，以及 1999 年的 1/10。浮游动物总平均密度存在明显的地理差异，主要为径向变化，表现为由河口向外逐渐增加然后下降，而 2003 年和 2007 年有回升的趋势（图 3.4-4 和图 3.4-5）。

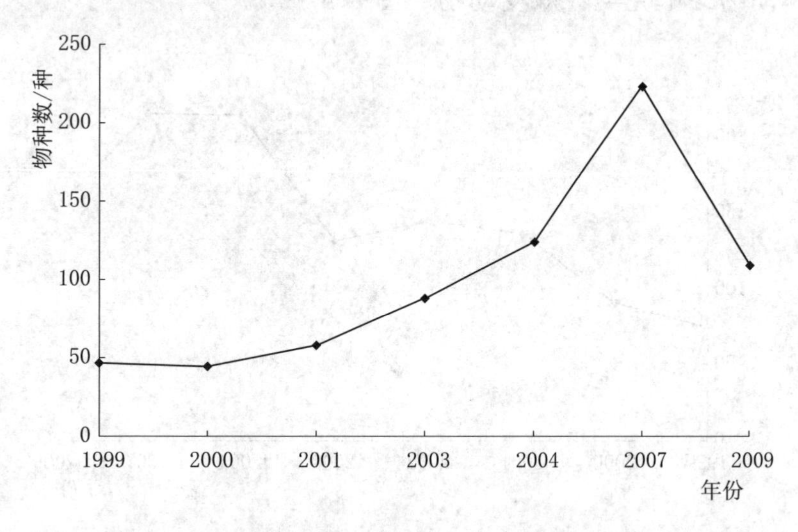

图 3.4-4　长江口浮游动物物种数的变化

（中华人民共和国环境保护部，2000—2005，2008，2010）

（三）底栖生物种类

根据中国科学院海洋研究所的调查资料（中华人民共和国环境保护部，

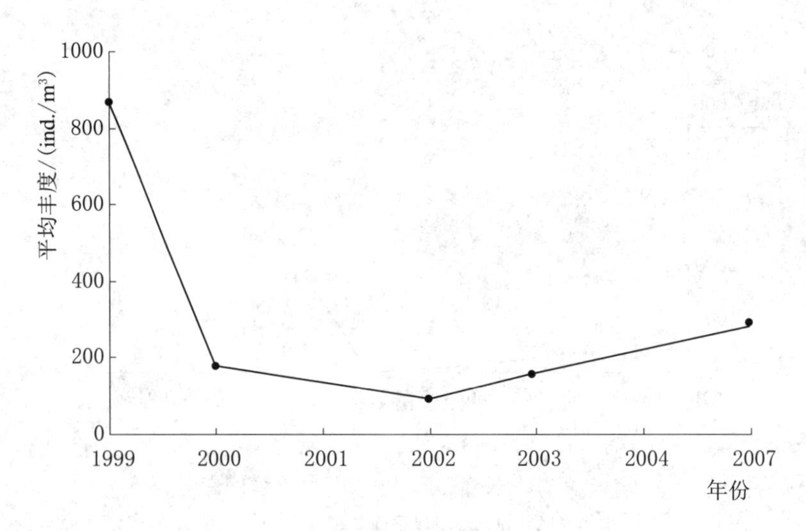

图 3.4-5　长江口浮游动物丰度的变化

（中华人民共和国环境保护部，2000—2005，2008）

2000—2005，2008）对三峡水库蓄水前后长江口底栖生物比较发现，底栖生物总物种数有逐渐增多的趋势，2004 年和 2007 年物种数量基本保持平衡，2009 年有所降低（图 3.4-6）。从生态类群来看，各主要生态类群都有上升的趋势，其中尤以多毛类上升趋势明显。1999 年多毛类数量最低，仅 40 种；而 2007 年达到历史最高，为 113 种。在主要类群种数排序上，各年份均为：多毛类>软体动物>甲壳类>棘皮动物（图 3.4-7）。

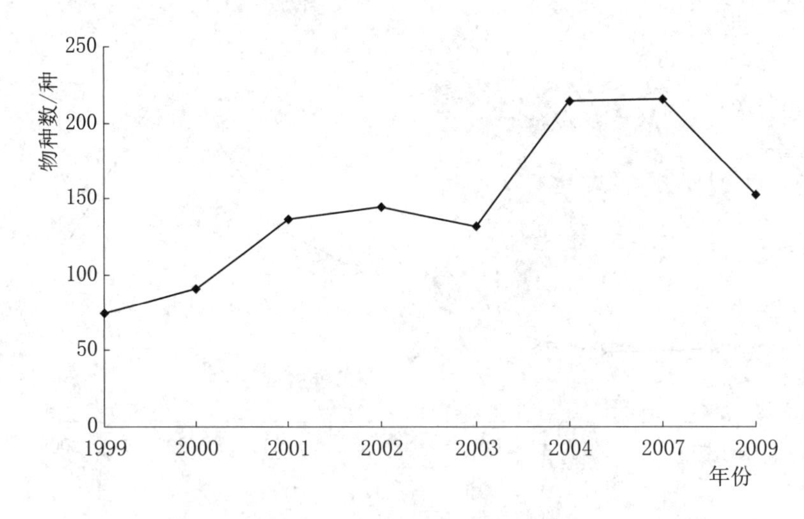

图 3.4-6　长江口底栖生物物种数的变化

（中华人民共和国环境保护部，2000—2005，2008，2010）

（四）鱼类浮游生物群聚结构

调研资料显示，三峡水库蓄水前后，长江口鱼类产卵场发生明显变化，鱼

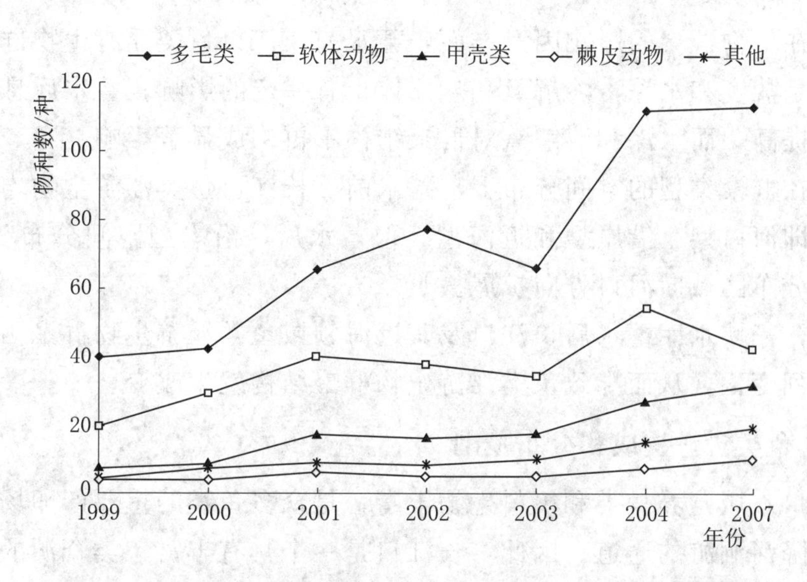

图 3.4-7 长江口底栖生物主要类群物种数的变化

（中华人民共和国环境保护部，2000—2005，2008）

卵和仔稚鱼种类数量减少。2006 年对长江口及其邻近海域的调查发现（中华人民共和国环境保护部，2006），生境变化对青鳞小沙丁、赤鼻棱鳀、中颌棱鳀、黄鲫、康氏小公鱼等沿岸型种类以及鳓鱼等近海型鱼类的产卵繁殖及其产卵场的分布产生了重大的影响。除了鳓鱼外，黄鲫、青鳞小沙丁、赤鼻棱鳀、中颌棱鳀和康氏小公鱼在拖网渔获物中占有一定的比例，而在调查海区没采集到其鱼卵和仔稚鱼。鱼卵和仔稚鱼种类数量有所减少，其丰度迅速降低，仅为 2000 年的 3.0%～4.3%，表明其产卵场的分布已发生了明显的变化。

三峡水库蓄水后鱼类浮游生物的种类、数量和优势种结构均有变化，主要表现为淡水型和半咸水型的种数和多度的增加，这主要是由偶见种和稀有种的迁入和迁出引起的，而鱼类群落主体依靠小型种类维持。蓄水降低了 10 月长江口径流量，提高了水温并促进了饵料浮游生物的生长，直接或间接地促进了优势种康氏小公鱼的生长（单秀娟等，2005）。

根据 1999 年 5 月、2001 年 5 月、2004 年 5 月和 2007 年 5 月长江口邻近海域鱼类浮游生物的调查分析，蓄水后长江口鱼类浮游生物发生了一定的变化，主要体现在以下几个方面（刘淑德，2009）：

（1）在物种组成方面，鱼类浮游生物的种类数量由蓄水前的 32 种减少为蓄水后的 25 种，其中凤鲚和鳀的优势地位有减弱的趋势，而白氏银汉鱼上升为第一优势种。

（2）在群落丰度方面，蓄水后鱼类浮游生物群落丰度明显下降，仅为蓄水前的 10%。

（3）在生物群聚的影响因素方面，蓄水前长江口鱼类浮游生物群聚的主要影响因素是盐度和水深，溶解氧和悬浮体也有一定的影响；蓄水后悬浮体影响程度有所提高，而水深和溶解氧对群聚结构不再构成显著影响。

（4）在群聚类型的空间分布上，蓄水前后长江口鱼类浮游生物均为三种群聚类型，即河口型、沿岸型和近海型，但蓄水后，沿岸型空间分布明显减少，近海型的分布区域向河口方向扩展。

可见，三峡水库蓄水后长江口及其近海领域鱼类浮游生物群聚栖息环境发生了一系列变化，从而导致鱼类浮游生物群聚结构发生改变。

（五）鱼类资源构成和分布范围

长江口水域营养盐类和饵料生物丰富，是众多鱼类的重要产卵场、育幼场及溯河或降河洄游的通道。因此，长江口是一个具有丰富鱼类资源的地区。据调查，长江口鱼类约有 197 种（陈渊泉等，1999），具有重要经济价值的鱼类主要有凤鲚、刀鲚和前颌间银鱼，其他经济鱼类还有鲻、梭鱼、鲈鱼、鳗鲡、棘头梅童鱼等约 20 种。

三峡水库蓄水后，由于长江口径流量减少，使得盐水上溯，长江口的盐度有所升高，冲淡水面积有所减少，鱼类群落结构因而发生了显著变化。一些近海性鱼类（如鲐鱼、马鲛类等）趋近岸边，海水鱼类的数量有所增加，淡水鱼类和半咸水鱼类的种数虽然没有变化，但分布范围将随盐水向长江口内偏移。

2004 年调查资料与 20 世纪 80 年代调查资料比较发现（中华人民共和国环境保护部，2004），长江口各水层鱼类物种数都显著下降。但是中上层鱼类数量和重量百分比显著提高，而中下层鱼类的种类数量有所减少。鱼类组成变化表明，长江口鱼类已逐渐由中下层、底层大型、肉食性鱼类向中上层小型、浮游生物食性鱼类过渡（康斌，2006）。

根据 1999 年 5 月、2001 年 5 月和 2004 年 5 月长江口邻近海域鱼类群聚及环境因子的调查发现，2004 年春季表层总悬浮物减少，水体透明度增加，使得浮游植物繁殖旺盛，表层 pH 升高，初级生产力也有增加，伴随着浮游生物食性的竹荚鱼和刺鲳的增多；广食性鱼类比例下降，如中上层鱼类鲐和底层鱼类小黄鱼，而带鱼所占比例明显升高。广盐性鱼类黄鲫、龙头鱼和皮氏叫姑鱼以及半咸水鱼种凤鲚的比例均有下降。根据 2000 年 11 月、2003 年 11 月与 2004 年 11 月长江口邻近海域鱼类群聚及环境因子的调查发现，与 2000 年相比，2003 年和 2004 年秋季长江口及邻近海域底层水温和底层盐度均升高，而底层悬浮物则有所下降。三峡水库蓄水后龙头鱼、黄鲫、凤鲚和银鲳等广盐性和半咸水性鱼类在群落中的比例有所降低，海洋性的带鱼比例明显提高；另外，浮游生物食性的广盐性鱼类刺鲳也有所增加（于海成，2008）。

2007年各季调查结果显示，长江口鱼类资源种类数量均高于2004年同期，生态系统多样性提高，但未达到蓄水前水平。冬季鱼类资源优势种组成保持不变，但凤鲚的优势度上升，黄鲫的优势度则下降；春季无脊椎动物中霞水母依旧保持其优势地位，但对长江口鱼类资源的影响度下降，小黄鱼、黄鲫、带鱼和银鲳重返其优势地位；秋季鱼类优势种类中带鱼继续保持其首要位置，小黄鱼的优势度上升（中华人民共和国环境保护部，2008）。

调查数据表明，与三峡水库蓄水前（1998—2002年）相比，蓄水后（2003—2007年），长江河口春季鱼类群落优势种组成发生显著变化，鱼类种数和丰富度明显减少。2008—2012年，春季鱼类群落优势种与蓄水前（1998—2002年）基本一致，鱼类种数超过2003—2007年，丰富度仍少于蓄水前（1998—2002年），但是较2003—2007年有所增加。与三峡水库蓄水前（1998—2002年）相比，蓄水后（2003—2012年），长江河口秋季鱼类优势种组成相对稳定。但是，2003—2007年，秋季鱼类种数和丰富度明显减少。2008—2012年，秋季鱼类种数和丰富度仍少于蓄水前（1998—2002年），但是较2003—2007年有所增加（表3.4-2）。

表3.4-2 三峡水库蓄水前后春季和秋季鱼类变化情况

季节	阶段	种数	优势种	生物量/t	丰富度
春季	1998—2002年	50	小黄鱼、黄鲫、银鲳、龙头鱼和凤鲚	362.41	1.94
	2003—2007年	34	带鱼、鳀、小黄鱼、竹筴鱼、黄鲫和银鲳	57.01	1.32
	2008—2012年	57	小黄鱼、黄鲫、银鲳、小眼绿鳍鱼、龙头鱼、凤鲚和粗蜂鲉	263.87	1.63
秋季	1998—2002年	85	龙头鱼、带鱼、黄鲫、小黄鱼、银鲳、赤鼻棱鳀、七星底灯鱼和细条天竺鱼	2232.91	1.63
	2003—2007年	57	龙头鱼、带鱼、黄鲫、小黄鱼和七星底灯鱼	727.09	1.21
	2008—2012年	67	龙头鱼、带鱼、黄鲫、小黄鱼和银鲳	1189.38	1.54

注 数据源自中国水电工程顾问集团有限公司等（2014）。

第二节 三峡工程对长江下游及河口水生生态的影响

一、对长江下游渔业资源的影响

与三峡水库蓄水前相比，蓄水后长江中下游及通江湖泊的渔业产量明显下降。研究结果与《长江三峡水利枢纽环境影响报告书（简写本）》（中国科学院环境评价部等，1996）的预测相近。主要原因如下：

（1）三峡水库蓄水运行改变了下游的水文条件，影响中下游鱼类的繁殖活动和栖息地。由于水库的调度作用，长江中下游江段的水位和流量均较蓄水前明显下降，使得四大家鱼等经济鱼类的适宜栖息地和产卵场面积减小，适宜繁殖时间缩短，进而导致长江中下游渔业资源减少。

（2）过度捕捞。长江渔业管理和执法不严，电鱼、迷魂阵等违法渔具渔法屡禁不止；禁渔期结束后高强度、无节制的捕捞严重削弱了禁渔期的效果，过度捕捞是长江渔业资源和鱼类物种资源急剧减少的主要原因之一。

二、对河口水生生态的影响

三峡工程对长江干流径流实施调控，改变了长江口径流固有的时空分布。三峡水库每年10月蓄水，使长江口的径流减少，淡水冲咸能力下降，咸潮入侵时间提前。近岸水域水温有所增加，盐度也有所增加。在长江枯水期的1—3月，三峡水电站开闸泄水，降低库区水位，又会使咸潮提前减退。因此，打乱了长江口咸潮变化的规律，改变水和泥沙输运的原有季节性与年际变化格局。三峡大坝拦截了大量长江上游的泥沙，同时，由于河道采砂等原因，长江口江水的泥沙含量大幅减少，减缓了长江口滩涂的淤积速度。三峡水库蓄水后改变了长江口的生态环境，对长江口的生物群落造成了一定的影响，浮游生物和鱼类群落结构发生变化；浮游植物多样性减少，海洋物种与暖水性物种入侵；浮游动物群落呈现季节性变化，春季水母类减少，秋季桡足类丰度增加，大型甲壳动物和肉食性胶质动物丰度降低；鱼类种数减少，优势种改变，海洋性和浮游生物食性物种增加，资源量总体下降。

第五章

江豚、白鲟、长江鲟、胭脂鱼等珍稀水生动物的变化

《长江三峡水利枢纽环境影响报告书（简写本）》（中国科学院环境评价部等，1996）指出，在长江内生活的水生动物中有9种被列为国家保护动物，其中在三峡工程影响区域内有6种，即白鳖豚、江豚、白鲟、中华鲟、长江鲟、胭脂鱼。本章根据中国科学院水生生物研究所的监测数据，分析三峡水库蓄水前后，长江江豚、白鲟、长江鲟和胭脂鱼的种群资源变化。

第一节 四种珍稀水生动物的变化

一、江豚

1996—2002年监测结果（表3.5-1）与历史资料比较可知，武汉以上江段江豚的种群数量明显下降。实际上武汉以上江段长江江豚种群数量已经很少。

表3.5-1 1996—2002年江豚监测结果

年份	时 间	考察天数	考察江段	考察航程量/km	观察到的头次
1996	4—6月	间断进行	长江中下游		102
	11月至1997年1月	间断进行	长江中下游		100
1997	11月2—10日	9	武汉—宜昌	626	30～31
	11月17—23日	7	宜昌—武汉	626	19～24

续表

年份	时　间	考察天数	考察江段	考察航程量/km	观察到的头次
1999	10月31日至11月5日	7*	宜昌—上海	1634	1000余头次
	11月23日至12月10日	18	武汉—新厂	426	43～52
2000	12月25—31日	7	新厂—杨厂	～500	7～8，4～5
2002	5月6—10日	5	武汉—宜昌	626	10
	7月6—9日	4	武汉—宜昌		

*　这次考察是将长江中下游分为21段同步进行。

2006年，中国科学院水生生物研究所组织7国科学家开展了长江淡水豚国际联合考察。结果显示，长江江豚种群数量约有1800头，其中长江干流有1200头左右，洞庭湖和鄱阳湖总共有600头左右。

2007年，中国科学院水生生物研究所在石首麋鹿国家级自然保护区江段开展了6次监测，观察到江豚100头次，估算石首麋鹿国家级自然保护区江段江豚种群数量为20头。在洞庭湖以及与城陵矶相邻的上下各20km长江江段水域观察到长江江豚250头次，估算这一水域的长江江豚种群数量为150～250头。枯水期进行了一次鄱阳湖考察，在湖区观察到江豚286头次。此外，2007年全年累计在镇江江段观察到江豚130头次，估计镇江保护区江豚种群数量为25～30头。

2008年，在石首麋鹿国家级自然保护区江段开展了一次考察（往复考察），发现江豚25头次。在枯水期进行了洞庭湖江豚考察，估算其种群数量约为200头。2008年12月在洪湖江段进行了一次考察，发现江豚23头次。

2009年，对天鹅洲故道内长江江豚进行了周年监测，共发现长江江豚106头次，估算种群数量约30头。枯水期对洞庭湖长江江豚进行了调查，观察到江豚72头次，估算种群数量约150头。此外，还对洪湖保护区江段进行了考察，估算保护区内长江江豚种群数量约为70头。枯水期在鄱阳湖开展了一次调查，观察到江豚388头次，鄱阳湖江豚的分布呈现明显的季节性变化。在长江干流武汉至上海江段进行了4次被动声学考察，结果显示在不同江段之间江豚可能存在个体交流和迁移活动，但是仍存在多个江豚分布的“空白区”，长江江豚栖息地存在破碎化趋势。

2012年，中国科学院水生生物研究所又组织了一次全长江淡水豚考察，结果表明长江江豚仅存1040头，2012年的下降速率为13.73%，且呈加速下降趋势。江豚分布呈现较明显的斑点化（图3.5-1和图3.5-2）。最新的种群预测表明，如果不采取及时有效的保护措施，长江江豚自然种群最快在未来

15 年左右的时间消失。基于中国科学院水生生物研究所建议，世界自然保护联盟已于 2013 年将长江江豚的濒危等级从原来的“濒危”调整为“极危”，其濒危程度仅次于“野外灭绝”。

长江江豚的种群呈现加速下降趋势，在干流的分布显著破碎化，长江江豚生存状况恶劣，亟须采取自然栖息地修复和迁地保护措施予以拯救。

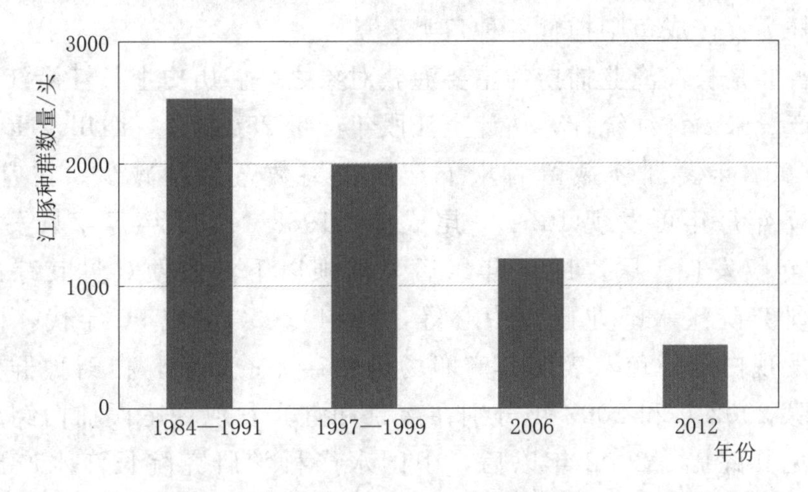

图 3.5-1　长江干流江豚种群数量变化
（中国水产研究院淡水渔业研究中心等，2014）

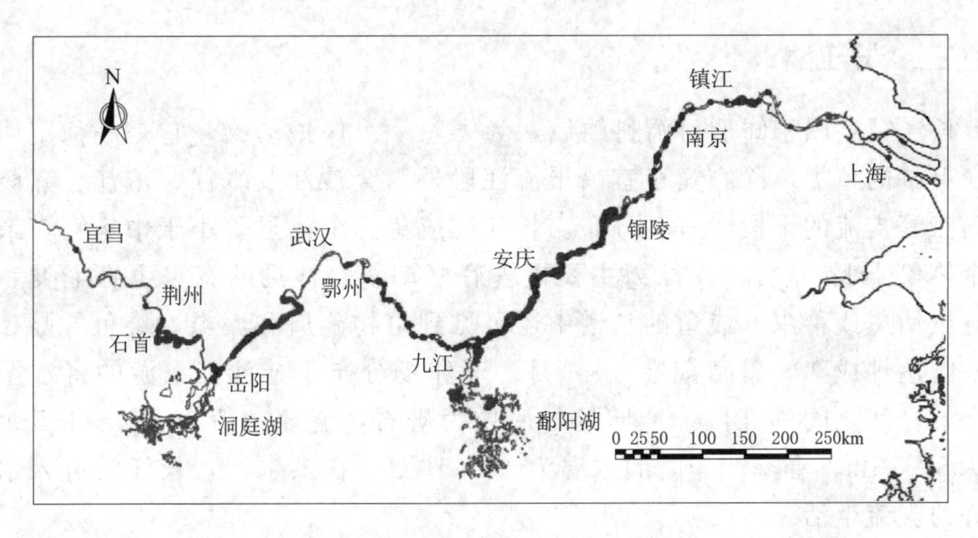

图 3.5-2　2012 年考察（红色点）江豚在长江干流的分布情况
（绿色区域为保护区分布，Mei et al.，2014）

二、白鲟

白鲟隶属于鲟形目匙吻鲟科白鲟属，分布于长江干流和四川省境内的主要支流，是匙吻鲟科现存的两个物种之一，具有很高的科学研究价值。白鲟为我国最为濒危的水生野生动物之一，1988 年列为国家一级保护动物。白鲟性成熟晚，目前记录达到性成熟的最小个体年龄，雄鱼为 5 龄，长 160cm，重 12.6kg；雌鱼为 7 龄，长 193cm，重 28.3kg。白鲟产卵场在金沙江下游的宜宾江段，繁殖期在 3—4 月。繁殖的鱼苗和幼鱼，一部分滞留在上游干流、支流内生长；另有一部分漂流到中下游，有的一直抵达长江口崇明附近觅食。幼鱼主要以虾为食，成鱼则捕食各种鱼类。

白鲟曾经是长江渔业捕捞的主要渔获对象之一。历史上长江沿江各省份均有捕获，产量未做详细统计，估计全江段年产量 25t 左右，四川及重庆江段年产量 5t。1981 年葛洲坝截留后坝下江段白鲟数量急剧减少。在宜昌江段，1981—1987 年每年可发现 10～30 尾成体，1988—1993 年每年只发现 3～10 尾，1994 年仅发现 1 尾，1995 年以后葛洲坝以下江段便难见其踪迹（中国水产科学研究院淡水渔业研究中心等，2014）。20 世纪 90 年代，四川江段仍然可以发现白鲟幼鱼，表明其产卵场仍然存在；目前，白鲟种群数量已非常稀少，除 2002 年和 2003 年分别在南京和宜宾发现一尾误捕白鲟外，其他年份均未见其踪影。2002 年以后，中国水产科学研究院长江水产研究所组织了捕捞队在金沙江下游、长江上游江段多次开展白鲟的试验性捕捞工作，但未捕捞到白鲟。

三、长江鲟

长江鲟隶属于鲟形目鲟科鲟属，为国家一级保护动物。它是一种定居于长江上游的鱼类，除宜宾至宜昌干流江段外，金沙江及岷江、沱江、嘉陵江和乌江等支流的下段皆有其分布。长江鲟成鱼的个体显著小于中华鲟，最大的个体仅 16kg 左右。长江鲟主要摄食底栖动物，常见的有水生寡毛类和水生昆虫幼虫或稚虫，成鱼的食谱中还可见到植物碎屑和藻类。雄鱼 4 龄、雌鱼 6 龄达性成熟，繁殖期在 3—4 月。产卵场分布于金沙江下游的冒水至长江上游合江之间的江段。产卵场的底质为砾石，流速一般为 1.2～1.5m/s，水深 5～13m，春季产卵时的水温为 16～19℃。在洪水期，长江鲟进入水质较好的支流生活。

中国科学院水生生物研究所的调查结果显示，2005 年 5 月 12 日，在三峡水库万州江段误捕到 1 尾长江鲟，全长 41cm，体长 34cm，体重 250g。在开展长江鲟人工繁殖放流之后，2011—2013 年每年都在长江上游发现误捕的长江鲟。《长江三峡水利枢纽环境影响报告书（简写本）》（中国科学院环境评价部等，1996）指出，三峡工程没有影响到长江鲟的产卵场，水库还能为长江鲟提供丰富的饵料和栖息地。但是由于多方面的原因，目前长江鲟数量已非常少，尽管已经开展了繁殖放流，但是由于放流数量较少，所以长江鲟的种群维系和恢复都比较困难。1996—2013年长江长江鲟资源调查情况见表3.5-2。

表3.5-2 1996—2013年长江长江鲟资源调查情况

年份	长江鲟数量/尾	年份	长江鲟数量/尾
1996	—	2005	1
1997	—	2006	—
1998	—	2007	—
1999	—	2008	—
2000	—	2009	—
2001	—	2010	—
2002	—	2011	3
2003	—	2012	3
2004	—	2013	3

四、胭脂鱼

胭脂鱼隶属于鲤形目胭脂鱼科胭脂鱼属，为这一科在我国唯一的代表种，1988年被列入国家二级保护动物。胭脂鱼曾广泛分布于长江和闽江，而目前闽江的胭脂鱼已极为罕见。胭脂鱼体型较大，体重可达30～40kg。性成熟晚，雄鱼和雌鱼的初次性成熟年龄分别为6龄和9龄。在砾石河滩产卵，长江上游干流及金沙江、岷江和嘉陵江都分布有其产卵场。繁殖期为3—4月。上游繁殖的仔鱼和幼鱼，大量地漂流到中下游，待到性成熟后，便溯游到上游繁殖。

胭脂鱼曾是区域内较大型的重要经济鱼类之一，据四川省宜宾市鱼类社1958年的统计，胭脂鱼在岷江曾占渔获总量的13%以上：20世纪60年代在宜宾偏窗子水库库区，占渔获量的13%；但到70年代胭脂鱼资源量就已明显减少，70年代中期渔获量已降至2%（中国水产科学研究院淡水渔业研究中心等，2014）。目前，中国科学院水生生物研究所每年都能监测到误捕的胭脂鱼（表3.5-3），表明胭脂鱼在长江中仍维持有比较稳定的种群规模，分布呈扩散趋势，从宜宾至宜昌江段均有分布，这与人工繁殖放流有关。《长江三峡水利枢纽环境影响报告书（简写本）》（中国科学院环境评价部等，1996）预测，长江上游胭脂鱼种群在若干年内保持相对稳定，但仍需加强资源保护和人工繁殖放流，使资源增殖。监测结果与《长江三峡水利枢纽环境影响报告书（简写本）》（中国科学院环境评价部等，1996）的分析一致。

表 3.5-3　　1996—2013 年长江胭脂鱼资源调查情况

年份	胭脂鱼数量/尾	年份	胭脂鱼数量/尾
1996	13	2005	12
1997	13	2006	28
1998	2	2007	7
1999	10	2008	9
2000	1	2009	19
2001	1	2010	9
2002	1	2011	16
2003	—	2012	36
2004	5	2013	19

第二节　三峡工程对江豚、白鲟、长江鲟、胭脂鱼等珍稀水生动物的影响

一、江豚

三峡水库蓄水后，江豚目前虽在长江中下游干流和通江湖泊中维持有一定规模的种群，但是数量已经明显减少，江豚栖息地破碎化趋势严重，物种已经呈现极度濒危状态。研究结果与《长江三峡水利枢纽环境影响报告书（简写本）》（中国科学院环境评价部等，1996）的预测结果相近。造成江豚种群数量减少的原因是多方面的，包括栖息地缩小和破碎化、鱼类资源减少、非法渔具作业导致意外死亡、航运、污染等。主要原因如下：

（1）长江航运的发展，如大量的港口建设、航道整治清淤、长江运输船只的数量及吨位大幅增加，使得江豚的生存空间严重压缩，噪声的增加则对江豚的声呐定位系统造成严重干扰，使得它们被船只螺旋桨击毙的概率大为提高，种群之间的交流被阻断，栖息地破碎化现象严重，小种群的灭绝风险明显增加。

（2）三峡水库调蓄作用使坝下洪水过程、水温发生改变，影响长江中游四大家鱼等重要经济鱼类的繁殖活动，造成渔业资源的减少，江豚的食物减少，种群数量随之减少。

（3）过度及非法捕捞也是造成长江江豚濒危的主要原因，过度捕捞导致长江渔业资源减少，江豚的食物减少，从而导致种群数量减少，而非法捕捞不仅

导致鱼类资源下降，甚至直接致伤致死江豚。

（4）三峡水库建成后，枯水期的调蓄活动导致中下游流域，特别是洞庭湖和鄱阳湖的水文情势发生改变，呈现枯水期提前来临和持续时间延长，对湖区江豚的生存及江豚的江湖迁移造成影响。

（5）水体污染导致鱼类资源下降，间接影响长江江豚的生存，而严重的水体污染甚至会导致江豚死亡；枯水期三峡库区蓄水后，中下游水域水体流动减缓，导致局部污染物积累，可能加重污染的影响。

二、白鲟

2003年之后没有调查到白鲟，研究结果显示，长江中白鲟种群数量非常小，多年未见其踪迹，与《长江三峡水利枢纽环境影响报告书（简写本）》（中国科学院环境评价部等，1996）相近。白鲟种群减少应该是由多种原因共同造成的，20世纪80年代兴起的电捕鱼作业对其造成巨大伤害，除直接电击致死外，更经常的是造成食物鱼的减少，严重影响这些肉食性动物的生存。

三、长江鲟

2011—2013年在长江上游调查到人工繁殖放流的长江鲟，且长江鲟种群数量非常小。《长江三峡水利枢纽环境影响报告书（简写本）》（中国科学院环境评价部等，1996）指出，三峡工程并未对长江鲟的产卵场造成影响，反而通过水库建设为长江鲟提供了丰富的食物来源和适宜的栖息地。然而，受多种原因的影响，长江鲟的数量已经急剧减少。尽管已进行繁殖放流，但由于放流量较小，长江鲟的种群维持和恢复仍面临较大困难。

四、胭脂鱼

1997—2013年均调查到胭脂鱼的误捕事件，不仅包括幼鱼，还有成熟亲鱼，误捕事件的范围从金沙江下游宜宾至长江中游，表明由于开展人工繁殖放流，胭脂鱼在长江中仍有较稳定的种群规模，分布呈扩散的趋势。根据《长江三峡水利枢纽环境影响报告书（简写本）》（中国科学院环境评价部等，1996）的预测，长江上游胭脂鱼种群在未来几年内将保持相对稳定，研究结果与《长江三峡水利枢纽环境影响报告书（简写本）》（中国科学院环境评价部等，1996）的结果一致。然而为确保胭脂鱼资源的可持续发展，仍然需要加强资源保护和人工繁殖放流措施，以促进胭脂鱼资源的增殖。

第 六 章

三峡库区的水华问题

三峡水库蓄水后，库区由原来的流水环境转变为缓流环境，流速变缓，受流速、温度和污染物排放等方面的综合影响，库区部分支流的局部水域富营养化趋势明显并发生水华。水华现象的出现已经成为三峡库区最主要的水环境问题。

第一节 三峡库区水华现状

2003 年 6 月 1 日，三峡工程正式下闸蓄水，随即在坝前库首的凤凰山水域、香溪河河口水域、大宁河河口水域发现水华现象。2003 年累计发生水华 3 起；2004 年发生 16 起；2005 年为 23 起；而 2006 年仅 2—3 月就发生 10 余起，累计 27 起；2007 年为 26 起；2008 年为 19 起；2009 年为 8 起；2010 年 26 起。其中以小江、汤溪河、磨刀溪、长滩河、梅溪河、大宁河、神龙溪和香溪河等一级支流的水华最为严重。

根据三峡库区水华优势种多样性分析，三峡库区水华问题是复杂的。主要藻类门类中的水华都可以在三峡水体中发现，形成一种“你方唱罢我登场”的“热闹”景象；同一水体一年内可以出现多种水华交替暴发的现象，也可以是同一类型的水华多次暴发。

2008 年，三峡水库蓄水达到 172m 水位，回水区内有 40 多条一级支流，绝大部分支流库湾都曾有水华出现，范围或大或小，程度或轻或重，时间或长或短。但是，库区长江干流极少出现水华现象，仅在蓄水后的 2004 年春天和 2009 年的春天，在近大坝的水域出现过美丽星杆藻水华、倪氏拟多甲藻水华和小环藻水华，2007 年归州长江江段出现过美丽星杆藻水华。蓝藻水华是三峡库区的常见水华种类，对水体构成严重的危害，影响范围广。因此，三峡库区水华治理工作非常艰巨，具有重要的意义。

第二节　三峡库区水华暴发的规律

一、时间特征

2003 年，三峡水库一期蓄水，夏季暴发了第一次水华，该次水华持续时间较短。随后，三峡水库的主要支流每年均不同程度地出现各种水华事件。水华月暴发频次分析结果（图 3.6-1）显示，3—6 月暴发频次最高。2008 年 1 月，在大宁河大昌河段发现铜绿微囊藻水华。总体而言，三峡库区水华暴发的时间特征为全年均可发生水华，水华暴发频次较高的月份为 3—8 月，春夏季是三峡库区水华的多发季节。

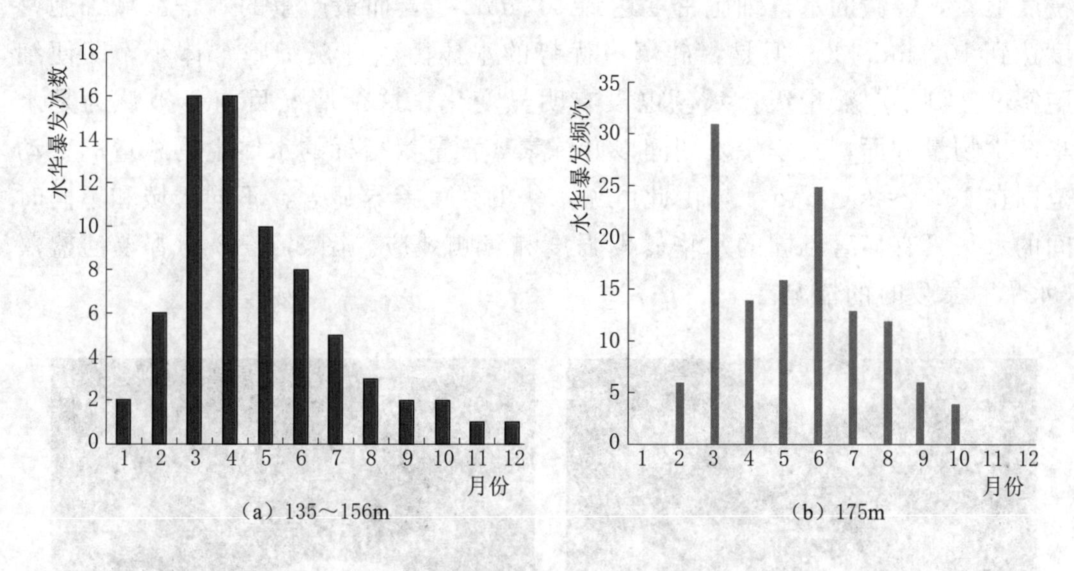

图 3.6-1　三峡水库蓄水以来各月水华暴发频次分布

二、空间特征

三峡库区经常暴发水华的水域分别为三峡大坝前凤凰山库湾、香溪河高岚河库湾、香溪河平邑口库湾、神龙溪绵竹峡库湾、大宁河大昌库湾、小江渠马段等水域。三峡库区水华暴发的空间特征：长江北岸的支流较南岸的支流更容易暴发水华，水华暴发的支流均为人类干扰强度较大的流域，人类活动与长江支流水华具有密切的关系。水华多发生在回水顶托区，以支流库湾滞水区为主，干流一些水域在一定时间也有轻微水华；135～156m 回水区的某些库湾成为蓄水以来历年的水华高发水域。

水华暴发水域随蓄水水位变化而变化，呈现随水位升高而向河流上游发展的趋势。水位抬高后支流上形成的库湾成为水华暴发的敏感区域。如135m蓄水时香溪河水华暴发河段在河口—贾家店段；蓄水水位上涨，水华多见于峡口—高岚河段；水位继续上涨，水华暴发水域除了峡口—高岚河段，增加了平邑口河段。同时，随着三峡水库蓄水，库区水位升高，水华暴发水域上移。三峡水库135m蓄水，大宁河水华区域在龙门大桥附近，属于河口段，随后迁移到熊猫洞，之后转到东坪坝—大昌段，后来出现在上游的大昌—水口乡水域及大宁河支流洋溪河。

三、暴发强度

由于三峡库区水域宽阔、地理位置复杂，水华暴发强度差异显著。从细胞密度上看，轻微的水华细胞密度达到10^7 ind./L，而最严重的水华区域细胞密度达到10^{10} ind./L。但是，硅藻占优势的水体由于硅藻细胞个体小，即便细胞密度达到10^7数量级，水色也没有明显变化，这个情况目前不被认为是水华。生物量方面，水华暴发期间以叶绿素a含量为指标的水体生物总量的变动范围在15.0～300.0μg/L，由此可见水华的强度差异显著，不同水域和不同时间的水华具有显著不同的水华暴发强度和影响效应。图3.6-2为香溪河蓝藻“水华”暴发时的情况。

图3.6-2　香溪河蓝藻“水华”暴发时的情况

四、暴发方式

水华暴发有两种方式：①河流中某个点的生物量显著高于其他位点，该点最早暴发水华，随后水华优势种在全河自上而下扩散，生物量逐步增加，在河流的某一个河段成为绝对优势，导致该河段成为水华暴发水域；②河流中的某些位点同时出现生物量的高峰值，这些点率先成为水华暴发的位点，随后水华优势种的生物量逐步弥散，上下连接成为一片，导致大面积水华的暴发。

五、天气特征

水色的剧烈变化多见于晴天和阴天，以晴天为主，偶尔有雨天发现水色剧烈变化的情况（图 3.6-3）。天气与水华之间的相互作用关系分直接关系和间接关系。直接关系包括不同天气条件下光强对藻类光合作用能量的影响以及温度对藻类细胞酶活性的影响；间接关系包括因为天气不同导致的水体透明度、浊度等理化性状的差异以及生源要素的环境化学行为的不同，使得藻类细胞生长增殖的环境发生了变化，影响其生长增殖行为。

图 3.6-3　雨天香溪河的甲藻水华

六、优势种的演变

三峡库区出现的水华藻类种类非常丰富，其中包括蓝藻门的铜绿微囊藻、惠氏微囊藻和水华束丝藻，硅藻门的新星形冠盘藻、美丽星杆藻和小环藻，甲藻门的倪氏拟多甲藻和拟多甲藻、绿藻门的实球藻、空球藻和美丽团藻，隐藻门的湖沼红胞藻以及金藻门的延长鱼鳞藻等（图 3.6-4）。

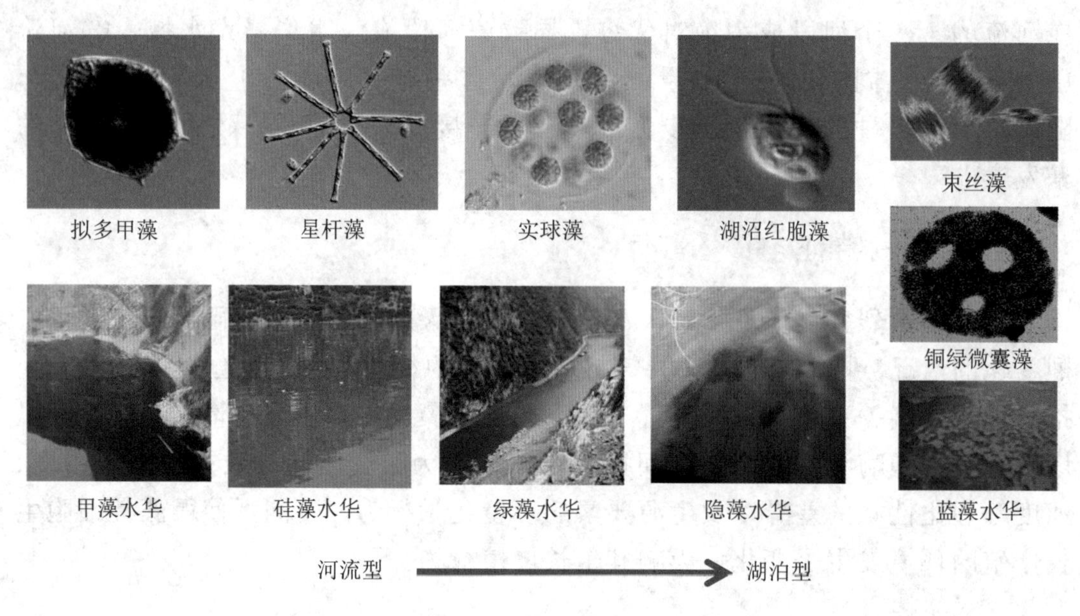

图 3.6-4　三峡库区水华优势种的演变

三峡库区水华优势种的出现顺序一般为：2 月底 3 月初，美丽星杆藻水华开始出现，水色泛黄，大约持续半个月。3 月中旬，倪氏拟多甲藻开始出现，水色酱红并伴有轻微藻腥味。一般来说，水华甲藻最初起源于浅水区，并且该区位置相对封闭，水流相对静止。由于缓慢的水体流速和甲藻自身的运动，然后开始向其他地方蔓延，有的时候整条河流都会变成酱红色。到 4 月，小环藻水华逐渐扩散，水色褐黄，而甲藻水华开始逐渐消退，至 5 月初，就基本上完全消失了。另外有些水华藻类仅在局部地区偶尔出现，例如，2004 年 3 月中旬，香溪河口至盐关段出现了严重的新星形冠盘藻水华；2004 年 7 月底 8 月初，香溪河官庄坪处湖沼的红胞藻水华，水体表面富集了一层厚厚的藻体，呈铁锈色；大宁河 2005 年 3 月下旬、高岚河 2008 年 5 月下旬以及小江 2008 年 6 月底均出现了实球藻、空球藻水华，藻类浮于水面，呈鲜绿色；2007 年春季和夏初，小江出现了严重的束丝藻水华；2008 年 6 月磨刀溪出现了美丽团藻水华；2008 年 1 月东溪出现延长鱼鳞藻水华；2008 年 1 月大宁河出现铜绿微囊藻和惠氏微囊藻水华；2008 年夏季和秋季香溪河和神龙溪分别出现了严重的微囊藻和甲藻水华；2009 年与 2010 年夏季蓝藻、铜绿微囊藻水华成为常见的水华种类（表 3.6-1）。

综上所述，三峡库区水华暴发的规律如下：

（1）暴发季节主要在春夏季，3—8 月为集中暴发期。

（2）水华期间水色显著变化，多呈浅黄绿色、黄绿色、红褐色、酱油色等。

表 3.6-1 三峡支流藻类优势种的组成与分布

河流名称	藻类优势种群	河流名称	藻类优势种群
乌江	硅藻、甲藻	长滩河	硅藻、甲藻
珍溪河	硅藻、甲藻、隐藻	梅溪河	硅藻、甲藻、隐藻、蓝藻
渠溪河	硅藻、甲藻、隐藻、绿藻	草塘河	绿藻、隐藻、甲藻
碧溪河	硅藻、甲藻	大溪河	硅藻、绿藻、甲藻
龙河	硅藻、甲藻、隐藻、绿藻	大宁河	硅藻、甲藻、隐藻、绿藻、蓝藻
池溪河	硅藻、甲藻、隐藻	官渡河	硅藻、隐藻
东溪河	硅藻、甲藻	抱龙河	硅藻、甲藻
黄金河	硅藻、甲藻、裸藻	神农溪	硅藻、甲藻、隐藻、绿藻、蓝藻
汝溪河	硅藻、甲藻、裸藻	青干河	硅藻、甲藻、绿藻
穰渡河	硅藻、甲藻、裸藻	童庄河	硅藻、裸藻、绿藻
苎溪河	硅藻、绿藻、甲藻、隐藻	吒溪河	硅藻、甲藻
小江	硅藻、甲藻、隐藻、绿藻、蓝藻	香溪河	硅藻、甲藻、绿藻、蓝藻、隐藻
汤溪河	硅藻、甲藻、隐藻	九畹溪	硅藻
磨刀溪	硅藻、甲藻、隐藻	茅坪溪	硅藻、甲藻

(3) 水华期间藻类细胞密度大于 10^7ind./L；暴发强度和影响范围具有时空异质性，不同水华的强度及影响范围显著不同。

(4) 同一水域可多次出现同一优势种水华，也可是几种优势种水华的演替。

(5) 水华持续时间不定，持续时间长短受天气的影响显著。

(6) 水华主要发生在水库一级支流香溪河、童庄河、青干河、神龙溪、大宁河、磨刀溪、长滩河、梅溪河、汤溪河和小江等受回水顶托影响的区域，而在上游非回水区，以及御临河、龙溪河和龙河等尚未受回水影响或影响较小的河流均未发生水华，由此可见，水库蓄水后回水顶托作用对支流水华现象产生的影响显著。

(7) 水华优势种群主要有隐藻、硅藻、甲藻、绿藻和蓝藻等；因区域地理特性、水动力条件等的不同，不同支流或同一支流在不同区段和时段的水华类型不完全相同，主要有"甲藻型-硅藻型-蓝藻型"，以香溪河为代表；"甲藻型-硅藻型-绿藻型"，以大宁河为代表；"甲藻型-硅藻型"，以小江为代表。总体上水华优势种显示出由硅藻-甲藻（春季）向蓝藻-绿藻（夏季）转变的年内变化和由河流型向湖泊型转变的年际变化特点。

第三节　三峡库区水华的成因及其发展趋势

一、三峡水华的成因

2003年，三峡水库蓄水后库区支流回水区的水流、日照、营养盐等具备水华发生的基本条件。三峡库区水体丰富的营养盐含量成为三峡库区水华的物质基础，适宜的光照和温度等构成水华的外部条件，而三峡水库蓄水后缓慢的流速则成为水华的诱因。

（1）从流速上来看，三峡水库蓄水前，三峡库区江段为天然河流形态，流水环境制约藻类快速增殖，因此没有产生水华。三峡水库蓄水后，流水环境转变为缓流环境，库区河道水文情势发生了明显变化。三峡水库一期蓄水后，次级支流的水流流速基本上是小于0.1m/s，香溪河峡口至河口段、小江开县段枯水期平均流速分别由建库前的0.73m/s和0.65m/s降至0.009m/s和0.006m/s，均已接近湖泊型水库的流速。横向扩散系数由0.121m/s降至0.0446m/s。

由于库区流速变缓：①污染物在回水区（尤其是支流库湾回水区）停滞时间增加，扩散降解速度减缓，营养盐无法得到稀释和自净，水体中的营养负荷逐步增加，营养盐的富集给藻类生长提供了养料；②缓流环境也有利于藻类细胞有充分的时间接触和吸收利用营养物质，促进藻类的生长与聚集；③流速减缓使水体中的泥沙大量沉积，水色变清，增加了太阳光入射到水体的有效辐照强度，为藻类生长提供了充足的能源，导致部分水体水质出现恶化。在光照温度适宜的情况下，水体交换能力和横向扩散能力差的支流库湾回水末端，率先暴发水华。

（2）光照、温度等环境条件是三峡库区水华暴发的外部条件。三峡库区水温（15～30℃）适合藻类繁殖生长。6—9月日照时数是全年最多的，达到700h以上，占全年日照时数的45%以上。太阳的总辐射量平均为10669.8cal/(cm^2·月)，比冬季高5907cal/(cm^2·月)，充足的阳光加快了藻类光合作用速度，促使了藻类的生长繁殖。

（3）三峡水库较高的水体环境背景值和大量进入水库的污染负荷共同构成了水体丰富的营养盐含量现状、蓄水后淹没土壤的营养释放以及支流上快速的城镇化进程等，使得营养物质大量进入支流水体，构成三峡水华的物质基础。

（4）三峡水库蓄水后，库区支流食物网结构发生变化，造成了水体初级生产力相对较低的物质能量转化效率的过剩。

综上所述，三峡库区支流水华的成因为：水文、营养和光照是水体藻类优势种群发挥竞争优势的物质基础，水温是支流水华暴发的触发因子。支流水华的暴发是三峡水库蓄水后，库区江段的水文情势以及其营养结构、藻类群落演替与生态因子间的相互耦合作用的结果。

二、三峡水华的发展趋势

1. 水华暴发频次趋于缓和，但强度增大和持续时间延长，局部水域问题更加严峻

从历年的典型水华事件频次（图 3.6－5）来看，水华暴发的频次在经历了高峰后逐渐趋于下降。三峡库区水华的暴发频次减少，但是水华的强度和持续时间均有增加的趋势，这导致三峡库区局部水域的水华问题更加严峻。

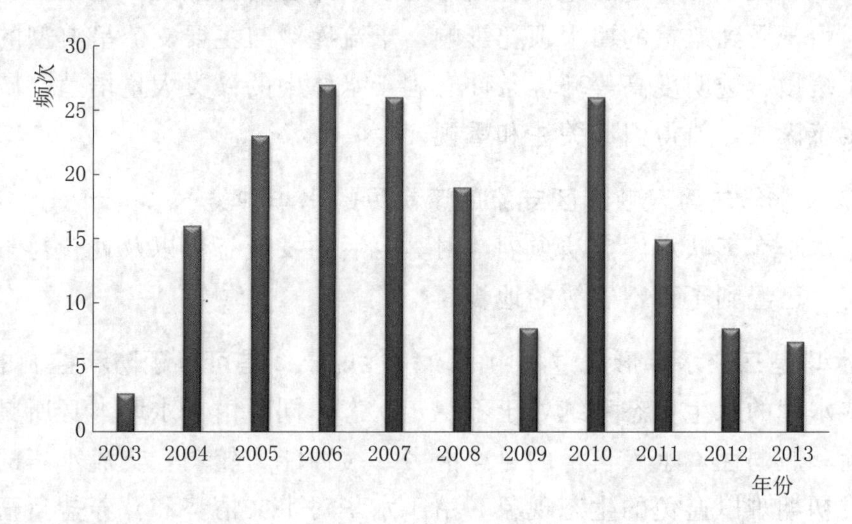

图 3.6－5　2003—2013 年三峡库区水华频次

2. 三峡水库库首江段的水华形势不容乐观

河道型水库按照水文水质特征分为河流区、过渡区和湖泊区。河流区河道型水库上游来水入库区，窄、浅，与天然河流相比水流减慢，却是水库中流速最快，水体滞留时间最短的区域。入库水流从上游流域带来大量营养盐、无机和有机颗粒物，造成河流区营养物含量最高，透明度最低，藻类生长受到光抑制，营养盐靠平流输送，藻类生物量及生长率相对较低。河流区水体一般为完全混合状态或混合深度大于真光层深度，沉淀的悬浮物主要是粒径大的泥沙，粒径小的淤泥和黏土，吸附着大量的营养盐被水流输送到过渡区，底部沉积物主要是外源性，营养盐含量少。过渡区为水库中部，宽、深，流速进一步减缓，此处粒径小的淤泥、黏土和细颗粒有机物大量沉淀。过渡区的特征是悬浮物沉淀的主要区域。悬浮物大量沉积，使过渡区透明度升高，藻类生长受光照条件限制现象得到改善，同时，该区营养盐的含量仍相对较高，因而藻类的生物量及生长率增加快。湖泊区的近坝区域，是水库最宽、最深的区域，极易出现垂直分层现象，但不稳定，受水库吞吐流特征控制。湖泊区水流流速最慢，粒径更小的颗粒进一步沉淀，水体透明度达到最高。湖泊区底部内源性有机沉积物比例比河流区和过渡区高，流速、营养盐、光照等以及藻类生物量和生长率显著高于其他水域。

三峡水库的分区类型不同于这种典型的河道型水库分区；三峡水库干流不存在过渡区和明显的湖泊区，仅仅在干流的小库湾表现为湖泊态水体特征；而在支流，受回水顶托影响的中下游水域为典型的湖泊区，而上游非回水区则呈现典型的河流特征。

三峡水库的坝前库首区域（包括靠近坝前库首的香溪河、童庄河、神龙溪等支流）由于受到严重的回水顶托影响，干流库湾与主要支流呈典型的湖泊特征，流速缓慢、透明度高等环境条件有利于水体中的藻类大量增殖，属于水华暴发的敏感区域，值得引起关注和重视。

3. 蓝藻水华成为三峡库区支流库湾常见的水华种类

蓝藻水华在三峡水库愈演愈烈，对其今后的发展态势以及处置对策的研究非常迫切，已经到了刻不容缓的地步。

4. 水华是三峡水库形成过程中的阶段性现象，是可以预防和控制的

三峡水库的水生生态系统处于不稳定状态，同时由于水库本身所具有的生态敏感性和脆弱性，水库自身的自净能力、缓冲能力较弱，支流水华的暴发是水库形成初期难以避免的生态现象。由于水华对水文情势和营养盐负荷的依赖性特征，三峡库区水华可以通过改变水华敏感区的水文情势和局部环境条件来预防；同时，由于水华的维持机制中外部环境占据相当重要的地位，通过改变外部环境条件能够加速水华的消退，实现对水华的控制。

第四节　三峡库区的水华问题

三峡水库蓄水后，库区支流水体水文情势的改变，以及在改变的水文情势主导下的水体营养盐结构、光照和温度条件等为支流水华的暴发提供了良好的外部条件，响应新的水文情势而构建的藻类群落失去原有的多样性特征，具有了优势种群，优势种群利用自身的竞争优势，形成水华。根据三峡水库支流水华暴发的发生、发展、消亡过程，分析水华暴发的内在作用机理，发现三峡水库蓄水后所形成的新的支流水文流态情势，及其所主导的生源要素的时空格局，为藻类群落优势种群的存在提供了必要的基础条件，蓄水后支流水体良好

的光学特性，赋予藻类优势种群快速生长增殖的充足能量条件，而适宜的水温可触发特定的优势种群瞬间快速增殖，成为水华。因此，三峡库区支流水华的形成原因可以归结为：水文、营养和光照是水体藻类优势种群发挥竞争优势的物质基础，而水温是支流水华暴发的触发因素；三峡水库蓄水后，库区江段的水文状况以及其营养结构、藻类群落演替与生态因子的相互关联作用是导致支流水华暴发的关键。

参考文献

蔡文君，殷峻暹，王浩，2012. 三峡水库运行对长江中下游水文情势的影响［J］. 人民长江，43（5）：22－25.

长江四大家鱼产卵场调查队，1982. 葛洲坝水利枢纽工程截流后长江四大家鱼产卵场调查［J］. 水产学报（4）：287－305.

陈细华，2004. 中华鲟胚胎发育和性腺早期发育的研究［D］. 广州：中山大学.

陈渊泉，龚群，黄卫平，等，1999. 长江河口区渔业资源特点、渔业现状及其合理利用的研究［J］. 中国水产科学（S1）：48－51.

段辛斌，陈大庆，李志华，等，2008. 三峡水库蓄水后长江中游产漂流性卵鱼类产卵场现状［J］. 中国水产科学（4）：523－532.

黄群，孙占东，姜加虎，2011. 三峡水库运行对洞庭湖水位影响分析［J］. 湖泊科学，23（3）：424－428.

姜伟，2009. 长江上游珍稀特有鱼类国家级自然保护区干流江段鱼类早期资源研究［D］. 武汉：中国科学院水生生物研究所.

康斌，2006. 鲮对生源要素循环的作用及长江河口渔业资源现状［D］. 青岛：中国海洋大学.

黎明政，姜伟，高欣，等，2010. 长江武穴江段鱼类早期资源现状［J］. 水生生物学报，34（6）：1211－1217.

李红炳，徐德平，2008. 洞庭湖“四大家鱼”资源变化特征及原因分析［J］. 内陆水产（6）：34－36.

李建军，2011. 长江中游九江段四大家鱼仔幼鱼的耳石特征及生长特性研究［D］. 南昌：南昌大学.

李景保，常疆，吕殿青，等，2009. 三峡水库调度运行初期荆江与洞庭湖区的水文效应［J］. 地理学报，64（11）：1342－1352.

刘建虎，陈大庆，刘绍平，等，2007. 长江上游四大家鱼卵苗发生量调查［R］. 荆州：农业部淡水鱼类种质资源与生物技术重点开放实验室.

刘乐和，吴国犀，曹维孝，等，1986. 葛洲坝水利枢纽兴建后对青、草、鲢、鳙繁殖生态效应的研究［J］. 水生生物学报（4）：353－364.

刘淑德，2009. 长江口及其邻近海域鱼类浮游生物群落结构特征研究［D］. 青岛：中国科学院海洋研究所.

母红霞，2014. 长江三峡水库库尾江段及三峡坝下鱼类早期资源生态学研究［D］. 武汉：中国科学院水生生物研究所.

彭期冬，廖文根，李翀，等，2012. 三峡工程蓄水以来对长江中游四大家鱼自然繁殖影响研究［J］. 四川大学学报（工程科学版），44（S2）：228－232.

单秀娟，线薇薇，武云飞，2005. 三峡工程蓄水前后秋季长江口鱼类浮游生物群落结构的动态变化初探［J］. 中国海洋大学学报（自然科学版）（6）：58－62.

唐锡良，2010. 长江上游江津江段鱼类早期资源研究［D］. 重庆：西南大学.

许继军，陈进，2013. 三峡水库运行对鄱阳湖影响及对策研究［J］. 水利学报，44（7）：757－763.

易伯鲁，余志堂，梁秩燊，等，1988. 葛洲坝水利枢纽与长江四大家鱼［M］. 武汉：湖北科学技术出版社.

于海成，2008. 长江口及邻近海域鱼类群落结构分析［D］. 青岛：中国科学院海洋研究所.

张国，吴朗，段明，等，2013. 长江中游不同江段四大家鱼幼鱼孵化日期和早期生长的比较研究［J］. 水生生物学报，37（2）：306－313.

赵军凯，李九发，戴志军，等，2012. 长江宜昌站径流变化过程分析［J］. 资源科学，34（12）：2306－2315.

中国科学院环境评价部，长江水资源保护科学研究所，1996. 长江三峡水利枢纽环境影响报告书（简写本）［M］. 北京：科学出版社.

中国水产科学研究院淡水渔业研究中心，中国水电工程顾问集团有限公司，2014. 长江三峡水利枢纽工程竣工环境保护验收大坝下游区水生生态影响调查专题报告［R］.

中国水电工程顾问集团有限公司，成都勘测设计研究院有限公司，中南勘测设计研究院有限公司，等，2014. 长江三峡水利枢纽工程竣工环境保护验收调查报告［R］.

中华人民共和国环境保护部. 长江三峡工程生态与环境监测公报［R］，1997－2013.

LI M，GAO X，YANG S，et al.，2013. Effects of environmental factors on natural reproduction of the four major Chinese carps in the Yangtze River，China［J］. Zoological Science，30（4）：296－303.

MEI Z，ZHANG X，HUANG S L，et al.，2014. The Yangtze finless porpoise：On an accelerating path to extinction?［J］. Biological Conservation，172：117－123.

专题成员名单

曹文宣　中国科学院水生生物研究所
刘焕章　中国科学院水生生物研究所
王　丁　中国科学院水生生物研究所
毕永红　中国科学院水生生物研究所
高　欣　中国科学院水生生物研究所
黎明政　中国科学院水生生物研究所
林鹏程　中国科学院水生生物研究所
刘　飞　中国科学院水生生物研究所

第四篇　三峡工程建设对天气气候的影响专题报告

第一章

三峡工程建设对库区附近天气气候事件的影响

第一节 长江流域气候背景

长江流域西源青藏高原，东临太平洋，其地理位置及大气环流的季节变化使其大部分地区成为典型的亚热带季风气候。冬寒夏热、干湿季分明为其气候的基本特征。

一、气温

长江流域气候温和，年平均气温一般为12～17℃。气温空间分布为东高西低，南高北低，中下游地区高于上游地区，江南高于江北。江源地区是全流域气温最低的地区。由于地形的差别，形成四川盆地、云贵高原和金沙江谷地等封闭式的高低温中心区。中下游大部分地区年平均气温为16～18℃。湘、赣南部至南岭以北地区达18℃以上，为全流域年平均气温最高的地区；长江三角洲和汉江中下游为16℃左右；而汉江上游地区降至14℃左右；上游地区受地形影响，由四川盆地的16℃降低到源区的－4℃上下。海拔500m以上的一级阶梯地区，年均气温为10℃以下（图4.1－1）。

长江流域最热月份为7月，最冷月份为1月，4月和10月是冷暖变化的中间月份。

在最冷月1月，长江中下游大部分地区气温为4～6℃，湘、赣南部为6～7℃，江北地区为4℃以下。四川盆地为6℃以上。云贵高原西部暖中心普遍为6℃以上，中心最高达15℃左右，东部为4℃以下。金沙江地区西部为0℃左右，东部地区为－4℃左右。江源地区气温极低，北部气温平均为－16℃以下。

在最热月7月，中下游地区气温普遍为28℃以上。四川盆地为26～28℃。

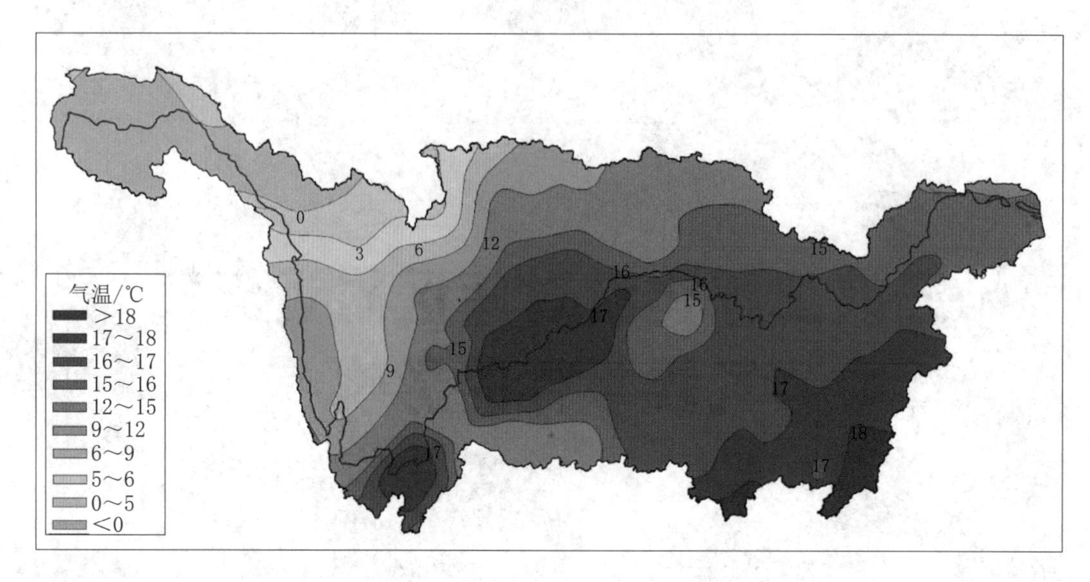

图 4.1-1　长江流域年平均气温空间分布图

云贵高原西部气温为 24～26℃，东部为 20℃以下。金沙江地区西部为 18℃，东部为 12℃左右。江源地区平均气温为 8℃上下。

4 月，中下游大部地区气温为 16～18℃，江北及长江三角洲为 14～15℃，南岭北部达 18℃以上。四川盆地为 18℃以上。云贵高原西部暖中心高达 25℃左右，而其东部低温中心为 12℃。金沙江西部地区为 10℃以上，东部则为 4℃以下。江源地区平均气温仍为 0℃以下，北部达－4℃左右。

10 月，中下游的江南地区平均气温为 18～20℃，江北和长江三角洲为 17℃左右。上游四川盆地为 18℃上下。云贵高原西部暖区为 16～18℃，中心地区高达 21℃，东部冷区为 12℃以下。金沙江地区西部为 12℃，东部为 6℃以下。江源地区北部达－4℃以下，南部为－2℃左右。

年平均最高气温的空间分布中下游地区普遍为 20～24℃，比其年平均气温高 4～5℃。四川盆地为 20℃左右，仅比其年平均气温高 2～3℃，是全流域气温季节变化最小的地区。云贵高原、金沙江和江源地区的年平均最高气温变化较大，一般比年平均气温高 6～8℃。

年平均最低气温的空间分布显示：中下游大部地区为 12～14℃，四川盆地与中下游地区相当，云贵高原的冷暖中心区分别为 8℃和 12～16℃，金沙江地区东西部分别为－2℃和 8℃左右，江源地区为－10℃上下。

从极端最高气温的空间分布来看，长江中下游地区普遍为 40℃以上，最大值出现在江西修水站，达 44.9℃。长江三角洲和洞庭湖区、江汉平原一般为 40℃以下。四川盆地大部地区为 40～42℃。云贵高原和金沙江地区的极端最高气温仍然存在东西并列的高低值中心区，其差值达 10℃以上。江源地区的极端最高气温为22～24℃。

从极端最低气温的分布来看，四川盆地一般为－6～－2℃，长江中下游大部地区为－16～－10℃。川西和金沙江地区极端最低气温的地区分布梯度最大，等温线密集。江源地区普遍在－30℃以下。

二、降水

长江流域多年平均年降水量为1081.9 mm，属于我国降水量较为丰沛的地区之一。但受到环流和下垫面的影响，年降水量的时空分布非常不均匀，容易形成水旱灾害。降水的空间分布呈东南多、西北少（图4.1－2）。中下游地区除了汉江水系和下游干流区下游外，年降水量均多于1100 mm。洞庭湖和鄱阳湖水系年降水量为1300 mm以上，尤其东南部的鄱阳湖水系大部分地区年降水量可达到1500 mm，而在汉江中上游地区减少为700～1100 mm。上游大部分地区年降水量为600～1100 mm。四川盆地是上游地区的降水高值区，年降水量为1300 mm；江源地区年降水量最少，为100～500 mm，属于干旱带。

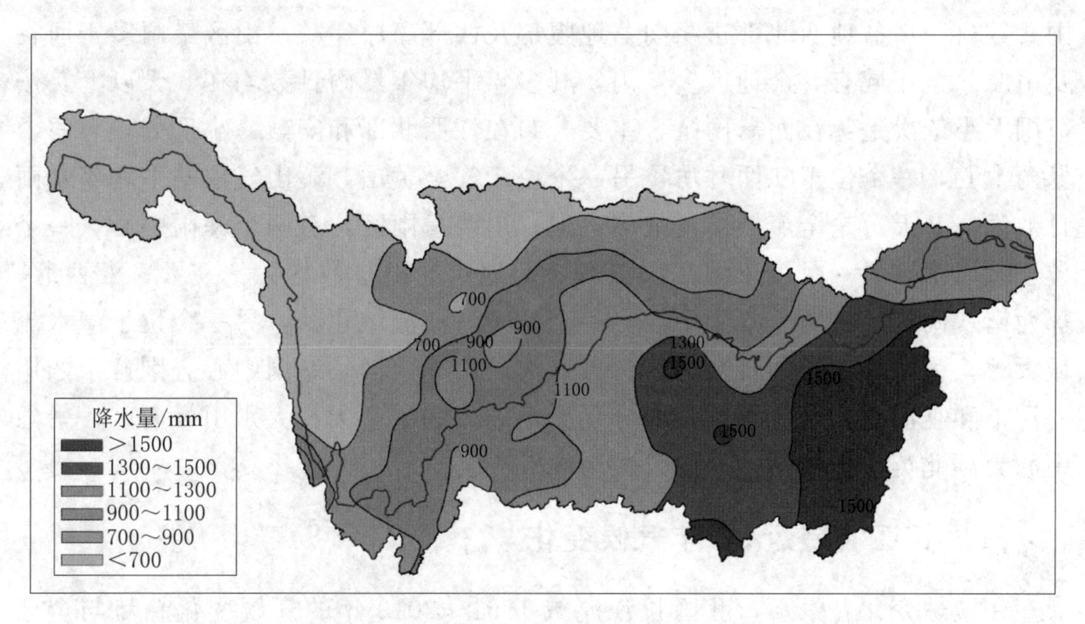

图4.1－2　长江流域年降水量空间分布图

在流域内，年降水量800～1600mm的地区属于湿润带，长江流域大部分地区属于湿润带。年降水量大于1600mm的是特别湿润带，主要位于四川盆地西部和东部边缘、江西、湖南、湖北部分地区。年降水量为400～800mm的是半湿润带，主要位于川西高原、青海、甘肃部分地区及汉江中游北部。年降水量达2000mm以上的多雨区都分布在山区，范围较小，其中四川荥经的金山站年降水量达2590mm，为全流域之冠。

年内，冬季（12月至次年2月）降水量为全年最少。月降水量大于100mm的月份，上游是5—9月（最大降水月为7月），中下游地区是3—8月（最大降水月为6月）。其中，4—5月是春汛期，东部地区降水量可达到420～600mm，但在西部最低值只有100mm左右；6—8月是夏汛期，是全年降水量最多的时期，除金沙江、嘉陵江和汉江上游不足400mm以外，大部分地区降水量为400～700mm；9—11月，各地降水量逐月减少，大部分地区10月降水量比7月减少100mm左右。9月的秋汛，尽管降水量相对较少，但在嘉陵江和汉江上游地区降水量为全年的次高峰，少数年份秋汛期的降水量能超过夏汛期。

长江流域大部分地区年降水天数为140天以上，只有西南部和北部的部分地区为100天以下。降水天数呈西北少、中南多。流域中部及南部年降水日数大多为160～180天；俗称“天漏”的四川雅安、峨眉山一带年降水天数最多达200天以上。年降水天数次多的地区是贵州，大多超过180天。年降水日数最少的是江源地区，金沙江得荣、攀枝花地区不足120天。

长江流域中游、下游地区，年暴雨日数自东南向西北递减；在上游，年暴雨日数自四川盆地西北部边缘向盆地腹部及西部高原递减；山区暴雨多于河谷及平原。全流域有5个地区多暴雨，其多年平均年暴雨日数均在5天以上，按范围大小依次是：江西暴雨区，主要分布在江西北部和安徽一小部分，有两个暴雨中心，一个位于江西甘坊，另一个位于安徽黄山，黄山气象站平均年暴雨日数为8.9天，是全流域暴雨最多之地；川西暴雨区，有两个暴雨中心，一个位于峨眉山，另一个位于岷江汉王场，两地年暴雨日数均为6.9天；湘西北、鄂西南暴雨区，有两个暴雨中心，一个位于清江流域建始，另一个位于澧水流域大坪，大坪站年暴雨日数为8.7天；大巴山暴雨区，暴雨中心分别位于四川万源市和巫溪县内，年暴雨日数分别为5.8天和7.7天；大别山暴雨区，暴雨中心为湖北英山田桥站，暴雨日数为6.6天。

三、长江流域近50年气候变化

在全球变化背景下，我国长江流域1961—2013年的气候变化趋势与全球变化的总趋势基本一致，总体表现为气温升高，大约每10年升高0.14℃，特别是近10多年来，长江流域气温大幅升高，除2011年、2012年外，21世纪的其余11年均高于多年平均值（图4.1－3）。长江流域年平均最高气温同样呈现显著的升温趋势，升温速率为0.15℃/10a；冬季平均气温升温最为显著，升温速率达到0.25℃/10a。长江流域主汛期（5—9月）平均气温亦呈升温趋势，但升温速率略小，为0.1℃/10a。

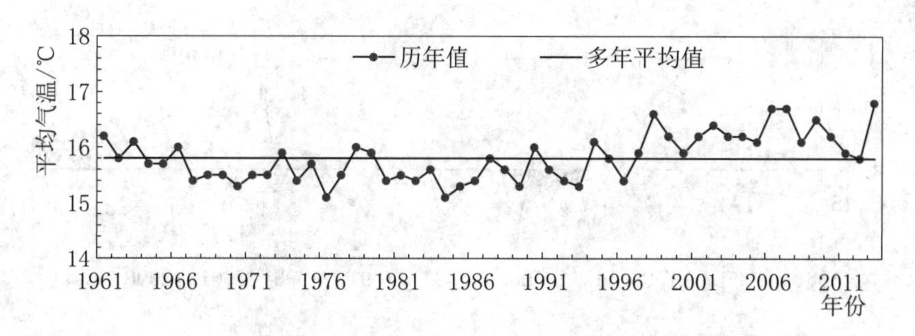

图 4.1-3 1961—2013 年长江流域年平均气温变化

冬春夏秋四季的气温变化趋势分别为 0.252℃/10a、0.231℃/10a、0.125℃/10a、0.198℃/10a（图 4.1-4～图 4.1-7），冬春季增温最明显，夏季气温变化最小。

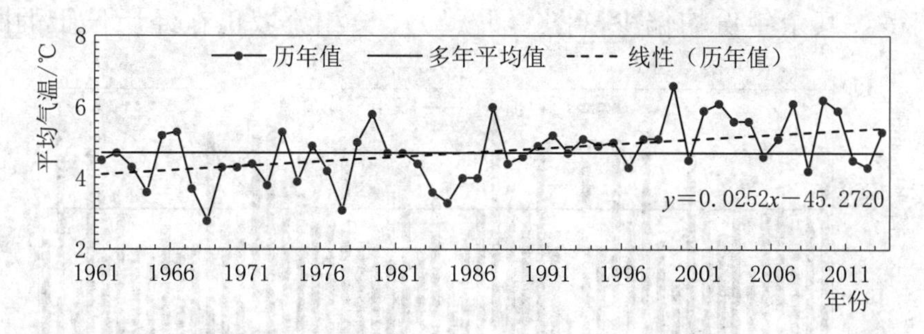

图 4.1-4 1961—2013 年长江流域冬季平均气温变化

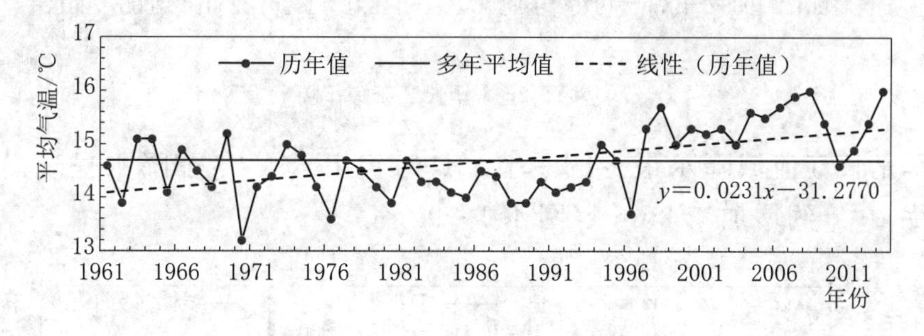

图 4.1-5 1961—2013 年长江流域春季平均气温变化

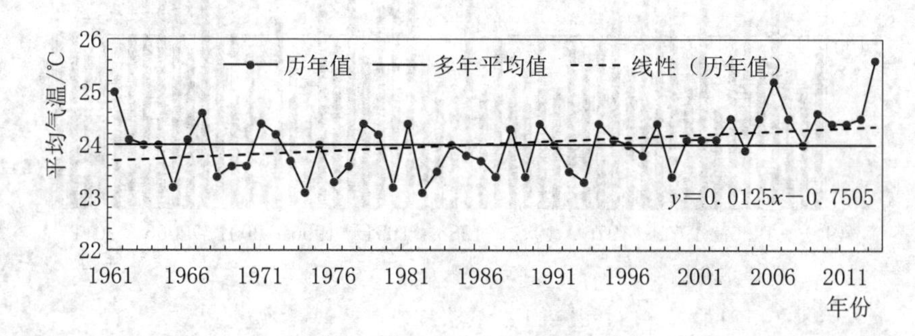

图 4.1-6 1961—2013 年长江流域夏季平均气温变化

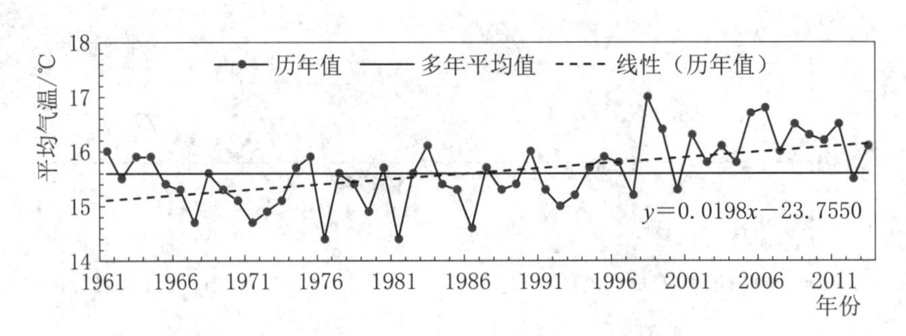

图 4.1-7　1961—2013 年长江流域秋季平均气温变化

1961—2013 年，中国的年降水量总体表现为减少趋势。2000 年以前，长江流域年降水量整体表现为略增加的趋势，平均每 10 年增加 3.9 mm；但 21 世纪以来降水量明显减少，仅 2002 年、2010 年、2012 年三年的降水量较多年平均值偏多，其余年份均偏少（图 4.1-8）。长江流域正在经历偏干的时期。

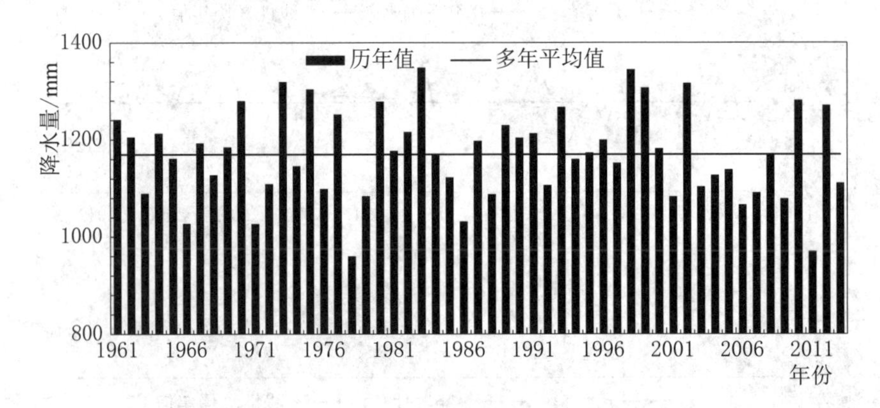

图 4.1-8　1961—2013 年长江流域年降水量变化

冬季是长江流域降水最少的季节，1961 年以来，冬季降水呈现出弱增加趋势，每 10 年约增加 4.2mm（图 4.1-9）。

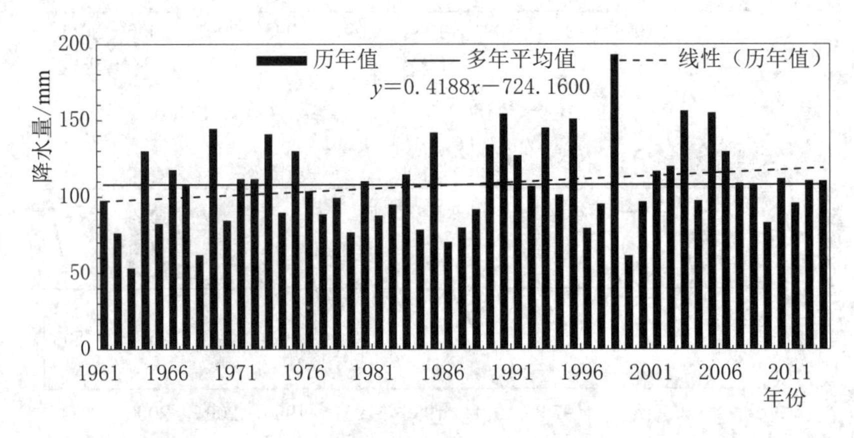

图 4.1-9　1961—2013 年长江流域冬季降水量变化

1961 年以来，长江流域春季降水量每 10 年大约减少 6.2mm，年际波动较大，其中 2011 年长江流域春季降水量仅为 189.7mm，但 2012 年、2013 年春季降水有所增多（图 4.1-10）。

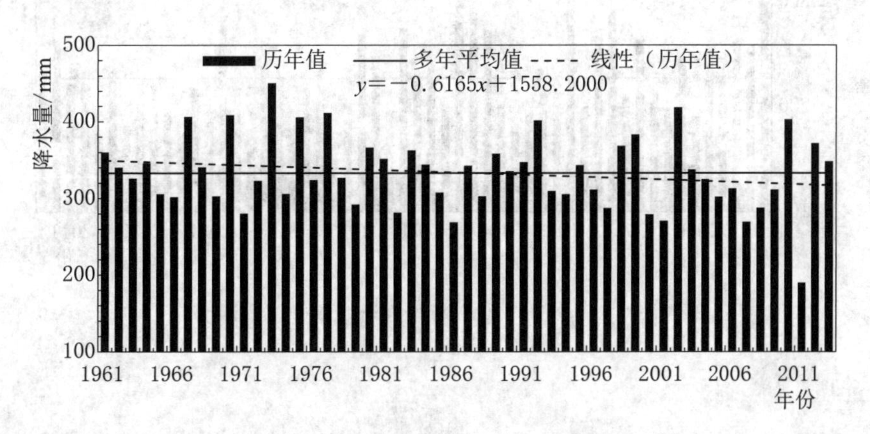

图 4.1-10 1961—2013 年长江流域春季降水量变化

长江流域夏季降水量总体呈现增加趋势，每 10 年大约增加 9.4mm。但增加趋势止于 21 世纪初，2000 年以后，多数年份的降水量少于多年平均值（图 4.1-11）。

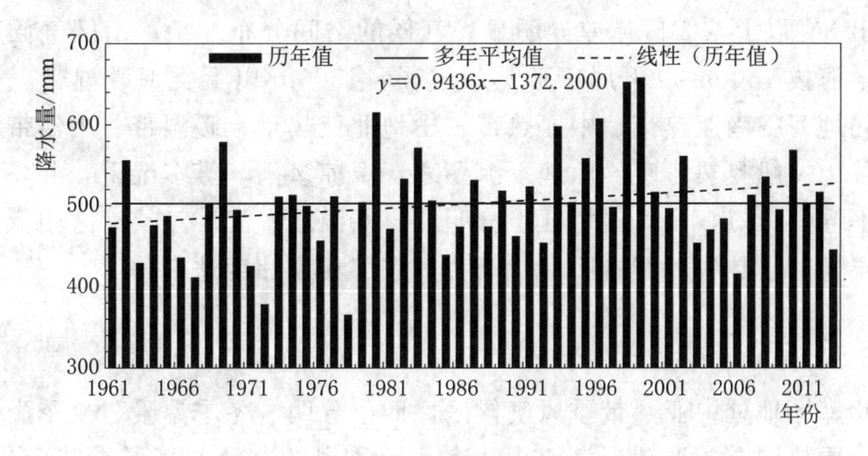

图 4.1-11 1961—2013 年长江流域夏季降水量变化

我国的降水正经历着明显的年代际变化，21 世纪以来，包括长江流域在内的南方地区降水量有了明显减少，长江流域平均年降水量较平均值减少了约 100mm。20 世纪 90 年代，我国夏季降水的主雨带位于南方地区，造成该地区雨涝多发，甚至发生了 1998 年长江流域性大洪水。但 21 世纪以来，夏季主雨带发生了明显北移，主要雨区已经从长江流域移到黄淮地区。

长江流域秋季降水量每 10 年大约减少 8.3mm，20 世纪 80 年代以前降水量较多，而后降水量偏少（图 4.1-12）。

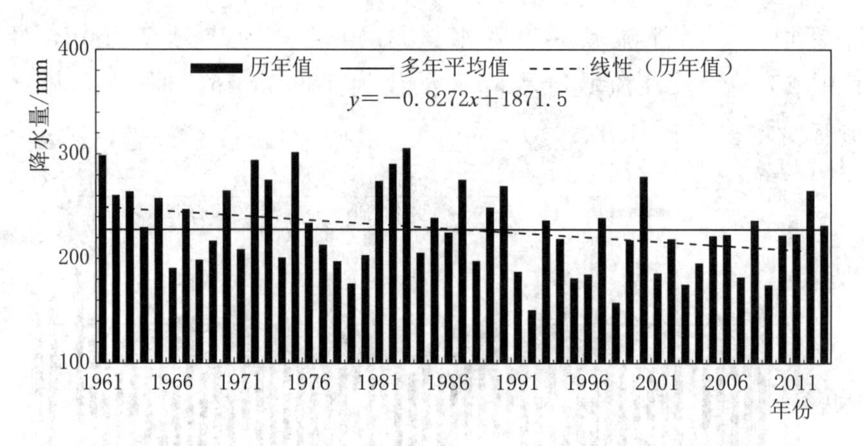

图 4.1-12　1961—2013 年长江流域秋季降水量变化

第二节　库区气候背景

三峡库区因其特殊的地形、地貌条件形成了富有特色的峡谷气候：①冬季温暖。受地形屏蔽及西南暖舌的共同影响，且河谷地区高山夹峙，下有水垫，易形成逆温层，比同纬度其他地区气温高，1 月平均气温比同纬度长江中下游一带高出 3℃以上。②区域差异明显。气候的空间分布复杂。山区气候垂直差异显著，海拔 1500m 以下属于亚热带气候，1500m 以上类似暖温带。气候类型包括局地河谷南亚热带、中亚热带、山地北亚热带、暖温带、中温带等 5 种类型。谷地一般夏热冬暖，山地夏凉冬寒，温凉多雨，雾多湿重，并具有阴阳坡气候不同的特点，小气候特征十分明显。③温暖湿润。三峡库区中低山地在垂直分层上的水热资源配置明显优于我国东部相应纬度地带。

一、气温

三峡库区地处中亚热带季风气候区，四季分明、冬季温暖、夏季炎热、雨量适中、雨热同季、温暖湿润。由于冬、夏季风的交替，气温季节变化明显。三峡库区冬季是我国著名的冬暖中心之一，夏季又是我国的酷暑中心之一。

三峡库区年平均气温为 17～19℃，具有明显的西北高、东南低的特征，长江以北及重庆市区附近年平均气温为 18℃左右，气温最高的重庆市綦江区为 18.8℃；而长江以南大部地区气温为 17℃以下，最低的湖北省五峰县只有 14.0℃（图 4.1-13）。

冬季，库区各地季平均气温西高东低的分布态势明显，季平均气温为 5～9℃。鄂西南山区，冬季平均气温比库区西部地区偏低 2～3℃，其中五峰为库区气温最低处（图 4.1-14）。近年来，沿水库冬季的季平均气温变化

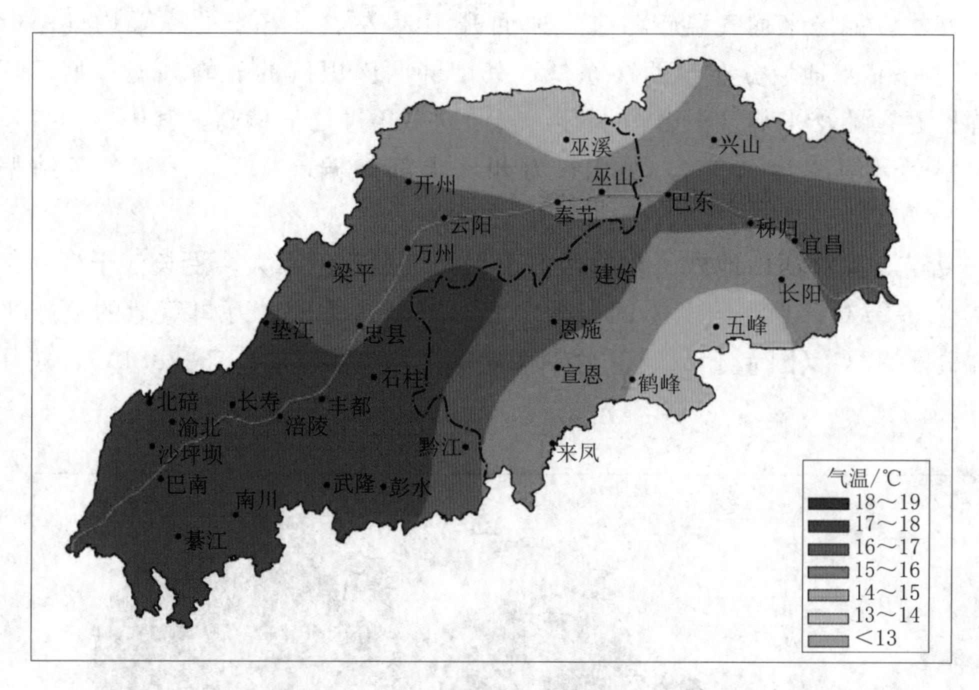

图 4.1-13 三峡库区年平均气温分布图

幅度范围为 6.6～9.0℃。除云阳的冬季平均气温较同期多年平均值下降 0.2℃外，其余各站均比同期多年平均值略有上升，其中巫山升温最大（0.8℃），其次为万州（0.6℃）。

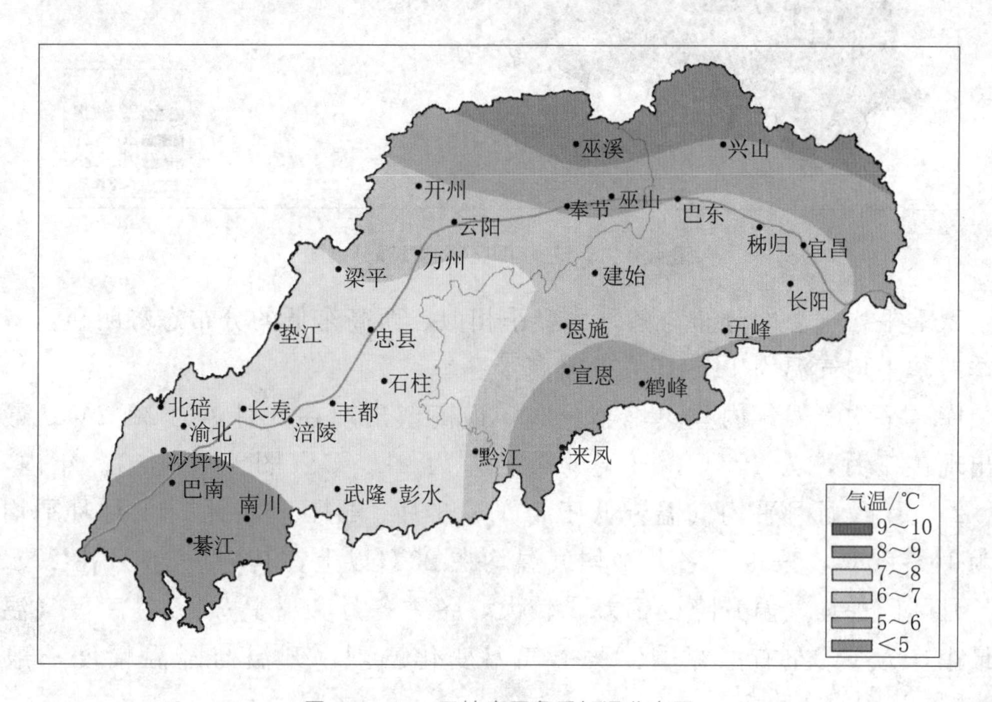

图 4.1-14 三峡库区冬季气温分布图

春季，库区平均气温较冬季普遍回升10℃左右。春季的季平均气温一般为13～19℃，地域分布呈西高东低，其中鄂西南山区的五峰气温最低。近几年库区春季的季平均气温普遍上升，较同期多年平均值偏高，其中宜昌春季平均气温上升幅度达1.9℃，巫山、万州、丰都站偏高1.0℃，其余各站偏高0.4～0.9℃。

夏季，除鄂西山地外，东、西部季平均气温差别不大，沿长江干流地区一般为26～27℃，是我国夏季的酷暑中心，特别是重庆、万州等地的夏季平均气温高于27℃（图4.1-15）。近年来夏季平均气温为27.1～28.1℃，较往年同期偏高。

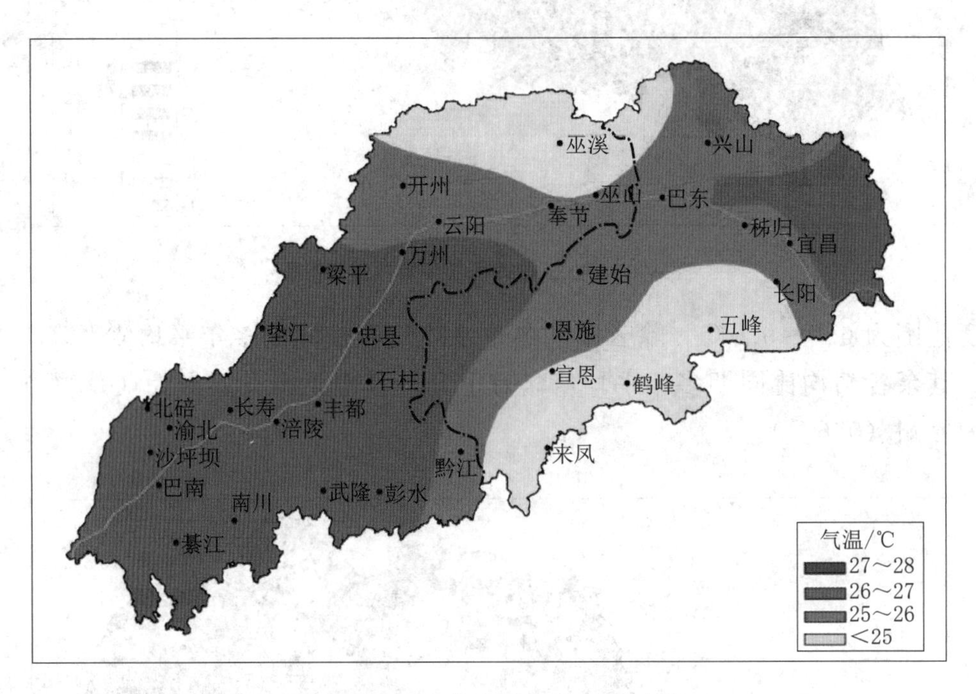

图4.1-15　三峡库区夏季气温分布图

秋季平均气温的分布与冬季、春季相似，西高东低的分布态势明显，各地秋季的季平均气温为14～19℃，略高于春季。

库区平均气温年内呈单峰型分布，最高值出现在8月，为28.2℃；最低值出现在1月，为6.7℃；气温的年较差为21.5℃（图4.1-16）。年内，1月、2月、12月月平均气温皆低于10℃；3月、4月、10月、11月月平均气温为10～20℃，5—9月各月平均气温均在20℃以上，其中7—8月在28℃左右。月际间平均气温升降变幅差异较大，冬季各月和盛夏7—8月库区气温变化最小，为1℃左右；春季、秋季气温变化剧烈，升温与降温幅度一般为5～6℃。

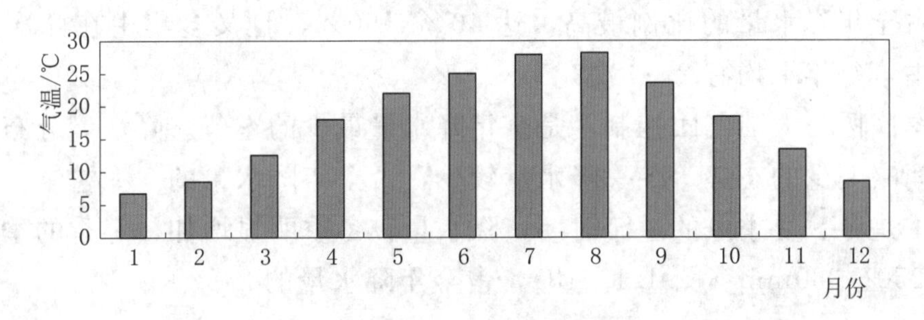

图 4.1-16　库区平均气温年内变化

二、降水

库区年降水量一般为 1000～1300mm，总体分布呈东部多西部少，沿江河谷少雨，外围山地逐渐增多。多年平均年降水量东南部和西北部较多，东北部和西南部相对较少，呈一条西北—东南向的鞍形分布格局（图 4.1-17）。降水量最多的湖北省鹤峰县多年平均年降水量达 1684mm，而东北部最少的湖北省兴山县只有 997mm。三峡库区长江干流各站年降水量从地区分布来看，自奉节向西各站降水偏多，由巫山向东至秭归降水偏少，至宜昌起又开始增多，大体上形成库区年降水量自西向东呈多—少—多的分布格局。

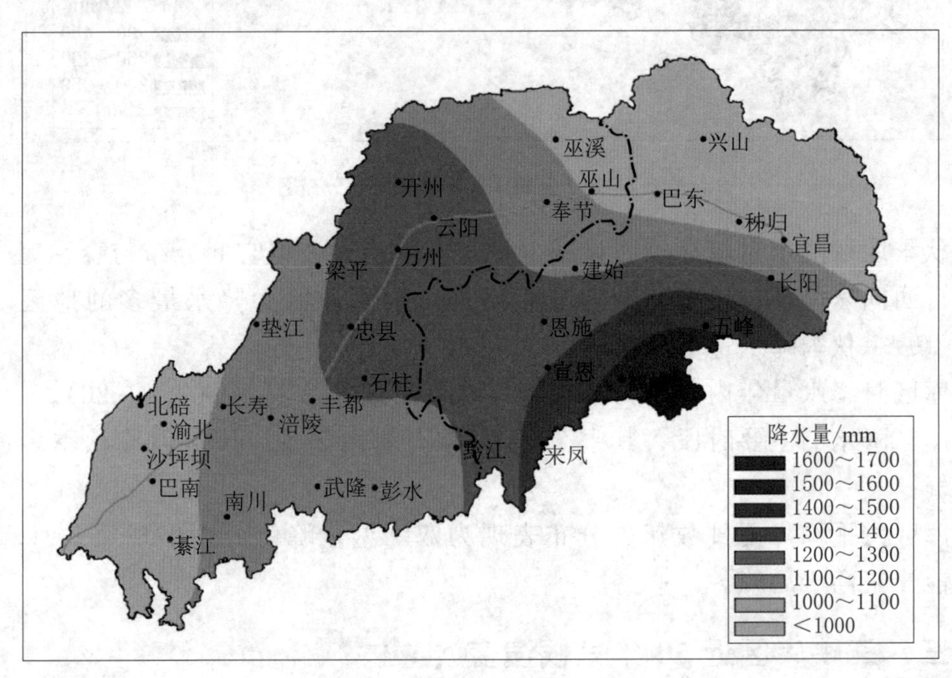

图 4.1-17　三峡库区年降水量分布图

库区冬干夏雨，降水主要集中在仲春到仲秋时段。夏季是全年降水最多的季节，库区自西向东呈现少—多—少—多“两少两多”相间的分布格局。夏季降水量占全年降水量的比例最高，达40%～50%，且又多集中在几次暴雨天气过程中（每年平均有2～4次）。

冬季库区受大陆气团控制，是全年降水量最少的季节。降水量分布呈两头多，中间略偏少的态势。冬季降水量较少，占全年降水量的5%左右。

春季是冬、夏季风的过渡时期，降水量较冬季明显增加，春季的季降水量大致为250～350mm（图4.1-18），占全年降水量的24%～30%。

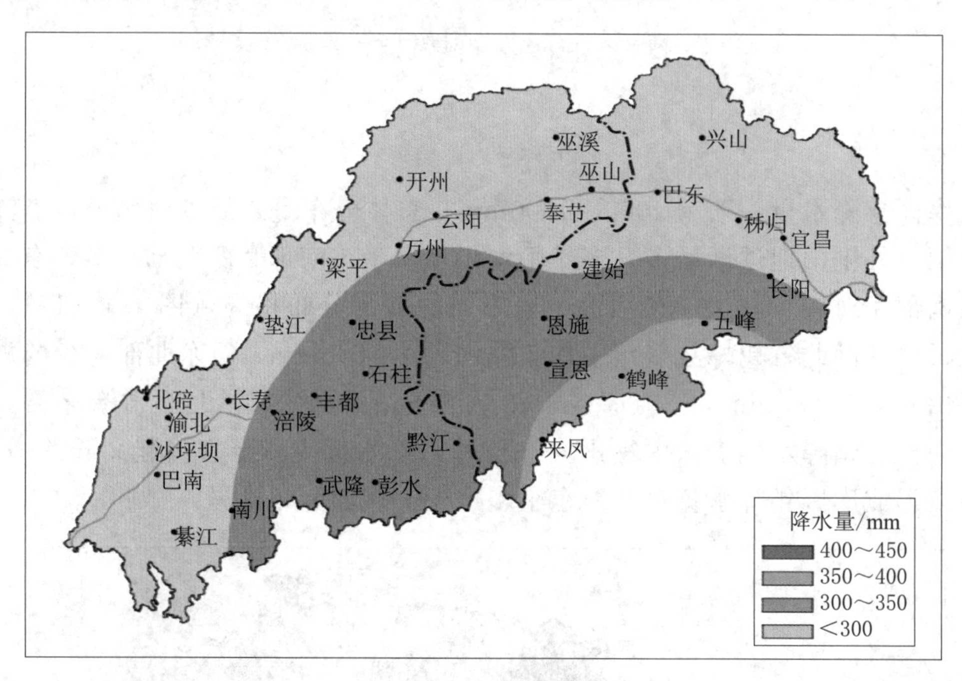

图4.1-18 三峡库区春季降水量分布图

秋季库区降水量较夏季明显减少，与春季接近，但空间分布与春季完全不同，自西向东呈现少—多—少的分布格局，中部地区为降水最多的地区（图4.1-19）。秋季降水量占全年的25%左右。

库区月降水量年内分布为单峰型，峰值出现在7月（图4.1-20）。4—10月是库区降水的主要时段，其中5—9月常有暴雨出现，库区西段秋季多连阴雨天气。

库区月平均降雨日数年内分布表现为双峰型，峰值分别出现在5月和10月，前峰略高于后峰。

三、三峡库区近50年气候演变

1961年以来，三峡库区年平均气温整体呈升温趋势，每10年升高0.06℃。20世纪80年代气温最低，自1991年以来升温明显，近10年气温距平值为50年来最高，三峡库区增温0.48℃（图4.1-21）。

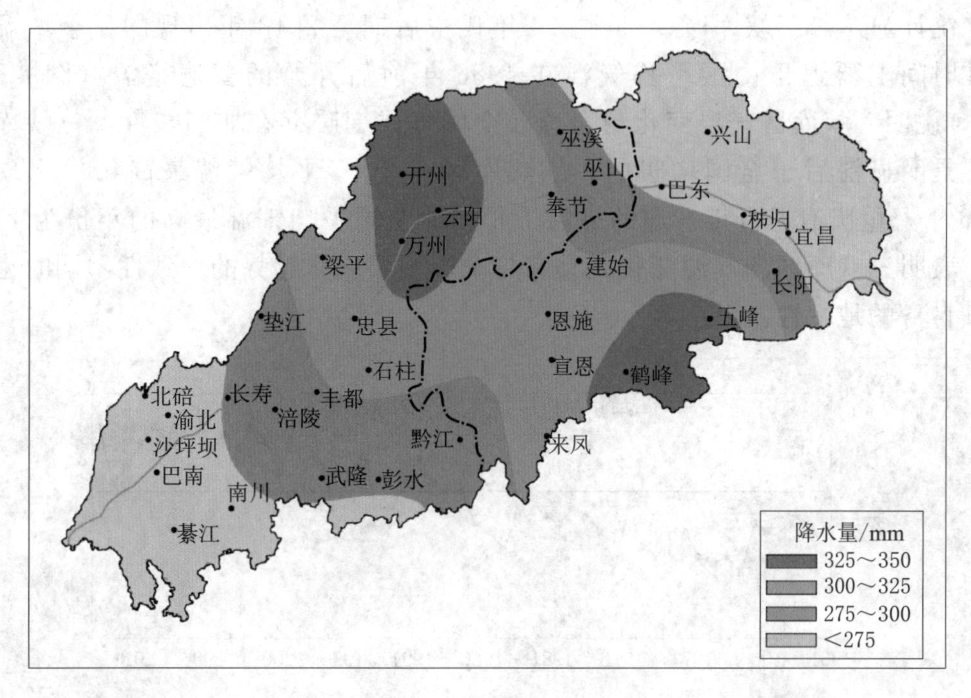

图 4.1-19 三峡库区秋季降水量分布图

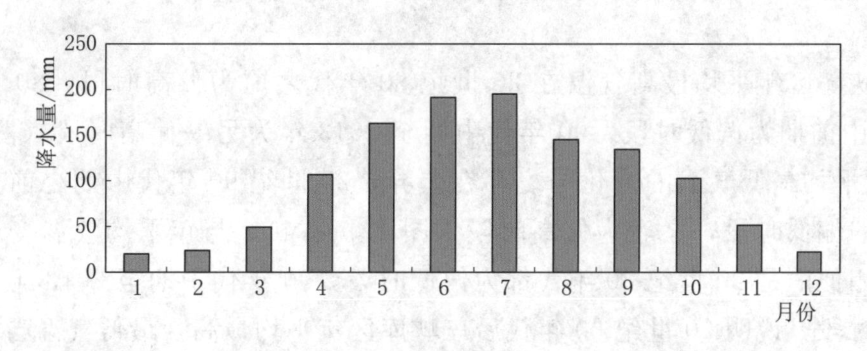

图 4.1-20 三峡库区月降水量分布

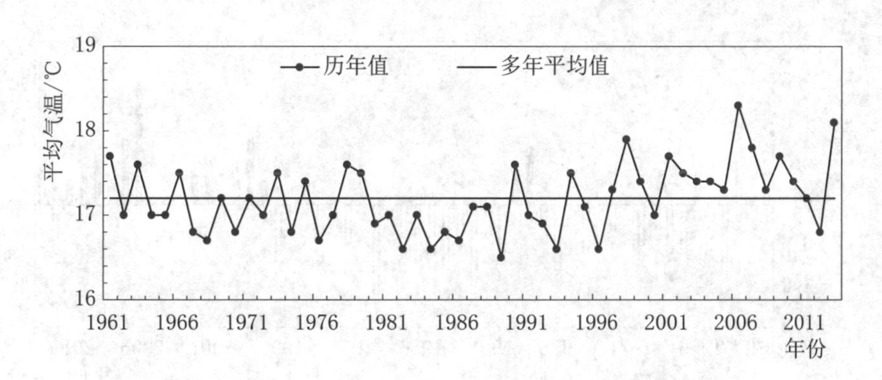

图 4.1-21 1961—2013 年三峡库区平均气温变化

统计显示，三峡库区20世纪90年代中后期至2013年出现的显著增温现象在时间上要迟于中国平均气温在1986年前后开始的普遍增温（图4.1-22），说明三峡库区气温变化与全球及全国气候变暖存在非同步性，三峡库区增暖是明显滞后于全国增暖的。三峡库区近50年平均气温最高年份出现在2006年，重庆遭遇百年一遇的高温干旱；而全国平均气温最高的年份为2007年，表明三峡库区的气温变化既具有与全国气温变化趋势的一致性，同时也具有其自身的地域性。

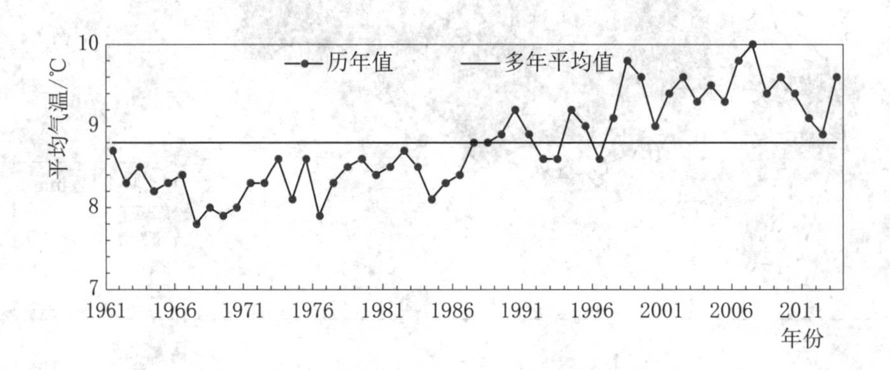

图4.1-22 1961—2013年全国平均气温变化

三峡库区年平均最高气温在20世纪80年代之前为偏高时段，80年代到90年代中前期为偏低时段，90年代中期至2013年为另一偏高时段（图4.1-23）。而平均最低气温的变化与之存在差异，20世纪90年代中期之前为一段长时期的偏低时段，之后为偏高时段（图4.1-24）。与年平均气温变化对比发现，相似的是20世纪80年代都为偏低时段，90年代中期至2013年都为显著偏高时段，说明20世纪80年代后三峡库区年平均最高、最低气温与年平均气温变化具有较好的一致性。

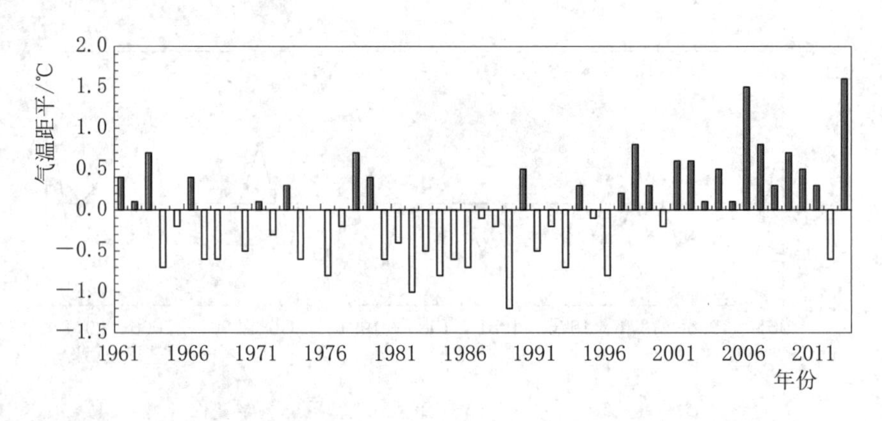

图4.1-23 1961—2013年三峡库区平均最高气温距平变化

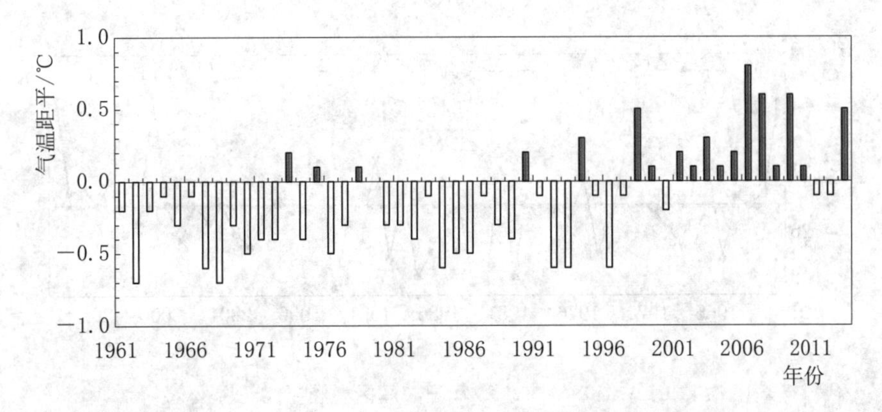

图 4.1-24 1961—2013 年三峡库区平均最低气温距平变化

从四季气温变化线性趋势看，1961—2013 年三峡库区冬季、春季、秋季的升温幅度分别为 0.136℃/10a、0.092℃/10a、0.114℃/10a。冬季增温趋势最为明显，夏季没有明显变化趋势（图 4.1-25～图 4.1-28）。

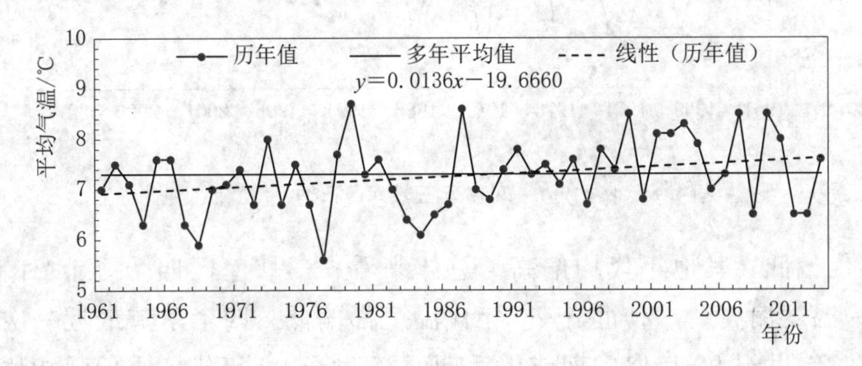

图 4.1-25 1961—2013 年三峡库区冬季平均气温变化

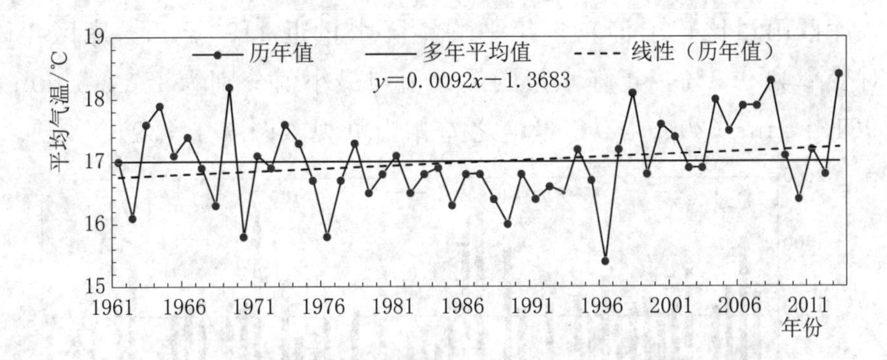

图 4.1-26 1961—2013 年三峡库区春季平均气温变化

从逐年代变化来看，三峡库区春季 20 世纪 80 年代偏低，其他年代均偏高。夏季 20 世纪 80 年代和 90 年代偏低，其他年代均偏高。秋季 20 世纪 70 年代略偏低，80 年代偏低，其他年代均偏高。冬季 20 世纪 60 年代、70 年代

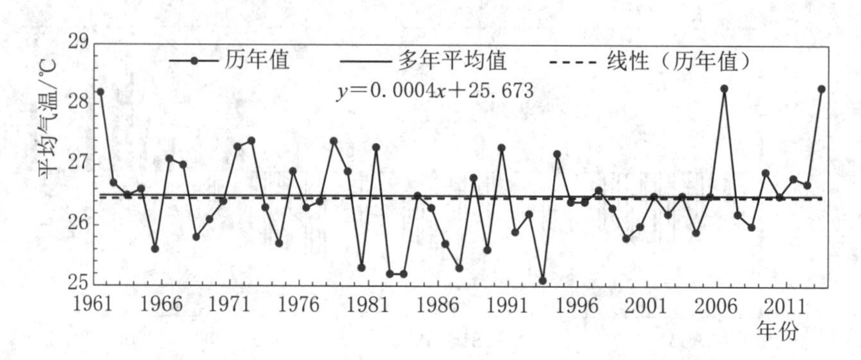

图 4.1-27　1961—2013 年三峡库区夏季平均气温变化

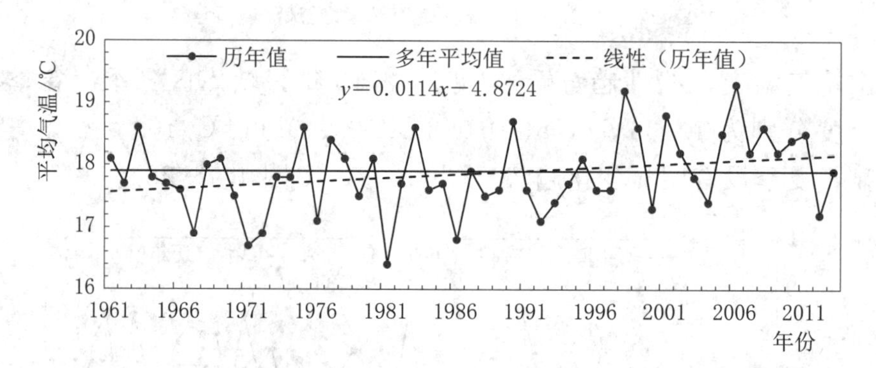

图 4.1-28　1961—2013 年三峡库区秋季平均气温变化

和 80 年代偏低，其他年代均偏高。总体来看，三峡库区四个季节 21 世纪 00 年代都为温度偏高期，20 世纪 80 年代温度都偏低。四个季节最近一次增暖主要集中在 20 世纪 90 年代中期或中后期，20 世纪 90 年代冬季偏暖相比其他季节最为明显。

三峡库区雨量比较丰沛，多年平均年降水量近 1190 mm。库区年降水量平均相对变率为 9.3%，年降水量的最大值与最小值分别为 1532.5 mm（1998 年）和 921.1 mm（2006 年），量值之差相当可观（图 4.1-29）。

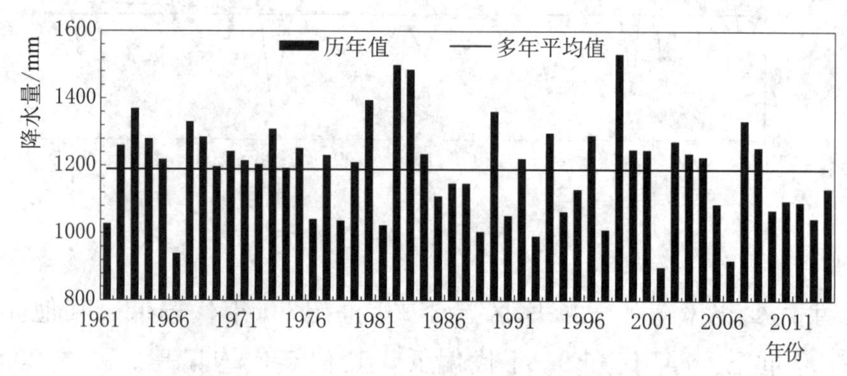

图 4.1-29　1961—2013 年三峡库区平均年降水量变化

1961年以来，三峡库区年降水量变化趋势并不显著，但2004—2013年降水量减少明显。21世纪以来，有8年降水量较多年平均值偏少，特别是2009年以来三峡库区降水量持续偏少。

三峡库区各季降水量的年际变化中，冬季最大，夏季最小。历年各季降水量最大值与最小值的量值之差，以夏季为最大，冬季最小（图4.1－30～图4.1－33）。

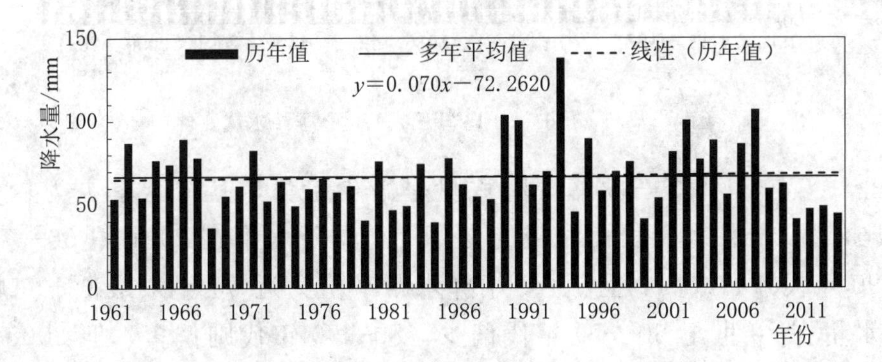

图4.1－30　1961—2013年三峡库区冬季降水量变化

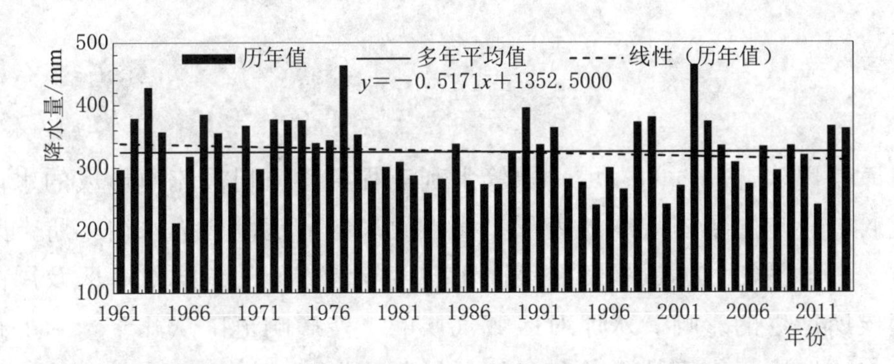

图4.1－31　1961—2013年三峡库区春季降水量变化

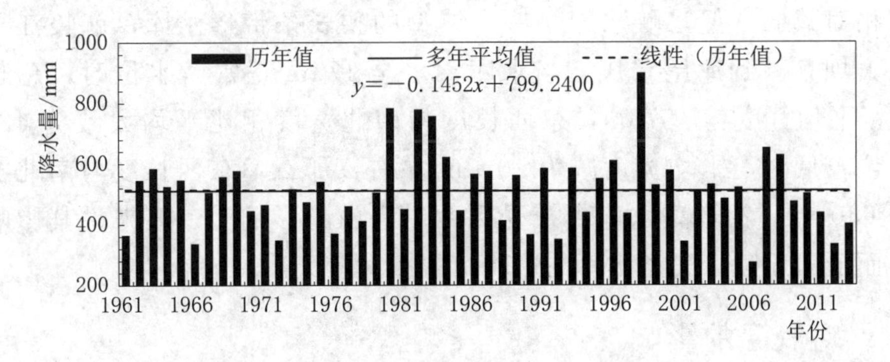

图4.1－32　1961—2013年三峡库区夏季降水量变化

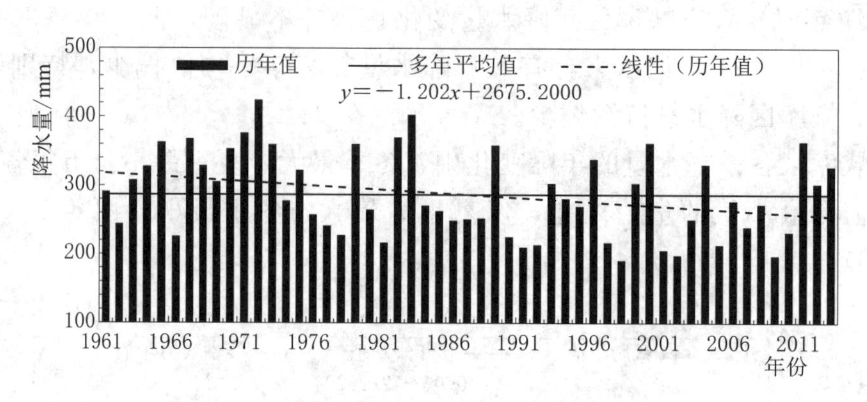

图 4.1－33　1961—2013 年三峡库区秋季降水量变化

春季、夏季和秋季三峡库区降水量呈减少趋势，其中秋季更为显著，每10年减少 12 mm，大于长江流域的变率。秋季降水量在 20 世纪 60—70 年代偏多，90 年代开始减少，且近 10 年降水距平值为近 50 年来最低。三峡库区夏季降水量在 20 世纪 60—70 年代偏少，80—90 年代则偏多，但 2008—2013 年年减少幅度较大，高于长江流域的变幅。冬季降水呈现不显著的弱增加趋势，在 21 世纪的前 5 年降水偏多，但 2009—2013 年偏少明显。

第三节　三峡工程建设对库区气候的影响

水库是因建造坝、闸、堤、堰等水利工程拦蓄河川径流而形成的水体。水库对气候的影响主要体现在地表下垫面由原来的陆地改变为水体，所带来的热力性质、辐射平衡、热量平衡和表面粗糙度等诸方面的差异对库区及周围的局地小气候所产生的影响。水库对区域气候的可能影响范围从几千米到上百千米不等，主要取决于水库的形状和当地的局部地形。

三峡水库建成蓄水后，水面面积将大大增加，另外库区水位上升，地形的影响将相对减弱。但三峡水库是一个典型的狭长条带形水库，就长江干流而言，从大坝宜昌到库尾重庆，当水库蓄水至 175m 正常蓄水位时，总长度为663km，平均宽度为 1576m，东西长度与南北宽度相比平均大致为 420 ：1；如果水位较低时，平均宽度减为 1000m 左右，那么，东西长度与南北宽度相比变为 660 ：1。河道型水库由于受到两岸高山的影响，一般来说其影响范围较小，而低山丘陵区大型水库的影响范围相对较大。

一、对气温的影响

蓄水前三峡库区年平均气温为 17.1℃，蓄水后为 17.4℃，气温升高

0.3℃。蓄水前库区冬季平均气温为7.2℃，蓄水后为7.4℃，升高0.2℃；蓄水前库区夏季平均气温为26.3℃，蓄水后为26.8℃，升高0.5℃。

三峡库区蓄水后大部分地区平均气温较蓄水前有所升高，但空间差异较大（图4.1-34）。

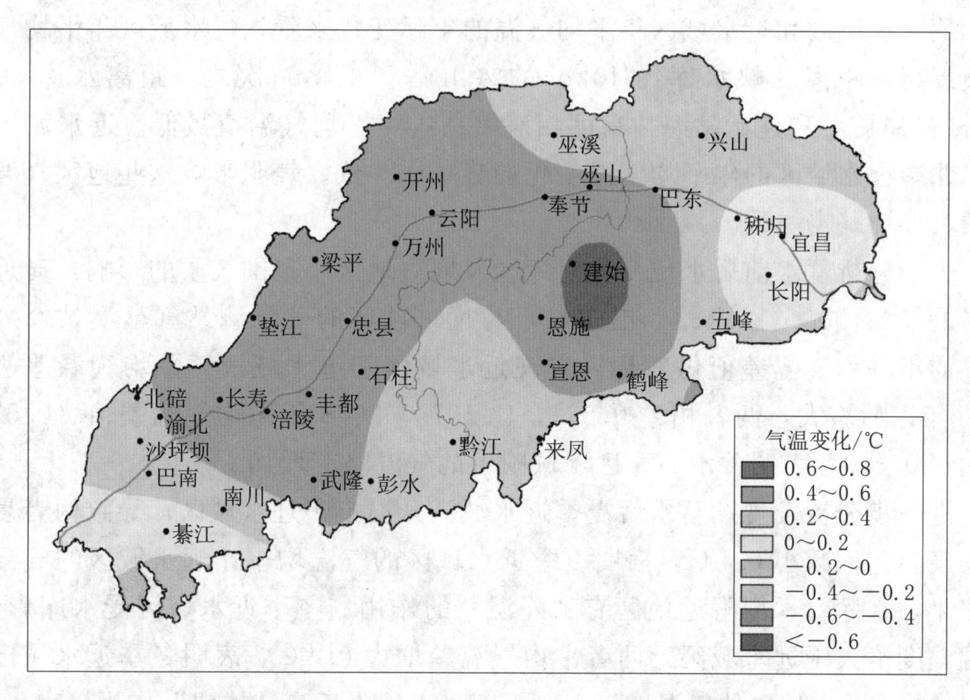

图4.1-34　三峡水库蓄水后年平均气温变化情况

从库区蓄水后平均气温变化的分布情况可以看出：①受全球气候变化影响，各地区气温均有不同程度的升高，但受蓄水后水位变化影响，库区各地气温变化不同；②相比而言，三峡水库沿长江干流各站的平均增温幅度略小于库区其他站点；③秭归以东的下游区不受水库蓄水影响，气温增幅较大且增温范围大；④库区回水末端区域的水位变化不明显，气温增幅相对中部及坝区的气温变化大；⑤库区中部地区水位变化大，蓄水后气温增加小于其他地区，但万州地区属于峡谷区，水位抬升后水面变化不明显，因此气温变化相对大于中部其他地区。

将库区所有站和库区长江干流上12个站的历年平均气温变化进行比较发现，长江干流站的年平均气温整体上比整个三峡库区平均气温高，从而反映出库区气温的空间分布差异，即河谷地区高、山地低；但库区站和长江干流站的气温变化趋势几乎完全一致。在三峡工程建设蓄水之后，两者的变化趋势并没有发生变化，表明三峡库区蓄水并没有造成库区大范围的气温变化，库区气温的变化主要取决于大环境的温度变化。

根据各气象站距离水库的远近选取典型代表站，靠近水域的巫山站、巴东站称之为近水域区，远离水域的巫溪站、兴山站（距离三峡水库的长江干流约40km），称之为北岸远水域区，远离水域的建始站、恩施站（距离水库50～60km）称之为南岸远水域区。

从远水域区和近水域区年平均气温的年际变化来看，近水域区年平均气温数值最高，距离三峡水库约40km的兴山站和巫溪站次之，距离水库50～60km的恩施站和建始站海拔高度相对偏高，年平均气温值最低。近水域区和南、北岸远水域区的年平均气温变化趋势基本一致，表明影响这些地区气温变化的大环境基本一致。

为了分析蓄水前后水位变化对库区及周边地区小范围气候的影响，对近水域区的气象测站（巫山站、巴东站）与远水域区的气象测站（巫溪站、兴山站）的年平均气温差值做对比，发现近水域区和远水域区年平均气温差值在2003年以后增大，两者相差0.8℃，比1976—2008年平均气温差值（0.5℃）增大了0.3℃，表明蓄水后库区水域附近的气温略有增加。

进一步分析发现，蓄水后夏季近水域区升温小于远水域区，导致两者夏季平均气温差值减小0.1℃，表明夏季近水域区的气温增幅比远水域区的气温增幅略小，水库对水域附近地区有“降温”的作用。冬季近水域区受水库影响，增温幅度略大于远水域区，两者平均气温差增大0.4℃，表明冬季近水域区的气温增幅比远水域区的气温增幅大，水库对水域附近有“增温”作用（表4.1-1）。由于气温差值已经排除了大气候背景对整个库区的影响，可以近似认为这种近水域区、远水域区平均气温差值变化是由水库局地气候效应造成，冬季增温、夏季降温。

表4.1-1　　　近水域区与远水域区气温差值比较

时段	冬季温差/℃	夏季温差/℃
蓄水后	0.9	0.4
蓄水前	0.5	0.5
变化	0.4	−0.1

大范围陆地下垫面状况的改变，会对局地和区域气候产生明显的影响，而作为典型的非常狭窄的河道型水库，三峡水库对区域气候的影响非常小。数值模式模拟显示，水库仅对水面上方的气温有明显降低作用，冬季、夏季分别降低1.0℃和1.5℃左右，而且气温的变化由库区向外快速递减，紧邻水面的陆地降温仅为0.1℃，并迅速衰减至0.01℃以下。库区降温的原因可能是由于水体表面蒸发加强而带走更多热量造成的。

二、对降水的影响

蓄水前库区年平均降水量 1207mm，蓄水后 1092mm，减少了 115mm。三峡库区蓄水后各站的年降水量与蓄水前相比，大部分测站均有不同程度的减少。库区东段万州至宜昌段的年降水量偏少 50～100mm，库区西段偏少 100～150mm，其中长寿、涪陵、忠县等地减少量超过 150mm（图 4.1-35）。

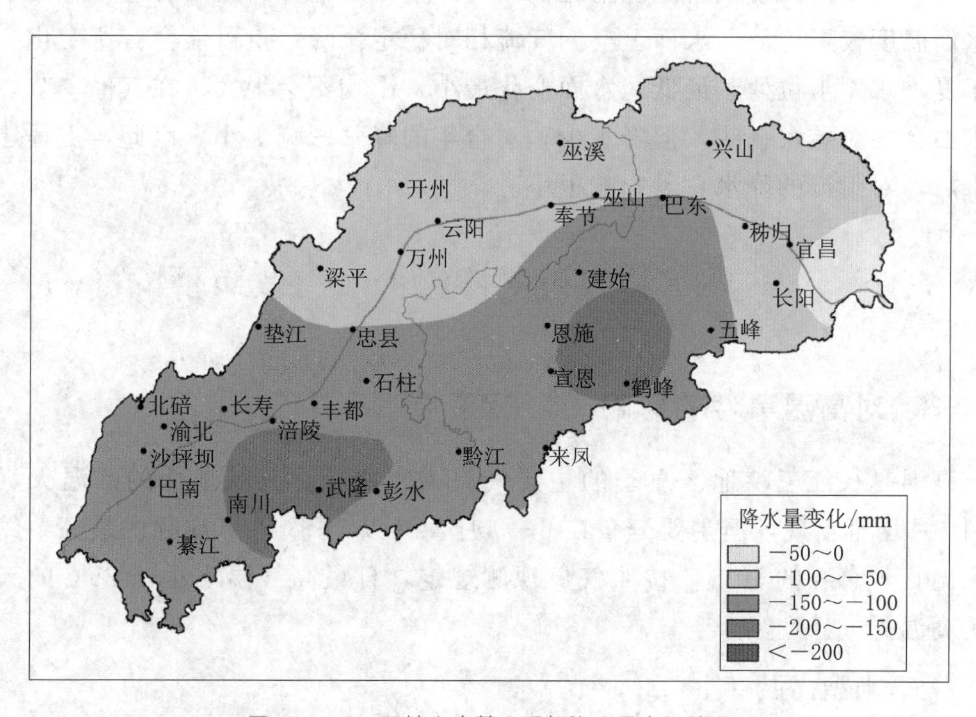

图 4.1-35 三峡水库蓄水后年降水量变化情况

将库区所有站和库区长江干流上 12 个站的历年降水量变化进行比较发现，长江干流站的年降水量整体上比三峡库区的小，库区河谷地区降水少、周围山地降水多。但两者的降水变化趋势几乎完全一致，在三峡水库蓄水之后，并没有发生明显变化。但 2010 年以来，两者的降水量相关系数有所降低，考虑到降水量的年际波动大，还需要更长时间的监测统计。观测分析也表明，库区降水趋势与西南地区的变化趋势基本一致，三峡地区降水变化在很大程度上受西南区域大环流背景的影响，目前测站观测分析中尚未发现水库对降水有明显的影响。

采用远水域区、近水域区两个区域的降水量比值比较法，去除大尺度变化的影响，发现近水域区和远水域区降水比值的变化趋势不明显，蓄水后几年两者的降水比值波动位于年代际变化周期中，表明三峡大坝蓄水对周边降水的影响不明显。

蓄水后，夏季的水位在145m左右，是库区低水位时期。蓄水后夏季降水变化的空间分布与年降水量变化的空间分布基本一致，也呈东部少西部多。数值模拟分析表明，水库蓄水对夏季的降水影响比其他季节大，使得库区水体上空的降水减少，随后向外逐渐减少，10km处减少到3%，20km处为1%。也就是说，水库蓄水对夏季影响较大，但影响尺度在局地范围（20km以内）。

《长江三峡水利枢纽环境影响报告书（简写本）》（中国科学院环境评价部等，1996）指出，蓄水后库区附近范围内降水的时空分布会略有差异，夏季由于水面温度较岸边低，水面上空的气流相对稳定，降水量可能会有所变化。但由于夏季水库水位处于最低，水面变化最小，影响不会很大。在其他季节，尽管水面会相对更大一些，但降水少，对全年的降水影响更小。因此，工程建成蓄水后，对附近的降水总量影响很小。

第四节 三峡工程建设对库区天气气候事件的影响

一、对高温事件的影响

高温是长江三峡地区夏季的主要气象灾害之一。三峡地区的高温天气在4—10月均可出现，但主要分布在6—9月，又以7—8月出现频次最高，约占年高温日数总和的50%。按照气象观测规定，日最高气温不小于35℃的天气称为高温天气。

（一）典型高温事件

2006年夏季（6—8月），三峡库区降水量较同期多年平均值明显偏少，区域平均降水量仅251 mm，较同期多年平均值偏少51%，为1951年以来最少；气温显著偏高，区域平均气温29.4℃，较同期多年平均值偏高2.6℃，为1951年以来最高；除库区东边的秭归、宜昌两站高温（日最高气温不小于35℃）日数分别为23天和29天外，库区大部地区高温日数达40～60天，较同期多年平均值偏多20～30天。

7月中旬至8月下旬，长江三峡库区遭受罕见的持续高温热浪袭击。重庆大部地区极端最高气温普遍为38～40℃，其中重庆半数以上地区极端最高气温超过40℃；重庆綦江8月15日和9月1日最高气温达44.5℃，是重庆市出现的历史最高气温纪录；重庆全市有70%的气象测站日最高气温突破历史最高纪录。

重庆地区高温持续时间之长、强度之大均为有气象记录以来历史同期极值。持续少雨加上罕见高温，致使重庆地区发生了百年一遇的特大伏旱。根据

2006 年 8 月 31 日统计，高温干旱造成重庆全域受灾，农作物受灾面积 131.6 万 hm^2、绝收 32.7 万 hm^2，有 797.5 万人、736.4 万头大牲畜出现临时饮水困难，全市因旱直接经济损失 66.9 亿元，其中农业直接经济损失 52.8 亿元；受干旱影响，重庆市有 2/3 的溪河断流，3.4 万口山坪塘干涸。

（二）成因

1. 与全球气候变化有关

最新的研究结果指出，自 1850 年以来，全球平均地表气温呈上升趋势，20 世纪的升温速率为 0.60℃/10a 左右，而 1901—2005 年的上升速率达到了 0.65℃/10a 左右，其间，尤以 1910—1945 年和 1979—2005 年的升温更为明显。我国地表气温变化与全球变化趋势基本一致，近百年增暖的幅度也达到了 0.5～0.8℃。全球气候变化导致某些极端气候事件发生的频率增加。20 世纪 60 年代以后，北半球中高纬度陆地的极端冷事件（如降温、霜冻）逐渐减少，而极端暖事件（如高温、热浪）的发生频率明显增加。例如，2006 年 7 月欧洲大部分国家，美国西部、东北部、中部和南部地区遭受了持续近 3 周的高温热浪袭击。美国国家防旱中心报告指出，滚滚热浪给农业造成巨大灾害，美国 60％的国土出现 21 世纪以来罕见的旱情。2003 年夏季欧洲大部地区遭受高温热浪袭击，造成 3 万多人死亡。

我国大部分地区地处北半球中高纬度，属于气候变化的敏感区。从重庆地区历史气候的变化特征来看，目前正处于一个偏暖期。重庆市从 1924 年开始进行气温的仪器观测，其年平均气温变化趋势大致经历了暖—冷—暖三个时期。20 世纪 20 年代中期到 40 年代为偏暖期，其中 20 世纪 20 年代中期到 30 年代中期是最暖的时期，相继出现了 1928 年、1929 年、1931 年和 1933 年等暖年；20 世纪 50 年代到 90 年代中期为偏冷期，其中 20 世纪 80 年代是平均温度最低的年代；20 世纪 90 年代中期以来又进入一个新的偏暖期，气温累积距平有所增加；进入 21 世纪以来，重庆年平均气温持续偏高，2006 年年平均气温达 19.3℃，偏高 1.0℃。2006 年夏季重庆、四川发生的严重高温伏旱也是在全球气候变化的大背景下发生的。

2. 三峡地区是我国高温伏旱的频发区之一，历史上高温干旱事件频繁发生

重庆是我国高温伏旱主要的频发区之一。地形对重庆气候有较大的影响，重庆市大部分地处长江和嘉陵江河谷的川东平行岭谷区，西部是青藏高原大地形，南靠云贵高原，东北、东南地处盆周山地，耸立于重庆正南面的大娄山地形极为陡峭。夏季风盛行时，高空在西太平洋高压控制下，低层东南气流沿山地下滑到低矮河谷地带，出现明显的下沉增温，焚风效应明显，又因热量不易

与外界交换，使重庆成为长江流域三大“火炉”之一。重庆夏季的异常高温伏旱，在很大程度上取决于西太平洋副热带高压的位置和强度。如果夏季受到稳定的西太平洋副热带高压和青藏高原大地形的影响，则夏季高温异常明显。事实上不仅是重庆，7—8 月沿长江河谷的高温，也都是由于地形影响所致：由于长江河谷处于大娄山、七曜山、巫山的北坡，是夏季盛行气流背风下沉增温区，加之闭塞不易散热，更增加了沿江河谷干热的程度，形成全国有名的盛夏高温区。

重庆地区历来是伏旱的高发区。在近 500 年中，重庆市平均 10 年有 4 年为旱年，19 世纪以后严重伏旱出现频繁。据史料记载，1814—1815 年重庆、巴县大旱，饥民食树皮；1884 年江津、永川、綦江夏秋连月皆旱，百谷无收，米价腾贵，饥民多饿死者。20 世纪以来，严重旱年以 30 年代、70 年代最多，10 年中有 5 年为旱年，其中 1935—1936 年重庆地区 5—8 月大旱，灾民赖以树根芭蕉头为食。饥民多饿死者，其中铜梁、潼南饥民打仓抢米，采挖白泥络绎于途，旱情之惨，灾区之广，为百年所仅见。在 20 世纪的后 40 年，重庆地区伏旱灾害发生频率也高于洪涝的发生频率。20 世纪 60 年代伏旱偏重，10 年中发生重旱 4 年，一般旱 4 年；70 年代伏旱更重，10 年中发生重旱 4 年，强度也高于 60 年代；80 年代由于气温偏低，降水偏多，干旱显著减轻，10 年中发生一般旱 5 年，基本无旱 5 年；90 年代之后，重庆地区气温偏高，降水没有显著增加，干旱发生的频率增加。

3. 高温伏旱与下垫面热状况和大气环流异常特征密切相关

（1）2006 年西太平洋海温比多年平均值偏高 0.5℃，副热带地区对流活动明显，副热带高压的位置较常年偏北、偏西。尤其是进入 2006 年 8 月以来，副热带高压脊线每日均维持在北纬 27°以北，同时西太平洋副热带高压位置也比常年略偏西。副热带高压的这种异常形态，不利于南方的暖湿气流到达西南地区东部。另外，受大陆高压稳定控制，川东、重庆上空盛行下沉气流，对流活动受到抑制，致使该地区降水偏少，气温偏高，旱情严重。这种气候状况长时间控制了我国长江中游地区，导致伏天高温天气出现时间较长，对重庆、四川等地区影响十分突出。

（2）在 2005 年年末和 2006 年年初，青藏高原地区降雪较多年平均值偏少两成左右，积雪面积偏少 10%左右，积雪日数也偏少 10～30 天。作为冷源的青藏高原积雪减少，使整个冬季高原上空地表气温比多年平均值偏高 2～4℃，从而使高原热力作用显著，高原高度场偏高。研究表明，当高原高度场偏高时，后期东亚夏季风将偏强。而高原冬春季积雪偏少，高原春夏季感热加热增强并引起上升运动加强，这样会使感热通量向上输送，加热高原上空对流层，致使高原上空温度与其南侧的温度对比增大，从而也使亚洲季风增强，我国夏季季风雨带位置偏北，而长江流域降水相对偏少。夏季青藏高压也比常年偏强，并与副热带高压连接成一个强大的高压带，持续控制重庆市大部分地区。同时，来自中低层孟加拉湾的水汽通道受大陆高压阻断，使我国西南地区水汽条件不充足，空气湿度偏低，造成干旱少雨。

（3）青藏高原热力异常还使2006年入夏以后，尤其是进入8月，乌山地区为负位势高度距平，高压脊发展较弱，北方冷空气南下不明显。大气环流比较平稳，冷空气没有南下到西南地区，而是平移到我国东部，造成北京、黄淮、东北等地带降雨较频繁。而西南地区南北气流交汇不明显，造成该地区降水偏少。由于气温偏高、降水偏少，因此川东、重庆等地旱情严重。

二、对干旱事件的影响

（一）典型干旱事件

2009年9月至2010年3月，云南、贵州等地受持续高温少雨天气影响，气象干旱发展迅速。云南、贵州、四川南部、广西北部和西部普遍存在中等程度以上的气象干旱，其中云南大部、贵州大部、四川南部、广西西北部为重旱，贵州南部和云南的局部为特旱（图4.1-36）。

严重干旱导致云南、贵州、四川、广西和重庆等地人畜饮水持续困难。江河湖库水位下降，云南干旱区塘、库蓄水明显不足，金沙江、澜沧江、红河、珠江源头等水系的水位不同程度下降，来水量大幅减少；四川盆地农区的塘、库、堰等农田工程蓄水明显减少，攀西地区的金沙江、安宁河来水量减少；广西江河处于低水位、小水量状态，来水偏少。作物林果受灾严重，云南秋冬播农作物和水果、茶叶、蚕桑、橡胶、咖啡5类经济林果因旱受灾。

三峡库区处于严重旱区的边缘，受上游地区降水偏少影响，三峡部分地区（垫江、武隆、奉节、巫山）出现阶段性气象干旱，但对库区农业生产等并没有造成明显影响，2010年3月以来库区多次出现降水天气，气象干旱解除。在西南地区旱情迅速发展期间，三峡地区仅在库区西部重庆段的部分地区出现了气象干旱，干旱程度为轻度到中度，2月下旬为库区旱情最严重的时期。三峡地区在1月上旬时并无明显气象干旱出现，2月下旬库区西部出现轻度到中度气象干旱，3月下旬时西南地区气象干旱进一步加剧，而库区干旱则随着降水天气的出现得以逐渐缓解。库区旱情最严重时，其干旱区主要位于西南大范围旱区的边缘地带，并不是干旱的中心地带，表明库区干旱是受西南干旱影响，而非由三峡水库蓄水所导致。

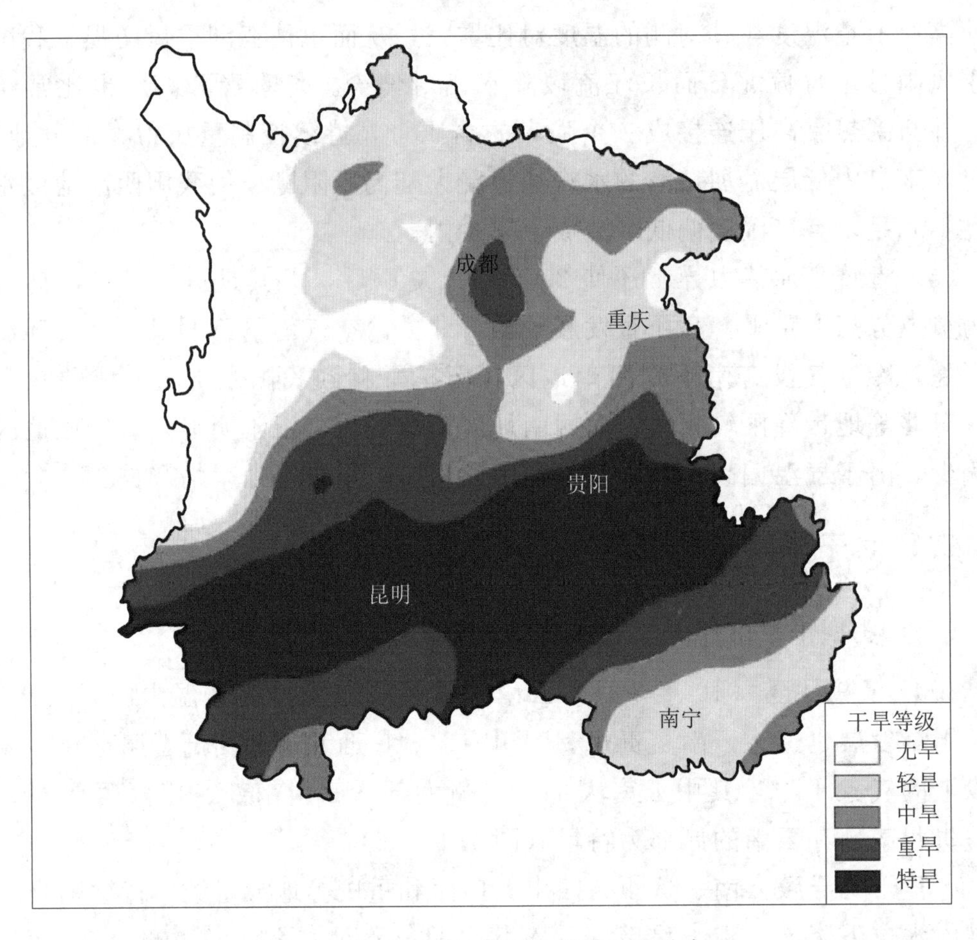

图 4.1-36　2010 年 3 月 21 日气象干旱分布图

持续严重干旱时期，西南地区高温少雨，西南地区大部及广西气温比同期多年平均值偏高 1～2℃。云南平均气温 15.3℃，为 1952 年以来历史同期最高；贵州平均气温 12.5℃，为 1952 年以来历史同期第三高。与此同时，云南、贵州、四川南部、广西北部降水量较多年平均值偏少 3 成以上，其中云南中西部和东部、贵州西南部、广西西北部地区偏少 5～8 成。而在西南干旱时期，三峡库区气温并无异常偏高现象，基本接近多年平均值略偏高，库区大部地区降水量为 200～300mm，比同期多年平均值偏少 2～3 成。这些比较表明，在云南、贵州等地出现明显高温少雨的气候条件下，三峡地区的气候并未发生明显异常。

（二）成因

1. 前期降水匮缺

云南 5—10 月为雨季，11 月至次年 4 月为干季。但 2009 年，云南雨季至 8 月下旬就提前结束，9 月上旬全省降水量迅速减少到不足 20mm，仅相当于干季多年平均值 11 月上旬降水量。同样，2009 年 8 月以来，贵州省降水比同期多年平均值明显偏少，其雨季基本到8月中旬就提前结束，9—10月，全省旬平均降水量迅速减少到30mm以下。从2009年6月上旬至2010年3月下旬，云南、贵州两省降水量较常年同期累计亏缺近210mm和260 mm，且近75%的亏缺是在2009年11月上旬前形成。总体上，2009年西南地区前期降水量偏少，雨季提早结束，河库水塘蓄水不足，干季来临后气温持续明显偏高、水汽蒸发量加大，导致严重缺水。因此前期降水亏缺是引起后期严重干旱的主要原因之一。

2. 青藏高原影响

西南地区受青藏高原影响较大，2009年青藏高原区域性增暖明显，高原积雪偏少，导致西南地区冷空气活动少而弱。另外，冬季南方降水主要是南支槽过境引起的，在南支槽的作用下，印度洋的西南暖湿气流带来降水。2009年由于青藏高原上空的气压场持续偏强，使得南支槽很弱，印度洋的西南气流无法随南支槽东移影响中国，致使西南地区降水所需的水汽严重不足，形成旱情。

3. 厄尔尼诺影响

统计分析表明，西南地区的气候对于厄尔尼诺事件的响应时间是半年左右。2009年夏季太平洋发生了1999年以来最强的东部型厄尔尼诺事件。东南亚及我国的西南地区为大气环流下沉区，对流活动显著减弱，水汽输送减少，无法在旱区形成有效降水。事实上，2009年秋季以来，我国的周边国家（如菲律宾、泰国、越南等）地也遭受了严重旱灾。菲律宾部分地区的干旱是厄尔尼诺现象导致的对流活动减少直接造成的，而我国西南地区以及周边的泰国和越南部分地区的干旱则是受厄尔尼诺现象的间接影响，并加上其他因素综合影响所导致的。

三、对强降水事件的影响

（一）典型强降水事件

受高空低槽和西南暖湿气流共同影响，2007年7月16日下午至23日8时渝西出现大范围强降水过程（图4.1-37），降水强度大，过程降水量多，均创历史新高。7月16—22日，合川、沙坪坝、璧山、铜梁、巴南、潼南、北碚、渝北、大足、长寿、开州、城口、江津、永川、巫溪、垫江、涪陵、梁平等降水量超过100mm；合川、沙坪坝、璧山、铜梁、巴南、潼南等过程降水量超过200mm，其中，合川399.7mm（图4.1-38）、沙坪坝371.9mm、璧山336.6mm、铜梁276.7mm，均超过历史最大过程降水总量，达到有气象记录以来的最大值。强降水天气过程日最大降水量出现在 17 日，铜梁、璧山、沙坪坝日降水量分别达到 179.5mm、258.0mm 和 262.8mm，均为有气象记录以来的最大值。

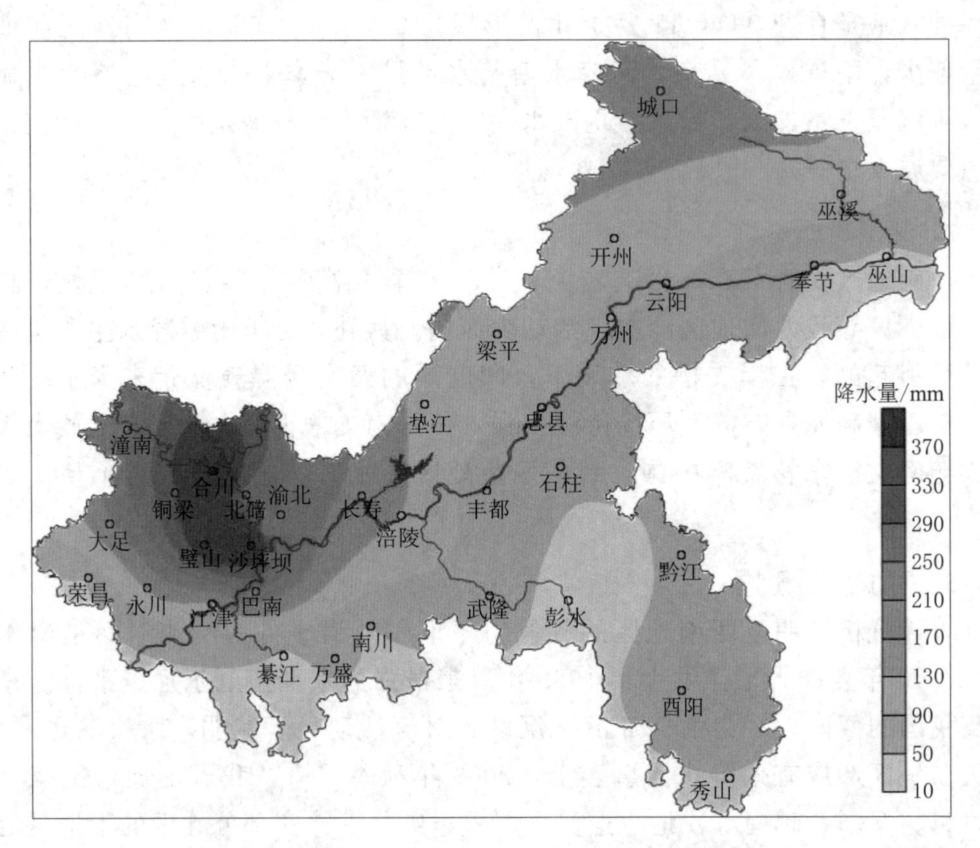

图 4.1－37　2007 年 7 月 16—22 日重庆市降水量分布

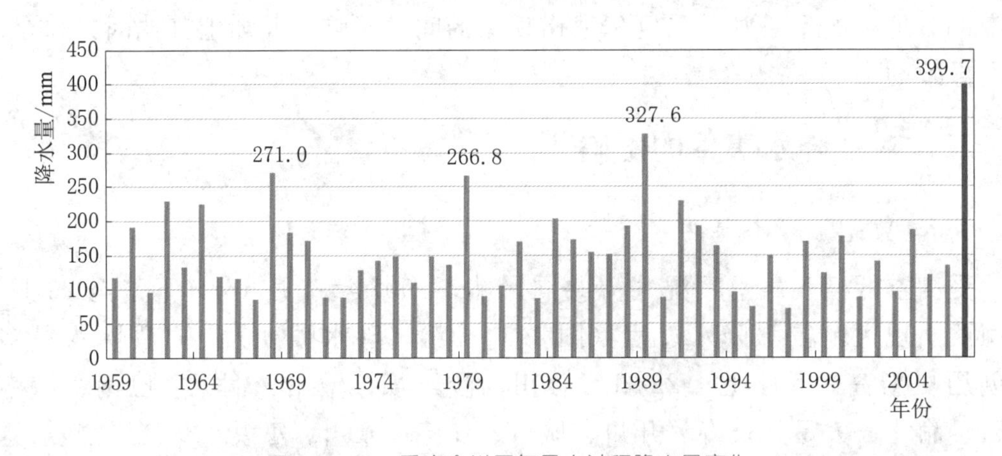

图 4.1－38　重庆合川历年最大过程降水量变化

利用日最大降水量序列利用概率分布模型进行拟合并进行重现期计算，铜梁、璧山、重庆 3 站出现的日最大降水量的重现期分别为 130 年、150 年、

280 年。另根据区域最大过程降水量序列利用概率分布模型进行拟合及重现期计算，得到渝西北以及渝西地区此次过程平均降水量的重现期都为 150 年。综合分析，此次降水过程主要在渝西地区，过程降水之多、局部降水强度之大为百年不遇。

强降水引发暴雨洪涝灾害，影响广泛、灾情严重。造成城市排水不及时，积涝严重；河流水位骤升，高水位运行，城镇受淹；严重影响水、陆、空交通；诱发多处地质灾害、地表塌陷；通信、电力线路断线倒杆，设备损坏、通信中断；房屋倒塌，人员伤亡、农田淹没等，给社会经济和人民生命财产带来重大损失。如 2007 年 7 月 17 日璧山区境内大部分道路被淹，主要街道积水超过 2m，交通、电力、通信、供水、供气一度中断；沙坪坝陈家桥镇上万名群众被洪水围困。据统计，此次强降水天气过程造成重庆 37 个区县 500 多万人受灾，因灾死亡 55 人，直接经济损失 29.8 亿元。

（二）成因

1. 高纬度冷空气活动频繁的影响

2007 年入汛以后，高纬度冷空气活动较为频繁，平均而言，鄂霍次克海有高压活动，低槽位于贝加尔湖西侧，槽后西北气流携冷空气分裂南下影响我国。进入 7 月，极地低涡仍然活跃，表明北方冷空气势力依然较强，西西伯利亚东部地区（东经 80°附近）和鄂霍次克海均有阻高建立，贝加尔湖低槽位置略东移，系统加深。东西两个阻高的稳定使贝加尔湖低槽位置稳定，槽后不断分裂南下的冷空气稳定地直入我国大部地区，从而为大范围的降水创造有利条件。

2. 中纬度低值系统的影响

2007 年夏季以来，中纬度青藏高原东部不断有低值系统生成并东移，为重庆市及其周边地区的强降水提供有利的动力上升条件。尤其是 7 月以来，青藏高原东部有较为明显的低压槽（北纬 30°、东经 108°处）活动。7 月第三候 850hPa 图中清楚地显示西南低涡位于重庆市西部，为该地区强降水提供了必要条件。

3. 低纬度副热带高压系统的影响

2007 年夏季，低纬度西太平洋副热带高压系统呈现东北—西南走向，进入 7 月副热带高压西端略有北抬，阻挡高原低值系统东移，同时副热带高压脊线活动情况表明 2007 年 7 月副热带高压活动明显较往年偏弱。

南海夏季风在持续三候偏弱之后，7 月第三候明显增强，远远高出气候平均值，表明南海季风系统活跃，该地区水汽供应充沛。中低层（850hPa）水汽通道畅通，中南半岛直到长江中游的广大范围盛行西南气流，风速达低空急流标准，重庆市处在这支急流出口的左前端，恰为强降水落区。

4. 各系统相互作用的影响

由于高纬度阻塞高压稳定少变，因此亚洲高纬度两脊一槽的形势相对稳定，这使得北方冷源位置稳定；中低纬度高原低值系统东移，受稳定的副热带高压系统阻挡，长时间滞留在川东，为降水提供了较长时间的上升运动条件；低纬度副热带高压呈东北—西南走向，位置偏南偏东，强度偏弱，其西北侧的西南气流有利于南部海面水汽向内陆的输送，南海季风系统活跃，对流活动旺盛，来自孟加拉湾和南海的充沛水汽结合中低层明显的西南风低空急流为强降水区提供必要的热力条件。

第五节　综　合　结　论

受气候大环境影响，三峡库区年平均气温整体呈升温趋势，但增幅明显低于长江流域和全国。三峡水库蓄水后与蓄水前相比，表现出冬季有增温效应，夏季有弱的降温效应。蓄水后三峡库区年平均降水量较前期减少，但综合全国雨带的年代际变化，三峡库区的降水量减少并非由水库蓄水引起，而是大范围系统性雨带落区的南北变化造成。从目前的综合观测和数值模拟结果分析，现阶段三峡水库蓄水对库区周边的天气气候影响范围约在 20km 以内。

20 世纪 70 年代以来，全球极端天气气候事件明显增多增强，高温热浪频发，强降水事件和局部洪涝频率增大，风暴强度加大。热带和副热带地区的干旱频繁，影响范围不断扩大。我国极端天气气候事件发生的频率与全球基本一样，总体呈上升趋势，强度增强。三峡库区及其邻近地区在气候变化背景下，近些年也相继遭受一些极端天气。

大气和海洋作用主要表现为热量和水汽循环。海洋和青藏高原是影响我国气候变化的主要热源地，随着季节变化而不同。分析表明，海洋温度和青藏高原积雪的变化是造成大范围大气环流和大气下垫面热力异常的主要原因，从而导致我国近几年干旱和洪涝等气象灾害频发。三峡水库与周边海洋、青藏高原相比，无论是面积还是容量都不是一个量级的，前者可对亚洲甚至北半球都有影响，而三峡水库可能只对局部气候有影响，不能改变大范围的气候。

随着全球变化，未来 50 年三峡库区气温继续上升，而夏季、秋季降水总体呈减少趋势，冬季、春季降水可能增加，库区年内降水变率将进一步增大，可能引起三峡工程以上流域来水的波动变化，增大入库水量变动范围，加剧水库运行的不稳定性。强降水等极端天气事件发生频率及强度可能增加，极端降水量增加将使三峡水库入库水量增加，尤其当入库水量超过原库容设计标准及相应正常蓄水位时，将引起水库运行风险。秋季降水减少可能导致枯水期干旱事件增加，影响三峡水库的蓄水、发电、航运以及水环境；气温持续变暖，高温、旱涝等气象灾害的发生将更加频繁，使三峡库区自然生态系统的脆弱性有所增加。

第 二 章

三峡库区短时强降水对地质灾害的影响及三江源地区气候变化风险

第一节 三峡库区短时强降水天气

气象上，短时强降水指的是达到或超过 20mm/h 的降水，除此之外强度达到或超过 50 mm/h 的短时强降水事件对地质灾害也有较大的影响。图 4.2－1 为短时强降水统计站点分布，共有 55 个有效站点。资料时段为 1984—2013 年。

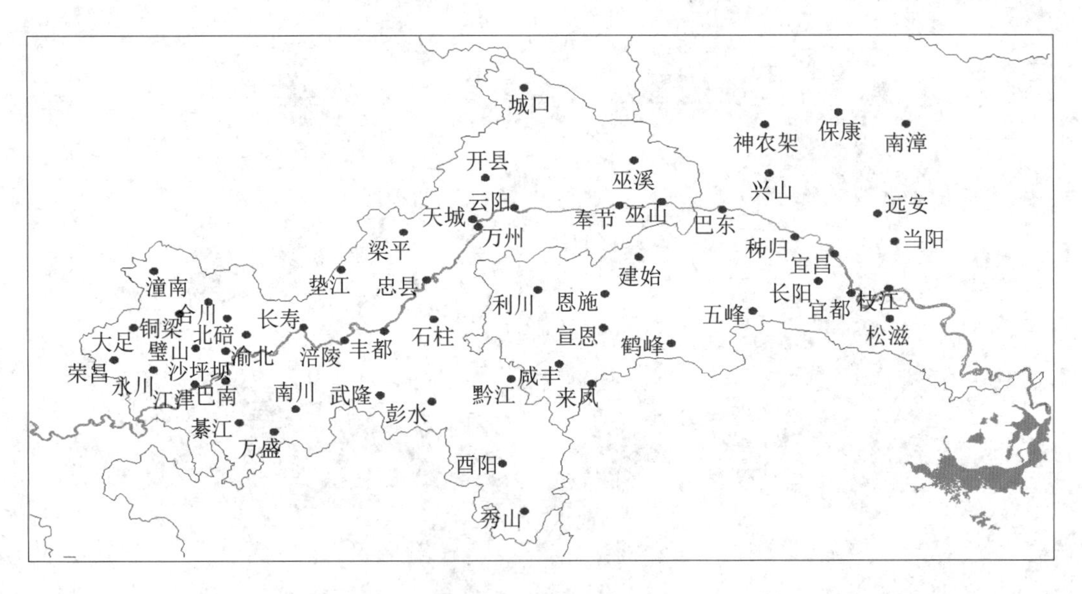

图 4.2－1 三峡库区短时强降水统计站点分布

一、三峡库区短时强降水时空分布

三峡库区达到或超过 20mm/h（图 4.2－2）和达到或超过 50mm/h（图

4.2－3）的短时强降水在4—10月均有发生，7—8月为高发期。统计结果表明，7—8月三峡库区单站上平均每年都会发生1次超过20mm/h的短时强降水，发生频率较高，但致灾性特别强的50mm/h强降水发生频率较低。

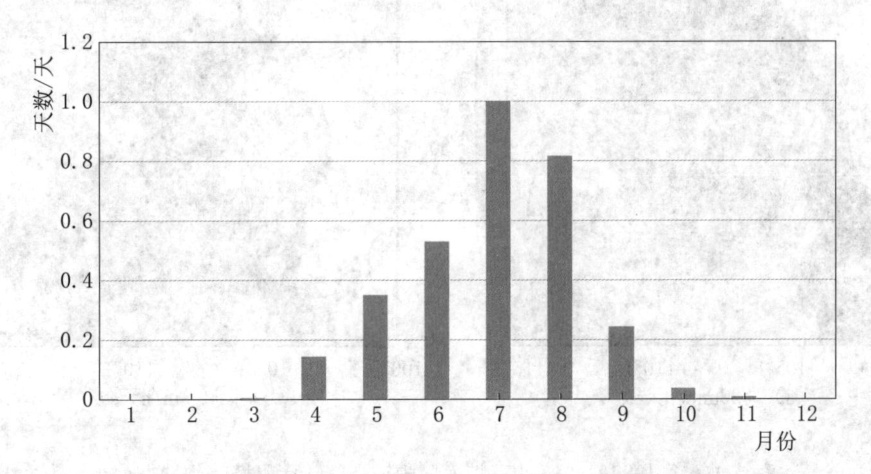

图4.2－2 三峡库区（1984—2013年）月平均短时强降水（≥20mm/h）天数

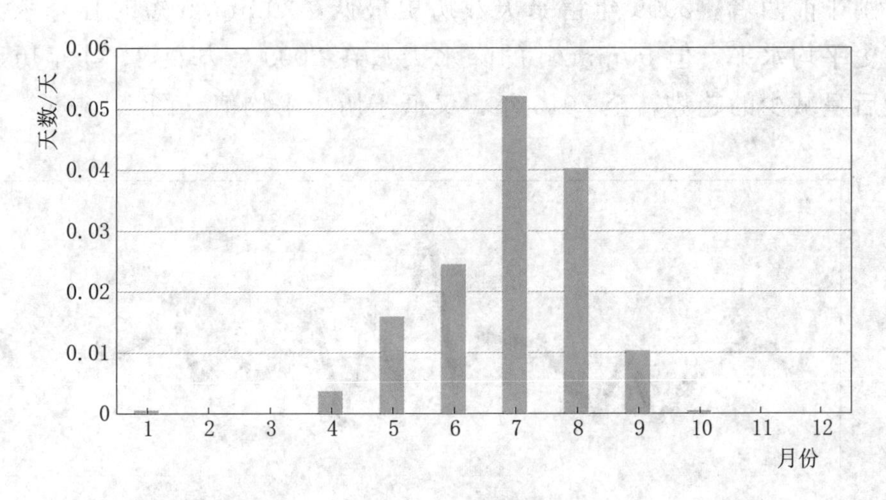

图4.2－3 三峡库区（1984—2013年）月平均短时强降水（≥50mm/h）天数

从地理分布来看，三峡地区达到或超过20mm/h短时强降水天数［图4.2－4（a)］为2～3天，重庆中部和北部发生天数稍低。重庆西部和湖北西部偏东地区达到或超过50mm/h的短时强降水发生频率较高［图4.2－4（b)］。

三峡工程2003年6月开始蓄水，2008年开始实施试验性蓄水，2010年首次实现了175m的蓄水水位。以2008年为界，分析三峡库区蓄水前后强对流天气的变化特征。

短时强降水（≥20mm/h）天数年变化在2008年之后先减少后增多，但基本接近和低于历史平均值（图4.2－5）。50mm/h以上量级的短时强降水却

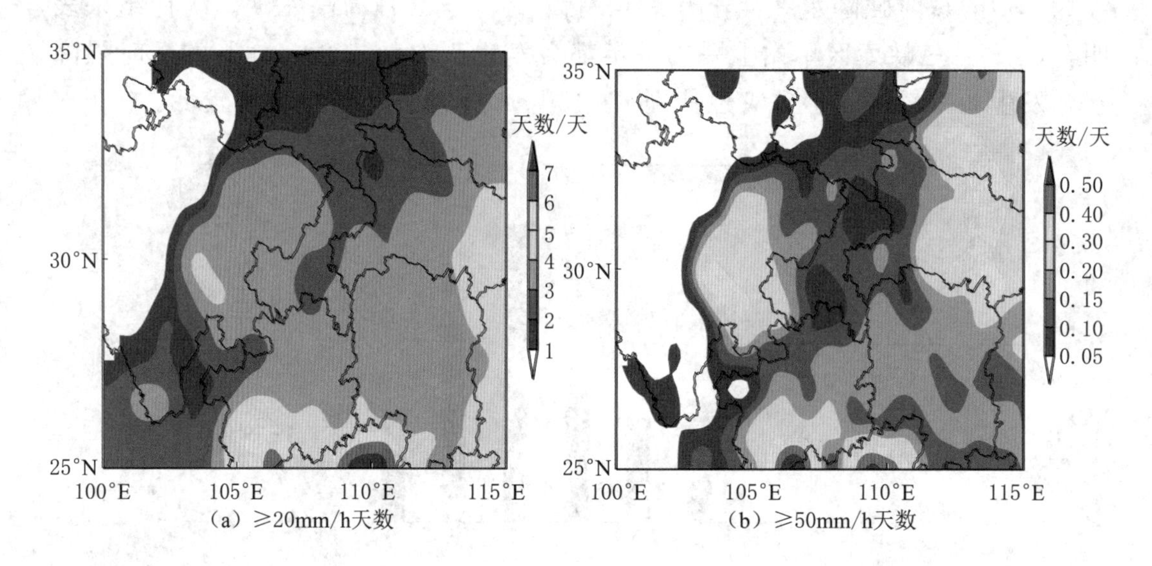

图 4.2-4　1984—2013 年三峡库区短时强降水年平均天数地理分布

明显有别于前两者，2009 年雷暴天数历史最低，20mm/h 短时强降水天气也处于历史平均水平，但 50mm/h 的降水天数在 2009 年却处于 30 年历史最高点，随后呈减少的趋势，至 2013 年，又低于历史平均值（图 4.2-6）。

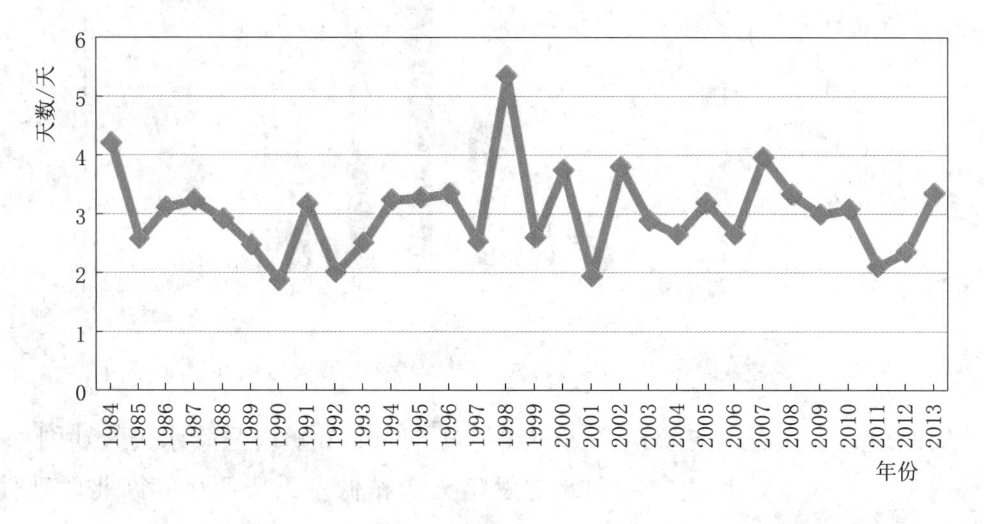

图 4.2-5　三峡库区（1984—2013 年）年短时强降水（≥20mm/h）天数变化

对于短时强降水而言，库区的北部和东部达到或超过 20mm/h 的短时强降水天数有增多的趋势，而中南部则为减少［图 4.2-7（a)］；库区大部达到或超过 50mm/h 短时强降水天数有增多趋势，仅在东北部和西南部减少［图 4.2-7（b)］。

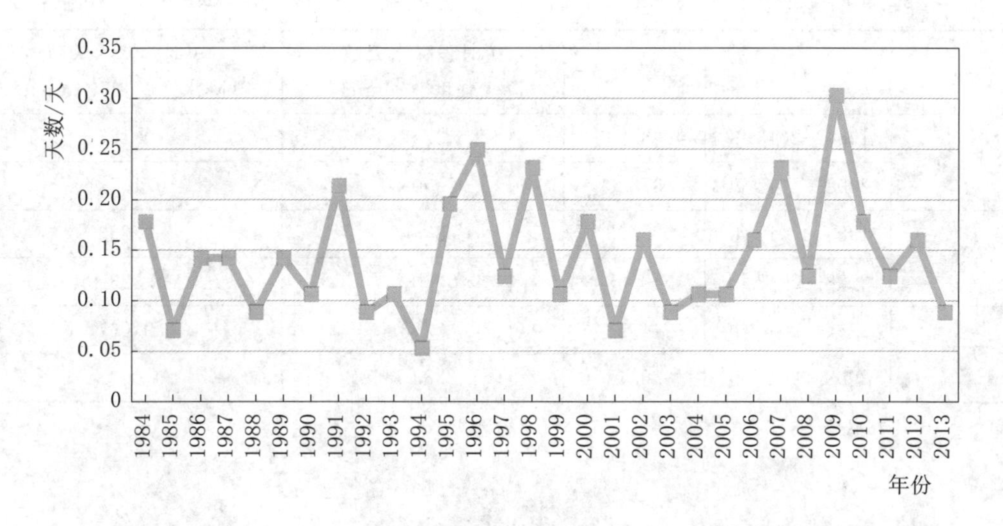

图 4.2-6 三峡库区（1984—2013 年）年短时强降水（≥50mm/h）天数变化

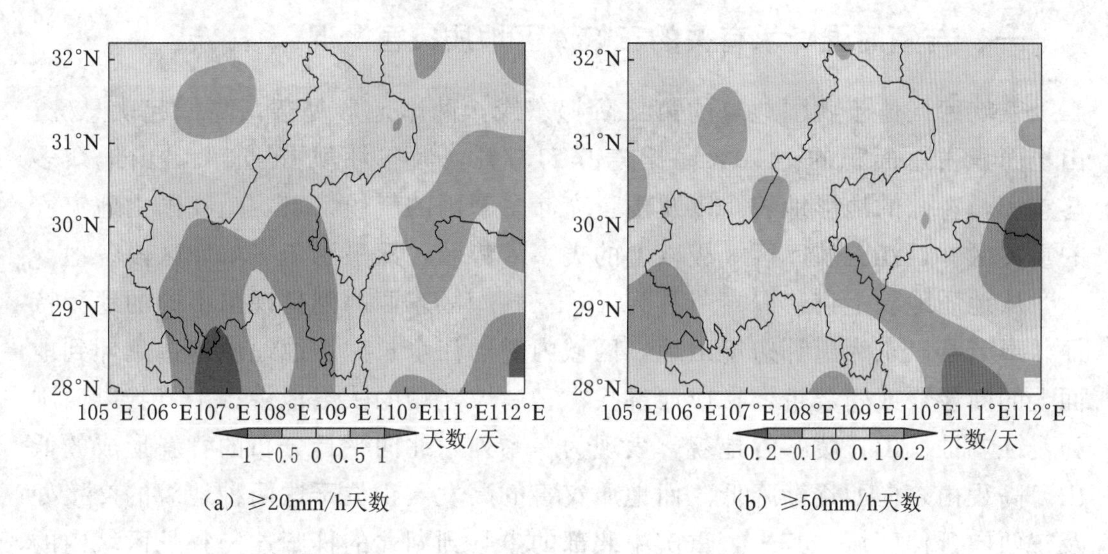

图 4.2-7 三峡库区 2008—2013 年与 1984—2008 年短时强降水天数变化分布

二、三峡库区建设前后对城市强对流天气的影响

选取沙坪坝站、宜昌站及万州站，分别代表三峡库区的上游、中游和下游地区，统计雷暴和短时强降水天数在 2008 年前后的变化（表 4.2-1）可以看出，位于库区上游的沙坪坝站雷暴天数增多，但短时强降水天数有所减少；位于下游的宜昌则在 2008 年之后，各类强对流天气均有增多的趋势；位于库区中部的万州，对流天气则都呈减少趋势。

表 4.2-1　2008 年前后三峡库区不同地区强对流天气的变化趋势　单位：天

站点	时段	雷暴天数	短时强降水天数（降水强度≥20mm/h）	短时强降水天数（降水强度≥50mm/h）
沙坪坝	1984—2013 年	33.23	3.07	0.167
	2008—2013 年	37.33	2.00↓	0.167—
宜昌	1984—2013 年	39.73	3.83	0.233
	2008—2013 年	40.83	5.00↑	0.333↑
万州	1984—2013 年	41.23	2.93	0.067
	2008—2013 年	36.17	2.83↓	0.000↓

注　“—”表示持平；“↑”表示增加；“↓”表示减少。

第二节　三峡库区地质灾害与短时强降水的关系

一、与短时强降水有关的三峡库区地质灾害概况

三峡库区位于我国地势的第二阶梯东缘，两岸地形复杂，高低起伏悬殊，山地面积占总面积的 74.0%，丘陵占 21.7%，河谷坪坝占 4.3%。山地众多落差大，特殊的地形地貌，以及雨量充沛多暴雨的气候特点，是我国山地灾害的重灾区。长江三峡库区 3 级以上的灾害潜势区，几乎涵盖三峡库区段各地。

从地质地貌上讲，以奉节县为界，三峡库区东西两侧呈现出不同的地貌特征。奉节县以东为川鄂边境山地，区域内滔滔江水长期切蚀地质构造延伸到地面上的断层线或断裂带，形成河谷狭窄、岸坡陡峭的峡谷地貌；奉节县以西则为侵蚀剥蚀低山丘陵峡谷地貌，表现为一系列东北向平行分布的背斜形成的低山，高程由东向西逐渐降低。而地质灾害的高发区正位于这两种地貌的交接处及东西向延伸区域，其中，重庆中北部的忠县到湖北的秭归这一狭长区域内的许多地方山地灾害次数超过了 150 次，以万州和云阳最为严重，分别达 34 次和 251 次（图 4.2-8）。

从灾害类型来看，三峡库区的地质灾害有滑坡、崩塌、泥石流、危岩、山洪和地面塌陷。滑坡是占比例最大的地质灾害，其次为崩塌和泥石流等其他灾害。

二、三峡库区滑坡与短时强降水的关系

滑坡作为三峡库区最主要的地质灾害类型，其发生必须具备地形条件、地质条件和气象条件三个基本条件。其中，地形条件是滑坡发育的根本条

图 4.2－8　三峡库区地质灾害发生次数统计

件，地质条件是滑坡发生的重要因素，而气象条件是滑坡的诱发因素。研究表明，滑坡的发育与降水的关系十分密切，高降水量使山石土壤松动，几乎所有的滑坡发育过程都离不开水的作用，95%以上的滑坡是由强降水诱发的，85%以上的滑坡发生在24h降水大于25mm之后，70%以上的崩塌与强降水直接相关。

对147个与降水有关的滑坡个例的统计发现，当日降水量达到或超过25mm（大雨量级）时，滑坡频率突增，包括了87.8%的滑坡事件；而短时强降水1h的雨量可达20mm，所以短时强降水天气在滑坡事件中的作用不可小视。此外，24h降水量的大小还与山体滑坡的群发性有密切关系，所有群发性的滑坡都发生在日降水量达到或超过25mm的区域，而且当日降水量达到或超过50mm（暴雨量级）时，群发性滑坡的发生概率达到了66.7%。大于50mm/h的短时强降水1h内的降水量就可以达到暴雨量级，可见50mm/h强降水从突发性和量级上来说会更容易引发群发性的滑坡事件。

根据滑坡前10天的降水情况，将降水雨型分为前大后大、前大后小、中间大和前小后大4种类型。统计结果发现，前小后大和前大后大型是最容易发生滑坡的类型，占全部滑坡的72.5%，说明强降水在最终触发滑坡事件上起到了非常关键的作用。对三峡库区典型滑坡与降水进行统计分析发现，最大雨强可作为降水诱发滑坡的有效预报因子。随着降水量的增大，滑坡发生的概率显著增加，表明短时强降水是诱发滑坡的一个非常重要的因素。

尽管目前还没有短时强降水和滑坡灾害联系的直接研究，但短时强降水发生时间越短，雨强强度越大，则冲刷作用更强，对滑坡的影响作用可能更加明显。三峡库区灾害次数的月分布与短时强降水的月分布几乎一致，侧面证实了三峡库区短时强降水是诱发山地灾害的重要因素。所以，建议尽快开展短时强降水与地质灾害关系的研究。

2008—2011 年，三峡库区累计发生崩塌、滑坡及岸坡变形共 427 处。其中，2008 年发生 263 处，2009 年发生 153 处，2011 年降至 7 处，2010 年则仅发生 4 处；累计发生库岸崩塌（塌岸）374 处，由 2008 年的 264 处降至 2011 年的 29 处。也就是说，三峡水库蓄水后，地质灾害由明显增多转为显著减少。

降雨、人类活动以及水位的波动升降都是诱发三峡库区滑坡的重要因素。2008 年开始蓄水期间，加剧了滑坡、崩岸事件的发生频次，蓄水至更高水位后，受水库水位涨落和气候的影响，新生滑坡发生和老滑坡复活概率将增加。同时，三峡工程建设初期，大规模移民新建的新城镇也不可避免地形成了大量的工程边坡，人为增加了地质灾害发生的风险。滑坡灾害主要发生在库区首次蓄水和水库水位骤降期间。同时，前面的分析表明，2009 年是 50mm/h 短时强降水在 30 年中发生天数最多的年份，所以也在一定程度上加剧了 2009 年库区地质灾害的发生概率。

2011 年之后，蓄水进入平稳期，防洪是三峡水库的首要功能。按照调度规程，三峡水库在每年汛后蓄至最高水位 175m 左右，以便冬季枯水期发电，同时改善长江中下游用水条件；而在第二年汛前，1 月后在枯水期给下游补水，是水库水位降落的时段，所以在 6 月之前完成水位的回落，避开短时强降水的高峰期，有利于减少滑坡事件的发生。

2008—2013 年三峡库区短时强降水分布显示，2008 年蓄水之后，地质灾害高发区（图 4.2 -9）的西段（重庆中部、湖北西南部）也是短时强降水的高发区，而地质灾害高发区的东段则短时强降水事件相对较少。2008 年后重庆中部和湖北西南部 50mm/h 短时强降水呈增加趋势，非常有利于蓄水后的地质灾害以及群发性滑坡事件的发生，值得注意。另外，非地质灾害高发区的重庆西部和东南部短时强降水发生天数也较多，且重庆北部和东南部 2008 年之后短时强降水天数有增多趋势，也是值得关注的。

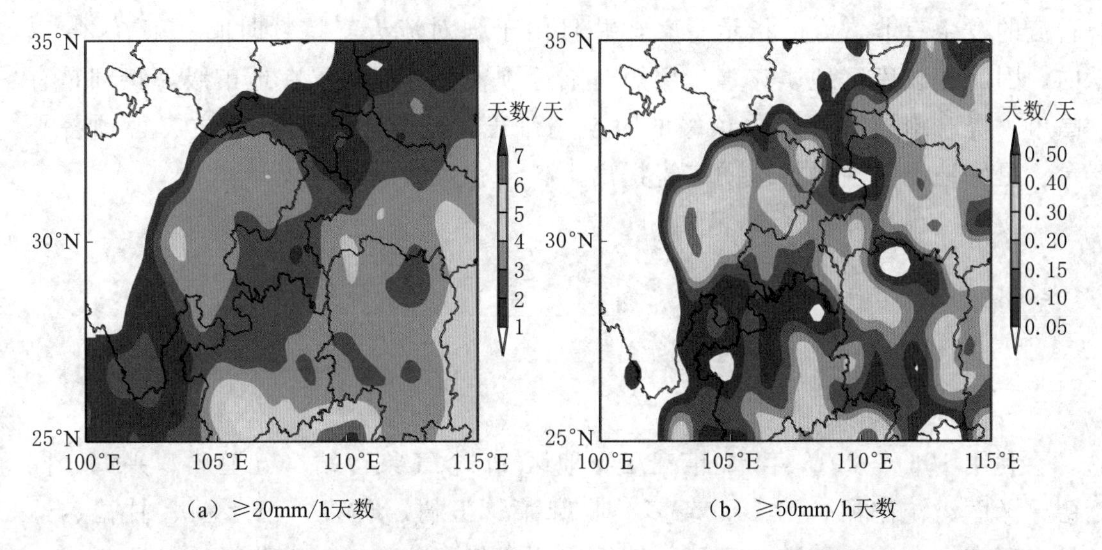

图 4.2-9 三峡库区 2008—2013 年短时强降水平均天数分布

第三节 三峡库区强降水天气对地质灾害的可能影响及建议

对三峡库区地质灾害有影响的强对流天气主要为短时强降水天气，短时间内降水强度大，容易诱发滑坡、泥石流等次生灾害。2008 年蓄水之后 20mm/h 短时强降水则先略减少后增多，但致灾性很强的 50mm/h 短时强降水 2008 年之后却完全相反，呈减少趋势。三峡库区地质灾害潜势区遍布全库区，重灾区位于重庆的中东部和湖北西部，滑坡是库区最主要的地质灾害。短时强降水由于短时间内雨量大，可能是滑坡灾害非常重要的诱因，大于 50mm/h 短时强降水与群发性滑坡事件联系紧密，而大雨强在最终触发滑坡事件上起到了非常关键的作用。

三峡地区地质灾害受降雨、人类活动以及水位的波动升降共同影响。大坝 2008 年蓄水之后三峡库区的地质灾害经历了暴增又突减的过程，2009 年遇上了短时强降水天数极大年，地质灾害暴增；2011 年之后三峡水库蓄水进入平稳期，地质灾害突减。地质灾害重灾区的重庆中部和湖北西南部在 2008 年蓄水之后，短时强降水发生天数相对较多，且比 2008 年之前有增多的趋势，值得注意。

建议深入开展三峡库区短时强降水与地质灾害关系的研究工作，应用研究成果结合短时临近天气预报业务，气象部门和国土部门联合开展并试验搭建结合雨情的库区地质灾害预警业务。已有大量的研究表明，降雨因素对滑坡和泥石流的发生有非常好的指示意义，并且由于强对流天气持续时间一般在2h以内，因此建议库区地质灾害气象短时临近预警业务应布置在地市级，特别是宜昌市，提升地质灾害气象预警的时空精细度，建立雨情监测地质灾害预警平台，更好地为防治预报地质灾害提出更科学有效的决策建议。

第四节　三江源地区气候演变

一、气温

利用1961—2012年52年三江源地区17个气象台站（五道梁、兴海、同德、泽库、沱沱河、治多、杂多、曲麻莱、玉树、玛多、清水河、甘德、达日、河南、久治、囊谦、班玛）地面观测资料（其中，治多为1968—2012年，甘德为1976—2012年，班玛为1966—2012年），统计基本气候要素（气温、降水、风速、蒸发、积雪日数、日照时数）的月平均序列资料，计算各年代的平均值和年际距平值。通过气候分析方法，比较各种参量的变化特征，分析气温的历史演变规律和年代际变化特点。

随着全球平均气温升高，三江源地区平均气温也呈现逐渐升高的趋势，且由于处于高海拔地区，对于全球气候的响应也更加突出，增温趋势十分明显。图4.2-10为1961—2012年三江源地区年和四季平均气温变化趋势。三江源地区年平均气温增加倾向率达0.33℃/10a。四季当中，冬季增温幅度达到了0.48℃/10a，秋季次之，春季和夏季增温幅度较小。1993—2008年升温趋势明显，近几年则有略微下降趋势。从四季变化看，夏季和秋季自1994年起一直呈现增温趋势，而春季和冬季则增温趋势不显著，波动较大。在近52年中三江源地区整体呈现增温趋势，且冬季和秋季对增温贡献较大。

三江源地区跨度大，且由于地形和海拔高度的影响，最高气温的空间分异特征明显。1961—2012年三江源地区最高气温的变化趋势也在逐步升高，气温增加倾向率为0.28℃/10a。四季增温变化幅度由大到小依次为，冬季0.42℃/10a，秋季0.33℃/10a，夏季0.26℃/10a，春季变化趋势不明显。夏季和秋季平均最高气温自1980年左右开始一直处于增加趋势，而春季和冬季则不太显著。三江源地区平均最高气温虽然也在逐步升高，但是较平均气温，升温速率要低。同时，对于易出现气温极值的夏季和秋季来说，近30年以来，平均最高气温稳步升高。

三江源地区是最为典型的高寒区，从气候资料分析，玛多为该地区气温低值中心，最低气温低至－48.1℃。1961—2012年平均最低气温增加倾向率为

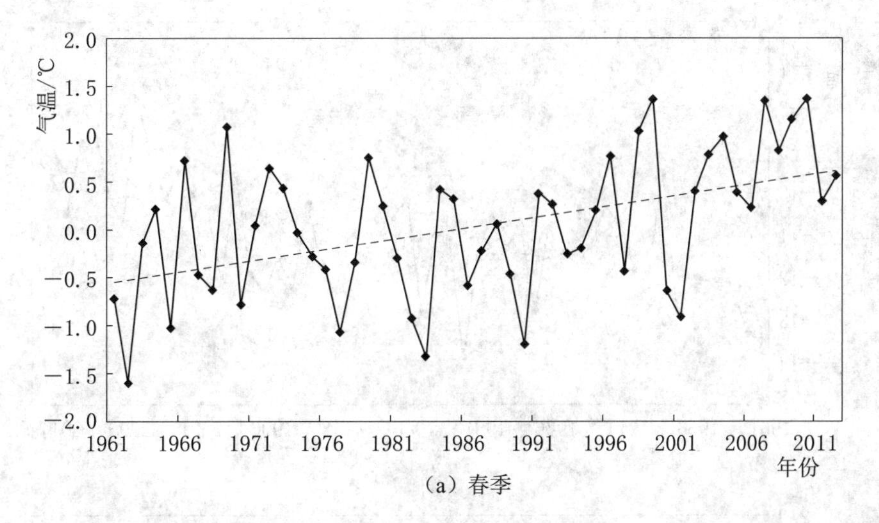

（a）春季

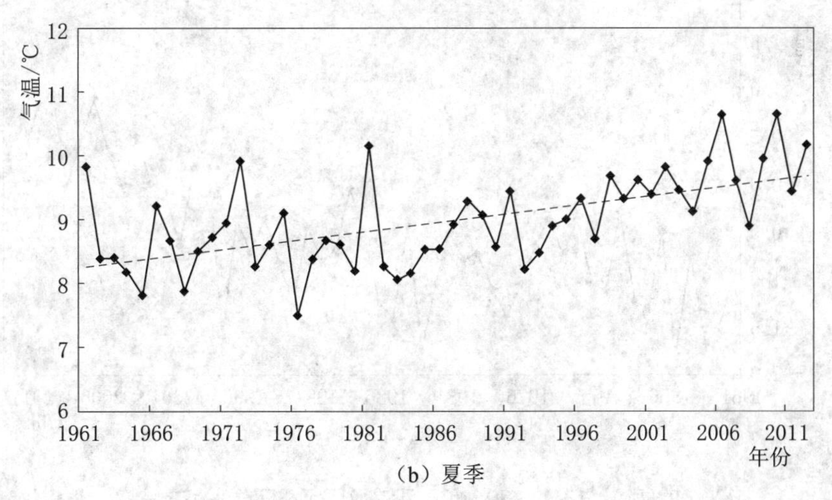

（b）夏季

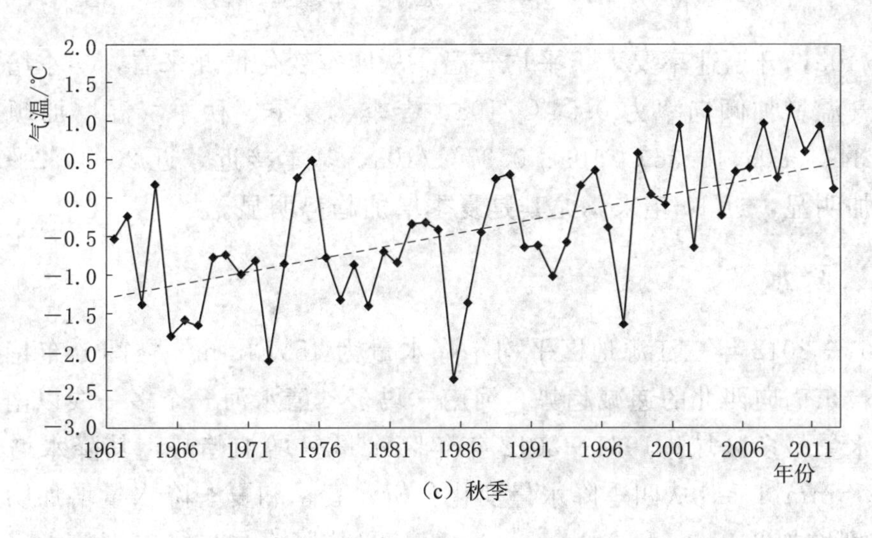

（c）秋季

图 4.2－10（一） 1961—2012 年三江源地区年和四季平均气温变化趋势

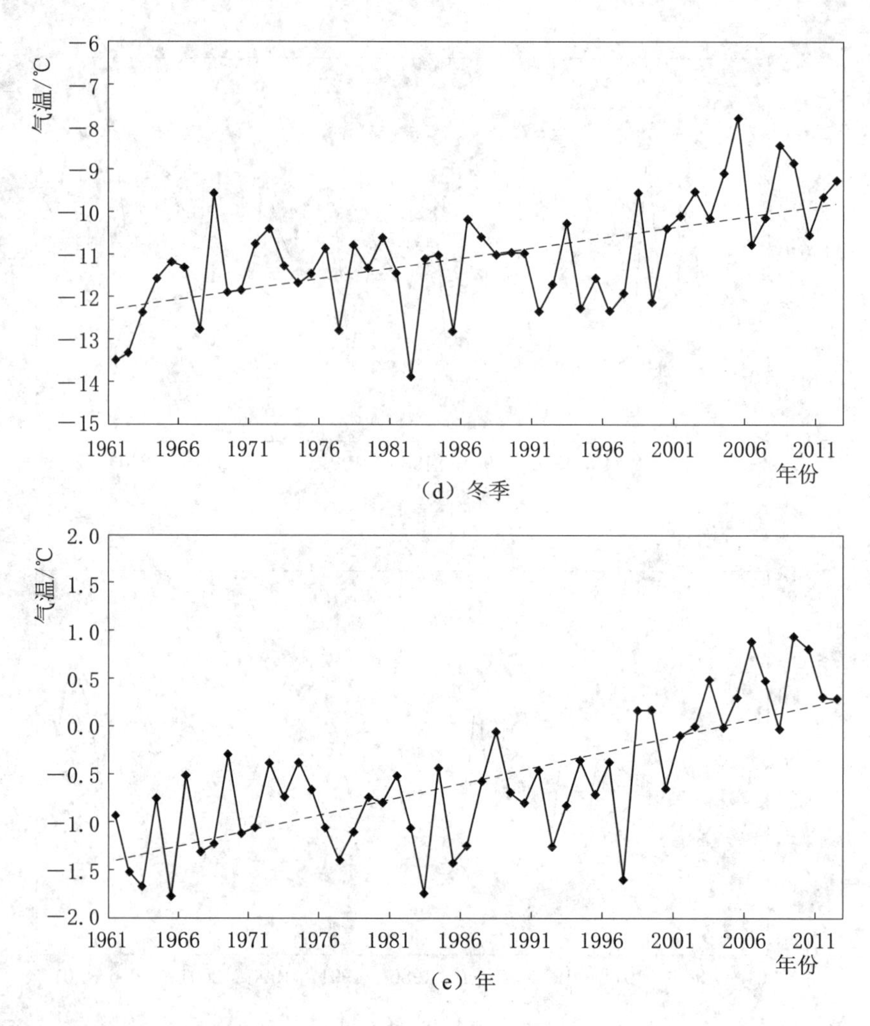

（d）冬季

（e）年

图 4.2－10（二）　1961—2012 年三江源地区年和四季平均气温变化趋势

0.40℃/10a，升温速率要大于平均气温。从四季变化情况来看，冬季增温趋势明显，气温增加倾向率为 0.54℃/10a，春季、夏季、秋季气温增加倾向率分别为 0.34℃/10a、0.36℃/10a、0.37℃/10a，基本接近。近 20 年来平均最低气温增加明显，近 10 年来，尤其是夏季增加趋势明显。

二、降水

1961—2012 年三江源地区平均年降水量为 459.3mm，空间分布特征基本表现为自东南向西北的递减趋势，河南—玛多—清水河—杂多一线以南是青海省年降水量最多区域。1961—2012 年年降水量呈增加趋势，其降水增加倾向率为 7.76mm/10a。从四季降水量变化分析，春季和夏季降水量增加明显，每 10 年分别增加 3.8mm 和 3.1mm，近 10 年平均降水量增加幅度较大，春季呈现逐步平稳增加态势（图 4.2－11）。

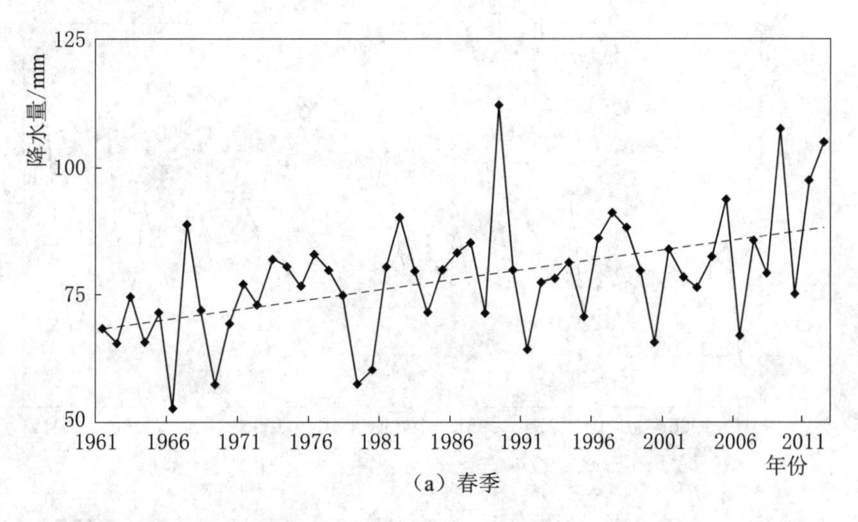

（a）春季

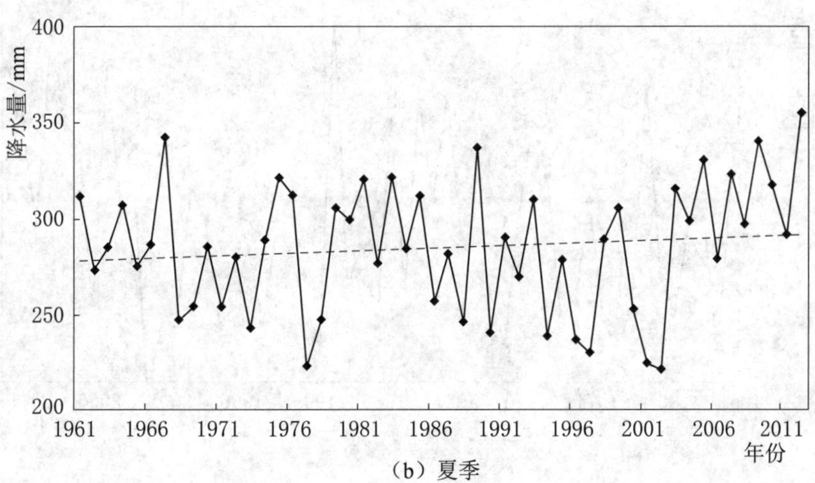

（b）夏季

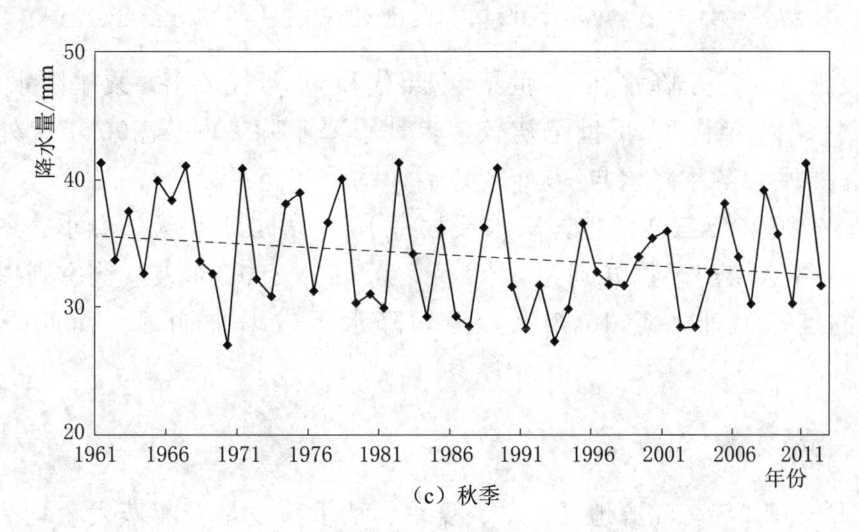

（c）秋季

图 4.2-11（一） 1961—2012 年三江源地区年和四季平均降水量变化趋势

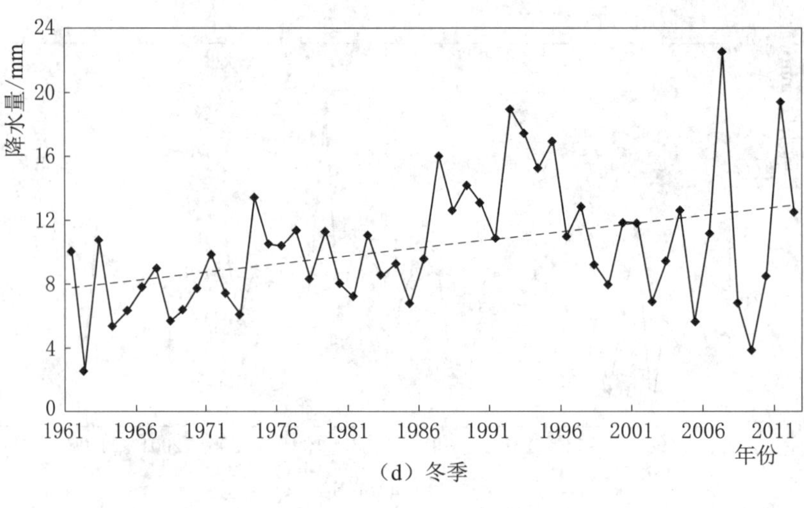

（d）冬季

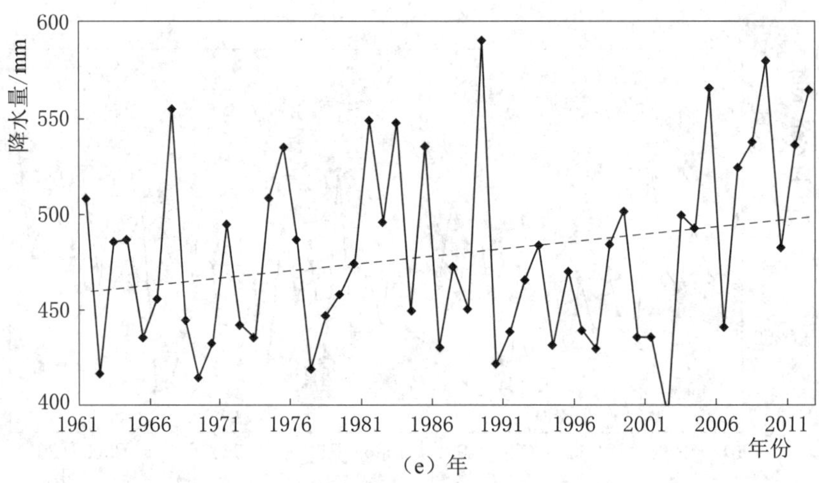

（e）年

图 4.2-11（二）　1961—2012 年三江源地区年和四季平均降水量变化趋势

三江源地区春季降水在 20 世纪 80 年代和 90 年代较多，夏季降水在 20 世纪 60 年代、80 年代和 21 世纪初较多，秋季降水除 20 世纪 90 年代外其他时期均为正距平，冬季降水自 70 年代之后，均为正距平。

1961—2012 年三江源地区降水天数每 10 年增加 1.4 天，春季、冬季、夏季每 10 年降水增加天数分别为 0.72 天、0.68 天、0.09 天，秋季则以－0.08 天/10a 的速率减小。近 10 年来，平均降水天数增加明显，而四季波动较大（图 4.2-12）。

三、蒸发量

1961—2012 年三江源地区春季、夏季、秋季蒸发量及年蒸发量均呈下降趋势，分别为－3.70mm/10a、－15.0mm/10a、－3.0mm/10a、－62.3mm/10a。尤其是 2000 年之后夏季、秋季和年蒸发量出现较大幅度下降。三江源

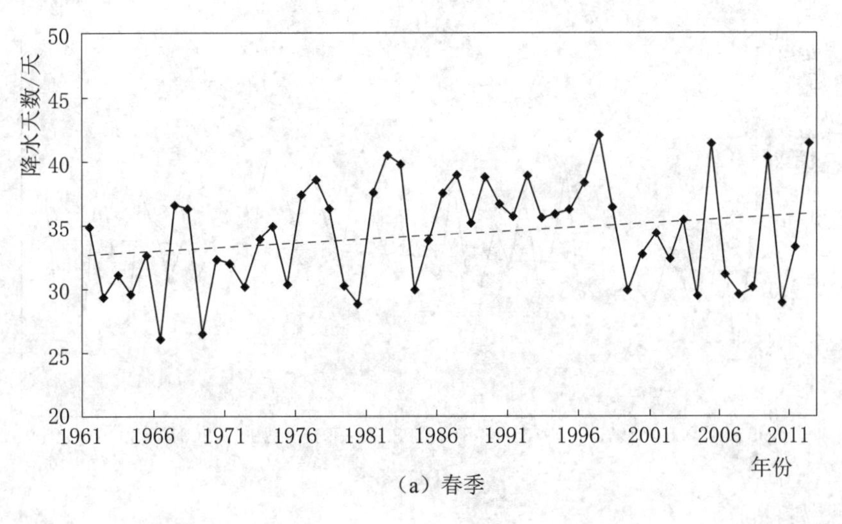

（a）春季

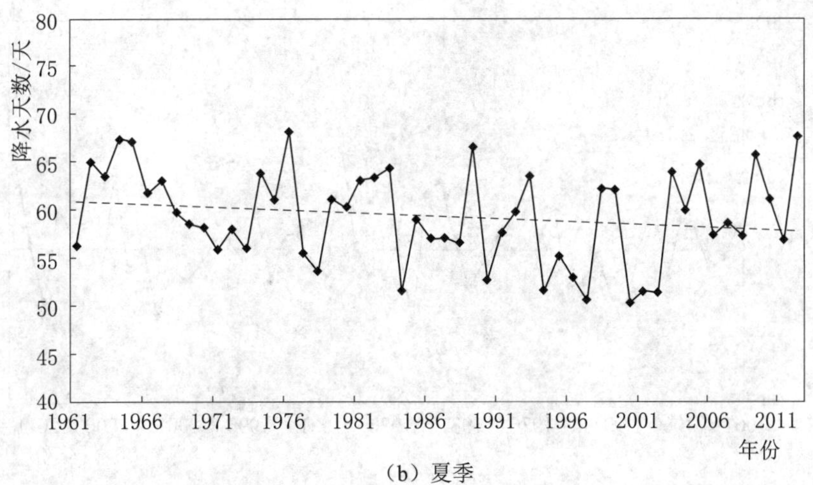

（b）夏季

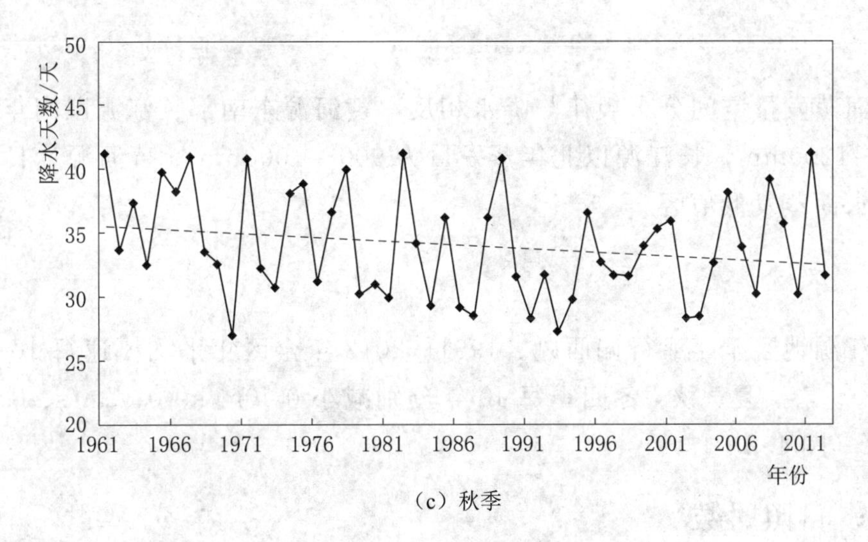

（c）秋季

图 4.2-12（一） 1961—2012 年三江源地区年和四季平均降水（≥0.1mm）天数变化趋势

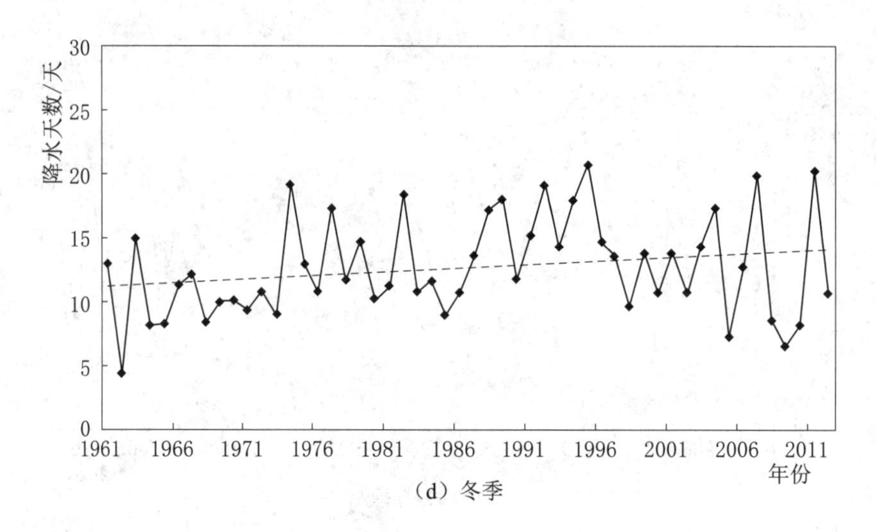

（d）冬季

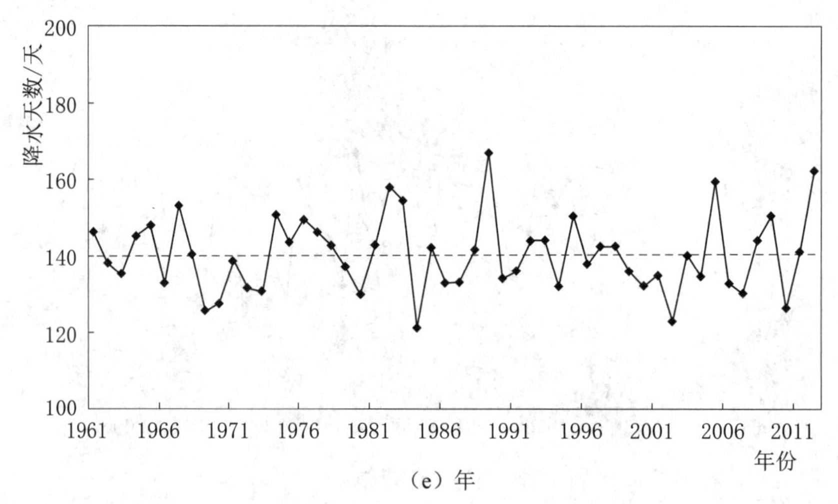

（e）年

图 4.2－12（二）　1961—2012 年三江源地区年和四季平均降水（≥0.1mm）天数变化趋势

地区水面蒸发量空间分布规律与降水相反，黄河源东南部长江源以南年蒸发量为 700～1200mm，长江源以北年蒸发量为 900～1000mm，黄河源达日至久治一带是水面蒸发低值区。

四、风速

三江源地区全年盛行偏西风。1961—2012 年全区年平均风速每 10 年减小 0.087m/s。春、夏、秋、冬四季每 10 年分别减小 0.10m/s、0.07m/s、0.07m/s、0.11m/s（图 4.2－13）。

五、日照时数

三江源地区属于高原大陆性气候，日照时数多，总辐射量大，光能资源丰富。

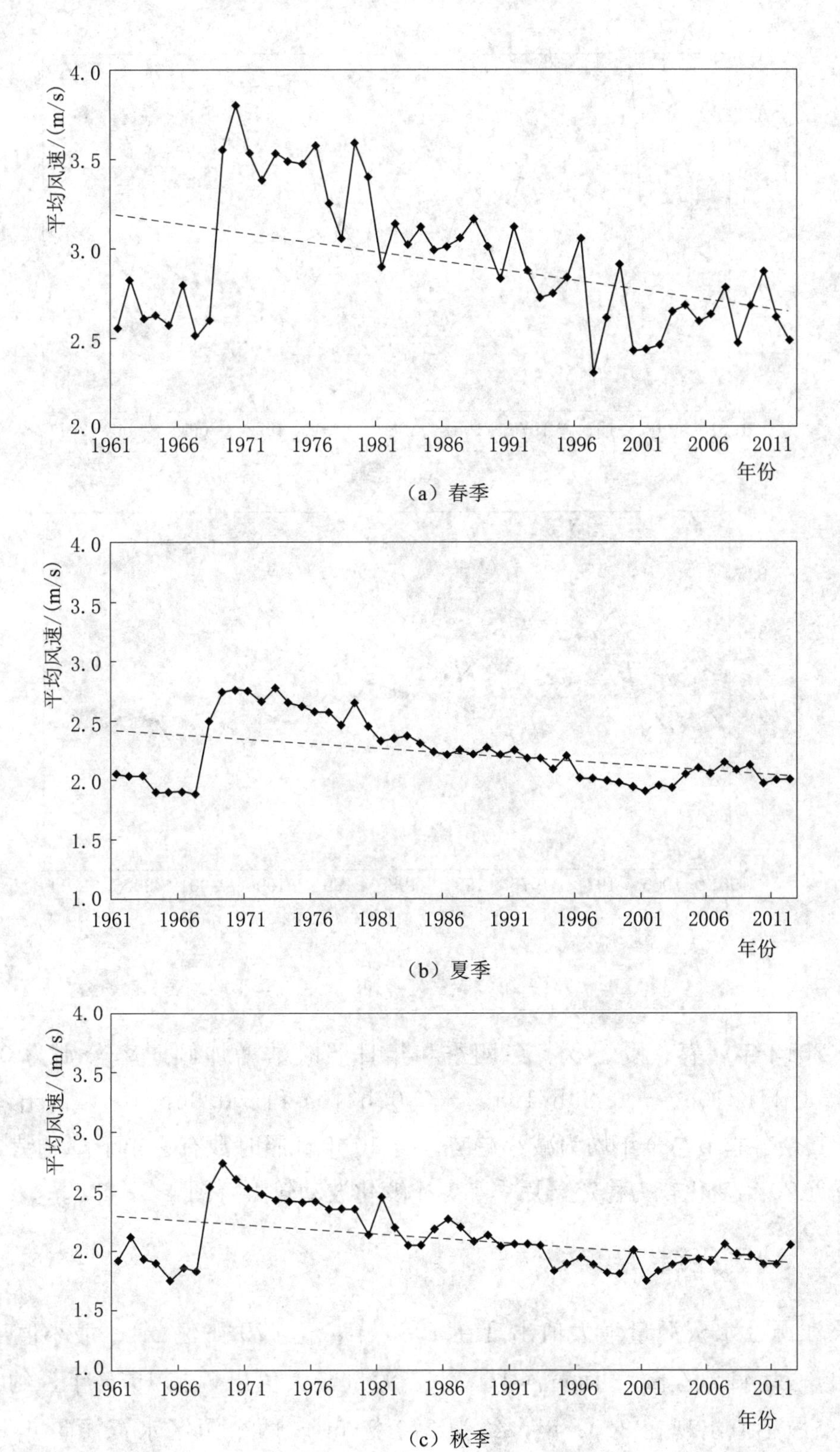

图 4.2-13（一）　1961—2012 年三江源地区年和四季平均风速变化趋势

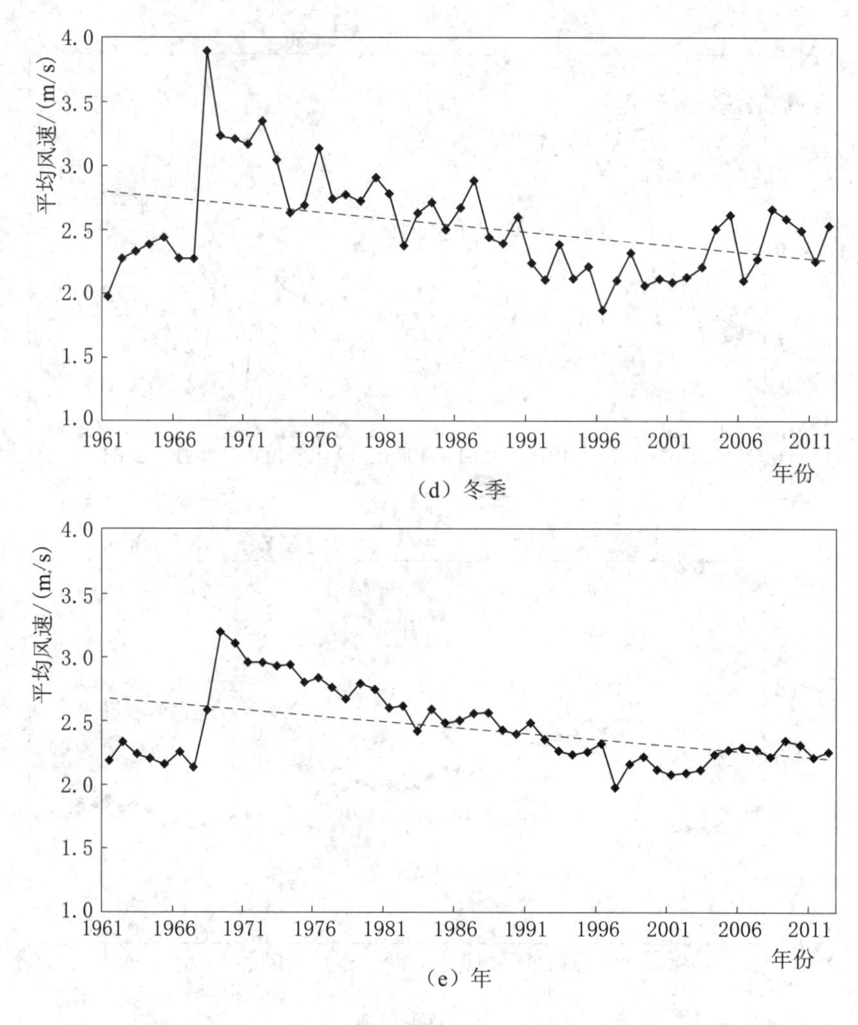

图 4.2-13（二）　1961—2012 年三江源地区年和四季平均风速变化趋势

1961—2012 年，春、夏、秋、冬四季和年日照时数增加倾向率分别为 0.65h/10a、-1.11h/10a、-0.83h/10a、-0.02h/10a 和-0.36h/10a，除春季有增加外，其余各季节与全年均为减小趋势。近 10 年日照时数有逐年下降趋势，春季和秋季近 20 年变化较为稳定，夏季和冬季变化波动较大（图 4.2-14）。

六、地区径流

长江源区水资源量最大值出现在 1985 年，达 479.4 亿 m^3；最小值出现在 1986 年，为 415 亿 m^3。而黄河源区水资源量最大值出现在 1967 年，约为 549 亿 m^3；最小值出现在 2002 年，约为 270 亿 m^3。两个源区水资源量年际变化表现出相似的变化规律，都呈现两个波谷和一个波峰，不同的是，2003—2012 年，长江源区的水资源量已经转为正距平时期，水资源量基本大于平均值，说

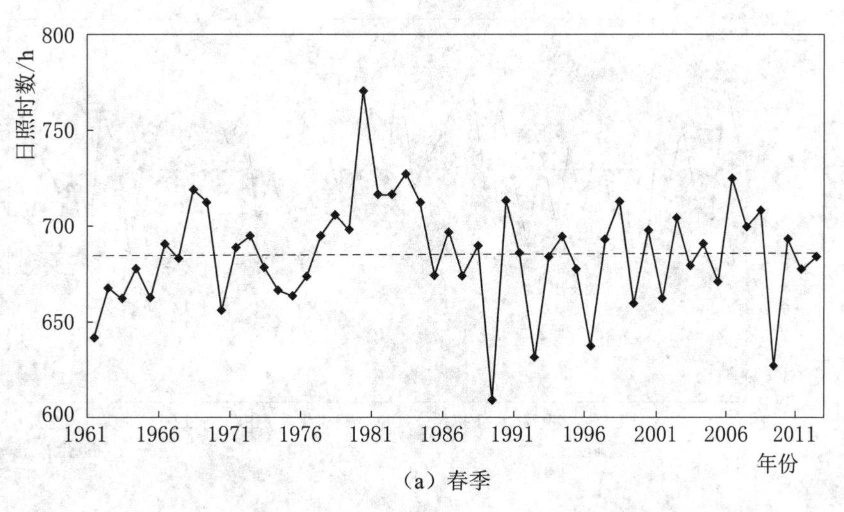

（a）春季

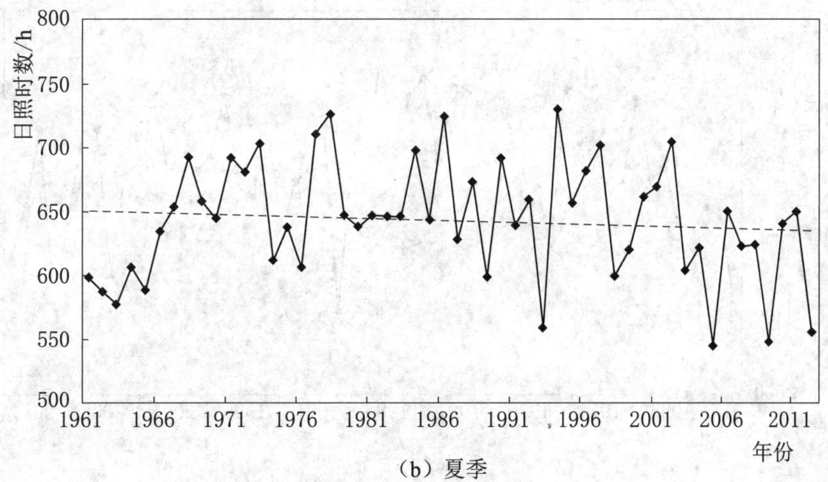

（b）夏季

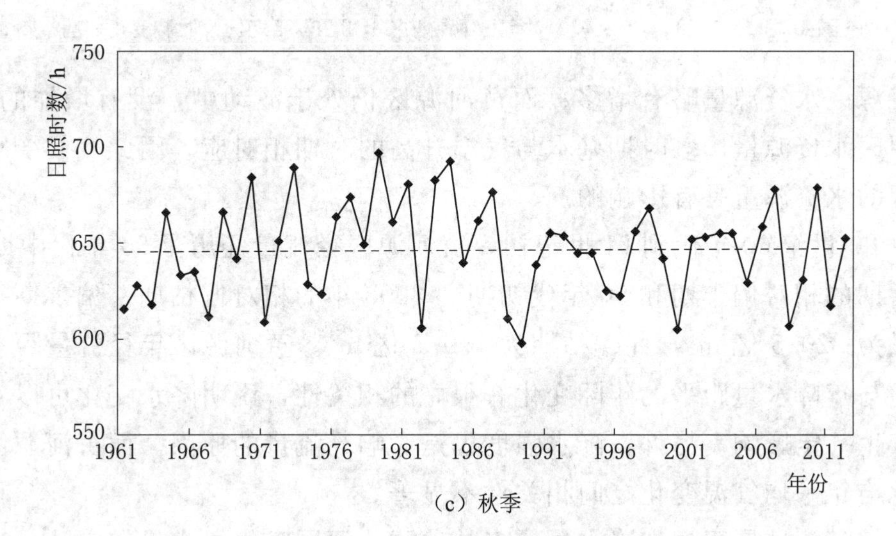

（c）秋季

图 4.2-14（一） 1961—2012 年三江源地区年和四季平均日照时数变化趋势

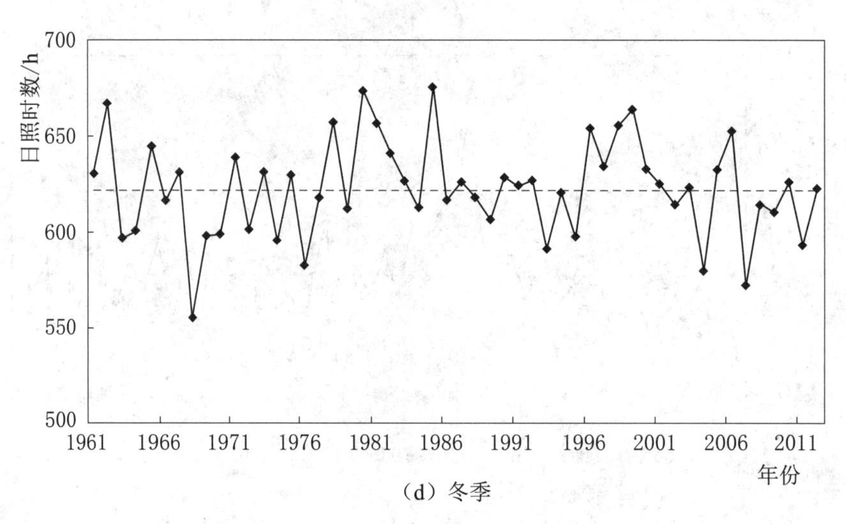

（d）冬季

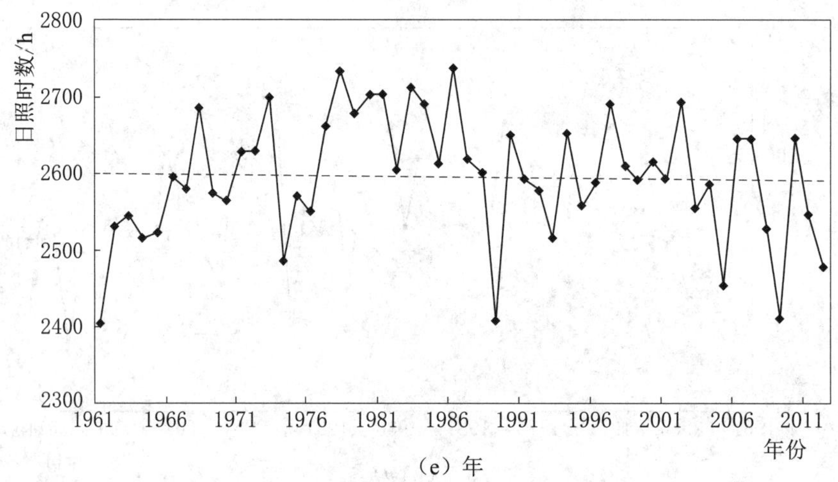

（e）年

图 4.2-14（二）　1961—2012 年三江源地区年和四季平均日照时数变化趋势

明长江源区水资源量略有增多；而黄河源区仍处于波动中，没有增加的迹象。长江源区水资源量增多时期基本与气温升高的时期相对应，因此气候变暖对长江源区的水资源量是有影响的。

自 20 世纪 60 年代到 21 世纪初，黄河源区径流量经历了 60 年代中期到 80 年代后期的相对偏丰期和 90 年代初期到 2008 年的相对偏枯期。偏丰期平均年径流量为 220.5 亿 m^3，而偏枯期为 170.6 亿 m^3。黄河源区年径流量距平的年际变化与年降水量距平的年际变化有很好的相关性，说明降水变化可以对径流变化产生一定影响。另外，降水强度也是影响径流量的原因。而黄河源区径流量变化与年平均气温变化之间相关性不显著。

澜沧江流域属青海省降水量较多的地区，河网密集，水量较丰沛，1951—2008 年澜沧江流域的年降水量下降了 46.4 mm，气温增加倾向率达到了

0.15℃/10a。澜沧江夏季的跨境径流在20世纪60年代中期至80年代末期为显著减少时段，而90年代初以后则表现出显著增多的演变趋势。

2005—2012年整个三江源地区径流距平自东南向西北逐渐增大，源头区径流量偏多程度最大。近年来，由于降雨径流的增加，三江源地区湖泊呈现出扩张趋势。三江源地区多年平均水资源总量为424.39亿m^3，2007年水资源开发利用量1.22亿m^3，水资源开发利用程度仅0.29%。

1961—2012年三江源地区众多以降水补给的湖泊退缩、咸化乃至消亡，已成为区域气候暖干化趋势的直接后果。气候变化背景下，湖泊因水体蒸发加剧，将加速萎缩，并逐渐转化为盐湖，湖泊、湿地面积和分布随之发生变化。

20世纪80年代中期是青海湖流域气候由暖干向暖湿变化的转折时期，2000年后暖湿的气候特征更加明显。青海湖水位虽在近50年内持续下降，但在2001—2012年却呈现逐年显著升高的趋势。暖湿型气候导致的降水量增多可能是水位升高的主要原因，使近10年来青海湖面积增大趋势明显。2001—2006年黄河源区湖泊群表现为湖泊面积增大、数量增多，且在汛前期较汛后期更为显著。

当流域冰川覆盖率超过5%时，冰川融水就会对河川径流产生显著影响。在近期气候明显向暖湿变化的天山南坡地区，出山径流增加量中的1/3以上来自冰川退缩增加的冰川融水。1960—1990年我国冰川储量减少了450～590km^3，已对我国西部干旱区水资源产生了很大影响，估计20世纪90年代以来因冰储量减少而导致的冰川融水径流增加值超过5.5%。值得注意的是，冰川的加速萎缩最终将会造成河川径流的迅速减少。山区积雪和冻土对径流变化也有重要影响，可使河流年内径流分配发生改变。

长江流域冰储量近70.9%集中于长江源区，虽然冰川融水对整个长江水系的补给作用较小，但由于冰川集中发育在江源区，其冰川融水的补给比率增至25 %以上。1956—2005年，长江源地区的径流量增加了28.4×10^6 m^3。黄河源区冰川数量少、面积小，冰川融水只对流域上游有重要补给作用。但黄河源区冰川相对退缩幅度要远远大于长江源区。澜沧江径流量增加了8.8×10^6 m^3，增加的部分径流量亦是由于冰川融化量增加引起的。1957—2000年，由于气温呈上升趋势，三江源地区主要水文站的融雪径流都有提前的趋势，并影响了径流的季节分配。冰川融水对江源区河流补给、游牧业及生活用水和高原野生动物可能会产生一定影响。

七、生态环境

三江源地区的湿地主要包括湖泊湿地、河流湿地和沼泽湿地，其中长江、黄河等大江大河的源头地区为沼泽湿地集中分布地，成为中国最大的天然沼泽分布区。气候变化引起湿地生态系统结构和功能变化，湿地退化导致生物多样性受到严重威胁，长江源区许多山麓及山前坡地上的沼泽湿地已停止发育，部分地段出现沼泽泥炭地干燥裸露的现象。长江河源地区地下水位明显下降，将是今后一个时期水资源量减少的重要驱动因素。气候变化引起湿地生态系统的变化从而对温室气体源汇产生影响。21 世纪以来三江源地区气候以暖湿为主，湖泊湿地数量和面积有所增加，草地生态系统有所恢复，表明了气候扰动在正常范围内作用时，该地区湿地生态系统具有一定的恢复能力。

1989—2005 年，黄河源区荒漠化土地面积累计增加 140km^2；湖泊面积减少 40km^2；中高盖度草地面积累计减少 766km^2。1959—1988 年青海湖平均亏水量 $4.36\times10^3m^3$，而人为活动耗水量占亏水量的 8.7%，仅占湖面蒸发量的 1%。所以，人为耗水与湖水位波动无明显相关。

澜沧江流域水土流失面积为 $0.86\times10^4km^2$，占该流域总土地面积的 23.29%，其中水力侵蚀占该流域总土地面积的 5.89%、风力侵蚀占 0.17%、冻融侵蚀占 17.23%。长江流域水土流失面积 $4.48\times10^4km^2$，占该流域总土地面积的 28.60%，其中水力侵蚀占总土地面积的 1.17%、风力侵蚀占 4.52%、冻融侵蚀占 22.91%。黄河流域水土流失面积 $2.72\times10^4km^2$，占该流域总土地面积的 31.79%，其中水力侵蚀占该流域总土地面积的 5.38%、风力侵蚀占 2.24%、冻融侵蚀占 13.16%。

1960—2023 年，在三江源地区冻土退化背景下，多年冻土上限下移，季节性融化层及包气带增厚，区域地下水位（冻结层上水）下降，导致短根系植物枯死，植被盖度降低，生物多样性减少。1967—2008 年，长江、黄河源区与多年冻土关系密切的高覆盖草甸减少了近 20%，沼泽湿地面积减少 32%，而与冻土活动层关系不太密切的高覆盖高寒草原只减少了 8%。冻土变化对三江源地区的生态有着重大的影响，长江源区高覆盖草甸、高覆盖草原和湿地面积分别减少了 13.5%、3.6% 和 28.9%；黄河源区高覆盖草甸、高覆盖草原和湿地面积分别减少了 23.2%、7.0% 和 13.6%；江河源区低覆盖草甸、草原和沙漠草地面积均不同程度地增加。

第五节　三江源地区气候变化预估

一、三江源地区平均温度未来变化趋势

利用 IPCC AR5 中全球气候模式比较计划第五阶段（CMIP5）典型浓度排

放情景（RCPs）下21个全球模式模拟的综合结果，分析了三江源地区未来气候变化情景。表4.2-2给出了未来20年每10年平均的年、冬季和夏季的气温变化值。结果表明，对于三江源地区区域年平均温度，不同RCPs情景下气温将持续上升。2030年以前不同排放情景下增温幅度差异不大，三种排放情景下，2016—2025年、2026—2035年10年平均的增温幅度为0.8～1.5℃。对于2016—2050年气温变化的线性趋势，RCP2.6情景下为0.10℃/10a，RCP4.5情景下为0.26℃/10a，RCP8.5情景下为0.62℃/10a。从冬季、夏季气温变化来看，冬季增温幅度和变暖趋势略大于年平均气温的变化，而夏季气温变化略小于年平均气温（表4.2-2）。

表4.2-2　2016—2035年三江源地区年平均气温变化

项目	RCP2.6			RCP4.5			RCP8.5		
	年	冬季	夏季	年	冬季	夏季	年	冬季	夏季
2016—2025年平均气温变化/℃	1.0	1.0	0.9	0.9	0.9	0.9	0.9	1.0	0.8
2026—2035年平均气温变化/℃	1.2	1.2	1.2	1.4	1.4	1.3	1.5	1.5	1.4
变化趋势/(℃/10a)	0.10			0.26			0.62		

不同RCPs情景下、不同时期区域内年平均气温都将增加，增温幅度表现出一定的纬向特征。图4.2-15给出了三江源地区RCP4.5排放情景下的结果，可看出，三江源地区西南部的年平均增温幅度大于北部和东部，且随着时间的延长，增温幅度逐渐增大。三江源地区的春季和夏季增幅度低于秋季和冬季，冬季温度上升最明显，到2026—2035年，西南地区的增温幅度将达到2℃。

此外，根据IPCC AR4使用的SRES排放情景下多个全球气候模式的模拟结果，相对于气候基准时段（1961—1991年），在SRESA2、SRESB2情景下，2071—2100年三江源地区增温明显，两种情景下年均升温分别可达4.0℃和2.8℃，降水略有增加；冬季升温幅度最大，分别可达4.4℃和3.2℃，降水增加的比例也最大；夏季三江源地区的升温达到4.2℃和3.0℃以上。而长江源区是青藏高原升温幅度最大的地区之一，预计到2050年，将比1961—1990年平均气温高出2.3～2.7℃。

二、三江源地区降水和水资源未来变化趋势

对于区域年平均降水量，RCP2.6、RCP4.5和RCP8.5情景下降水量在2040年以前略有增加，2040年以后年平均降水量表现出增加趋势，表4.2-3也给出了2016—2035年每10年平均的降水量变化趋势，可以看出，未来20年三江源地区的降水量呈现增加的趋势，冬季降水量增加大于夏季。

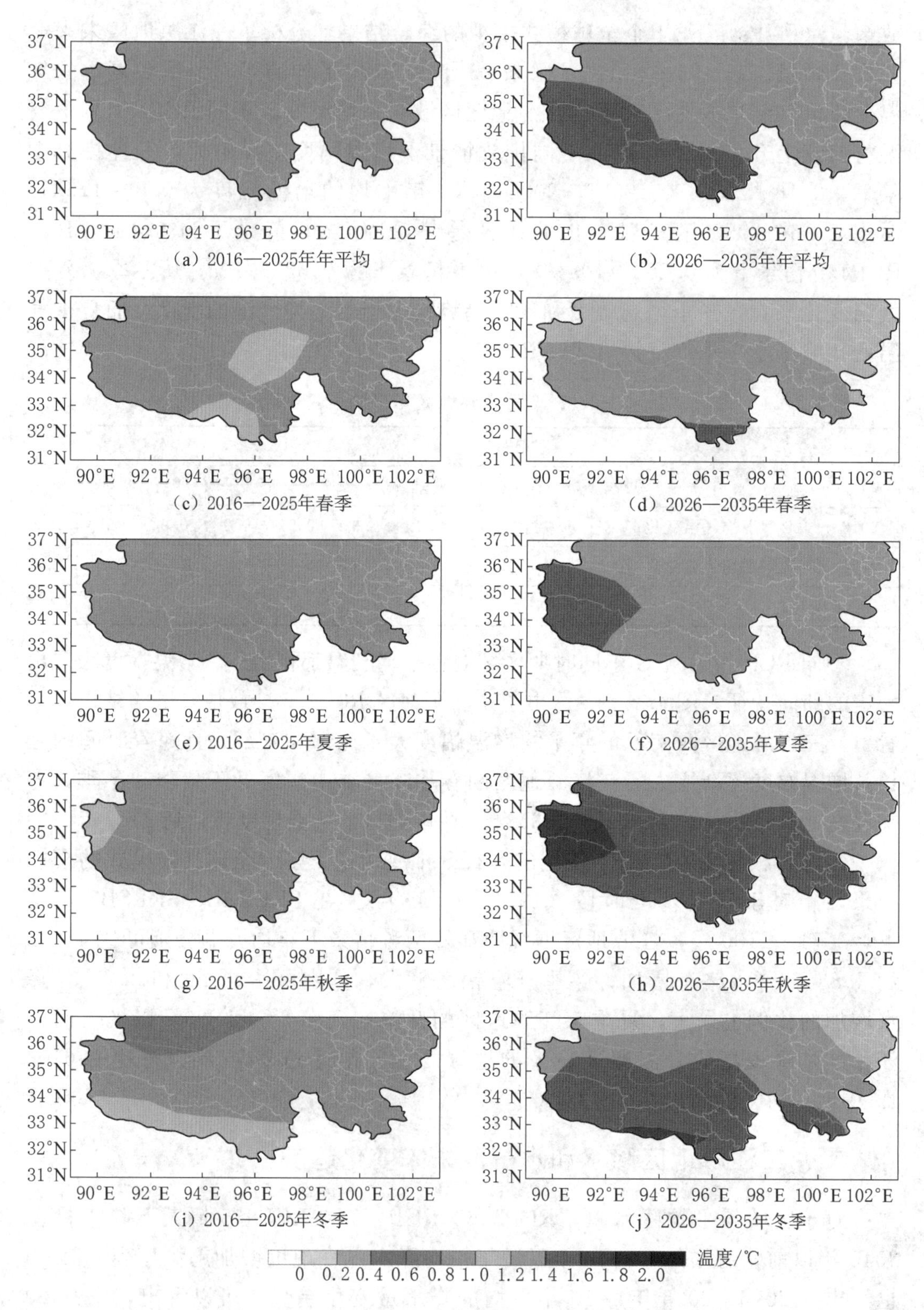

图 4.2-15　RCP4.5 情景下 2016—2035 年三江源地区未来温度变化

表 4.2-3　　2016—2035 年三江源地区年平均降水量变化

项　目	RCP2.6			RCP4.5			RCP8.5		
	年	冬季	夏季	年	冬季	夏季	年	冬季	夏季
2016—2025 年降水量变化/%	3.4	4.6	3.4	2.6	5.6	1.9	3.2	1.7	3.0
2026—2035 年降水量变化/%	4.5	5.2	3.2	4.2	7.0	3.2	4.9	5.6	4.2
趋势/(℃/10a)	0.5			1.2			2.2		

对于三江源地区年平均降水量变化的地理分布特征，不同 RCPs 情景下、不同时期内降水量变化表现出明显的区域性差异：三江源地区年平均降水量多表现为增加，西北部降水量增加大于东南部（图 4.2-16）。对于不同季节，降水量增加最明显是冬季，相对于 1986—2005 年的基准期，2026—2035 年三江源地区冬季降水量将会增加 5%～10%，降水量增加最多的地区在西部。其他一些研究的结果也表明，三江源地区有些地区的降水量呈减少趋势。夏季降水量的减少和气温的升高会加剧三江源地区气候变干的趋势，导致三江源地区水源补给不足。

在未来气候情景下，三江源地区降水量的年际分布也将越来越不均匀，旱涝威胁日趋严峻。图 4.2-17 为根据多个全球气候模式预估的未来三江源关键区径流量的变化，结果表明，2016—2045 年，三江源地区的径流量呈现先减少后增加的趋势。与 1961—1990 年平均值相比，在 A2 和 B1 排放情景下，2050 年长江源区冰川年径流量增加 29%；7—8 月径流量减少 19%～23%，4—6 月径流量增加 121%～136%。

冰川引发下游的冰川湖水上涨。近年以来，一些有冰川补给的湖泊出现了面积增加、水位上升的趋势。在气候变暖初期，由于蒸发加强引起下游湖泊的退缩，但是由于冰川退缩加剧，冰雪融水增加后很快表现为补给水流的加大。随着气候的持续变暖，融水量将趋于减少，水资源量也将减少。冰川加剧退缩可能引发下游的冰川湖水上涨，造成冰川湖溃决，带来灾难。

21 世纪中叶，三江源地区冰川将出现大面积退缩。冰川末端变化受气候变化的影响，但对气候变化的响应有一个滞后的过程，需要经过一段时间才能在冰舌末端反映出来。在影响冰川进退变化的多种因素中，气温是影响其变化的关键因素。长江源区是青藏高原冰川分布集中的地区之一，冰川总面积达 1276.02km^2。到 2030 年、2050 年该区冰川面积平均将减少 6.9%和 11.6%；冰川径流量平均将增加 26.0%和 28.5%；零平衡线上升值为 30m 和 50m 左右。较为悲观的预测是到 2050 年左右，长江源冰川区消融冰量超过积累区冰量，冰川出现变薄后退，初期以变薄为主且融水量增加，后期冰川面积大幅度减少且融水量衰退，至冰川消亡而停止。

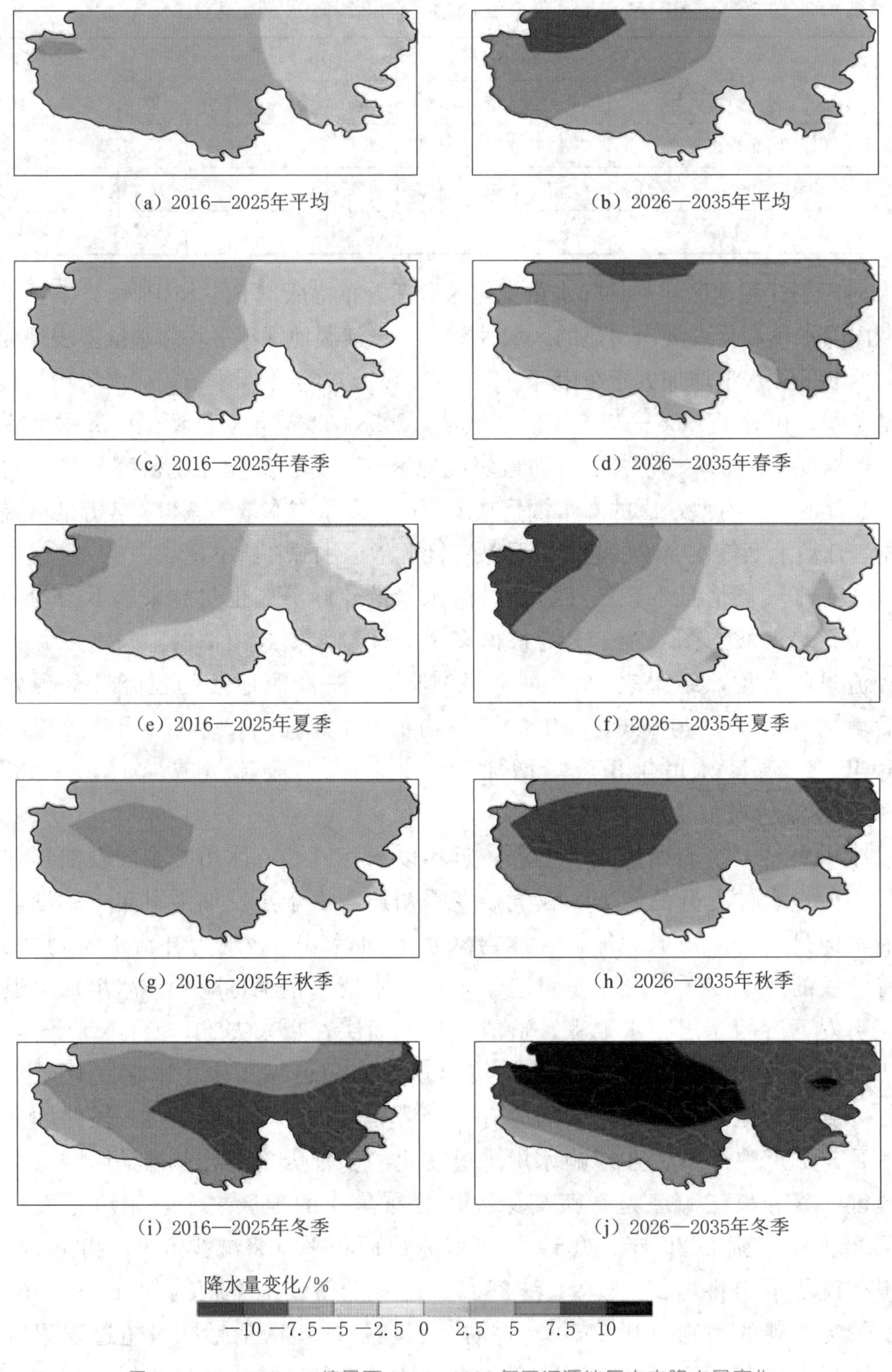

图 4.2-16　RCP4.5 情景下 2016—2035 年三江源地区未来降水量变化

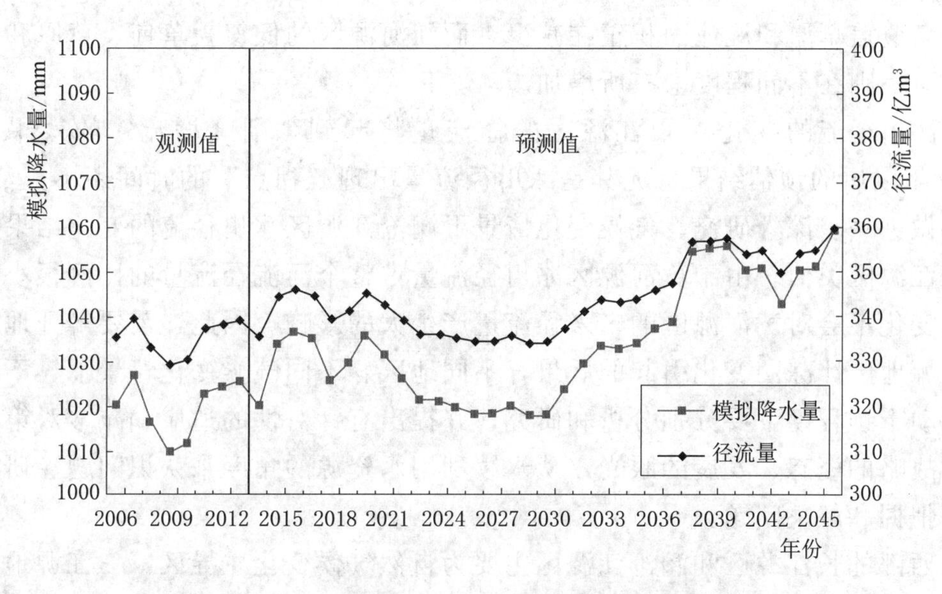

图 4.2－17　未来三江源关键区降水量径流量变化

（注：数据为多个全球气候模式预估结果，模拟范围为东经 90°～102°、北纬 30°～35°）

第六节　三江源地区的气候变化适应和应对

处于青藏高原腹地的三江源地区，地势高峻，是中国面积最大、海拔最高的天然湿地和生物多样性分布区以及生物物种形成、演化中心之一，同时也是国际瞩目的气候和生态环境变化敏感区和脆弱带。三江源地区生态环境的改善，将使该地区下垫面植被覆盖度扩大，区域地表温度降低，海陆温差加大，季风加强，夏季雨带北移，有利于增强影响我国气候的东亚季风环流的稳定性，改善东亚季风区气候状况，减少极端气候事件发生，从而增加我国北方地区的降水量，在一定程度上遏制北方地区生态退化的趋势。三江源地区气候及生态环境变化不仅直接影响着当地的资源开发利用和经济建设，而且对全国乃至全球大气、水分循环与生态平衡起着极其重要的作用，关系到区域乃至国家的生态安全。

近年来，三江源地区气候变化总体上呈现出气温升高、降水增加的变化趋势，加之三江源地区生态保护与建设工程的深入实施，致使湖泊萎缩、河流干涸和冰川退缩等水资源减少与草场退化、土壤沙化、土壤盐渍化和水土流失等一系列的生态环境退化趋势有所趋缓。

随着气温的升高，20 世纪中叶冻土活动层大幅增加、多年冻土退化。在三江源地区冻土退化背景下，长江源区、黄河源区生态系统已发生相应的变化：长江源区高覆盖草甸、高覆盖草原和湿地面积减少；黄河源区的高覆盖草甸、高覆盖草原和湿地面积正在减少，而江河源区的低覆盖草甸、草原和沙漠草地面积则在不同程度上有所增加。

冰川径流的变化对长江源区的径流量将起到“削峰增流”的效果，但2050年以后的预估结果，尤其是冰川径流量出现“拐点”的时间还不太清楚，需要做进一步深入研究。气候变化情景下澜沧江源区冰川径流的变化结果应该与长江源区类似。由于黄河源区冰川径流量占整个河流径流量的比例很小，冰川的变化不会对黄河源区的未来径流量产生大的影响。因此，需要辩证地看待三江源地区冰冻圈变化引起的后果，不同地区、不同气候变化背景下、不同人类活动干预程度下要分别分析和研究，并提出有针对性的适应和减缓对策。必须以战略的姿态、发展的眼光，从永续利用水资源的角度来认识问题、研究问题、把握和解决问题。

西部的长江源区和澜沧江源区主要为自然气候变化主导区，三江源地区中部为气候变化叠加较强的人类活动区，而东部则是人类活动主导区。对冰冻圈不同要素的水文效应和过程机理的研究还需要加强。目前对冰川水文效应比较清楚，冻土的水文效应还很不清楚、积雪水文研究薄弱。除加强研究，采取一些人为干预措施减缓该地区气候变化引起的生态水文灾害外，还应该从科技、社会、经济和生态4个方面采取积极的应对气候变化的战略和战术适应政策。

参考文献

蔡庆华，刘敏，何永坤，等，2010. 长江三峡库区气候变化影响评估报告［M］. 北京：气象出版社.

陈洪凯，唐红梅，舒小红，等，2007. 从菲律宾 2.17 泥石流灾难探讨三峡库区的泥石流问题［J］. 重庆交通学院学报，26（1）：112－115，141.

陈剑，杨志法，李晓，2005. 三峡库区滑坡发生概率与降水条件的关系［J］. 岩石力学与工程学报（17）：3052－3056.

陈鲜艳，廖要明，张强，2011. 长江三峡工程生态与环境监测系统——三峡气候及影响因子研究［M］. 北京：气象出版社.

陈鲜艳，宋连春，郭占峰，等，2013. 长江三峡库区和上游气候变化特点及其影响［J］. 长江流域资源与环境，22（11）：1466－1472.

陈鲜艳，张强，2009. 长江三峡局地气候监测（1961—2007 年）［M］. 北京：气象出版社.

陈鲜艳，张强，叶殿秀，等，2009. 三峡库区局地气候变化［J］. 长江流域资源与环境，18（1）：47－51.

陈正洪，万素琴，毛以伟，2005. 三峡库区复杂地形下的降雨时空分布特点分析［J］. 长江流域资源与环境（5）：623－627.

程炳岩，郭渠，张一，等，2011. 三峡库区高温气候特征及其预测试验［J］. 气象，37（12）：1544－1552.

程国栋，赵林，2000. 青藏高原开发中的冻土问题［J］. 第四纪研究（6）：521－531.

程志刚，刘晓东，2008. 未来气候变暖情形下青藏高原多年冻土分布初探［J］. 地域研究与开发，27（6）：80－85.

程志刚，刘晓东，范广洲，等，2010. 21 世纪长江黄河源区径流量变化情势分析［J］. 长江流域资源与环境，19（11）：1333－1339.

段建平，王丽丽，任贾文，等，2009. 近百年来中国冰川变化及其对气候变化的敏感性研究进展［J］. 地理科学进展，28（2）：231－237.

傅抱璞，朱超群，1974. 新安江水库对降水的影响［J］. 气象科技资料（2）：

13－20.
傅抱璞，1997. 我国不同自然条件下的水域气候效应 [J]. 地理学报 (3)：56－63.
郭渠，罗伟华，程炳岩，等，2011. 三峡库区暴雨时空特征及其与洪涝的关系 [J]. 资源科学，33 (8)：1513－1521.
郝振纯，王加虎，李丽，等，2006. 气候变化对黄河源区水资源的影响 [J]. 冰川冻土 (1)：1－7.
吉进喜，张立凤，彭军，2010. 2006—2007 年夏季重庆大旱、大涝的阻高时空特征分析 [J]. 气象与环境科学，33 (1)：30－35.
蓝永超，丁永建，朱云通，等，2004. 气候变暖情景下黄河上游径流的可能变化 [J]. 冰川冻土 (6)：668－673.
李黄，张强，2003. 长江三峡工程生态与环境监测系统局地气候监测评价研究 [M]. 北京：气象出版社.
李林，戴升，申红艳，等，2012. 长江源区地表水资源对气候变化的响应及趋势预测 [J]. 地理学报，67 (7)：941－950.
李述训，程国栋，1996. 气候变暖条件下青藏高原高温冻土热状况变化趋势数值模拟 [J]. 冰川冻土 (S1)：190－196.
李述训，程国栋，郭东信，1996. 气候持续变暖条件下青藏高原多年冻土变化趋势数值模拟 [J]. 中国科学 (D 辑：地球科学) (4)：342－347.
廖要明，张强，陈德亮，2007. 1951—2006 年三峡库区夏季气候特征 [J]. 气候变化研究进展 (6)：368－372.
林德生，吴昌广，周志翔，等，2010. 三峡库区近 50 年来的气温变化趋势 [J]. 长江流域资源与环境，19 (9)：1037－1043.
刘波，肖子牛，2010. 澜沧江流域 1951—2008 年气候变化和 2010—2099 年不同情景下模式预估结果分析 [J]. 气候变化研究进展，6 (3)：170－174.
刘传正，李铁锋，温铭生，等，2004. 三峡库区地质灾害空间评价预警研究 [J]. 水文地质工程地质 (4)：9－19.
刘菲，唐红梅，2011. 工程弃渣型坡面泥石流形成过程试验 [J]. 重庆交通大学学报 (自然科学版)，30 (S1)：519－522，529.
陆佑楣，2011. 三峡工程是改善长江生态、保护环境的工程 [J]. 中国工程科学，13 (7)：9－14.
马力，崔鹏，周国兵，等，2009. 地质气象灾害 [M]. 北京：气象出版社.
马力，增祥平，向波，2002. 重庆市山体滑坡发生的降水条件分析 [J]. 山地学报 (2)：246－249.

马占山，张强，秦琰琰，2010. 三峡水库对区域气候影响的数值模拟分析 [J]. 长江流域资源与环境，19（9）：1044－1052.

马占山，张强，朱蓉，等，2005. 三峡库区山地灾害基本特征及滑坡与降水关系 [J]. 山地学报（3）：319－326.

南卓铜，李述训，程国栋，2004. 未来 50 与 100a 青藏高原多年冻土变化情景预测 [J]. 中国科学（D 辑：地球科学），34（6）：528－534.

施雅风，2001. 2050 年前气候变暖冰川萎缩对水资源影响情景预估 [J]. 冰川冻土（4）：333－341.

舒卫先，李世杰，刘吉峰，2008. 青海湖水量变化模拟及原因分析 [J]. 干旱区地理（2）：229－236.

水利部长江水利委员会，2002. 长江流域水旱灾害 [M]. 北京：中国水利水电出版社.

谭炳炎，2003. 三峡库区泥石流活动及发展趋势的分析 [J]. 中国铁道科学（5）：10－15.

谭炳炎，段爱英，1995. 山区铁路沿线暴雨泥石流预报的研究 [J]. 自然灾害学报（2）：43－52.

王根绪，李娜，胡宏昌，2009. 气候变化对长江黄河源区生态系统的影响及其水文效应 [J]. 气候变化研究进展，5（4）：202－208.

王国庆，张建云，贺瑞敏，等，2009. 三峡工程对区域气候影响有多大 [J]. 中国三峡（11）：30－35.

王梅华，刘莉红，张强，2005. 三峡地区气候特征 [J]. 气象（7）：68－71.

王艳姣，闫峰，2014. 1960—2010 年中国降水区域分异及年代际变化特征 [J]. 地理科学进展，33（10）：1354－1363.

王芝兰，王澄海，2012. IPCC AR4 多模式对中国地区未来 40a 雪水当量的预估 [J]. 冰川冻土，34（6）：1273－1283.

吴佳，高学杰，张冬峰，等，2011. 三峡水库气候效应及 2006 年夏季川渝高温干旱事件的区域气候模拟 [J]. 热带气象学报，27（1）：44－52.

杨荆安，陈正洪，2002. 三峡坝区区域性气候特征 [J]. 气象科技（5）：292－299.

叶殿秀，陈鲜艳，张强，等，2014. 1971～2003 年三峡库区诱发滑坡的临界降水阈值初探 [J]. 长江流域资源与环境，23（9）：1289－1294.

叶殿秀，张强，朱蓉，2005. 三峡库区强降水诱发地质灾害研究 [M]. 北京：气象出版社.

叶殿秀，邹旭恺，张强，等，2008. 长江三峡库区高温天气的气候特征分析 [J]. 热带气象学报，24（2）：200－204.

殷跃平，2002. 三峡地质灾害与防治 [J]. 科学中国人（2）：37－39.
俞烜，申宿慧，杨淑媛，等，2008. 长江源区径流演变特征及其预测 [J]. 水电能源科学（3）：14－16.
张洪涛，祝昌汉，张强，2004. 长江三峡水库气候效应数值模拟 [J]. 长江流域资源与环境（2）：133－137.
张建敏，黄朝迎，吴金栋，2000. 气候变化对三峡水库运行风险的影响 [J]. 地理学报（S1）：26－33.
张强，罗勇，廖要明，等，2007. '06 三峡库区夏季高温干旱及成因分析 [J]. 中国三峡建设（2）：89－91.
张强，万素琴，毛以伟，等，2005. 三峡库区复杂地形下的气温变化特征 [J]. 气候变化研究进展（4）：164－167.
张天宇，程炳岩，李永华，等，2010. 1961—2008 年三峡库区极端高温的变化及其与区域性增暖的关系 [J]. 气象，36（12）：86－93.
张永勇，张士锋，翟晓燕，等，2012. 三江源区径流演变及其对气候变化的响应 [J]. 地理学报，67（1）：71－82.
张中琼，吴青柏，2012. 气候变化情景下青藏高原多年冻土活动层厚度变化预测 [J]. 冰川冻土，34（3）：505－511.
张中琼，吴青柏，周兆叶，2012. 多年冻土区冻融灾害风险性评价 [J]. 自然灾害学报，21（2）：142－149.
赵芳芳，徐宗学，2009. 黄河源区未来气候变化的水文响应 [J]. 资源科学，31（5）：722－730.
郑国光，2011. 三峡工程对周边气候影响微不足道 [J]. 中国三峡（9）：31－34.
中国工程院三峡工程阶段评估项目组，2010. 三峡工程阶段性评估报告（综合卷）[M]. 北京：中国水利水电出版社.
周立华，陈桂琛，彭敏，1992. 人类活动对青海湖水位下降的影响 [J]. 湖泊科学（3）：32－37.
周毅，高阳华，段相洪，2005. 三峡库区夏季降水基本气候特征 [J]. 西南农业大学学报（自然科学版）（2）：269－272.
邹旭恺，高辉，2007. 2006 年夏季川渝高温干旱分析 [J]. 气候变化研究进展（3）：149－153.
BREKKE L D，MAURER E P，ANDERSON J D，et al.，2009. Assessing reservoir operations risk under climate change [J]. Water Resources Research，45（4）：135－150.

LIU S Y，ZHANG Y，ZHANG Y S，et al.，2009. Estimation of glacier run-off and future trends in the Yangtze River source region，China [J]. Journal of Glaciology，55 (190)：353 - 362.

MILLER N L，JIN J，TSANG C F，2005. Local climate sensitivity of the Three Gorges Dam [J]. Geophysical Research Letters，32 (16)：L16704 - 1 - L16704 - 4.

WANG X，CHEN Y，SONG L，et al.，2013. Analysis of lengths，water areas and volumes of the Three Gorges Reservoir at different water levels using Landsat images and SRTM DEM data [J]. Quaternary International，304 (5)：115 - 125.

WU J，GAO X，GIORGI F，et al.，2012. Climate effects of the Three Gorges Reservoir as simulated by a high resolution double nested regional climate model [J]. Quaternary International，282 (1)：27 - 36.

WU L，ZHANG Q，JIANG Z，2006. Three Gorges Dam affects regional precipitation [J]. Geophysical Research Letters，331 (13)：338 - 345.

XU C，XU Y，2012. The projection of temperature and precipitation over China under RCP scenarios using a CMIP5 Multi - Model Ensemble [J]. Atmospheric and Oceanic Science Letters，5 (6)：527 - 533.

XU Y，GAO X，GIORGI F，2010. Upgrades to the reliability ensemble averaging method for producing probabilistic climate - change projections [J]. Climate Research，41 (1)：61 - 81.

专题成员名单

李泽椿　国家气象中心
陈鲜艳　国家气候中心
王月冬　国家气象中心
张　强　国家气候中心
邹旭恺　国家气候中心